中国轻工业“十四五”规划立项教材
高等职业教育校企双元合作开发教材
高等职业教育机电类专业新形态项目化精品教材

机械制图及计算机绘图

第二版

主　编◎郭　青　王　欣　张婷婷

中国轻工业出版社

图书在版编目（CIP）数据

机械制图及计算机绘图 / 郭青，王欣，张婷婷主编.
2 版. -- 北京：中国轻工业出版社，2025. 9. -- ISBN
978-7-5184-5576-8

Ⅰ. TH126

中国国家版本馆 CIP 数据核字第 20250TW563 号

责任编辑：刘鹏宇　　责任终审：李　萌
文字编辑：宋　博　　责任校对：刘小透　晋　洁　　封面设计：锋尚设计
策划编辑：王　淳　宋　博　　版式设计：致诚图文　　责任监印：张　可

出版发行：中国轻工业出版社（北京鲁谷东街 5 号，邮编：100040）
印　　刷：北京君升印刷有限公司
经　　销：各地新华书店
版　　次：2025 年 9 月第 2 版第 1 次印刷
开　　本：787×1092　1/16　印张：19. 75
字　　数：450 千字
书　　号：ISBN 978-7-5184-5576-8　定价：49. 80 元
邮购电话：010-85119873
发行电话：010-85119832　010-85119912
网　　址：http://www. chlip. com. cn
Email：club@ chlip. com. cn

本书编写人员

主　编　郭　青　王　欣　张婷婷

副主编　杨国星　李彦伟　罗金华　喻　秀

参　编　高红宇　李艳霞

主　审　苏　越

第二版前言

《机械制图及计算机绘图》按项目式教学法、任务引领的思路编写而成。教材为贯彻落实党的二十大精神，满足当前经济社会对德才兼备的高素质人才的需要，服务人才强国战略，体现立德树人的根本宗旨，将工程图学发展史、盲人摸象、庖丁解牛、废品的报复、大国工匠·匠心筑梦、螺丝钉精神等内容引入课堂教学，增强学生文化自信，激发爱国情怀，养成守法意识，树立质量意识，培养学生劳动精神、劳模精神、工匠精神等。在学习中坚持守正创新，坚持问题导向，坚持系统观念，引导学生注重平时的积累，实现由量变到质变。

编写时，笔者根据以工作过程为导向的教学要求，着重培养学生具备初步的读图能力、空间想象和思维能力、绘图的实际技能及利用计算机辅助软件绘图的能力，达到中级制图员职业能力要求，初步形成运用制图知识解决工程实际问题的能力，目标是使学生能绘制和阅读中等复杂程度的零件图和装配图。使课程不仅具有传授专业知识能力，还具有价值引领的功能。

《机械制图及计算机绘图》共由四个项目组成。主要项目内容有：平面图形绘制，组合体三视图绘制，机械图样绘制，计算机绘图。本书在教学设计和内容组织上具有以下的特点：

1. 本书依据高职院校制图课程“少而精”的教学要求，知识点以“必需，够用”为原则。

2. 本书四个项目后都安排了任务实施，老师带领学生完成任务。学生通过自己动手快速掌握图形绘制方法，提高学习兴趣。

3. 为了便于老师讲课和学生理解，重点知识点后加了相关案例。

4. “做中学，做中教”是职业教育的创新理念。通过学练结合，实现学有所悟、练有所思，培养学生多项思维能力和自主学习的习惯。

5. 教学资源丰富，提供优质教学服务。

注重教辅资源的开发，力求为教学工作构建更加完善的辅助平台，为教师和学生提供更多的方便。本教材除配有《机械制图习题集》外，还重点开发了微课、动画、课件等配套资源。微课、动画资源可直接扫描书中的二维码，观看视频进行学习；项目4素材包内容可联系编者邮箱：244138764@qq.com。其他资源可登录智慧职教MOOC平台进行观看学习。

配套课程

智慧职教MOOC
机械制图及
计算机绘图课程

《机械制图及计算机绘图》可作为高职高专院校机械工程类和近

机类专业教学用书，参考学时 120～130 学时，也可作为企业专业技术人员和绘图人员的参考书。

本书由郭青、王欣、张婷婷担任主编，杨国星、李彦伟、罗金华、喻秀担任副主编，高红宇、李艳霞参编，苏越主审。其中项目一至项目三由郭青、李彦伟、罗金华、张婷婷、喻秀共同编写，项目四由王欣、杨国星共同编写。

限于编者水平有限和时间匆忙，书中定有不少疏漏，恳请读者批评指正。

编者

第一版前言

《机械制图及计算机绘图》按情景教学法、任务引领的思路编写而成。编写时，笔者根据以工作过程为导向的教学思路，着重培养学生的实践能力，使学生熟悉国家机械制图标准，初步掌握绘制机械图样的理论和方法，掌握机械图样的识读方法，培养学生具备初步的图示能力、读图能力、空间想象和思维能力、绘图的实际技能及利用现代计算机技术(AutoCAD 软件) 绘图的能力，可以达到中级制图员职业能力要求，初步形成运用制图知识解决工程实际问题的能力，为学生在专业领域工作奠定基础。

《机械制图及计算机绘图》共由四个情境组成。主要项目内容有：平面图形的绘制，组合体三视图的绘制，机械图样的绘制，计算机绘图。本书在教学设计和内容组织上具有以下的特点：

1. 本书依据高职院校制图课程“少而精”的教学要求，知识点以“必需，够用”为原则。

2. 本书四个情境后都安排了任务实施，老师带领学生完成任务。学生通过自己动手快速掌握图形绘制方法，提高学习兴趣。

3. 本书以行动为导向、基于工作过程的课程开发方法进行设计，精简整合理论课，注重实训教学，强化技能培训，以若干个项目组成，引导学生由浅入深、由易到难，循序渐进地学习识图和绘图知识，使学生的绘图知识和能力得到逐步的提高。

4. 为了便于老师讲课和学生理解，重点知识点后加了相关案例。

5. “做中学，做中教”是职业教育的创新理念。通过学练结合，实现学有所悟，练有所思，培养学生多项思维能力和自主学习的习惯。

6. 书中以企业真实零件图为例、可以综合运用机械制图教材中知识点来进行精准绘图。

《机械制图及计算机绘图》可作为高职高专院校机械工程类和近机类专业教学用书，参考学时 130~140 学时，也可作为企业专业技术人员和绘图人员的参考书。与《机械制图及计算机绘图》教材配套同出版使用的是《机械制图习题集》。

本次书重印时增加、修改了部分内容。形位公差部分按照新的国家标准进行了重新编写，考虑到学生设计和绘图使用的需求，以附录形式增加了内六角螺钉的国家标准。

本书由郭青、王欣担任主编。其中学习情景一平面图形的绘制由郭青、王欣编写，学习情景二组合体三视图的绘制由郭青、杨国星编写，学习情景三机械图样的绘制由杨国星、李彦伟编写，学习情景四计算机绘图由王欣、罗金华共同编写。

限于编者水平有限和时间匆忙，书中定有不少疏漏，恳请读者批评指正。

编者

目　录

配套课件

平面图形绘制

项目一　平面图形绘制

【知识目标】 了解基本机械制图国家标准，制图基本规则；掌握基本几何作图方法。

【能力目标】 能够运用标准、规范、手册和查阅有关技术资料；能使用仪器绘图、徒手绘图的方法绘制合格的平面图形。

【素质目标】 坚定拥护中国共产党领导和我国社会主义制度，在习近平新时代中国特色社会主义思想指引下，践行社会主义核心价值观，明确学习的目的和意义，树立深厚的爱国情感和中华民族自豪感；具有质量意识和工匠精神。

任务　吊钩平面图形绘制

【学习目标】

① 掌握国家标准中图幅、图框、图线、字体、比例、尺寸注法、斜度、锥度的有关规定。

② 掌握绘图工具的使用方法。

③ 掌握圆弧连接的规定画法。

④ 能按比例正确绘出带有斜度、锥度、圆弧连接等较复杂的平面图形。

【学习重点】

机械制图国家标准的掌握，绘图工具的使用。

【学习难点】

比例、图线的使用。

[任务导入]

抄画如图 1-1 所示吊钩的平面图形，学会正确使用绘图仪器和工具。

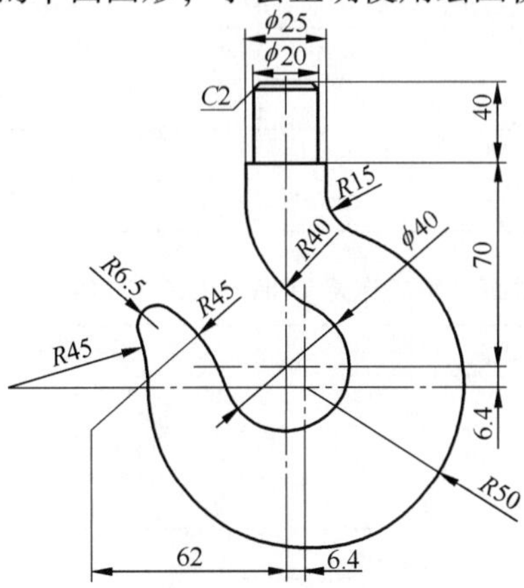

图 1-1　吊钩

一、知识链接

机械图样是表达工程技术人员的设计意图、交流技术思想、组织和指导生产的重要工具，是现代工业生产中必不可少的技术文件。图样作为技术交流的共同语言，必须有统一的规范，否则会给生产和技术交流带来混乱和障碍。为了便于管理和交流，国家相关部门发布了《技术制图》和《机械制图》等一系列国家标准，对图样的内容、格式、表达方法等都作了统一规定。《技术制图》国家标准是一项基础技术标准，在内容上具有统一性和通用性，在制图标准体系中处于最高层次；《机械制图》国家标准是机械专业的制图标准，它们都是图样绘制与使用的准绳，工程技术人员必须严格遵守其有关规定。

在标准代号“GB/T 4457.4—2002”中，“GB/T”称为“推荐性国家标准”，简称“国标”。G 是“国家”一词汉语拼音的第一个字母，B 是“标准”一词汉语拼音的第一个字母，T 是“推”字汉语拼音的第一个字母，“4457.4”是该标准的编号（其中 4457 为标准的顺序号，后面的 4 表示本标准的第 4 部分），“2002”是该标准发布的年份。

（一）国家标准对图纸的幅面及格式（GB / T 14689—2008）的相关规定

1. 图纸幅面

配套视频
认识图纸幅面及格式

图纸幅面代号由“A”和相应的幅面号组成。绘制机械图样时，应优先采用表 1-1 所规定的基本幅面。基本幅面共有五种，即 A0～A4。必要时，也允许选用表 1-2 和表 1-3 所规定的加长幅面。这些幅面的尺寸是由基本幅面的短边成整数倍增加后得到，如图 1-2 所示。提示：国家标准规定，机械图样中的尺寸以毫米为单位时，不需标注单位符号（或名称）。如采用其他单位，则必须注明相应的单位符号。本书文字叙述和图例中的尺寸单位均为毫米，未标出（注）。幅面代号的几何含义，实际上就是对 0 号幅面的裁切次数。例如，A1 中的“1”，表示将整张纸（A0 幅面）的长边对折裁切一次所得的幅面；A4 中的“4”，表示将整张纸的长边对折裁切四次所得的幅面。

表 1-1　基本幅面（第一选择）（摘自 GB/T 14689—2008）　单位为毫米

幅面代号	尺寸 $B \times L$
A0	841×1189
A1	594×841
A2	420×594
A3	297×420
A4	210×297

表 1-2　加长幅面（第二选择）（摘自 GB/T 14689—2008）　单位为毫米

幅面代号	尺寸 $B \times L$
A3×3	420×891
A3×4	420×1189
A4×3	297×630
A4×4	297×841
A4×5	297×1051

表 1-3　　加长幅面（第三选择）(摘自 GB/T 14689—2008)　　单位为毫米

幅面代号	尺寸 $B \times L$
A0×2	1189×1682
A0×3	1189×2523
A1×3	841×1783
A1×4	841×2378
A2×3	594×1261
A2×4	594×1682
A2×5	594×2102
A3×5	420×1486
A3×6	420×1783
A3×7	420×2080
A4×6	297×1261
A4×7	297×1471
A4×8	297×1682
A4×9	297×1892

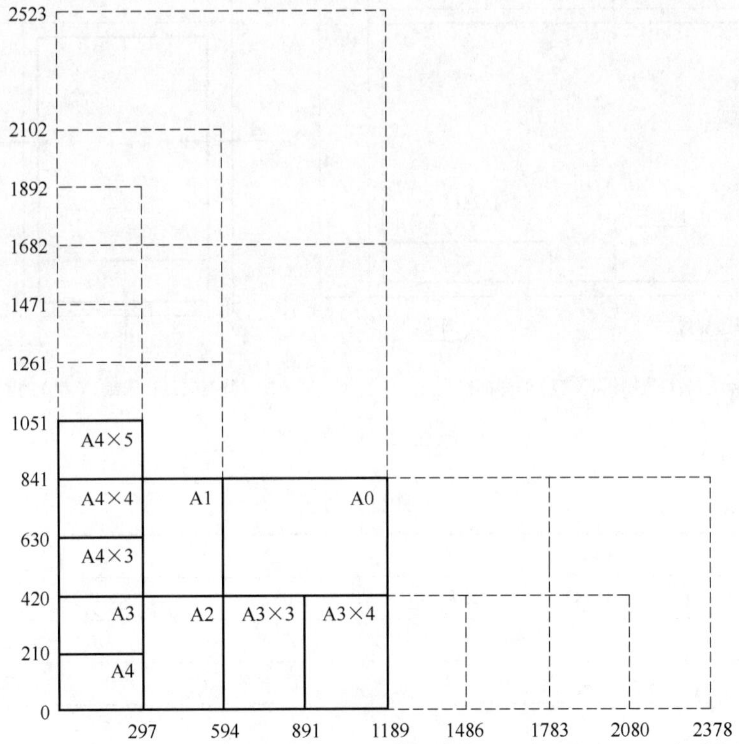

图 1-2　图纸的幅面尺寸

2. 图框格式

在图纸上必须用粗实线画出图框，其格式分为不留装订边和留装订边两种，但同一产品的图样只能采用一种格式。

不留装订边的图纸，其图框格式如图 1-3（a）、（b）所示。留有装订边的图纸，其图框格式如图 1-3（c）、（d）所示。基本幅面的图框及留边宽度 e、c、a 按表 1-4 中的规定绘制。

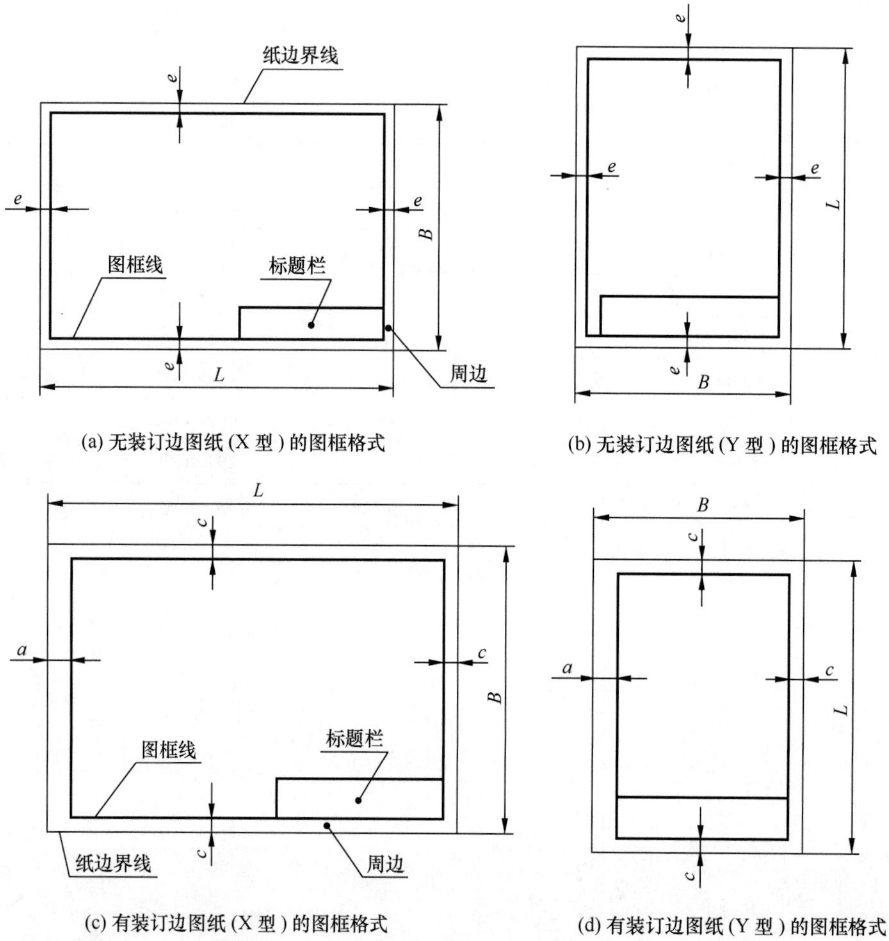

(a) 无装订边图纸 (X 型) 的图框格式

(b) 无装订边图纸 (Y 型) 的图框格式

(c) 有装订边图纸 (X 型) 的图框格式

(d) 有装订边图纸 (Y 型) 的图框格式

图 1-3　图框格式

表 1-4　　　　图框尺寸　　　　单位为毫米

幅面代号	A0	A1	A2	A3	A4
$B \times L$	841×1189	594×841	420×594	294×420	210×297
e	20		10		
c	10			5	
a	25				

3. 标题栏及方位

标题栏一般应置于图样的右下角。若标题栏的长边置于水平方向并与图纸的长边平行，则构成 X 型图纸，如图 1-3（a）和图 1-3（c）所示；若标题栏的长边与图纸的长边垂直，则构成 Y 型图纸，如图 1-3（b）和图 1-3（d）所示。在此情况下，标题栏中的文字方向为看图方向。图 1-4 为学校用的简化标题栏的格式。

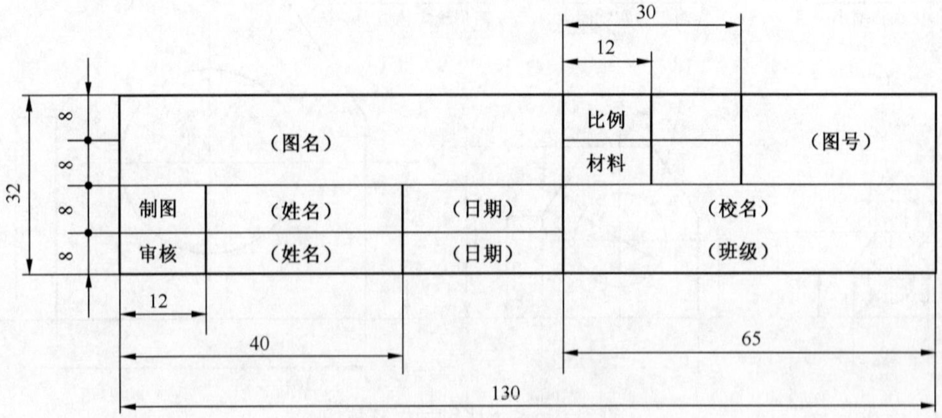

图 1-4　简化标题栏的格式

（二）比例（GB/T 14690—1993）

图中图形与其实物相应要素的线性尺寸之比，称为比例。

在绘制图样时，应由表 1-5 规定的系列中选取适当的比例。必要时，也允许选取表 1-6 中的比例。

表 1-5　　比例系列（一）（摘自 GB/T 14690—1993）

种类	比例		
原值比例	1 : 1		
放大比例	5 : 1 5×10^n : 1	2 : 1 2×10^n : 1	1×10^n : 1
缩小比例	1 : 2 1 : 2×10^n	1 : 5 1 : 5×10^n	1 : 10 1 : 1×10^n

注：n 为正整数。

表 1-6　　比例系列（二）（摘自 GB/T 14690—1993）

种类	比例				
放大比例	4 : 1 4×10^n : 1	2.5 : 1 2.5×10^n : 1			
缩小比例	1 : 1.5 1 : 1.5×10^n	1 : 2.5 1 : 2.5×10^n	1 : 3 1 : 3×10^n	1 : 4 1 : 4×10^n	1 : 6 1 : 6×10^n

注：n 为正整数。

为了在图样上直接反映实物的大小，绘图时应尽量采用原值比例。因各种实物的大小与结构千差万别，绘图时，应根据实际需要选取放大比例或缩小比例。绘图比例一般应填写在标题栏中的“比例”栏内。

图样中所标注的尺寸数值必须是实物的实际大小，与绘制图形所采用的比例无关，如图 1-5 所示。

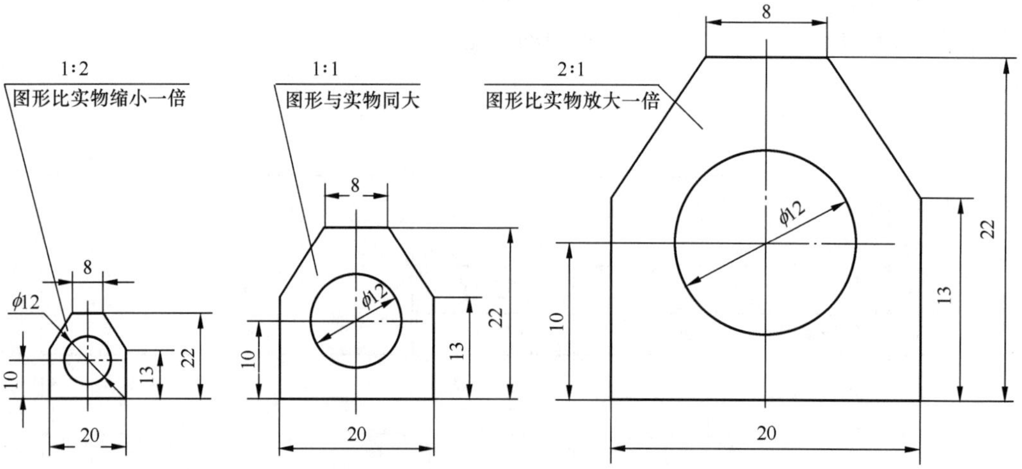

图 1-5　图形比例与尺寸数值

（三）字体（GB/T 14691—1993）

在图样上，除了要用图形表达零件的结构形状外，还需用数字和文字来说明它的大小和技术要求等其他内容。

1. 基本规定

① 字体高度代表字体的号数，用 h 表示。字体高度的公称尺寸系列为：1.8、2.5、3.5、5、7、10、14、20mm。如需要书写更大的字，其字体高度应按$\sqrt{2}$的比率递增。

② 汉字应写成长仿宋体字，并应采用国家正式公布的简化字。汉字的高度 h 应不小于 3.5mm，字宽 $=h/\sqrt{2}$。

③ 字母和数字分 A 型和 B 型两种。A 型字体的笔画宽度 $d=h/14$，B 型字体的笔画宽度 $d=h/10$。在同一张图样上，只允许选用一种形式的字体。

④ 字母和数字可写成斜体或直体。斜体字字头向右倾斜，与水平基准线成 75°。

2. 字体示例

汉字、数字和字母的示例，如表 1-7 所示。

表 1-7　　字体示例

字体		示例
长仿宋体汉字	10 号	字体工整 笔画清楚 间隔均匀 排列整齐
	7 号	横平竖直 注意起落 结构匀称 填满方格
	5 号	技术制图石油化工机械电子汽车航空船舶土木建筑矿山井坑港口纺织焊接设备工艺
	3.5 号	螺纹齿轮端子接线飞行指导驾驶舱位挖填施工引水通风闸阀坝棉麻化纤
拉丁字母	大写斜体	*ABCDEFGHIJKLMNOPQRSTUVWXYZ*

续表

字体		示例
拉丁字母	小写斜体	*abcdefghijklmnopqrstuvwxyz*
阿拉伯数字	斜体	*0 1 2 3 4 5 6 7 8 9*
	直体	0 1 2 3 4 5 6 7 8 9
罗马数字	斜体	*I II III IV V VI VII VIII IX X*
	直体	I II III IV V VI VII VIII IX X
字体的应用		$\phi20^{+0.010}_{-0.023}$　$7^{\circ}{}^{+1^{\circ}}_{-2^{\circ}}$　$\frac{3}{5}$　10Js5(±0.003)　M24-6h $\phi25\frac{H6}{m5}$　$\frac{II}{2:1}$　$\frac{A}{5:1}$　Ra 6.3　R8　5%　3.50

3. 计算机绘图字体要求

计算机绘图字体应符合 GB/T 14691—1993《技术制图　字体》的要求。数字、字母以斜体输出，汉字用正体，并采用国家正式公布的简化字。小数点、标点符号应占一个字位（省略号和破折号占两个字位）。字高与图幅的关系如表 1-8 所示。

表 1-8　字高与图幅的关系

图幅	A0	A1	A2	A3	A4	备注
字高 h	5		3.5			h 为汉字、字母及数字的高度

（四）图线及画法（GB/T 4457.4—2002）

图线是指起点和终点之间以任意方式连接的一种几何图形，形状可以是直线或曲线、连续和不连续线。图线是组成图形的基本要素，由点、短间隔、画、长画、间隔等线素构成。

1. 线型及图线尺寸

国家标准，GB/T 4457.4—2002《机械制图　图样画法　图线》规定了在机械图样中使用的九种图线，其代码、线型、名称及线宽如表 1-9 所示。图线的应用示例，如图 1-6 所示。

表 1-9　常用的图线

代码 No	线型	名称	线宽	一般应用
01.1		细实线	$d/2$	过渡线、尺寸线、尺寸界线、指引线和基准线、剖面线、重合断面的轮廓线、短中心线、螺纹牙底线、尺寸线的起止线、表示平面的对角线、零件成形前的弯折线、范围线及分界线、重复要素表示线、锥形结构的基面位置线、叠片结构位置线、辅助线、不连续同一表面连线、成规律分布的相同要素连线、投射线、网格线
		波浪线	$d/2$	断裂处边界线、视图与剖视图的分界线
	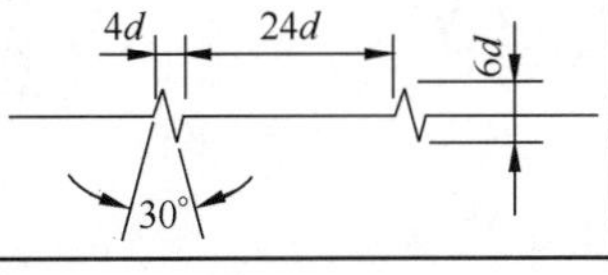	双折线	$d/2$	

续表

代码 No	线型	名称	线宽	一般应用
01. 2		粗实线	d	可见棱边线、可见轮廓线、相贯线、螺纹牙顶线、螺纹长度终止线、齿顶圆(线)、表格图和流程图中的主要表示线、系统结构线(金属结构工程)、模样分型线、剖切符号用线
02. 1		细虚线	$d/2$	不可见棱边线、不可见轮廓线
02. 2		粗虚线	d	允许表面处理的表示线
04. 1	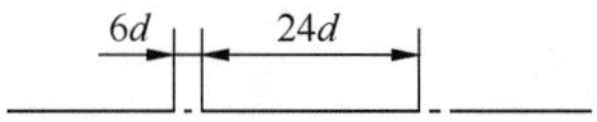	细点画线	$d/2$	轴线、对称中心线、分度圆(线)、孔系分布的中心线、剖切线
04. 2		粗点画线	d	限定范围表示线
05. 1	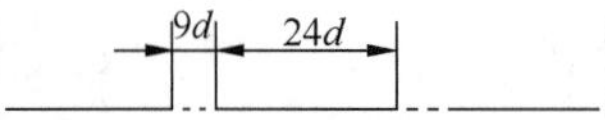	细双点画线	$d/2$	相邻辅助零件的轮廓线、可动零件的极限位置的轮廓线、重心线、成形前轮廓线、剖切面前的结构轮廓线、轨迹线、毛坯图中制成品的轮廓线、特定区域线、延伸公差带表示线、工艺用结构的轮廓线、中断线

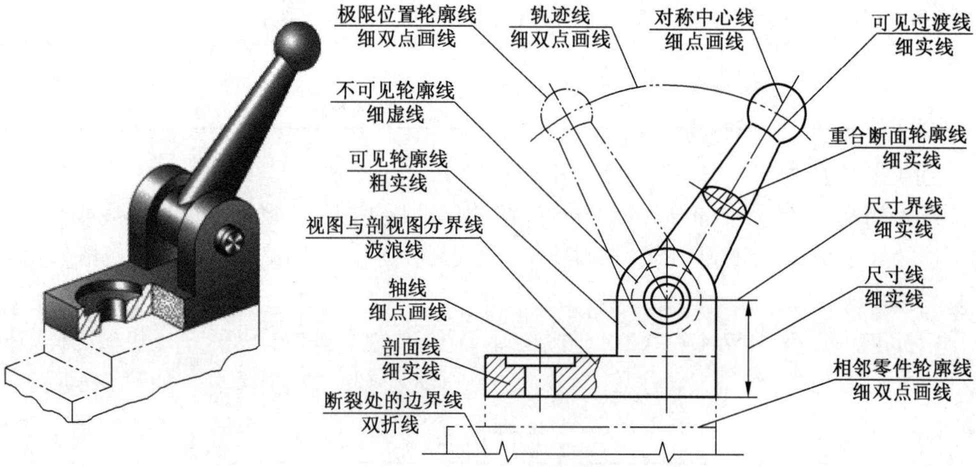

图 1-6　图线的应用示例

机械图样中采用粗、细两种线宽，它们之间的比例为 2 ∶ 1。图线的宽度（d）应按图样的类型和大小，在下列数系中选取（单位：mm）：0. 13、0. 18、0. 25、0. 35、0. 5、0. 7、1. 0、1. 4、2。粗实线（粗虚线、粗点画线）的宽度通常采用 0. 7mm，与之对应的细实线（波浪线、双折线、细虚线、细点画线、细双点画线）的宽度为 0. 35mm。

2. 计算机绘图对图线的规定

CAD 中的图线除应遵照 GB/T 4457. 4—2002《机械制图　图样画法　图线》中的规定外，还应符合以下规定。

① 图线组别。CAD 中的图线组别，按表 1-10 的规定选取。

表 1-10　　　　　　　　　　　**CAD 中的图线组别**

组别	1	2	3	4	5	一般用途
线宽	2.0	1.4	1.0	0.7	0.5	粗实线、粗点画线
	1.0	0.7	0.5	0.35	0.25	细实线、波浪线、双折线、细虚线、细点画线、细双点画线

② 重合图线的优先顺序。当两条以上不同类型的图线重合时应遵守以下优先顺序：

a. 可见轮廓线和可见棱线（粗实线）。

b. 不可见轮廓线和不可见棱线（细虚线）。

c. 剖切平面迹线（细点画线）。

d. 轴线和对称中心线（细点画线）。

e. 假想轮廓线（细双点画线）。

f. 尺寸界线和分界线（细实线）。

在同一图样中，同类图线的宽度应基本一致。细（粗）虚线、细（粗）点画线及细双点画线的线段长度和间隔应各自大致相等。

（五）尺寸标注

配套视频

规范标注尺寸

在机械图样中，图形只能表达零件的结构形状，若要表达它的大小，则必须在图形上标注尺寸。尺寸是加工制造零件的主要依据，不允许出现错误。如果尺寸标注错误、不完整或不合理，将给机械加工带来困难，甚至生产出废品而造成经济损失。

1. 标注尺寸的基本规则（GB/T 4458.4—2003）

① 零件的真实大小应以图样上所标注的尺寸数值为依据，与图形的大小及绘图的准确度无关。

② 零件的每一尺寸，一般只标注一次，并应标注在反映该结构最清晰的图形上。

标注尺寸时，应尽可能使用符号和缩写词。常用的符号和缩写词见表 1-11。

表 1-11　　　　　　**常用的符号和缩写词（摘自 GB/T 4458.4—2003）**

名称	符号和缩写词	名称	符号和缩写词	名称	符号和缩写词
直径	ϕ	厚度	t	沉孔或锪平	⌴
半径	R	正方形	□	埋头孔	⌵
球直径	$S\phi$	45°倒角	C	均布	EQS
球半径	SR	深度	↧	—	—

2. 尺寸的组成

每个完整的尺寸一般由尺寸数字、尺寸线、尺寸界线和尺寸线的终端符号组成，通常称为尺寸四要素，如图 1-7 所示。

① 尺寸数字。尺寸数字表示尺寸度量的大小。线性尺寸的尺寸数字，一般注在尺寸线的上方或左方，线性尺寸数字的方向：水平方向字头朝上，竖直方向字头朝左，倾斜方向字头保持朝上的趋势，并尽量避免在图 1-8（a）所示的 30°范围内标注尺寸。当无法避免时，可按图 1-8（b）的形式标注。尺寸数字不可被任何图线所通过，当不可避免

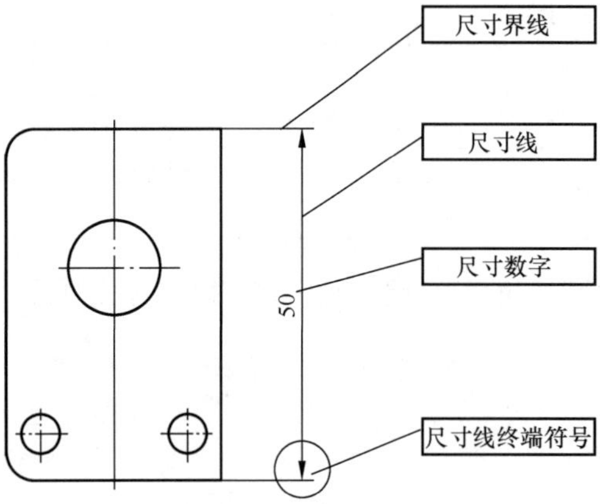

图 1-7　尺寸的组成

时，图线必须断开，如图 1-9 所示。

标注角度的尺寸界线应沿径向引出，尺寸线画成圆弧，其圆心为该角的顶点，半径取适当大小，标注角度的数字，一律水平方向书写，角度数字写在尺寸线的中断处，如图 1-10（a）所示。必要时，允许注写在尺寸线的上方或外面（或引出标注），如图 1-10（b）所示。

② 尺寸线。尺寸线表示尺寸度量的方向。尺寸线必须用细实线单独画出，不能用其他图线代替，也不得与其他图线重合或画在其延长线上。标注线性尺寸时，尺寸线必须与所标注的线段平行，如图 1-11（a）所示。图 1-11（b）是尺寸线错误画法的示例。

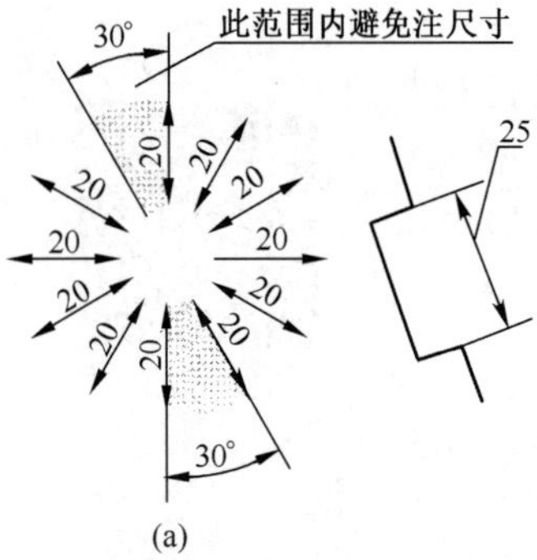

图 1-8　线性尺寸的注写

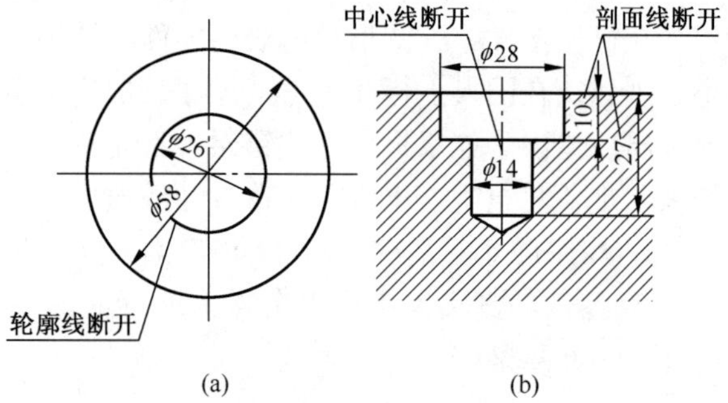

图 1-9　尺寸数字不可被任何图线所穿过

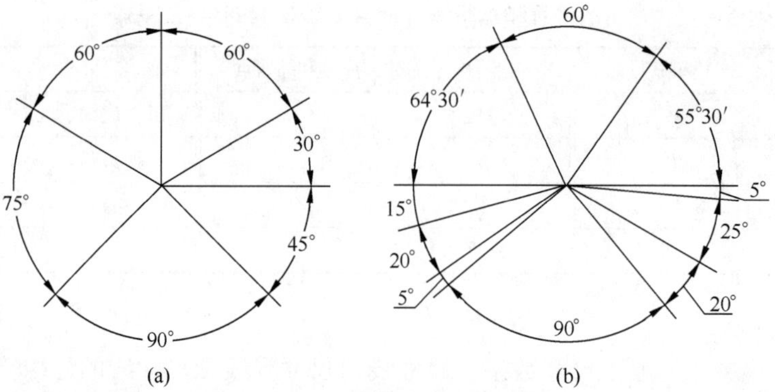

图 1-10　角度尺寸的注写

③ 尺寸界线。尺寸界线表示尺寸的度量范围。

尺寸界线一般用细实线单独绘制，并自图形的轮廓线、轴线或对称中心线引出。也可以利用轮廓线、轴线或对称中心线作尺寸界线，如图 1-12（a）所示。

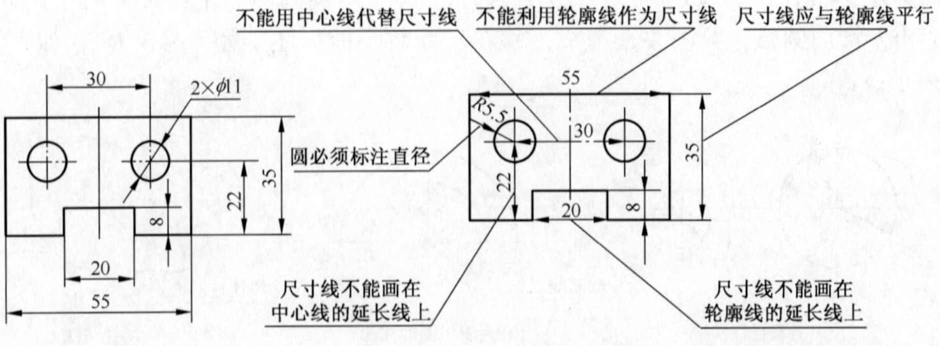

(a) 正确　　(b) 错误

图 1-11　尺寸线的画法

尺寸界线一般应与尺寸线垂直，必要时允许倾斜。在光滑过渡处标注尺寸时，必须用细实线将轮廓线延长，从它们的交点处引出尺寸界线，如图 1-12（b）所示。

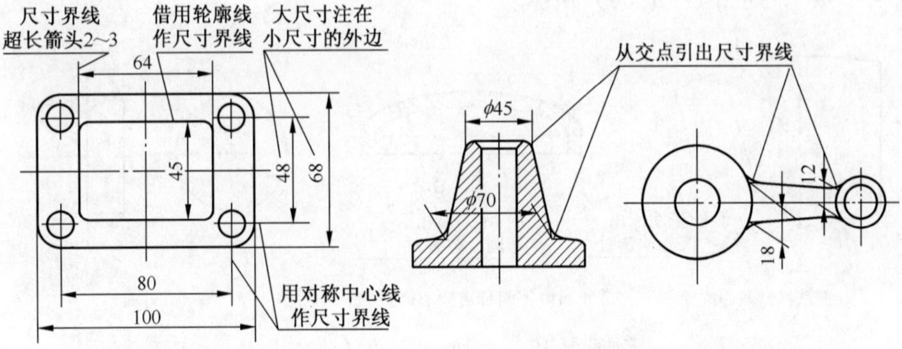

(a) 尺寸界线的一般画法　　(b) 光滑过渡处的尺寸界线画法

图 1-12　尺寸界线的画法

④ 尺寸线终端符号。图样中的尺寸线终端可以有箭头、斜线两种形式，如图 1-13 所示。箭头适用于各种类型的图样，斜线用细实线绘制。在同一张图样上，尺寸线终端只能采用一种形式，不可交替使用。机械图样中一般采用箭头的形式。

3. 常用的尺寸注法

① 圆、圆弧及球面尺寸的注法。

a. 标注整圆或大于半圆的圆弧直径尺寸时，以圆周为尺寸界线，尺寸线通过圆心，并在尺寸数字前加注直径符号“ϕ”，如图 1-14（a）所示。标注大于半圆的圆弧直径，其尺寸线应画至略超过圆心，只在尺寸线一端画箭

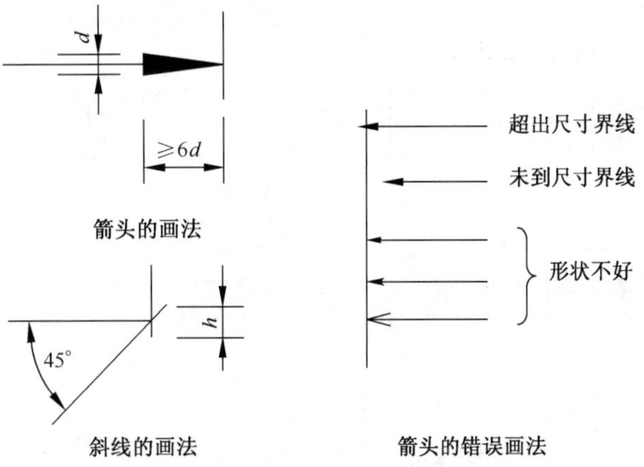

图 1-13　箭头的形式和画法

头指向圆弧，如图 1-14（b）所示。标注小于或等于半圆的圆弧半径尺寸时，尺寸线应以圆心出发指向圆弧，只画一个箭头，并在尺寸数字前加注半径符号“*R*”，如图 1-14（c）所示。

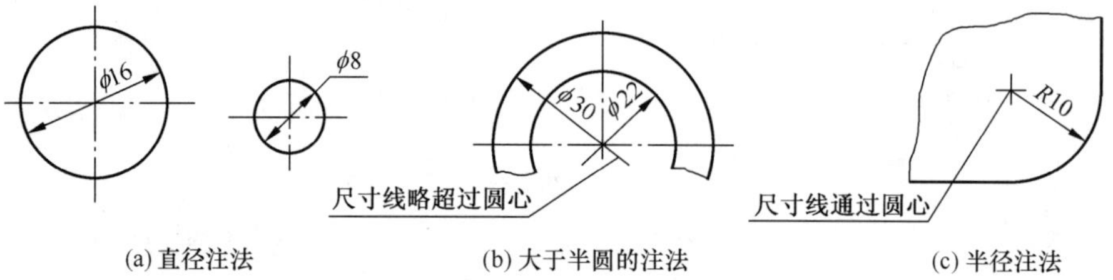

图 1-14　直线和半径的注法

b. 当圆弧的半径过大或在图纸范围内无法标出圆心位置时，可采用折线的形式标注，如图 1-15（a）所示。当不需标出圆心位置时，则尺寸线只画靠近箭头的一段，如图 1-15（b）所示。标注球面的直径或半径时，应在尺寸数字前加注球直径符号“*Sϕ*”或球半径符号“*SR*”，如图 1-15（c）所示。

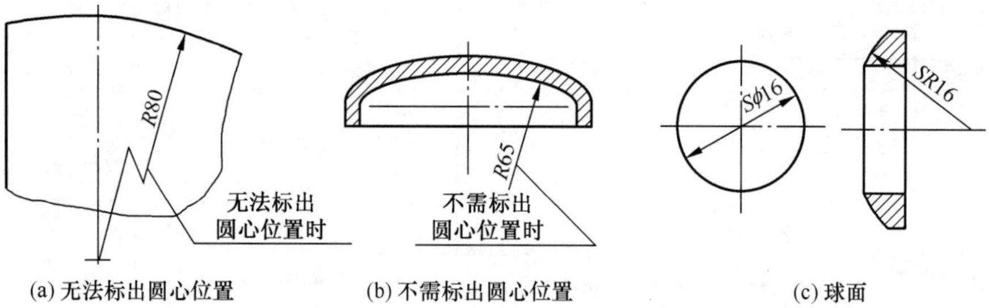

图 1-15　大圆弧和球面的注法

② 小尺寸的注法。对于尺寸界线之间没有足够位置画箭头或注写尺寸数字的小尺寸，可按图 1-16 所示的形式进行标注。标注一连串的小尺寸时，可用小圆点或斜线代替箭头（代替箭头的小圆点大小应与箭头尾部宽度相同），但最外两端箭头仍应画出。当直径或半径尺寸较小时，箭头和数字都可以布置在圆弧外面。

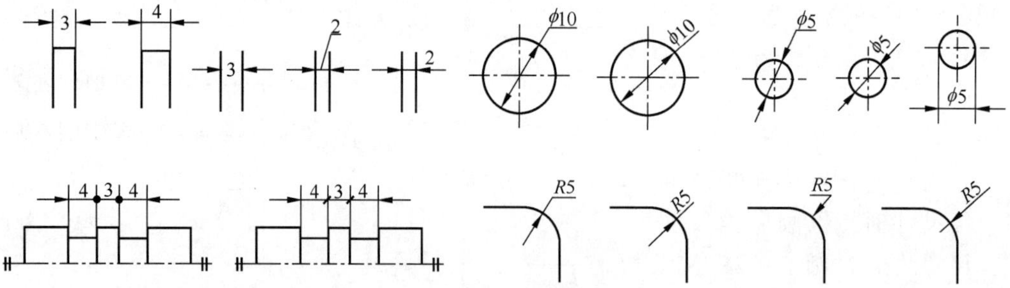

图 1-16　小尺寸的注法

③ 对称图形的尺寸注法。对于对称图形，应把尺寸标注为对称分布；当对称图形只画出一半或略大于一半时，尺寸线应略超过对称中心线或断裂处的边界线，此时仅在尺寸

线的一端画出箭头，如图 1-17 所示。

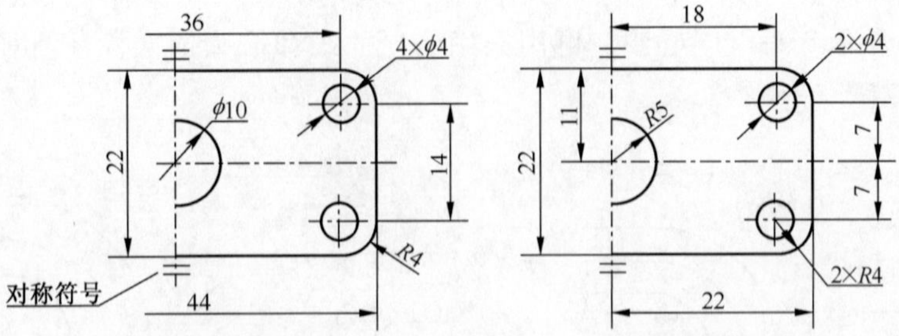

(a) 正确注法　　(b) 错误注法

图 1-17　对称图形的尺寸注法

④ 弦长或弧长的尺寸注法。标注弦长时，其尺寸界线应平行于该弦的垂直平分线，如图 1-18（a）所示。标注弧长时，其尺寸界线应平行于该弧所对圆心角的角平分线（弧长的尺寸线画圆弧），如图 1-18（b）所示。当弧度较大时，也可沿径向引出标注，如图 1-18（c）所示。

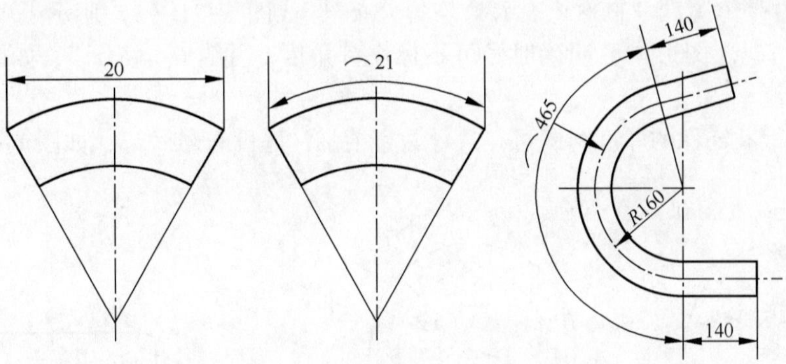

(a)　　(b)　　(c)

图 1-18　弦长或弧长的尺寸注法

4. 简化注法

① 标注尺寸时，可使用单边箭头，也可采用带箭头的指引线，还可采用不带箭头的指引线，如图 1-19 所示。

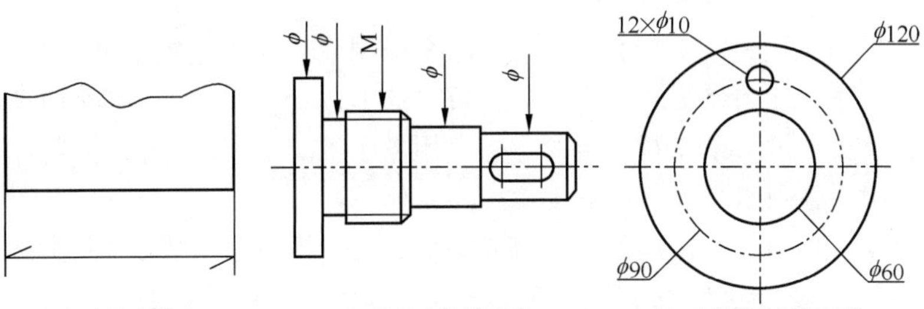

(a) 使用单边箭头　　(b) 带箭头的指引线　　(c) 不带箭头的指引线

图 1-19　尺寸的简化注法（一）

② 一组同心圆弧，可用共用的尺寸线和箭头依次标注半径，如图 1-20（a）所示。圆心位于一条直线上的多个不同心的圆弧，可用共用的尺寸线和箭头依次标注半径，如图 1-20（b）所示。一组同心圆，可用共用的尺寸线和箭头依次标注直径，如图 1-20（c）所示。

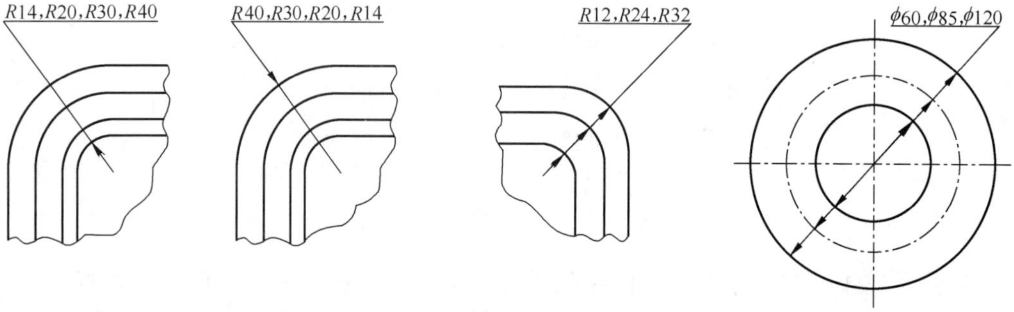

(a) 一组同心圆弧　(b) 圆心位于一条直线上的多个不同心圆弧　(c) 一组同心圆

图 1-20　尺寸的简化注法（二）

③ 在同一图形中，对于尺寸相同的孔、槽等组成要素，可仅在一个要素上注出其尺寸和数量，并用缩写词“EQS”表示“均匀分布”，如图 1-21（a）所示。当组成要素的定位和分布情况在图形中已明确时，可不标注其角度，并省略“EQS”，如图 1-21（b）所示。

④ 标注板状零件的厚度时，可在尺寸数字前加注厚度符号“*t*”，如图 1-22 所示。

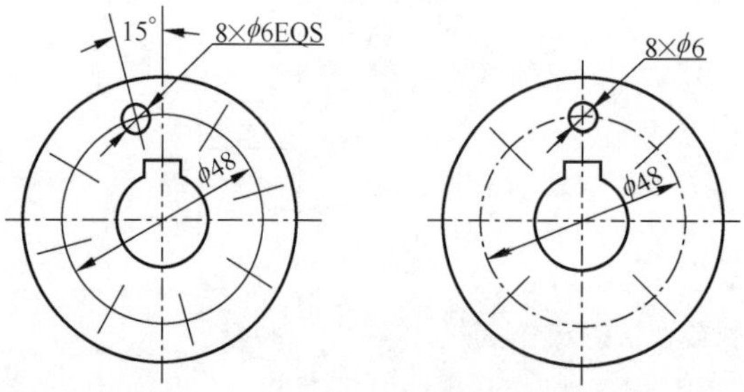

(a)　(b)

图 1-21　尺寸的简化注法（三）

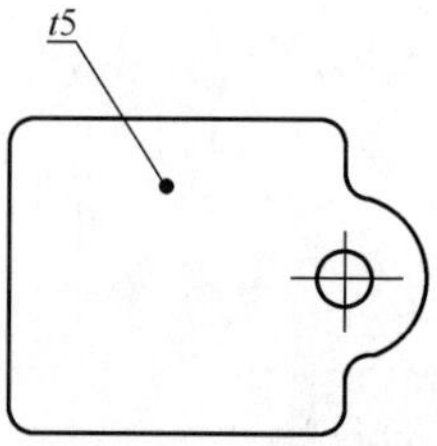

图 1-22　板状零件的简化注法

（六）绘图工具

1. 图板、丁字尺和三角板

图板是用来铺放、固定图纸的，一般用胶合板制成，板面比较平整光滑，图板左侧为丁字尺的导边。丁字尺由尺头和尺身构成，尺身的上边为工作边，主要用来画水平线。使用丁字尺时，尺头内侧必须靠紧图板的导边，用左手推动丁字尺上、下移动，沿尺身的上边自左向右画出一系列水平线，如图 1-23（a）所示。

三角板由 45°和 30°（60°）各一块组成一副。三角板与丁字尺配合使用时，可画垂直线，也可画 30°、45°、60°以及 15°、75°的斜线，如图 1-23（b）所示。

如将两块三角板配合使用，还可以画出任意方向已知直线的平行线和垂直线，如图 1-24 所示。

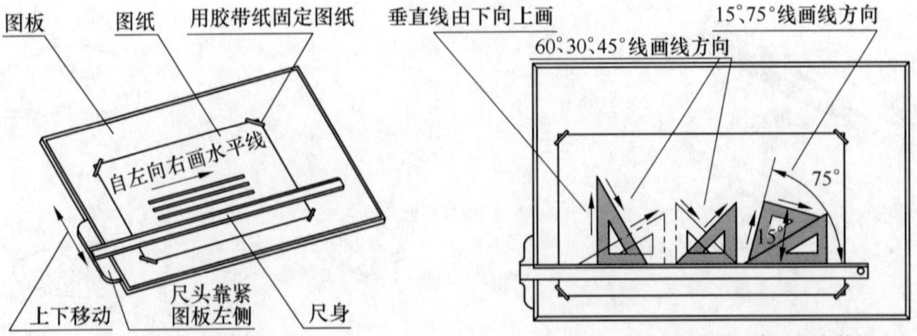

(a) 丁字尺的用法　　(b) 三角板与丁字尺配合使用

图 1-23　丁字尺和三角板的使用

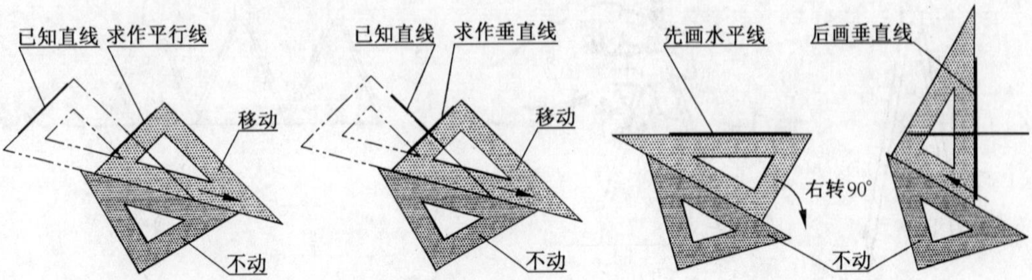

(a) 作已知直线的平行线　　(b) 作已知直线的垂线　　(c) 作任意方向的垂线

图 1-24　用三角板作任意方向的平行线和垂直线

2. 圆规和分规

圆规是用来画圆或圆弧的工具。圆规的一条腿上装有钢针，另一条腿上除具有肘形关节外，还可以根据作图需要装上不同的附件。圆规的附件有钢针插脚、铅芯插脚、鸭嘴插脚和延伸插杆等。

圆规的钢针一端为圆锥形，另一端为带有肩台的针尖。画图时应使用有肩台的一端，以防止圆心针孔扩大。同时还应使肩台与铅芯尖平齐，针尖及铅芯与纸面垂直，如图 1-25 所示。

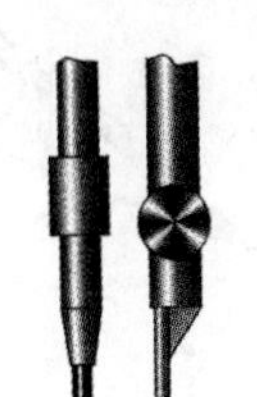

图 1-25　钢针与铅芯

为了画出各种图线，应备有各种不同硬度和形状的铅芯。加深圆弧时用的铅芯，一般要比画粗实线的铅芯软一些，圆规铅芯的削法如图 1-26 所示。

画圆时，先将圆规两腿分开至所需的半径尺寸，借左手食指把针尖放在圆心位置，将钢针扎入图纸和图板，按顺时针方向稍微倾斜地转动圆规，转动速度和用力要均匀，如图 1-27 所示。

分规是用来量取尺寸和等分线段或圆周的工具。分规的两条腿均安有钢针，当两条腿并拢时，分规的两个针尖应对齐，调整分规两脚间距离的手法以及分规的使用方法，如图 1-28 所示。

3. 铅笔

绘图铅笔的铅芯有软硬之分，用代号 H、B 和 HB 来表示。B 前的数字越大，表示铅芯越软，绘出的图线颜色越深；H 前的数字越大，表示铅芯越硬；HB 表示铅芯软硬

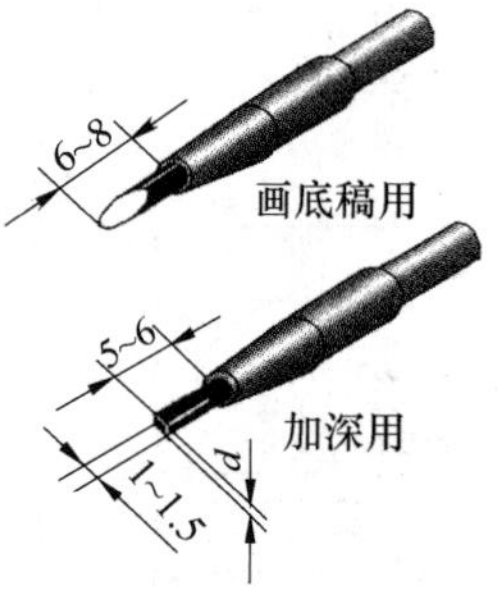

图 1-26　铅芯的削法

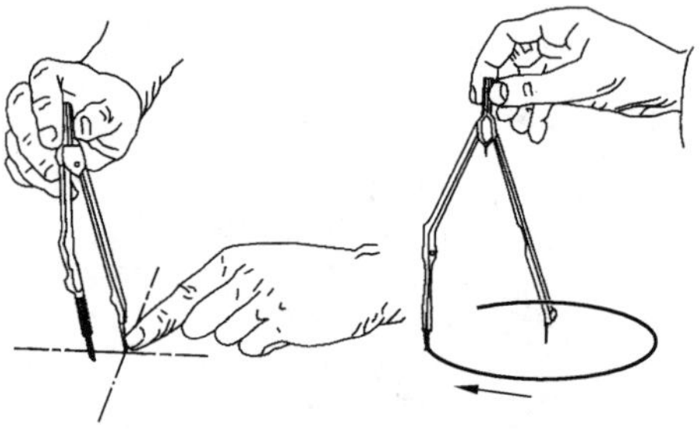

图 1-27　圆规的用法

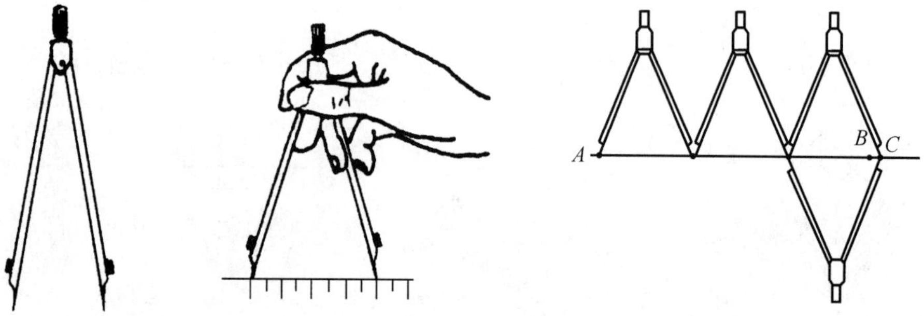

图 1-28　分规的用法

适中。

画粗实线常用 2B 或 B 的铅笔；画细实线、细虚线、细点画线和写字时，常用 H 或 HB 的铅笔；画底稿线常用 2H 的铅笔。

铅笔应从没有标号的一端开始使用，以便保留铅芯软硬的标号。画粗实线时，应将铅芯磨成铲形（扁四棱柱），画其余的线型时应将铅芯磨成圆锥形，如图 1-29 所示。

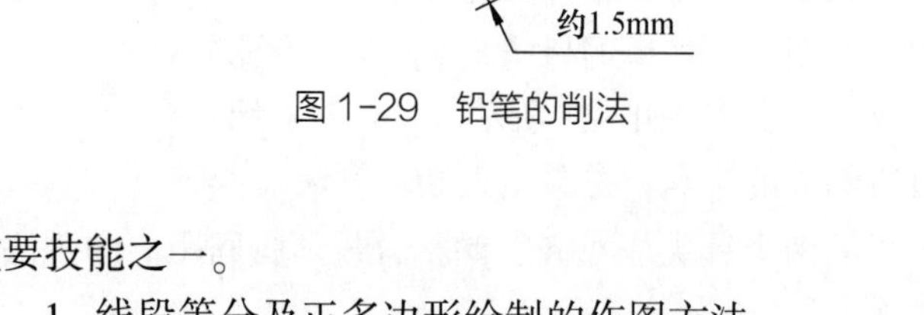

图 1-29　铅笔的削法

除上述常用工具外，绘图时还要备有削铅笔的小刀、固定图纸的胶带纸、清理图纸的小刷子，以及橡皮、擦图片等工具和用品。

（七）几何作图

零件的轮廓形状基本上是由直线、圆弧及其他平面曲线所组成的几何图形。熟练掌握常见几何图形正确的作图方法，是提高手工绘图速度、保证绘图质量的重要技能之一。

1. 线段等分及正多边形绘制的作图方法

线段等分：分割一线段为几等份的方法如图 1-30 所示。步骤如下：

① 过已知直线段 AB 的一个端点 A 任作一射线 AC，由此端点起在射线上以任意长度截取几等份。

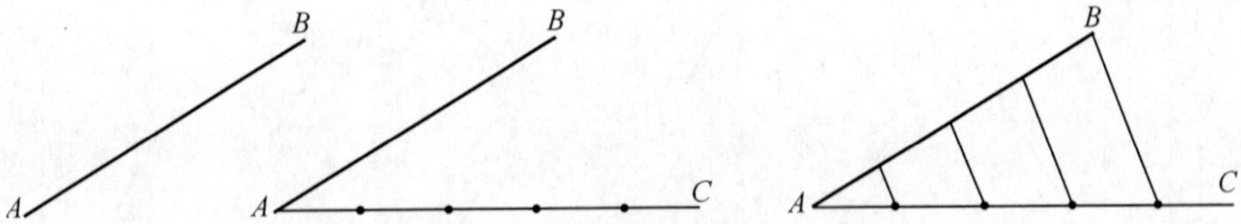

图 1-30　线段等分的方法

② 将射线上的等分终点与已知直线段的另一端点连线，并过射线上各等分点作此连线的平行线与已知直线段相交，交点即为所求。

2. 三角板与丁字尺配合作正三（六）边形

【例 1-1】　三角板与丁字尺配合作正三边形。

分析：

用 60°三角板和丁字尺配合，可直接作已知圆的内接正三边形。

作图步骤：

- 过 *B* 点，用 60°三角板画出斜边 *AB*，如图 1-31（a）所示。
- 翻转三角板，过 *B* 点画出斜边 *BC*，如图 1-31（b）所示。
- 用丁字尺连接水平边 *AC*，即得圆的内接正三边形，如图 1-31（c）、图 1-31（d）所示。

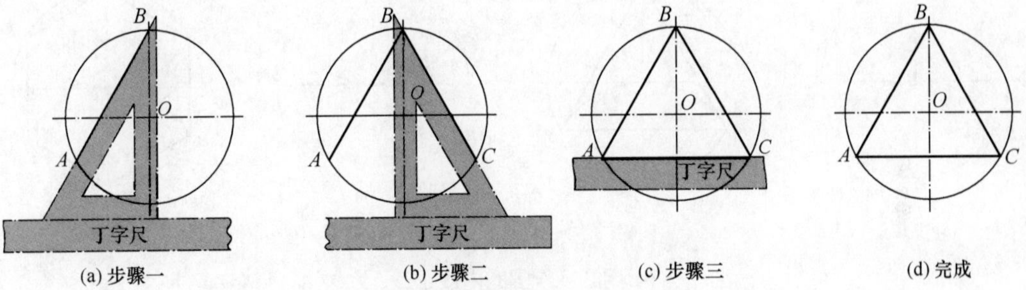

图 1-31　作已知圆的内接正三边形

【例 1-2】　三角板与丁字尺配合作正六边形。

分析：

用 60°三角板和丁字尺配合，可直接作已知圆的内接正六边形。

作图步骤：

- 过 *A* 点，用 60°三角板画出斜边 *AB*；向右平移三角板，过 *D* 点画出斜边 *DE*，如图 1-32（a）所示。
- 翻转三角板，过 *D* 点画出斜边 *CD*；向左平移三角板，过 *A* 点画出斜边 *AF*，如图 1-32（b）所示。
- 用丁字尺连接两水平边 *BC*、*FE*，即得圆的内接正六边形，如图 1-32（c）、图 1-32（d）所示。

3. 用圆规作圆的内接正三（六）边形

【例 1-3】　作已知圆的内接正三、六边形。

作图步骤：

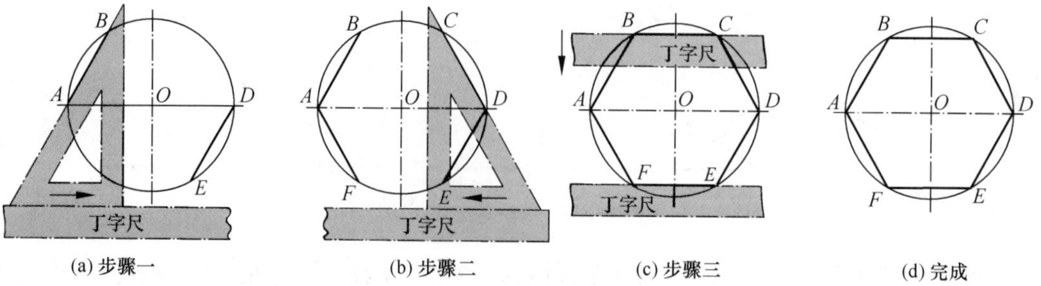

图 1-32　作已知圆的内接正六边形

- 以圆的直径端点 *F* 为圆心，已知圆的半径 *R* 为半径画弧，与圆相交于 *B*、*C* 如图 1-33（a）所示。
- 依次连接 *A*、*B*、*C*，即得到圆的内接正三边形，如图 1-33（b）所示。
- 再以圆的直径端点 *A* 为圆心，已知圆的半径 *R* 为半径画弧，与圆相交于 *D*、*E*，如图 1-33（c）所示。
- 依次连接 *A*、*E*、*B*、*F*、*C*、*D*、*A*，即得到圆的内接正六边形，如图 1-33（d）所示。

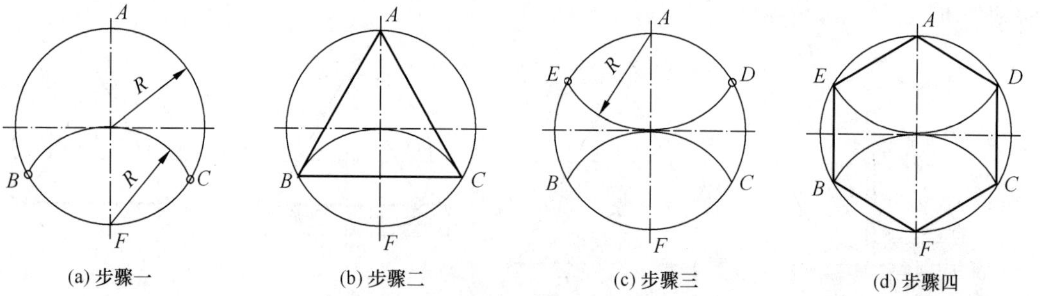

图 1-33　用圆规作圆的内接正三、六边形

4. 用圆规作圆的内接正五边形（近似作图）

【例 1-4】 作已知圆的内接正五边形（近似作图）。

作图步骤：

- 在已知圆中取半径 *OM* 的中点 *F*，如图 1-34（a）所示。
- 以 *F* 为圆心，*FA* 长为半径画弧，与 *ON* 交于点 *G*，如图 1-34（b）所示。

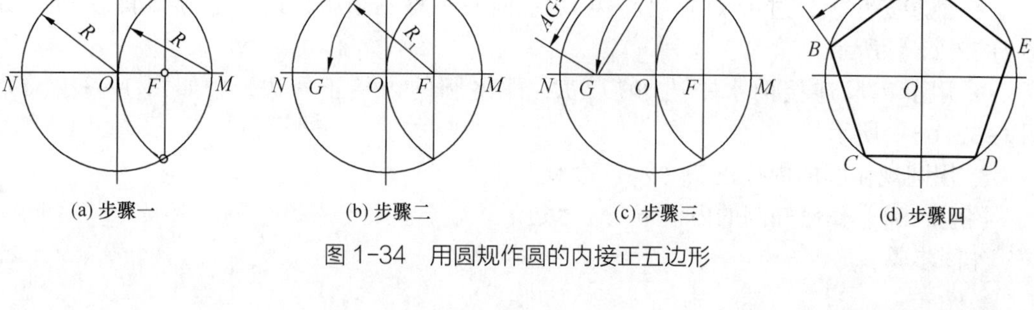

图 1-34　用圆规作圆的内接正五边形

- AG 即为五边形的边长（近似），如图 1-34（c）所示。
- 以 AG 为半径，依次在圆周上截得五等分即为所求，如图 1-34（d）所示。

5. 用计算法作圆的任意等分

圆的任意等分可利用弦长表，计算出每一等分所对应的弦长，用分规直接作图。表 1-12 为弦长表。

表 1-12　　弦长表

等分数 n	弦长 $L\approx$	等分数 n	弦长 $L\approx$	等分数 n	弦长 $L\approx$	等分数 n	弦长 $L\approx$
3	$0.866d$	7	$0.434d$	11	$0.282d$	15	$0.208d$
4	$0.707d$	8	$0.383d$	12	$0.259d$	16	$0.195d$
5	$0.588d$	9	$0.342d$	13	$0.239d$	17	$0.184d$
6	$0.5d$	10	$0.309d$	14	$0.223d$	18	$0.174d$

注：d 为圆的直径，此表计算公式为：$L\approx d\sin(180°/n)$。

【例 1-5】　已知圆的直径为 $\phi50$，试作圆的内接正九边形。

作图步骤：

- 根据圆的等分数 $n=9$，在表 1-12 中查得弦长 $L9=0.342d$。
- 计算弦长：$L9=0.342\times50=17.1$。
- 画直径为 $\phi50$ 的圆，用弦长 $L9=17.1$ 在该圆上依次截取九个等分点，再依次连接九个等分点即为所求，如图 1-35 所示。

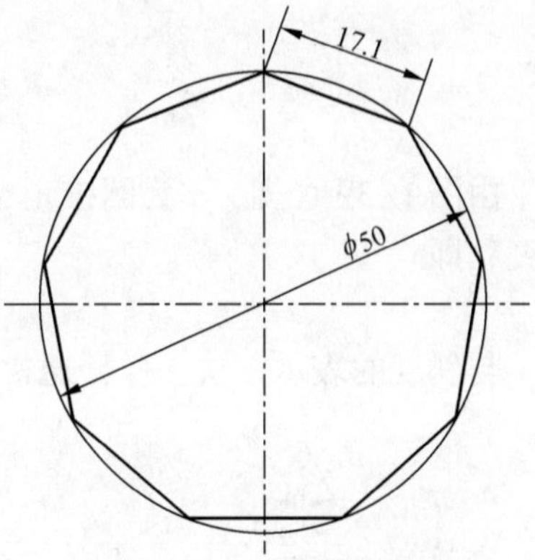

图 1-35　用弦长九等分圆周

（八）斜度和锥度（GB/T 4458.4—2003）

1. 斜度

棱体高之差与平行于棱并垂直一个棱面的两个截面之间的距离之比，称为斜度（图 1-36）。代号为“S”。如最大棱体高 H 与最小棱体高 h 之差，对棱体长度 L 之比，用关系式表示为

$$S=\tan\beta=(H-h)/L$$

通常把比例的前项化为 1，以简单分数 1∶n 的形式来表示斜度。

配套视频

认识斜度和锥度

【例 1-6】　画出图 1-37 所示楔键的图形。

作图步骤：

- 根据图中的尺寸，画出已知的直线部分。
- 过 A 点，按 1∶12 画出直角三角形，求出斜边 A、C，如图 1-38（a）所示。
- 过已知点 D，作 A、C 的平行线，如图 1-38（b）所示。
- 描深加粗楔键图形，标注斜度符号，如图 1-38（c）所示。

斜度符号的底线应与基准面（线）平行，符号的尖端方向应与斜面的倾斜方向一致。斜度符号的画法，如图 1-38（d）所示。

2. 锥度

两个垂直圆锥轴线的圆锥直径差与该两截面间的轴向距离之比称为锥度，代号为“C”。

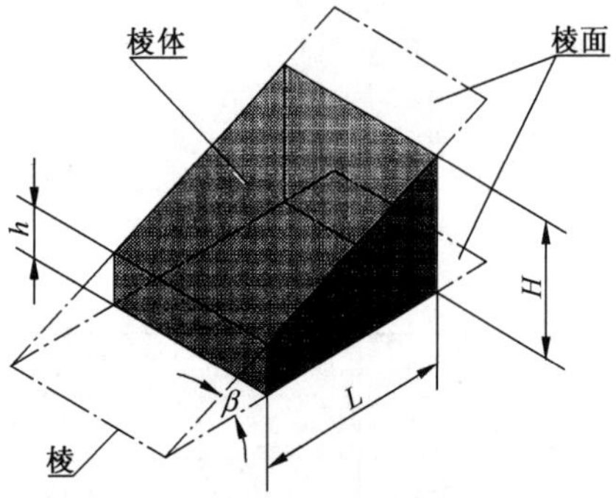

图 1-36　斜度的概念

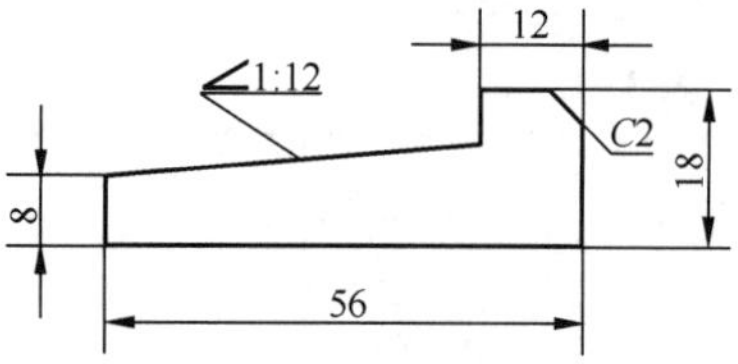

图 1-37　楔键

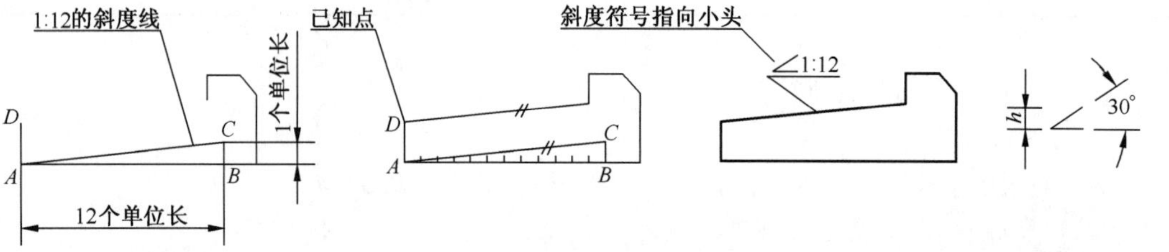

(a) 步骤一　(b) 步骤二　(c) 步骤三　(d) 斜度符号的画法

图 1-38　楔键的画法

由图 1-39 可知，α 为圆锥角，D 为最大端圆锥直径，d 为最小端圆锥直径，L 为圆锥长度，即

$$C=(D-d)/L=2\tan(\alpha/2)$$

与斜度的表示方法一样，通常也把锥度的比例前项化为 1，写成 1 ∶ n 的形式。

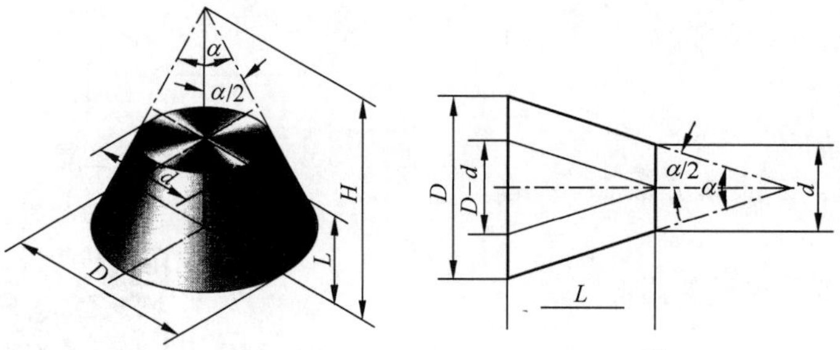

(a)　(b)

图 1-39　锥度的定义

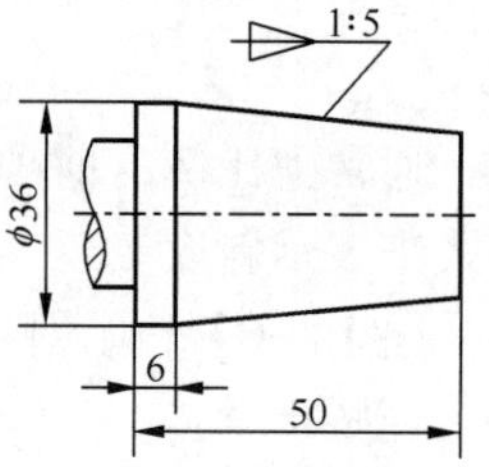

图 1-40　锥度的图例

【例 1-7】 画出图 1-40 所示具有 1 ∶ 5 锥度的图形。

作图步骤：

- 据图中的尺寸，画出已知的直线部分。
- 任意确定等腰三角形的底边 AB 为 1 个单位长度，高为 5 个单位长度，画出等腰三角形 ABC。如图 1-41（a）所示。
- 分别过已知点 D、E 作 AC 和 BC 的平行线，如图 1-41（b）所示。
- 描深加粗图形，标注锥度符号，如图 1-41（c）所示。

标注锥度时用引出线从锥面的轮廓线上引出，锥度符号的尖端指向锥度的小头方向。锥度符号的画法，如图 1-41（d）所示。

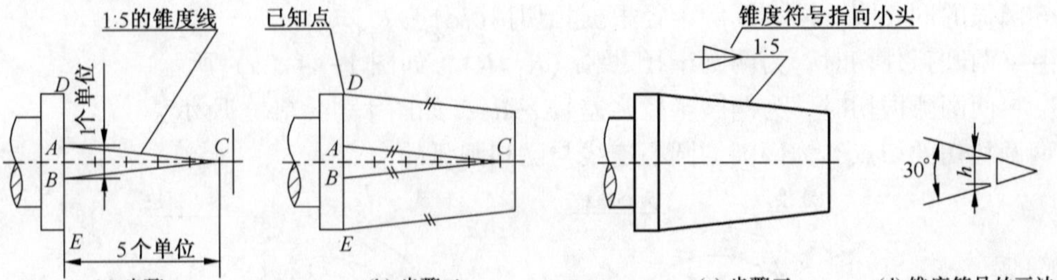

(a) 步骤一　(b) 步骤二　(c) 步骤三　(d) 锥度符号的画法

图 1-41　锥度的画法

（九）圆弧连接

配套视频

圆弧连接

用一圆弧光滑地连接相邻两线段（直线或圆弧）的作图方法，称为圆弧连接。圆弧连接在零件轮廓图中经常可见，图 1-42（a）所示为扳手的轴测图。

从图 1-42（b）中可以看出，圆弧连接实质上就是圆弧与直线、圆弧与圆弧相切。因此，作图时必须先求出连接弧的圆心，确定连接点（切点）的位置。

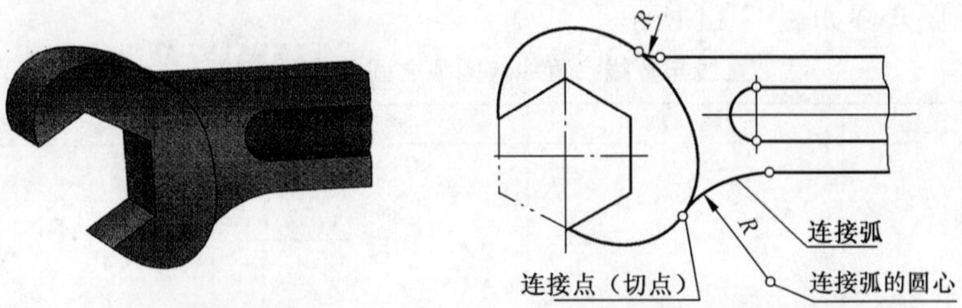

(a) 扳手轴测图　(b) 扳手平面图

图 1-42　圆弧连接示例

1. 圆弧与直线相切的作图原理

若半径为 R 的圆弧，与已知直线 AB 相切，其圆心轨迹是与直线 AB 相距 R 的一条平行线。切点是自圆心 O 向直线 AB 所作垂线的垂足，如图 1-43 所示。

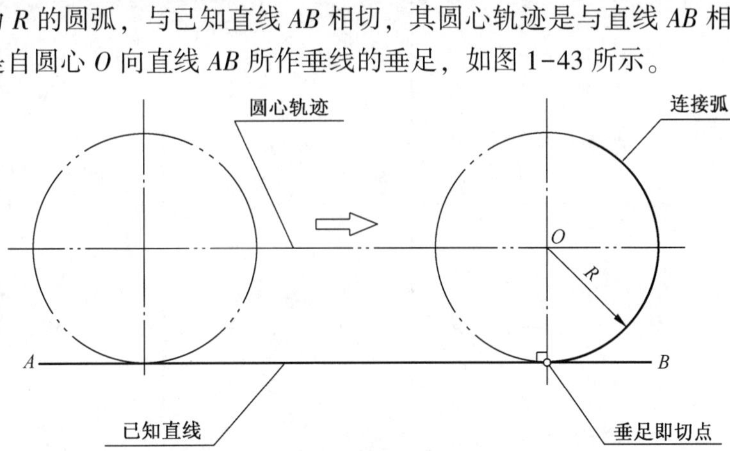

图 1-43　圆弧与直线相切

2. 圆弧与圆弧相切的作图原理

若半径为 R 的圆弧，与已知圆弧（圆心为 O_1，半径为 R_1）相切，其圆心 O_1 的轨迹是已知圆弧的同心圆。同心圆的半径根据相切情况分为：

——两圆弧外切时，为两圆半径之和（R_1+R），如图 1-44（a）所示。

——两圆弧内切时，为两圆半径之差 $|R_1-R|$，如图 1-44（b）所示。

两圆相切的切点，为两圆的圆心连线与已知圆弧的交点。

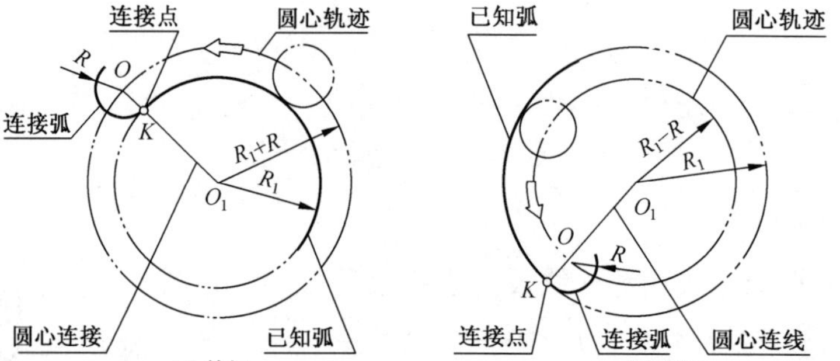

图 1-44　圆弧与圆弧相切

3. 圆弧连接的作图步骤

直线与直线、直线与圆弧之间的圆弧连接，其作图步骤见表 1-13；两圆弧之间的圆弧连接，其作图步骤如表 1-14 所示。

表 1-13　　直线与直线、直线与圆弧之间的圆弧连接

已知条件和作图要求	第一步	第二步	第三步
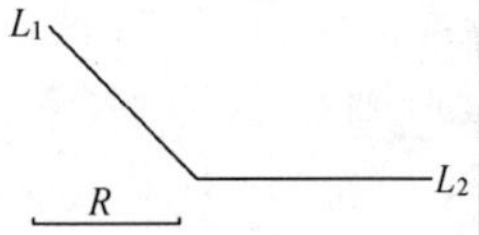 用圆弧连接钝角的两边	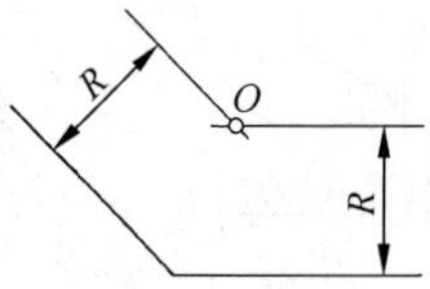 作已知直线的平行线，求连接弧圆心	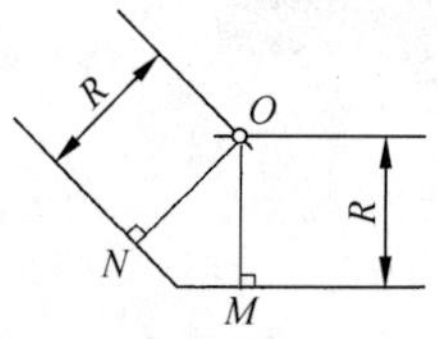 过圆心作已知直线的垂线，求切点	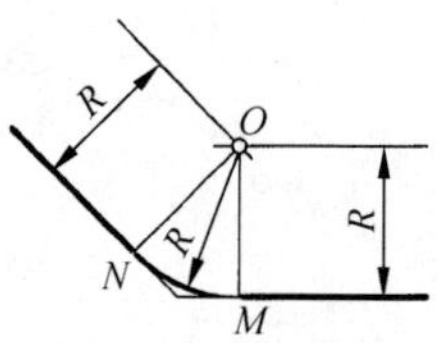 在切点之间画连接弧
用圆弧连接直角的两边	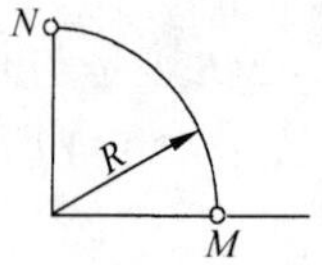 直接用连接弧半径求切点	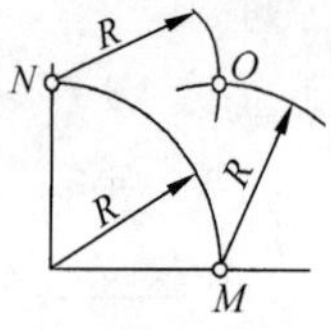 再用连接弧半径求连接弧圆心	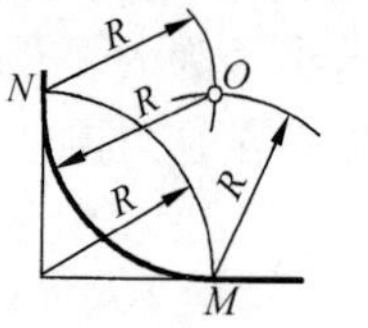 在切点之间画连接弧
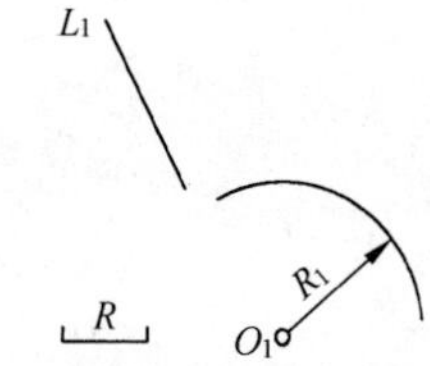 用圆弧连接直线和圆弧	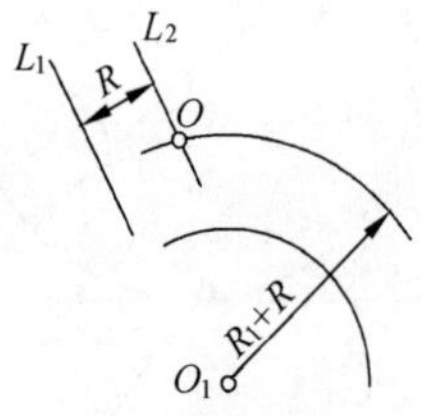 作平行线和同心圆，求连接弧圆心	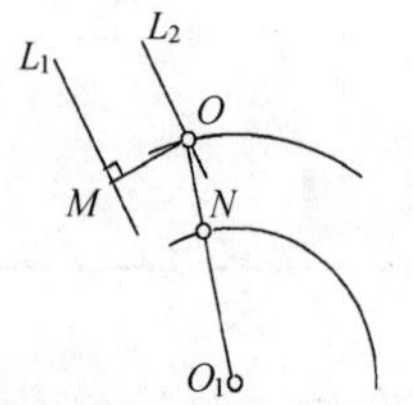 作垂线和连心线，求切点	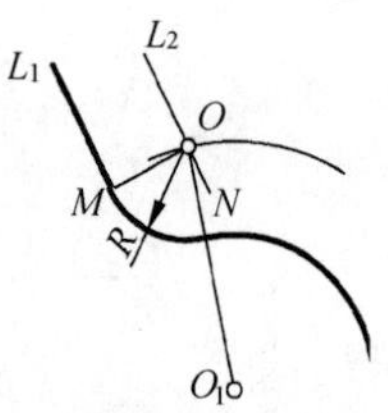 在切点之间画连接弧

表 1-14　　两圆弧之间的圆弧连接

已知条件和作图要求	第一步	第二步	第三步
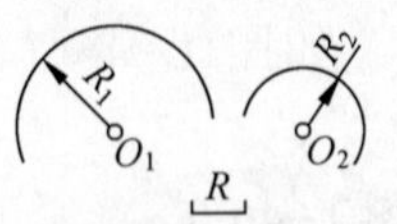 与两已知圆弧外切	 分别作同心圆，求连接弧圆心	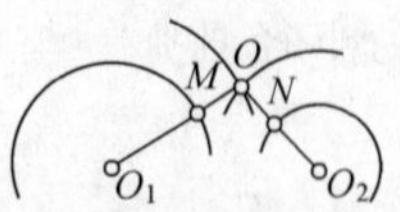 分别作连心线，求切点	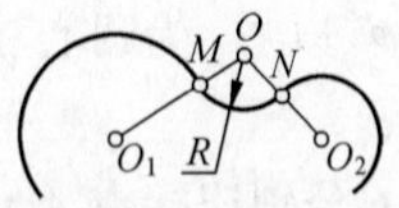 在切点之间画连接弧
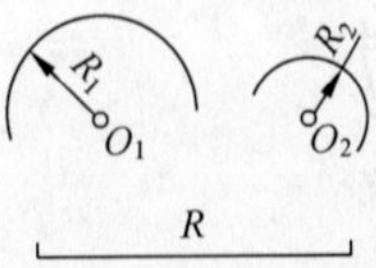 与两已知圆弧内切	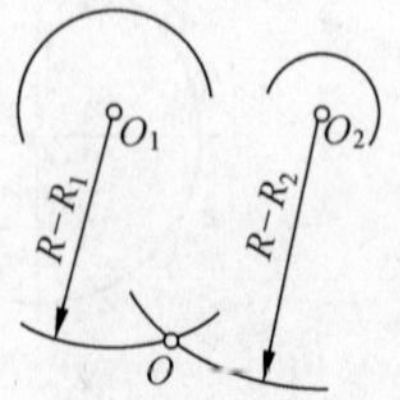 分别作同心圆，求连接弧圆心	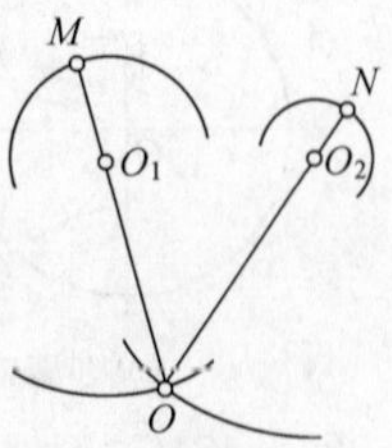 分别作连心线，求切点	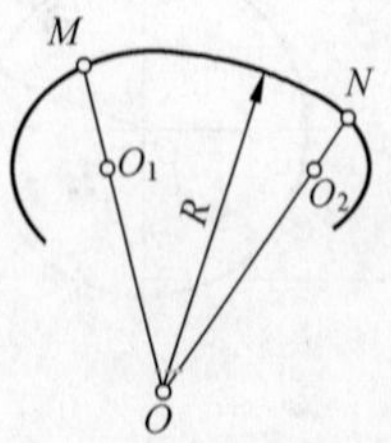 在切点之间画连接弧
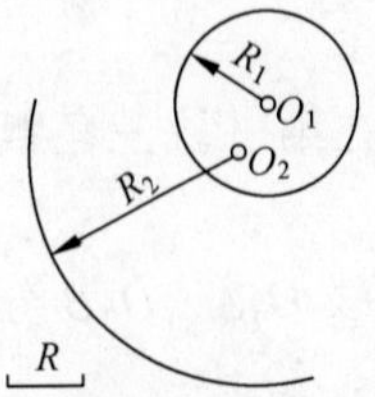 与圆弧 R_1 外切，与圆弧 R_2 内切	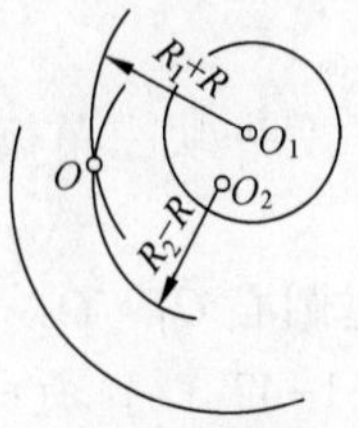 分别作同心圆，求连接弧圆心	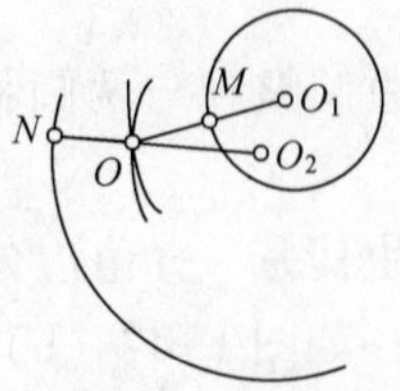 分别作连心线，求切点	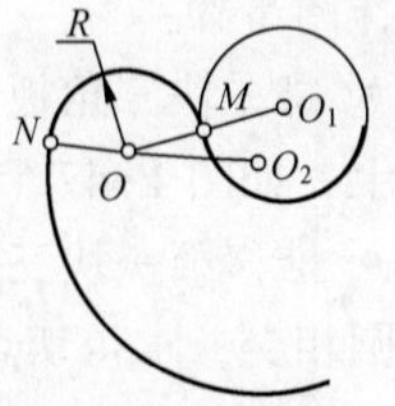 在切点之间画连接弧

4. 作圆弧的切线

零件的平面轮廓常用直线光滑地与圆弧相切。作直线与圆弧相切时，通常借助圆规、三角板作图，求出其切点。

【例 1-8】 已知圆上一点 A，过 A 作该圆的切线。

作图步骤：

- 连接圆心 O 和切点 A，作 OA 的垂直平分线，与圆 O 相交于 B、C 两点，如图 1-45（a）所示。
- 以 B 为圆心、BO 为半径画半圆，交 OB 的延长线于 D 点，如图 1-45（b）所示。
- 连接 A、D 两点，AD 即为所求的切线，如图 1-45（c）所示。

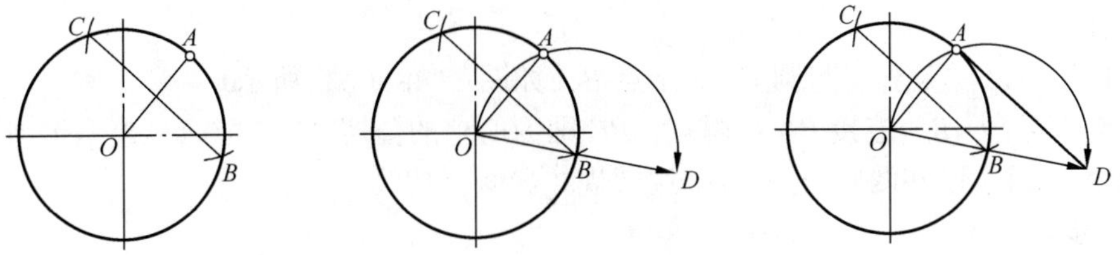

(a) 步骤一　(b) 步骤二　(c) 步骤三

图 1-45　过圆上一点作圆的切线

【例 1-9】 过圆外一点 A 作已知圆的切线。

作图步骤：

- 作点 A 与圆心 O 的连线，求出 OA 的中点 O_1，如图 1-46（a）所示。
- 以 O_1 为圆心、OO_1 为半径画弧，与已知圆相交于点 C_1、C_2，如图 1-46（b）所示。
- 分别连接点 A、C_1 和点 A、C_2，AC_1、AC_2 即为所求的切线，如图 1-46（c）所示。

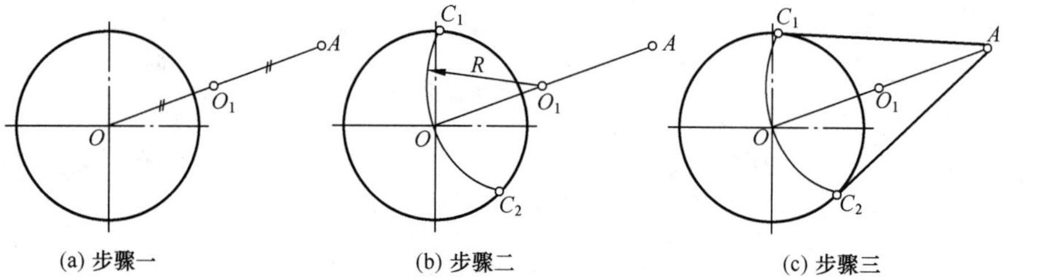

图 1-46 过圆外一点作圆的切线

【例 1-10】 已知两圆 O_1、O_2，用三角板作同侧公切线。

作图步骤：

- 将一块三角板的直角边调整到与两圆相切，另一块三角板紧靠在第一块三角板的斜边上，如图 1-47（a）所示。
- 推移第一块三角板，使其另一直角边分别过圆心 O_1、O_2，作直线 O_1A、O_2B 分别与两圆相交，求得切点 A、B，如图 1-47（b）、图 1-47（c）所示。
- 连接 A、B 两点，AB 即为所求，如图 1-47（d）所示。

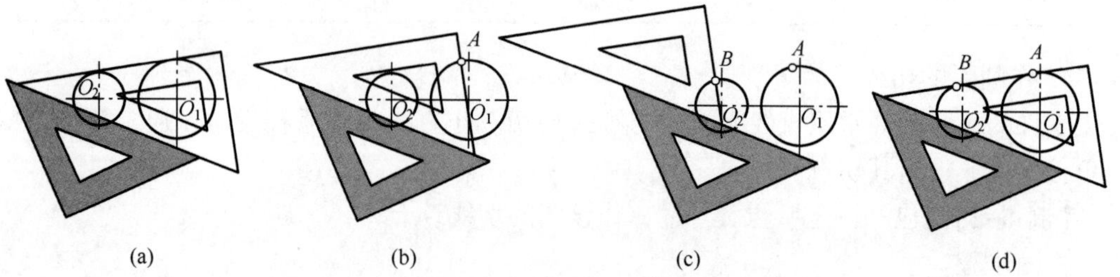

图 1-47 用三角板作两圆的同侧公切线

【例 1-11】 已知两圆 O_1、O_2，用圆规作同侧公切线。

作图步骤：

- 以 O_2 为圆心，R_2-R_1 为半径画辅助圆，过 O_1 作辅助圆的切线 O_1A，如图 1-48（a）所示。
- 连接 O_2A 并延长，与圆 O_2 交于点 B，如图 1-48（b）所示。
- 作 $O_1C /\!/ O_2B$，连接 B、C 两点，BC 即为所求的公切线，如图 1-48（c）所示。

【例 1-12】 已知两圆 O_1、O_2，用圆规作异侧公切线。

作图步骤：

- 以 O_1O_2 为直径（半径为 R）画辅助圆；以 R_1+R_2 为半径画弧，与辅助圆相交于点 K，如图 1-49（a）所示。

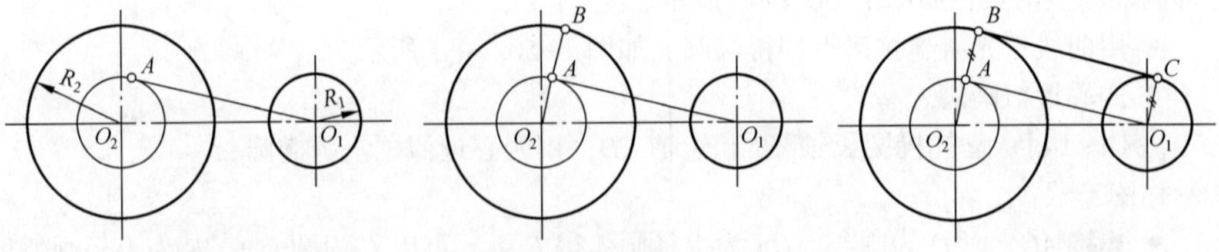

(a) 步骤一 (b) 步骤二 (c) 步骤三

图 1-48 用圆规求作两圆的同侧公切线

• 连接 O_2K，与圆 O_2 交于点 C_2，如图 1-49（b）所示。

• 作 $O_1C_2 /\!/ O_2C_2$，连接 C_1、C_2 两点，C_1C_2 即为所求的公切线，如图 1-49（c）所示。

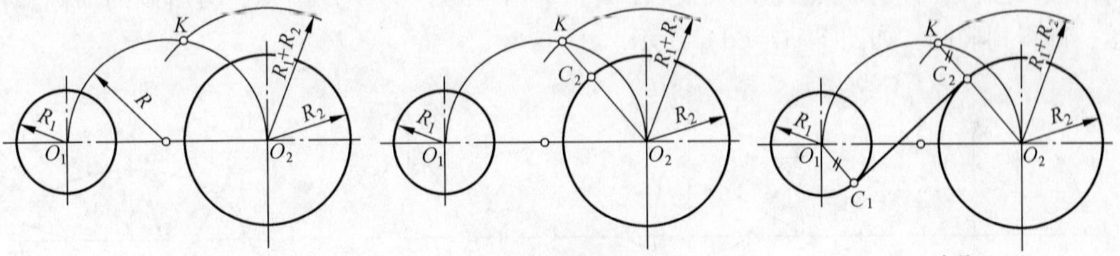

(a) 步骤一 (b) 步骤二 (c) 步骤三

图 1-49 用圆规作两圆的异侧公切线

5. 椭圆的画法

椭圆是常见的非圆曲线。已知椭圆的长轴和短轴，可采用不同的画法画出椭圆。

① 辅助同心圆法。

【例 1-13】 已知椭圆长轴 AB 和短轴 CD，用辅助同心圆法画椭圆。

作图步骤：

• 以椭圆中心为圆心，分别以长轴、短轴长度为直径，作两个同心圆，如图 1-50（a）所示。

• 作圆的十二等分，过圆心作放射线，分别求出与两圆的交点，如图 1-50（b）所示。

• 过大圆上的等分点作竖直线，过小圆上的等分点作水平线，竖直线与水平线的交

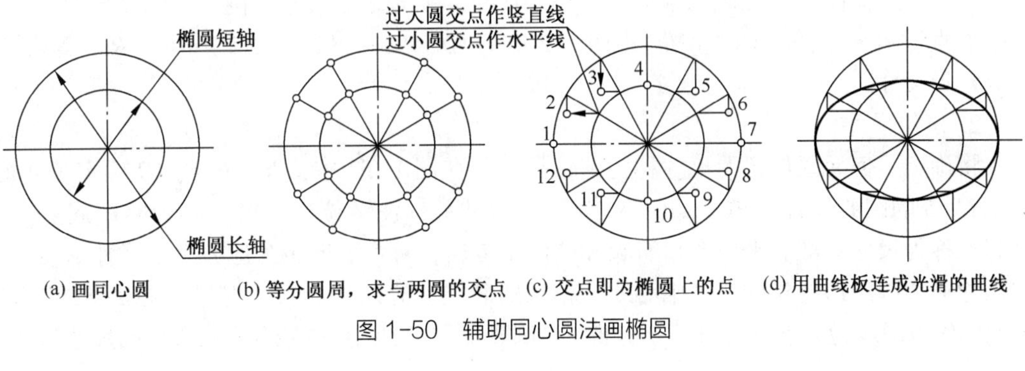

(a) 画同心圆 (b) 等分圆周，求与两圆的交点 (c) 交点即为椭圆上的点 (d) 用曲线板连成光滑的曲线

图 1-50 辅助同心圆法画椭圆

点即为椭圆上的点，如图 1-50（c）所示。

- 用曲线板光滑连接诸点即得椭圆，如图 1-50（d）所示。

② 四心近似画法。

【例 1-14】 已知椭圆长轴 *AB* 和短轴 *CD*，用四心近似画法画椭圆。

作图步骤：

- 连接 *AC*，以 *O* 为圆心、*OA* 为半径画弧得 *E* 点，再以 *C* 为圆心、*CE* 为半径画弧得 *F* 点，如图 1-51（a）所示。
- 作 *AF* 的垂直平分线，与 *AB* 交于点 1，与 *CD* 交于点 2。取 1、2 两点的对称点 3 和 4（点 1、2、3、4 即圆心），如图 1-51（b）所示。
- 连接点 2、3，点 3、4 和点 4、1，并延长，得到一菱形，如图 1-51（c）所示。
- 分别以点 2、4 为圆心，R（$R=2C=4D$）为半径画弧，与菱形的延长线相交，即得两段大圆弧；分别以点 1、3 为圆心，r（$r=1A=3B$）为半径画弧，与所画的大圆弧连接，即得到椭圆，如图 1-51（d）所示。

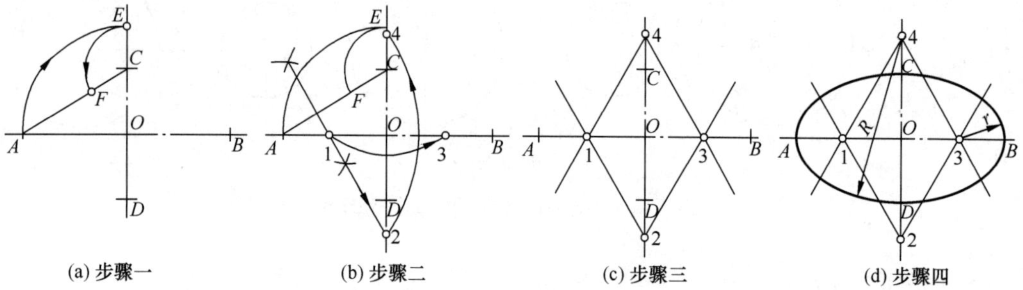

图 1-51　四心近似画法画椭圆

二、任务实施——吊钩平面图形绘制

平面图形是由许多线段连接而成的，这些线段之间的相对位置和连接关系，靠给定的尺寸来确定。在画平面图形时，只有通过分析尺寸、确定线段性质、明确作图顺序，才能正确地画出图形。

（一）尺寸分析

图 1-1 吊钩平面图形中的尺寸，按其作用可分为两类。

1. 定形尺寸

将确定平面图形上几何元素形状大小的尺寸，称为定形尺寸。例如，线段长度、圆及圆弧的直径和半径、角度大小等。图 1-52 中的 40、ϕ20、ϕ25、*R*15、ϕ40、*R*50 等尺寸，均为定形尺寸。

2. 定位尺寸

将确定几何元素位置的尺寸称为定位尺寸。在图 1-52 中，70、6.4、62 确定了 ϕ40、*R*50、*R*45 的圆心位置，70、6.4、62 为定位尺寸；标注定位尺寸时，必须有个起点，这个起点称为尺寸基准。平面图形有长和高两个方向，每个方向至少应有一个尺寸基准。定位尺寸通常以图形的对称线、中心线、较长的底线或边线作为尺寸基准。图 1-52 中水平方向的细点画线为上下方向的尺寸基准；左侧竖直方向的细点画线为左右方向的尺寸基准。

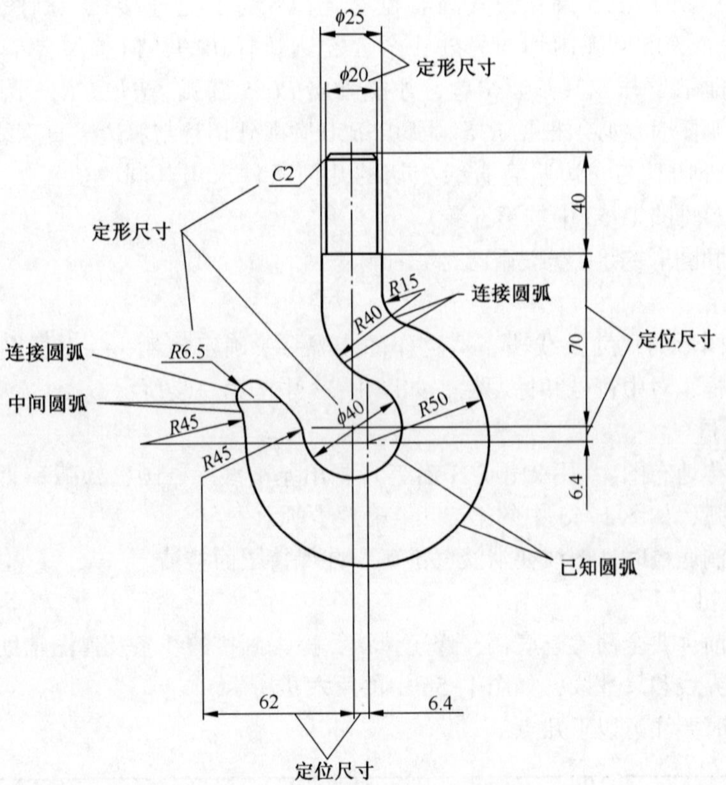

图 1-52　平面图形的尺寸分析

（二）线段分析

在平面图形中，有些线段具有完整的定形和定位尺寸，绘图时，可根据标注的尺寸直接绘出；而有些线段的定位尺寸并未完全注出，要根据已注出的尺寸及该线段与相邻线段的连接关系，通过几何作图才能画出。因此，按线段的尺寸是否标注齐全，将线段分为已知线段、中间线段和连接线段三类。

绘制平面图形时，遇到的大多数直线和圆都是已知线段。因此，这里只介绍圆弧连接的作图问题。

1. 已知弧

给出半径大小及圆心在两个方向的定位尺寸的圆弧，称为已知弧。

图 1-52 中的 *R*50、ϕ40 圆弧为已知弧，此类圆弧可直接画出（图 1-53 中的第三步）。

2. 中间弧

给出半径大小及圆心一个方向的定位尺寸的圆弧，称为中间弧。

如图 1-52 中 *R*45 的两圆弧，圆心的左右位置由定位尺寸 62、45+50 确定，但缺少确定圆心上下位置的定位尺寸，是中间弧。画图时，必须根据 *R*45 与 ϕ40、*R*50 与 *R*45 外切的几何条件（$R=20+45$、$R=50+45$），分别求出其圆心位置，才能画出 *R*45 的两圆弧（参见图 1-53 中的第四步）。

3. 连接弧

已知圆弧半径，而缺少两个方向的定位尺寸的圆弧，称为连接弧。

如图 1-52 中的 *R*6.5 圆弧，其圆心没有定位尺寸，是连接弧。画图时，必须根据 *R*6.5 圆弧与一个 *R*45 圆弧内切与另外一个 *R*45 圆弧外切的几何条件（$R=45-6.5$、$R=45+6.5$）分别画弧，求出其圆心位置，才能画出 *R*6.5 圆弧。*R*40、*R*15 圆弧的圆心也没有定位尺寸，画图时，必须根据 *R*15 圆弧与 *R*50 圆弧外切且与右边竖直直线相切、*R*40 圆弧与 ϕ40 圆弧外切且与左边竖直直线相切的几何条件求出其圆心位置，才能画出 *R*15、*R*40 的圆弧（参见图 1-53 中的第五步）。

（三）平面图形的绘图方法和步骤

1. 准备工作

分析平面图形的尺寸及线段，拟定作图步骤——确定比例——选择图幅——固定图纸——画出图框、对中符号和标题栏，如图 1-53 中的第一步所示。

2. 绘制底稿

合理、匀称地布图，（用 2H 或 H 铅笔）画出基准线——画已知弧和直线——画中间弧——画连接弧，如图 1-53 中的第二步~第五步所示。

提示：绘制底稿时，图线要清淡，准确，并保持图面整洁。

3. 加深描粗

加深描粗前，要全面检查底稿，修正错误，擦去画错的线条及作图辅助线。加深描粗后，画出尺寸界线和尺寸线，如图 1-53 中的第六步所示。

加深描粗时要注意以下几点：

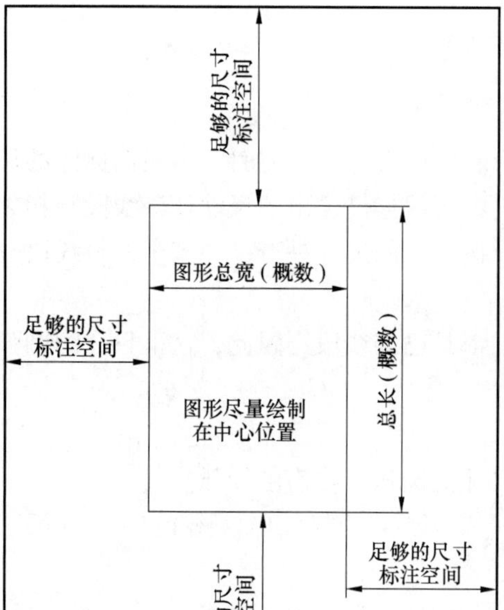

第一步：画图框、对中符号和标题栏

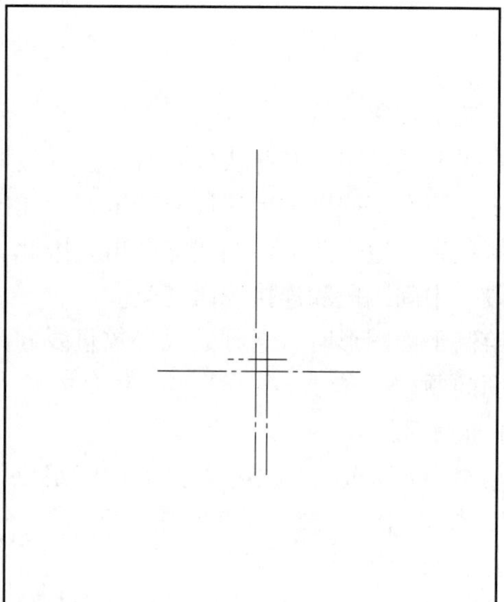

第二步：画出作图基准线

图 1-53 平面图形的画图步骤

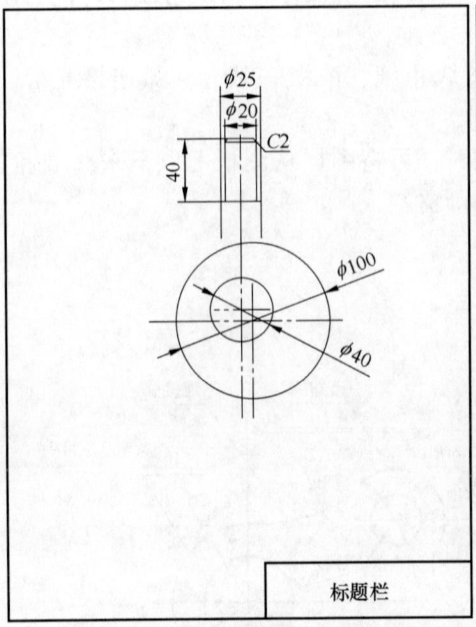

第三步：画已知弧和直线

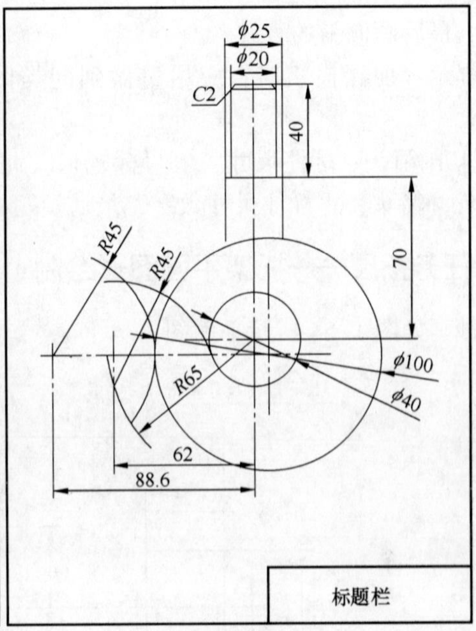

第四步：画中间弧

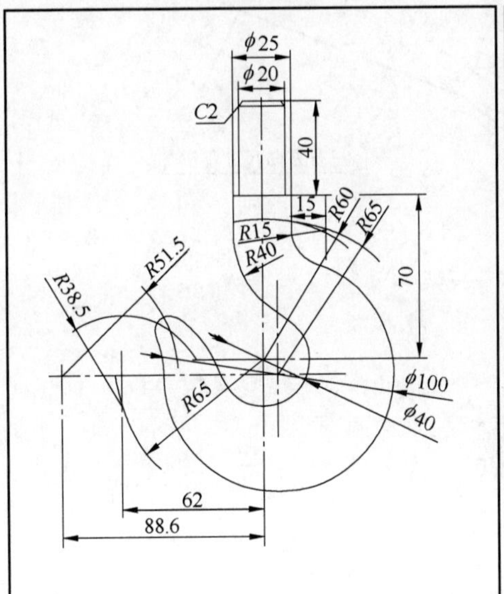

第五步：画连接弧线和公切线

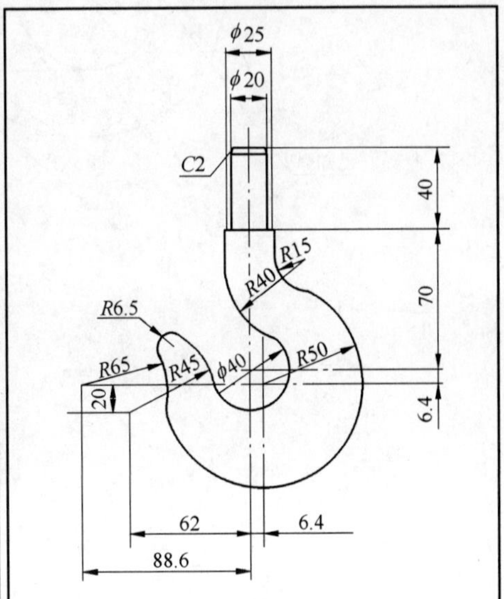

第六步：加深描粗，画尺寸界线和尺寸线

图 1-53　平面图形的画图步骤（续）

① 先粗后细。先（用 B 或 2B 铅笔）加深全部粗实线，再（用 HB 铅笔）加深全部细虚线、细点画线及细实线等。

② 先曲后直。在加深同一种线（特别是粗实线）时，应先画圆弧或圆，后画直线。

提示：画图时，应先画已知弧，再画中间弧，最后画连接弧线。

③ 先水平，后垂斜。先用丁字尺自上而下画出水平线，再用三角板自左向右画出垂直线，最后画倾斜的直线。

提示：加深描粗时，应尽量做到同类图线粗细、浓淡一致，圆弧连接光滑，图面整洁。

④ 画箭头、标注尺寸、填写标题栏。此时，可将图样从图板上取下来，（用 HB 铅笔）先画箭头，再标注尺寸数字，最后填写标题栏。

三、任务拓展——托架平面图形绘制

抄画如图 1-54 所示平面图。

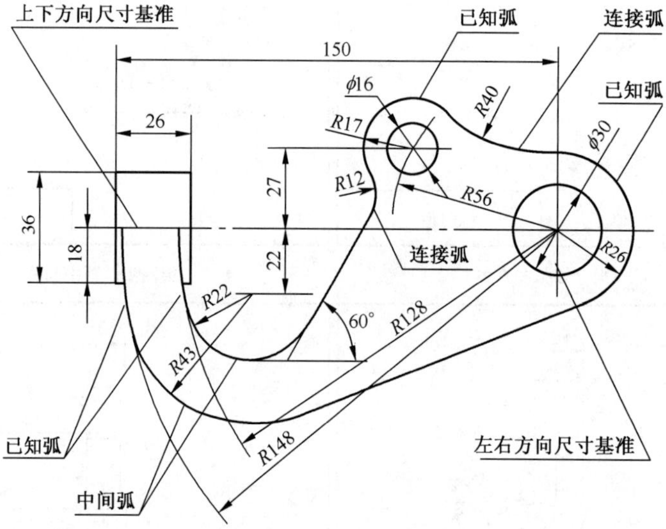

图 1-54　托架

配套课件

组合体三视图绘制

项目二　组合体三视图绘制

【知识目标】

具备正投影的基本理论。

【能力目标】

能根据机械制图国家标准，绘制组合体三视图。

【素质目标】崇尚宪法、遵法守纪、崇德向善、诚实守信、尊重生命、热爱劳动，履行道德准则和行为规范，具有社会责任感和社会参与意识；严格执行机械制图国家标准。

任务一　平面立体绘制

【学习目标】

掌握投影法的概念及投影法的分类；掌握点、直线和平面的投影规律；掌握平面立体及其截交线的画法。

【学习重点】

点、直线和平面的投影规律；平面立体及其截交线的画法。

【学习难点】

平面立体截交线的画法。

[任务导入]

几何体分为平面立体和曲面立体两大类（图 2-1）。表面均为平面的立体，称为平面立体；表面由曲面或平面组成的立体，称为曲面立体。

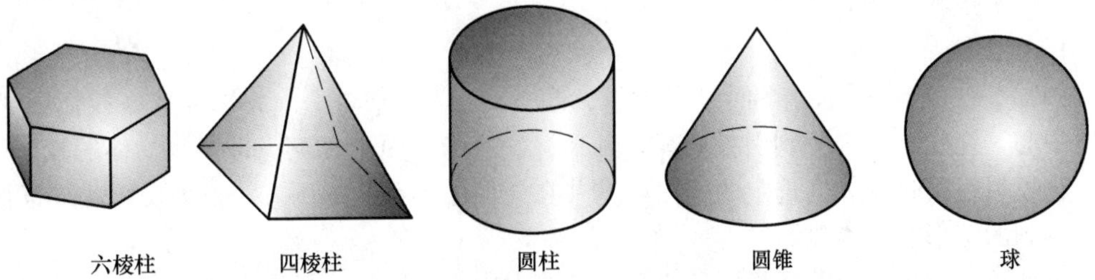

图 2-1　立体图

① 绘制正六棱锥的切割体的三视图，如图 2-2（a）所示。

② 绘制正四棱柱的切割体的三视图，如图 2-2（b）所示。

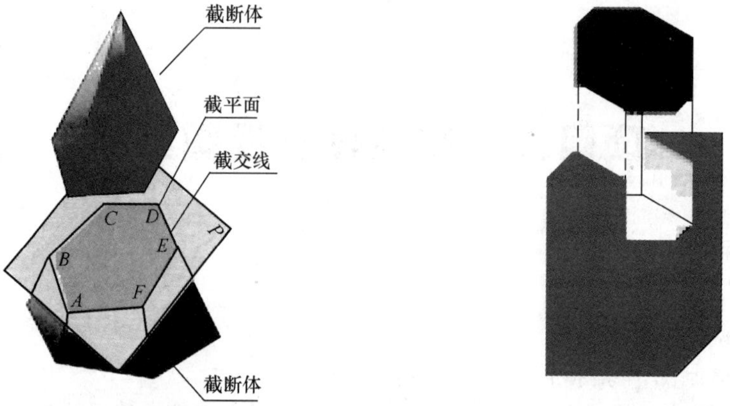

(a) 正六棱锥的切割体　　(b) 正四棱柱的切割体

图 2-2　平面立体切割体

一、知识链接

在日常生活中，常见到物体被阳光或灯光照射后，会在地面或墙壁上留下一个灰黑的影子，如图 2-3（a）所示。这个影子只能反映物体的轮廓，却表达不出物体的形状和大小。人们将这种现象进行科学的抽象，总结出了影子与物体之间的几何关系，进而形成了投影法，使在图纸上表达物体形状和大小的要求得以实现。

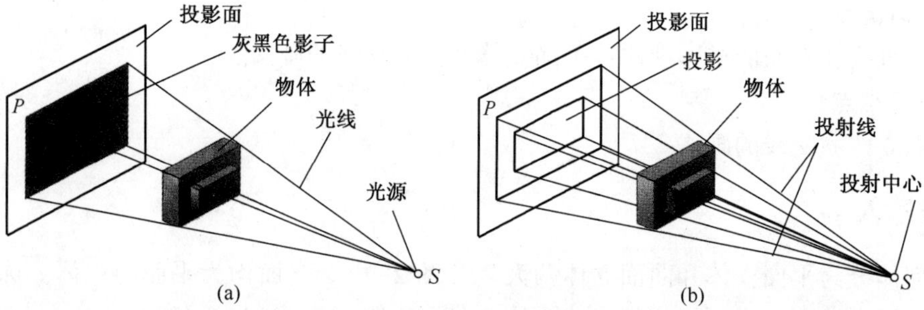

(a)　　(b)

图 2-3　投影的形成

（一）投影的基本知识

1. 投影法

如图 2-3（b）所示，平面 P 称为投影面，S 称为投射中心。将物体放在投影面 P 和投射中心 S 之间，自 S 分别引投射线并延长，使之与平面 P 相交，即得到物体的投影。

将投射线通过物体向选定的面投射，并在该面上得到图形的方法称为投影法。根据投影法得到的图形，称为投影。

由此可以看出，要获得投影，必须具备投射中心、物体、投影面这三个基本条件。

根据投射线的类型（平行或汇交），投影法可分为以下两类：

（1）中心投影法

投射线汇交一点的投影法，称为中心投影法，如图 2-3（b）所示。

用中心投影法所得的投影大小，随着投影面、物体、投射中心三者之间距离的变化而变化。工程上常用中心投影法绘制建筑物的透视图，如图 2-4 所示。用中心投影法绘制的图样具有较强的立体感，但不能反映物体的真实形状和大小，且度量性差，作图比较复杂，在机械图样中很少采用。

（2）平行投影法

假设将投射中心 S 移至无限远处，则投射线相互平行，如图 2-5 所示。这种投射线相互平行的投影法，称为平行投影法。

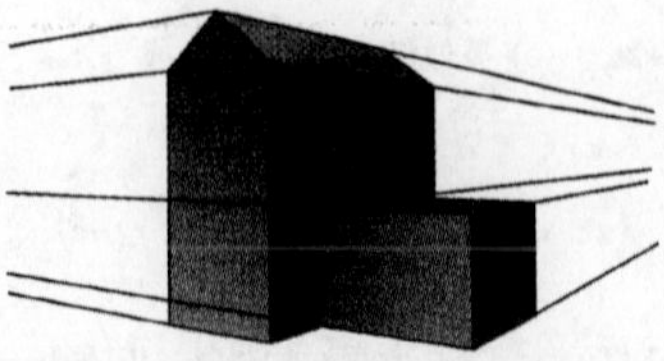

图 2-4 建筑物的透视图

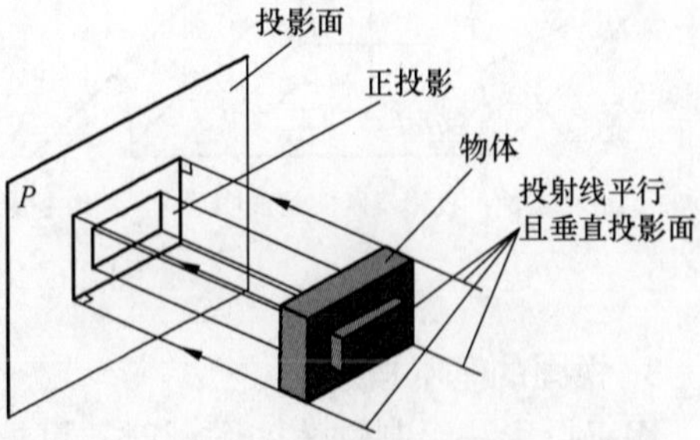

图 2-5 投射线垂直投影面的平行投影法

根据投射线与投影面是否垂直，又可将平行投影法分为正投影法和斜投影法两种。

① 正投影法。投射线与投影面垂直的平行投影法，称为正投影法。根据正投影法所得到的图形，称为正投影（或正投影图），如图 2-5、图 2-6（a）所示。

② 斜投影法。投射线与投影面倾斜的平行投影法，称为斜投影法。根据斜投影法所得到的图形，称为斜投影（或斜投影图），如图 2-6（b）所示。

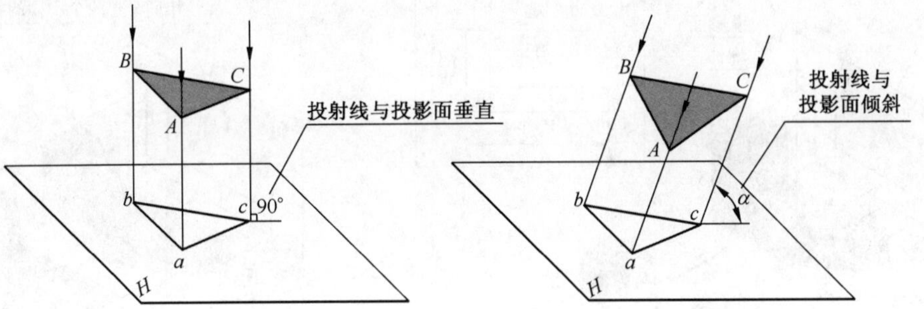

(a) 正投影法　　(b) 斜投影法

图 2-6 平行投影法

由于正投影法能反映物体的真实形状和大小，因此使用得十分广泛。机械图样都是采用正投影法绘制的，正投影法是机械制图的理论基础。

2. 正投影的基本性质

（1）真实性

平面（直线）平行于投影面，投影反映实形（实长），这种性质称为真实性，如图 2-7（a）所示。

（2）积聚性

平面（直线）垂直于投影面，投影积聚成直线（一点），这种性质称为积聚性，如图 2-7（b）所示。

（3）类似性

平面（直线）倾斜于投影面，投影变小（短），这种性质称为类似性，如图 2-7（c）所示。

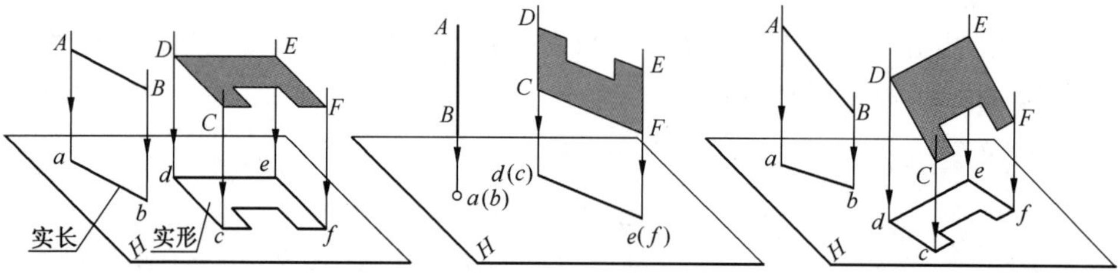

(a) 真实性：投影反映实长或实形　(b) 积聚性：投影积聚成一点或直线　(c) 类似性：投影变短或变小

图 2-7　正投影的基本性质

3. 视图的基本概念

用正投影法绘制物体的图形时，可把人的视线假想成相互平行且垂直于投影面的一组投射线，将物体在投影面上的投影称为视图，如图 2-8 所示。国家标准规定：绘制视图时，可见的棱线和轮廓线用粗实线绘制，不可见的棱线和轮廓线用细虚线绘制。

一般情况下，一个视图不能完整地表达物体的形状。由图 2-8 可以看出，这个视图只反映物体的长度和高度，而没有反映物体的宽度。如图 2-9 所示，两个不同的物体，在同一投影面上的投影却相同。因此，要反映物体的完整形状，常需要从几个不同方向进行投射，获得多面正投影，以表示物体各个方向的形状，综合起来反映物体的完整形状。

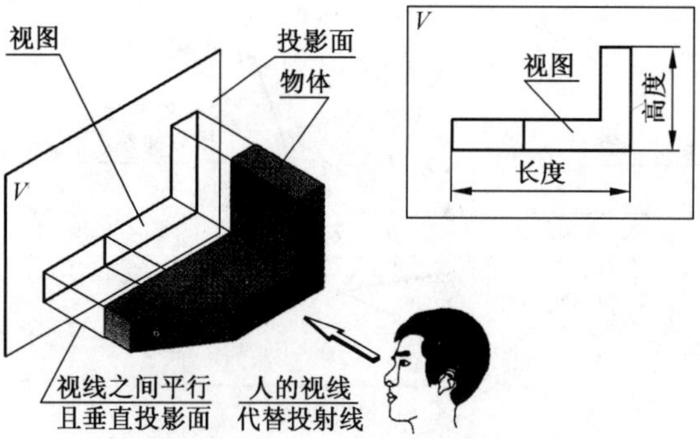

图 2-8　视图的概念

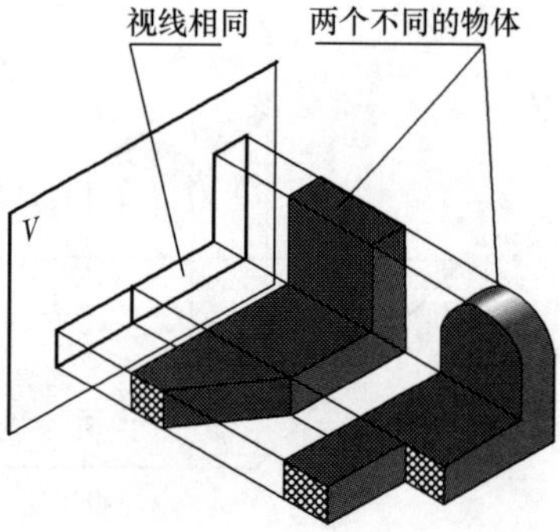

图 2-9　一个视图不能确定物体的形状

4. 三视图的形成及对应关系

（1）三投影面体系的建立

三投影面体系由三个相互垂直的正立投影面（简称正面或 *V* 面）、水平投影面（简称水平面或 *H* 面）和侧立投影面（简称侧面或 *W* 面）组成，如图 2-10 所示。

相互垂直的投影面之间的交线，称为投影轴，它们分别是：

OX 轴（简称 *X* 轴），是 *V* 面与 *H* 面的交线，代表左右即长度方向。

OY 轴（简称 *Y* 轴），是 *H* 面与 *W* 面的交线，代表前后即宽度方向。

OZ 轴（简称 *Z* 轴），是 *V* 面与 *W* 面的交线，代表上下即高度方向。

三条投影轴相互垂直，其交点称为原点，用 *O* 表示。

（2）三视图的形成

将物体置于三投影面体系内，然后从物体的三个方向进行观察，就可以在三个投影面上得到三个视图，如图 2-11 所示。规定三个视图的名称分别是：

主视图——由前向后投射在正面所得的视图。

俯视图——由上向下投射在水平面所得的视图。

左视图——由左向右投射在侧面所得的视图。

这三个视图统称为三视图。

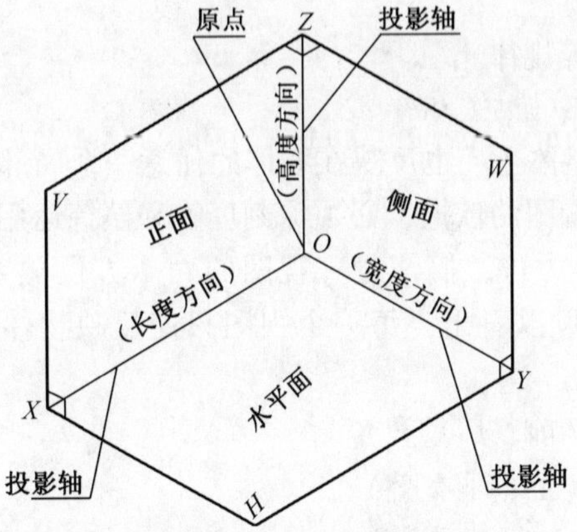

图 2-10　三投影面体系

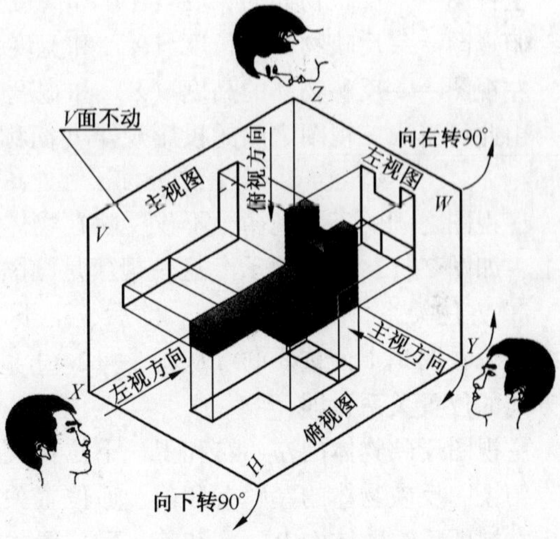

图 2-11　三视图的形成

为把三个视图画在同一张图纸上，必须将相互垂直的三个投影面展开在同一个平面上。展开方法如图 2-12 所示，规定：*V* 面保持不动，将 *H* 面绕 *OX* 轴向下旋转 90°，将 *W* 面绕 *OZ* 轴向右旋转 90°，就得到展开后的三视图，如图 2-12（a）所示。在实际绘图时，应去掉投影面边框和投影轴，如图 2-12（b）所示。

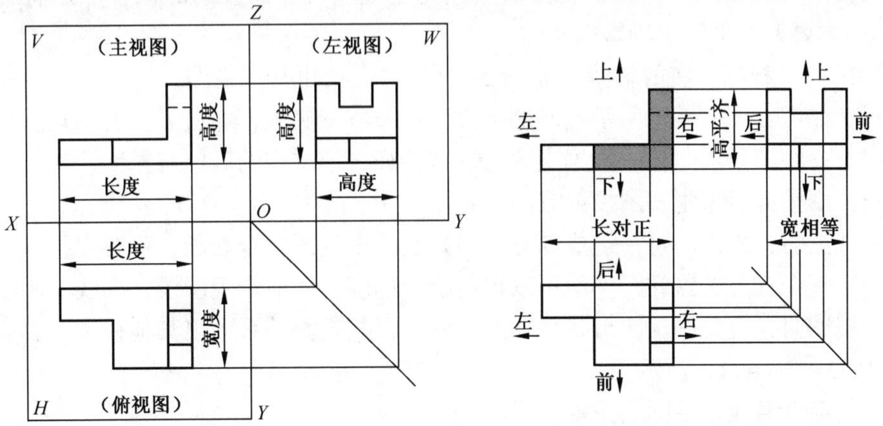

(a) 展开后的三视图

(b) 去掉投影边框和投影轴

图 2-12　展开后的三视图

（3）三视图之间的对应关系及投影规律

由三视图的形成过程可以总结出三视图之间的位置关系、投影规律及方位关系。

① 位置关系。由三视图的展开过程可知，三视图之间的相对位置是固定的，即主视图定位后，俯视图在主视图的下方，左视图在主视图的右方。各视图的名称不需标注。

② 投影规律。规定：物体左右之间的距离（X 方向）为长；物体前后之间的距离（Y 方向）为宽；物体上下之间的距离（Z 方向）为高。从图 2-12（a）可以看出，每一个视图只能反映物体两个方向的尺度，即：

主视图——反映物体的长度（X）和高度（Z）。

俯视图——反映物体的长度（X）和宽度（Y）。

左视图——反映物体的高度（Z）和宽度（Y）。

由此可得出三视图之间的投影规律（简称三等规律），即

主俯长对正；主左高平齐；俯左宽相等

三视图之间的三等规律，不仅反映在物体的整体上，也反映在物体的任意一个局部结构上，如图 2-12（b）所示。这一规律是画图和看图的依据，必须深刻理解和熟练运用。

③ 方位关系。物体有左右、前后、上下六个方位，搞清楚三视图的六个方位关系，对画图、看图是十分重要的。从图 2-12（b）中可以看出，每一个视图只能反映物体两个方向的位置关系，即：

主视图反映物体的左、右和上、下位置关系（前、后重叠）。

俯视图反映物体的左、右和前、后位置关系（上、下重叠）。

左视图反映物体的上、下和前、后位置关系（左、右重叠）。

提示：画图与看图时，要特别注意俯视图和左视图的前、后对应关系。在三个投影面的展开过程中，由于水平面向下旋转，俯视图的下方表示物体的前面，俯视图的上方表示物体的后面；当侧面向右旋转后，左视图的右方表示物体的前面，左视图的左方表示物体的后面。即俯、左视图远离主视图的一边，表示物体的前面；靠近主视图的一边，表示物体的后面。物体的俯、左视图不仅宽相等，还应保持前、后位置的对应关系。

（4）三视图的画图步骤

根据物体（或轴测图）画三视图时，应先选定主视图的投射方向，然后将物体摆正（使物体的主要表面平行于投影面）。

【例 2-1】 根据支座的轴测图［图 2-13（a）］画出其三视图。

分析：如图 2-13（a）所示支座的下方为一长方形底板，底板后部有一块立板，立板前方中间有一块三角形肋板。根据支座的形状特征，使支座的后壁与正面平行，底面与水平面平行，由前向后为主视图投射方向。

画三视图时，物体的每一组成部分，最好是三个视图配合着画，不要先把一个视图画完后再画另一个视图。这样，不但可以提高绘图速度，还能避免漏线、多线。画物体某一部分的三视图时，应先画反映形状特征的视图，再按投影关系画出其他视图。具体画图步骤如图 2-13（b）~（f）所示。

（二）点、直线、平面的投影

点、直线、平面是构成物体表面最基本的几何元素。如图 2-14 所示的三棱锥，就是由四个平面、六条棱线、四个顶点构成的。画出三棱锥的三视图，实际上就是画出构成三

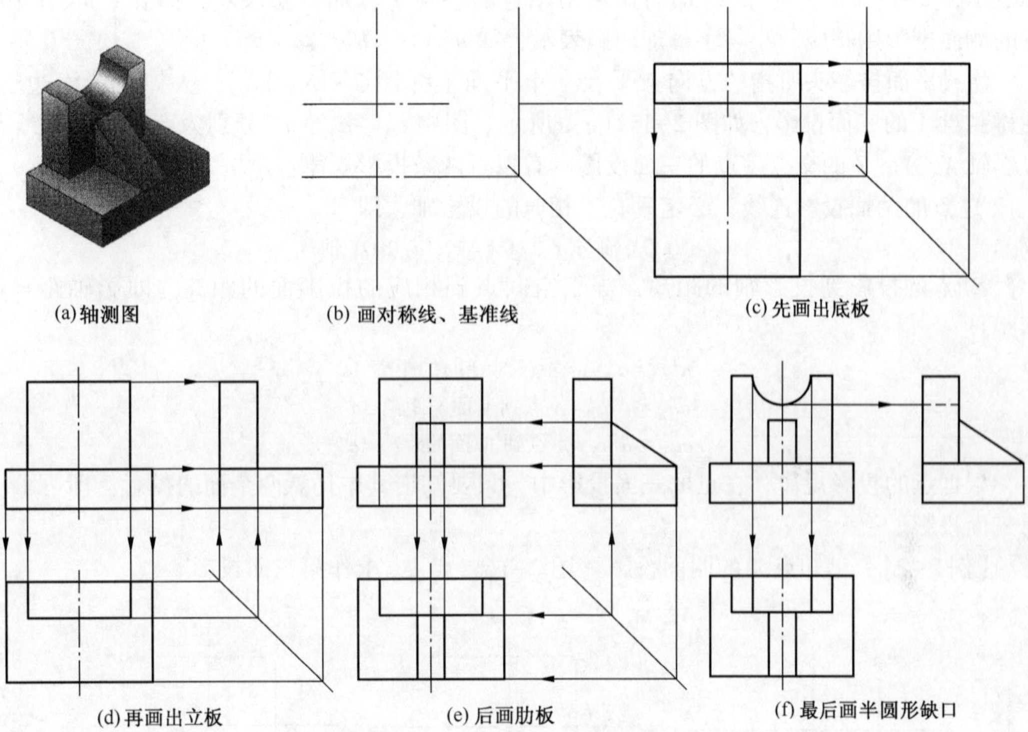

(a)轴测图　(b)画对称线、基准线　(c)先画出底板

(d)再画出立板　(e)后画肋板　(f)最后画半圆形缺口

图 2-13　画支座三视图的步骤

棱锥表面的这些点、直线和平面的投影。为了迅速、正确地画出物体的三视图，必须首先掌握这些几何元素的投影规律和作图方法。

注意：为了叙述方便，以后将正投影简称为投影。

1. 点的投影

(1) 点的投影规律

如图 2-15 (a) 所示，将空间点 A 置于三个相互垂直的投影面体系中，分别作垂直于 V 面、H 面、W 面的投射线，得到点 A 的正面投影 a'、水平投影 a 和侧面投影 a''。

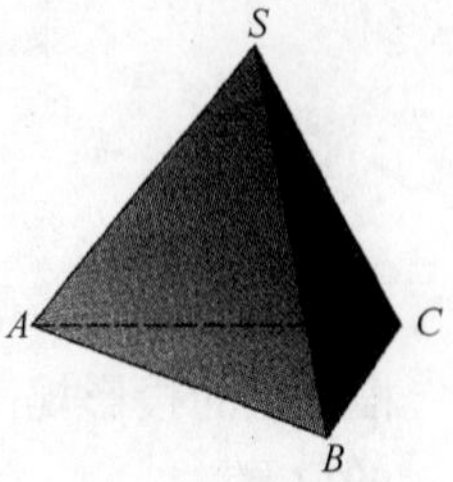

图 2-14　三棱锥

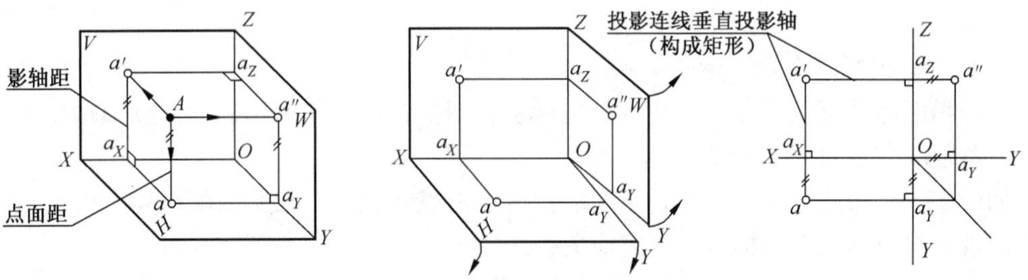

(a)点的空间位置　(b)投影面的展开　(c)点的三面投影

图 2-15　点的投影规律

规定：空间点用大写拉丁字母表示，如 A、B、C…，点的水平投影用相应的小写字

母表示，如 a、b、c…，点的正面投影用相应的小写字母加一撇表示，如 a'、b'、c'…，点的侧面投影用相应的小写字母加两撇表示，如 a''、b''、c''…。

将投影面按箭头所指的方向摊平在一个平面上［图 2-15（b）］，去掉投影面边框，便得到点 A 的三面投影，如图 2-15（c）所示。图中 a_X、a_Y、a_Z 分别为点的投影连线与投影轴 X、Y、Z 的交点。点的三面投影具有以下两条投影规律：

① 点的两面投影连线，必定垂直于相应的投影轴，即

$$aa' \perp OX \text{轴}, a'a'' \perp OZ \text{轴}, a''a_Y \perp OY \text{轴}$$

② 点的投影到投影轴的距离，等于空间点到相应的投影面的距离，即影轴距 = 点面距：

$$a'a_X = a''a_Y = A \text{点到} H \text{面的距离} Aa$$

$$aa_X = a''a_Z = A \text{点到} V \text{面的距离} Aa'$$

$$aa_Y = a'a_Z = A \text{点到} W \text{面的距离} Aa''$$

根据点的投影规律，在点的三面投影中，只要知道其中任意两个面的投影，即可求出第三面投影。

【例 2-2】 已知点 A 的两面投影［图 2-16（a）］，求作第三面投影。

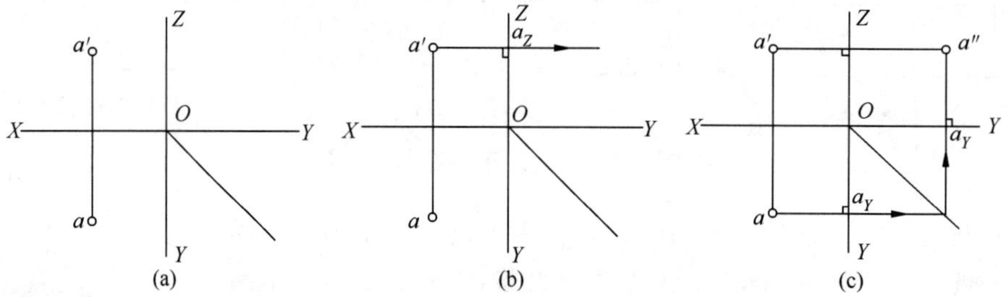

图 2-16 已知点的两面投影求作第三面投影

分析：

根据点的投影规律可知，$a'a'' \perp OZ$ 轴，a''必在 $a'a_Z$ 的延长线上；由 $a''a_Z = aa_X$，可确定 a''的位置。

作图步骤：

- 过 a'作 $a'a_Z \perp OZ$ 轴并延长，如图 2-16（b）所示。
- 过 a 作 $aa_Y \perp OY$ 轴并与 45°（等宽）线相交，向上作垂线得到点 a''，如图 2-16（c）所示。

（2）点的投影与直角坐标的关系

三投影面体系可以看成是空间直角坐标系，即把投影面作为坐标面，投影轴作为坐标轴，三条轴的交点 O 为坐标原点。

如图 2-17（a）所示，点 A 在空间的位置可由点 A 到三个投影面的距离来确定，即点的三面投影与点的三个坐标有以下对应关系：

$$\text{点} A \text{的} x \text{坐标} = \text{点} A \text{到} W \text{面的距离}(Aa'')$$

$$\text{点} A \text{的} y \text{坐标} = \text{点} A \text{到} V \text{面的距离}(Aa')$$

$$\text{点} A \text{的} z \text{坐标} = \text{点} A \text{到} H \text{面的距离}(Aa)$$

由此可见，空间点的位置可由该点的坐标（x，y，z）确定。如图 2-17（b）所示，

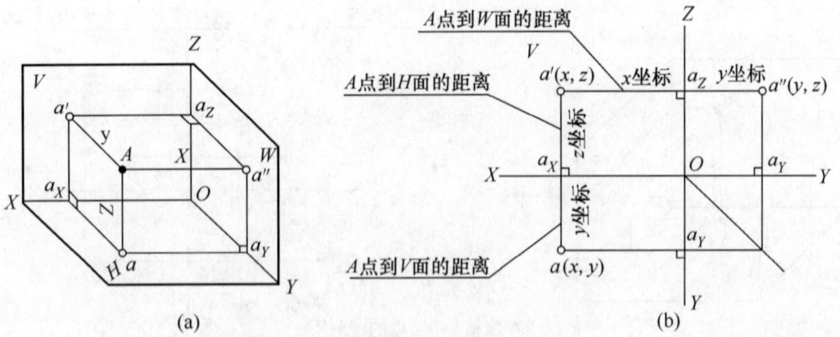

图 2-17　点的投影与坐标的关系

点 A 三面投影的坐标分别为 a（x，y）、a'（x，z）、a''（y，z）。任意投影都包含两个坐标，所以一个点的两面投影就包含了点的三个坐标，即确定了点的空间位置。

【例 2-3】　已知点 A（15，10，12），求作它的三面投影。

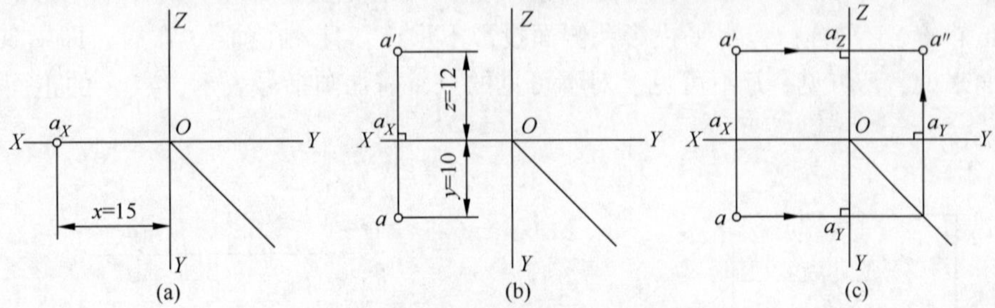

图 2-18　根据点的坐标求作投影

分析：

已知空间点的三个坐标，便可作出该点的两面投影，进而求出第三面投影。

作图步骤：

- 画出投影轴，在 OX 轴上由 O 点向左量取 15，得 a_X，如图 2-18（a）所示。
- 过 a_X 作 OX 轴垂线，自 a_X 向下量 10 得点 a、向上量 12 得点 a'，如图 2-18（b）所示。
- 根据 a、a'求出 a''，如图 2-18（c）所示。

（3）两点的相对位置

两点在空间的相对位置，可以由两点的坐标来确定：

两点的左、右相对位置由 x 坐标确定，x 坐标值大者在左；

两点的前、后相对位置由 y 坐标确定，y 坐标值大者在前；

两点的上、下相对位置由 z 坐标确定，z 坐标值大者在上。

由此可知，若已知两点的三面投影，判断它们的相对位置时，可根据正面或水平面投影判断左、右关系；根据水平面或侧面投影判断前、后关系；根据正面或侧面投影判断上、下关系。

如图 2-19 所示，由于 $x_A>x_B$，故点 A 在点 B 的左方；由于 $y_A<y_B$，故点 A 在点 B 的后方；由于 $z_A<z_B$，故点 A 在点 B 的下方，即点 A 在点 B 的左、后、下方。

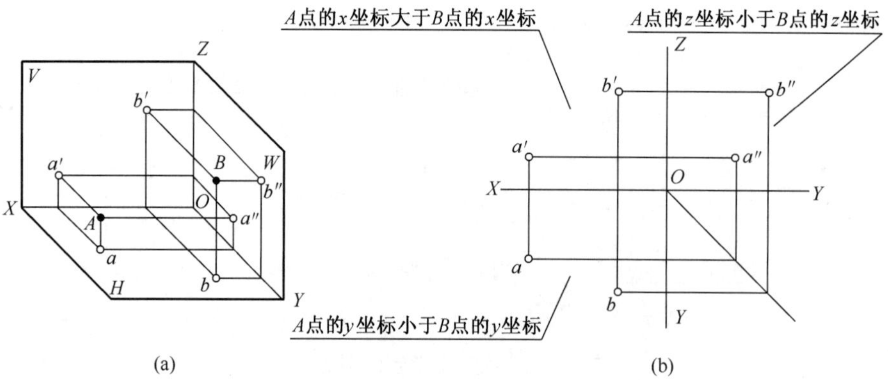

图 2-19　两点的相对位置

在图 2-20 所示 E、F 两点的投影中，$x_E=x_F$、$z_E=z_F$，说明 E、F 两点的 x、z 坐标相同，即 E、F 两点处于对正面的同一条投射线上，其正面投影 e′和 f′重合，称为正面的重影点。虽然 e′、f′重合，但水平投影和侧面投影不重合，且 e 在前、f 在后，即 $y_E>y_F$。所以对正面来说，E 可见，F 不可见。对不可见的点，需加圆括号表示，点 F 的正面投影表示为（f′）。

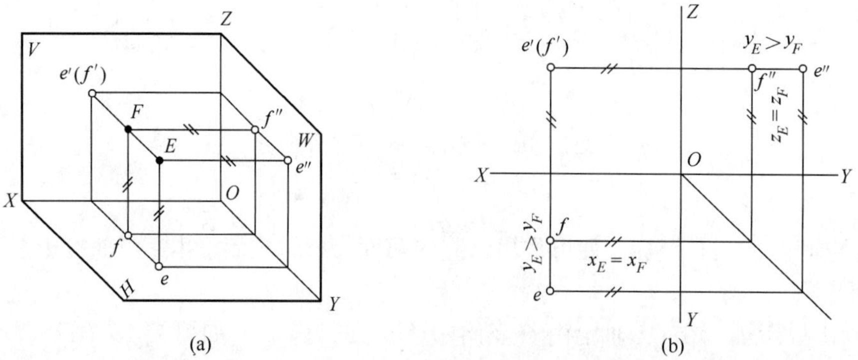

图 2-20　重影点和可见性

重影点的可见性，需根据这两点不重影的投影的坐标大小来判别，即：

当两点在 V 面的投影重合时，需判别其 H 面或 W 面投影，其 y 坐标大者在前（可见）。

当两点在 H 面的投影重合时，需判别其 V 面或 W 面投影，其 z 坐标大者在上（可见）。

若两点在 W 面的投影重合时，需判别其 H 面或 V 面投影，其 x 坐标大者在左（可见）。

【例 2-4】 在点 A 的三面投影［图 2-21（a）］中，作出点 B（16，8，0）的三面投影，并判断两点在空间的相对位置。

分析：

点 B 的 z=0，说明点 B 在 H 面上，点 B 的正面投影 b′一定在 Ox 轴上，侧面投影 b″一定在 OY 轴上。

作图步骤：

- 在 OX 轴上向左量取 16，得点 b′，如图 2-21（b）所示；由 b′向下作垂线并量取

8，得点 b。根据 b、b'，求得 b''，如图 2-21（c）所示。

提示：b''一定在 W 面的 OY 轴上，而不在 H 面的 OY 轴上。

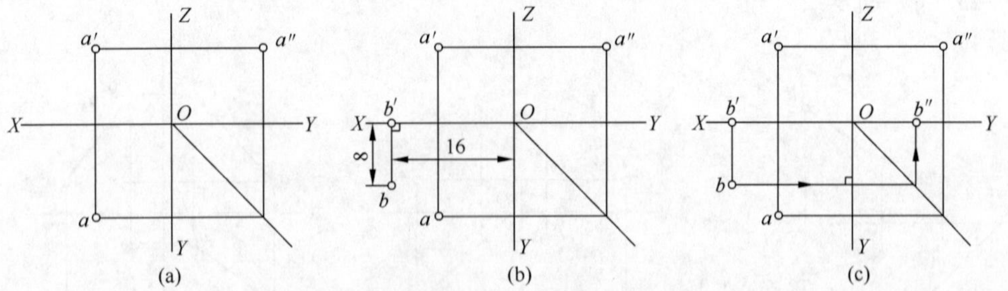

图 2-21　求点的三面投影并判别两点的相对位置

• 判别 A、B 两点在空间的相对位置。

因为 $x_B>x_A$，故点 A 在点 B 的右方。

因为 $y_B<y_A$，故点 A 在点 B 的前方。

因为 $z_A>z_B$，故点 A 在点 B 的上方。即点 A 在点 B 的右、前、上方。

【例 2-5】 已知空间点 A（12，10，7），点 B 在点 A 的正上方 4，求作 A、B 两点的三面投影。

分析：

点 B 在点 A 的正上方，说明点 B 与点 A 的 x 坐标与 y 坐标相等，可根据两点的 z 坐标差作出点 B 的三面投影。

作图步骤：

• 根据点 A 的三个坐标作出其三面投影 a、a'、a''，如图 2-22（a）所示。

• 分别将 a'、a''向上延长 4（z 坐标差），作出 b'、b''，如图 2-22（b）所示。

• 判别可见性。因为点 B 的 z 坐标大于点 A 的 z 坐标，所以点 A 的水平投影 a 不可见，应加圆括号表示，如图 2-22（c）所示。

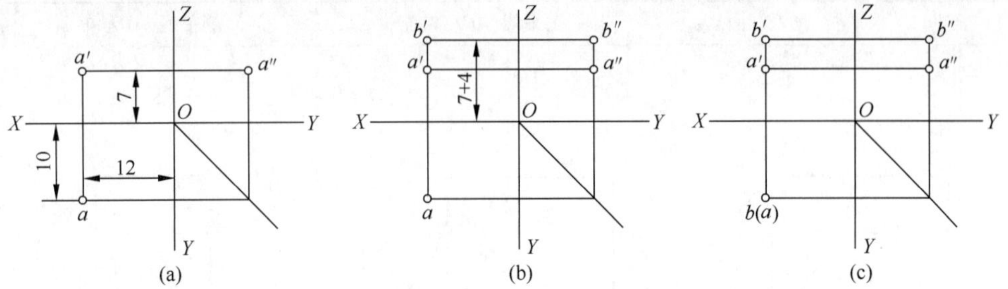

图 2-22　求两点的三面投影

2. 直线的投影

（1）直线的三面投影

一般说来，直线的投影仍是直线。特殊情况下，直线的投影积聚成一点。如图 2-23（a）所示的直线 AB，它在 H 面上的投影为 ab。直线 cd 垂直于 H 面，它在 H 面上的投影积聚成一点 $c(d)$。

求作直线的三面投影时，可分别作出直线两端点的三面投影，如图 2-23（b）所示，然后将同一投影面上的投影（简称同面投影）连接起来，即得到直线的三面投影，如图 2-23（c）所示。

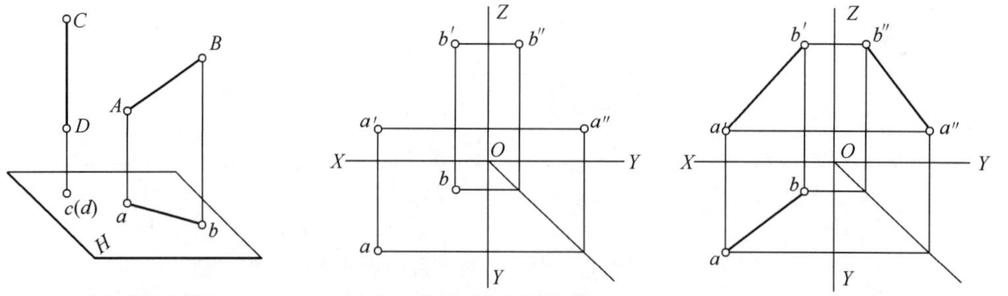

(a) 直线的投影　(b) 作出直线两端点的投影　(c) 连接端点即得（一般位置）的投影

图 2-23　直线的投影

（2）各种位置直线的投影特性

在三面投影体系中，按与投影面的相对位置，直线可分为三种：

投影面平行线（特殊位置直线）——平行于一个投影面，与其他两个投影面倾斜的直线。

投影面垂直线（特殊位置直线）——垂直于一个投影面的直线。

一般位置直线——与三个投影面都倾斜的直线。

① 投影面平行线。投影面平行线共有三种：

水平线——平行于 *H* 面，与 *V* 面、*W* 面倾斜的直线。

正平线——平行于 *V* 面，与 *H* 面、*W* 面倾斜的直线。

侧平线——平行于 *W* 面，与 *V* 面、*H* 面倾斜的直线。

各种平行线的投影特性，列于表 2-1 中。

表 2-1　　**投影面平行线的投影特性**

名称	水平线(*AB*//*H* 面)	正平线(*AC*//*V* 面)	侧平线(*AD*//*W* 面)
立体图	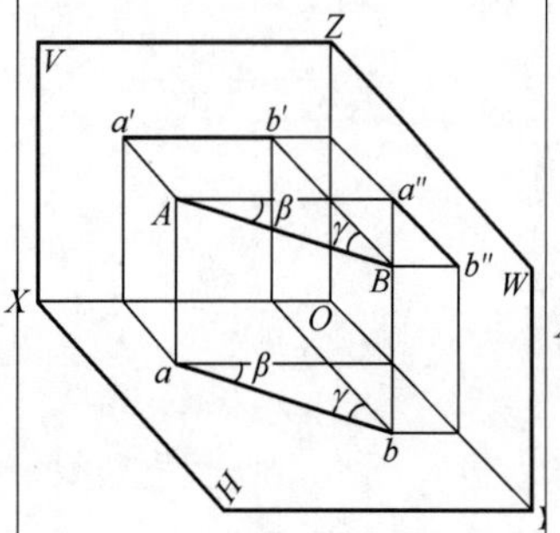	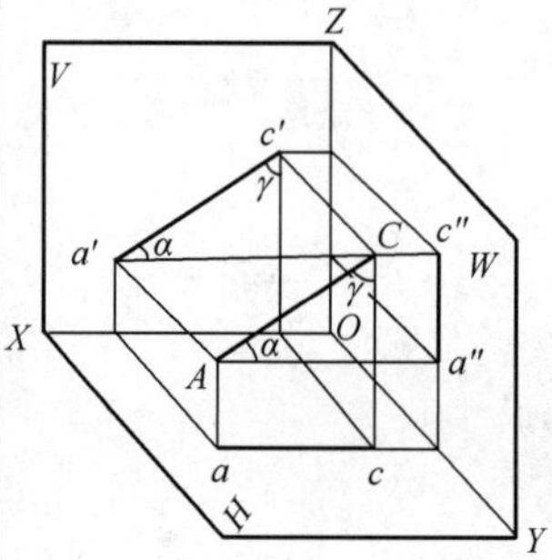	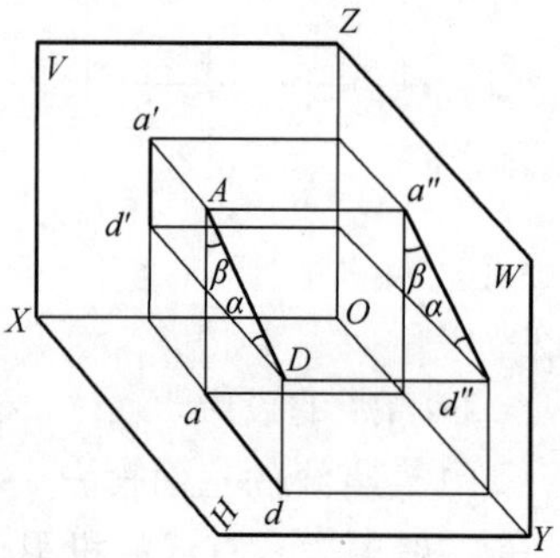

续表

名称	水平线（AB//H 面）	正平线（AC//V 面）	侧平线（AD//W 面）
投影图	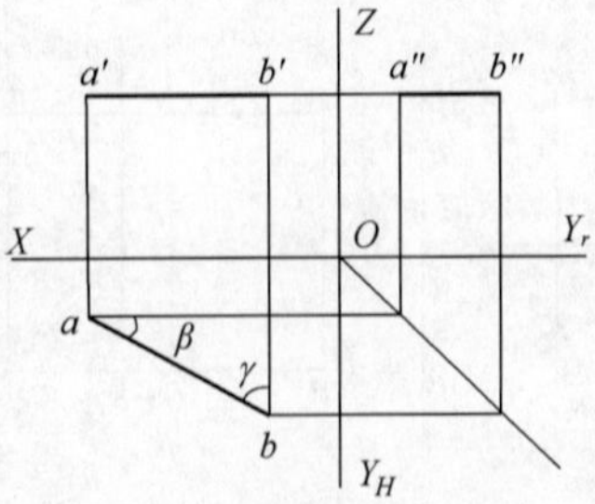	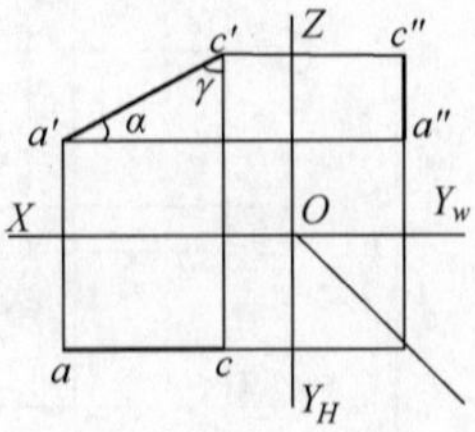	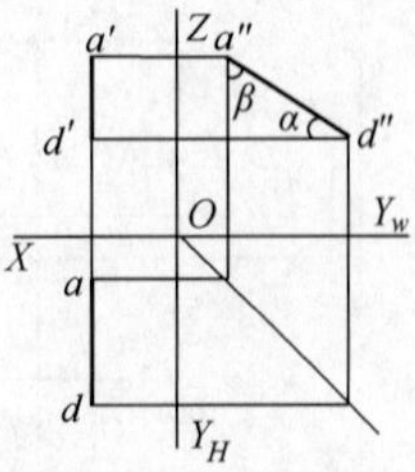
在形体投影图中的位置	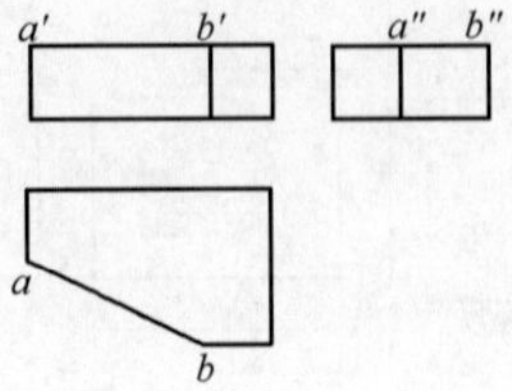	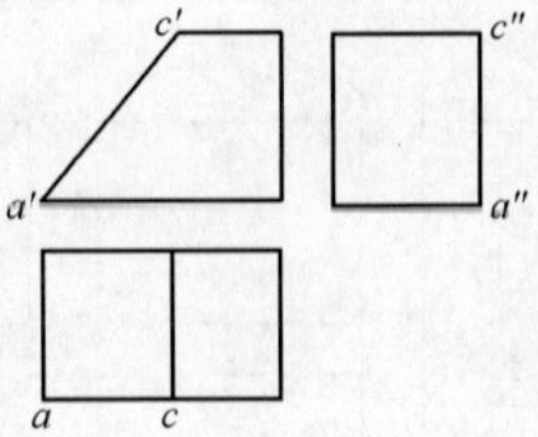	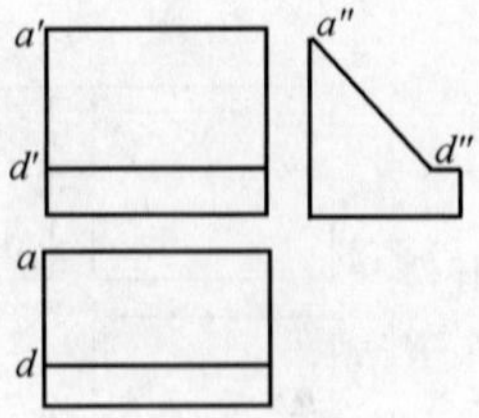
在形体立体图中的位置	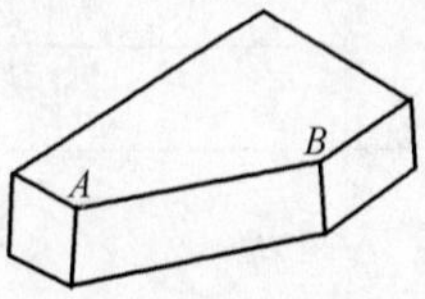	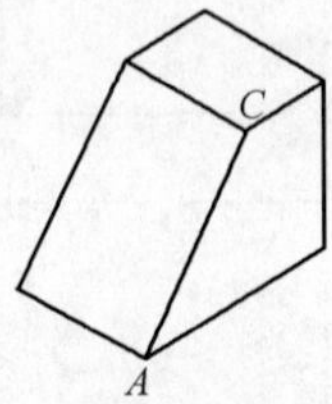	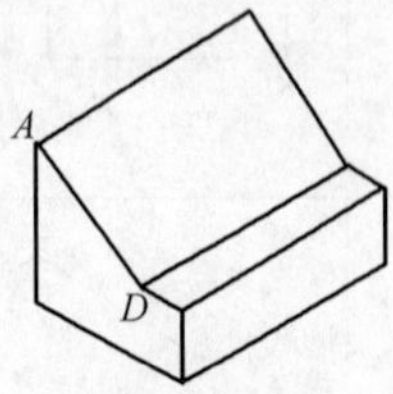
投影规律	（1）ab 与投影轴倾斜，$ab=AB$：反映倾角 β、γ 的大小 （2）$a'b'//OX$；$a''b''//OY_W$	（1）$a'c'$ 与投影轴倾斜，$a'c'=AC$：反映倾角 α、γ 的大小 （2）$ac//OX$；$a''c''//OZ$	（1）$a''d''$ 与投影轴倾斜，$a''d''=AD$：反映倾角 α、β 的大小 （2）$ad//OY_H$；$a'b'//OZ$

② 投影面垂直线。投影面垂直线也有三种：

铅垂线——垂直于 H 面的直线。

正垂线——垂直于 V 面的直线。

侧垂线——垂直于 W 面的直线。

各种垂直线的投影特性，列于表 2-2 中。

表 2-2　投影面垂直线的投影特性

名称	铅垂线（AB⊥H 面）	正垂线（AC⊥V 面）	侧垂线（AD⊥W 面）
立体图	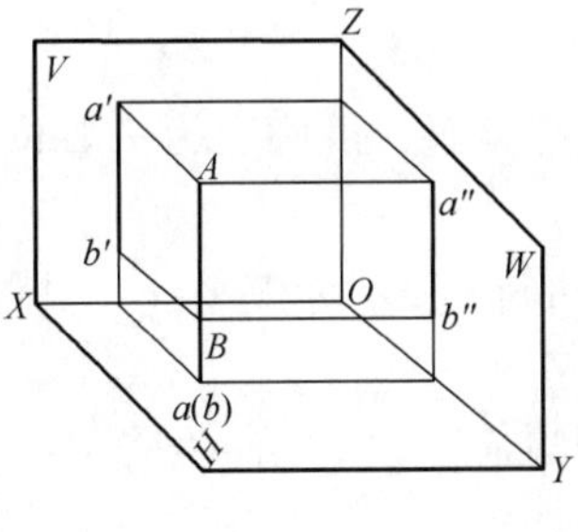	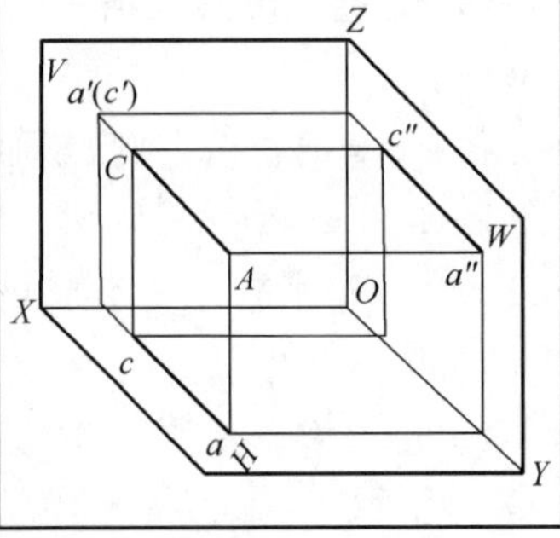	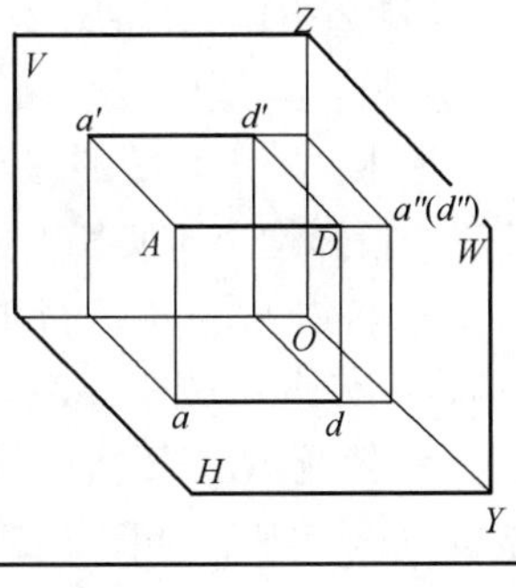

续表

名称	铅垂线（$AB\perp H$ 面）	正垂线（$AC\perp V$ 面）	侧垂线（$AD\perp W$ 面）
投影图	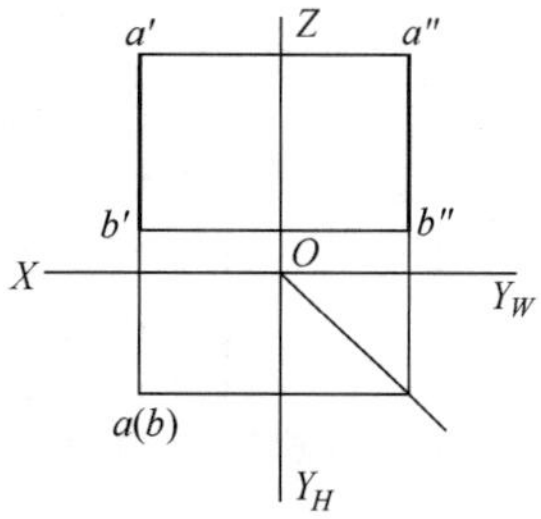	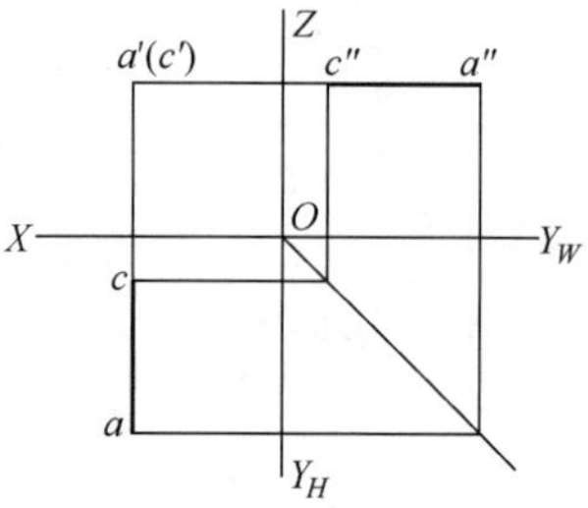	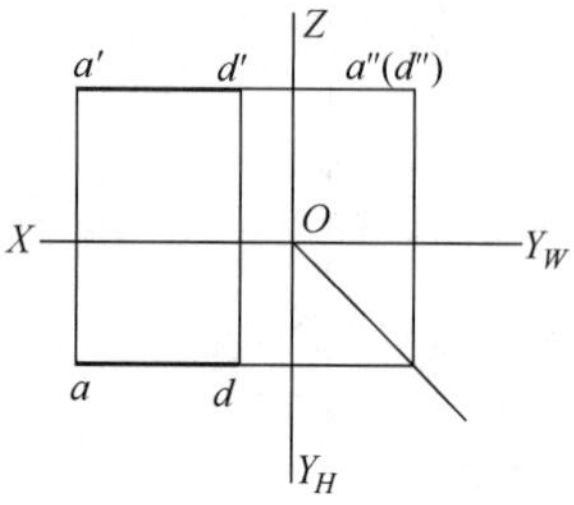
在形体投影图中的位置	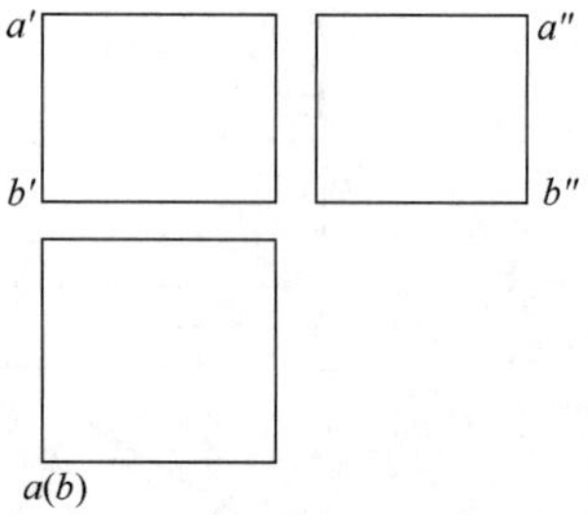	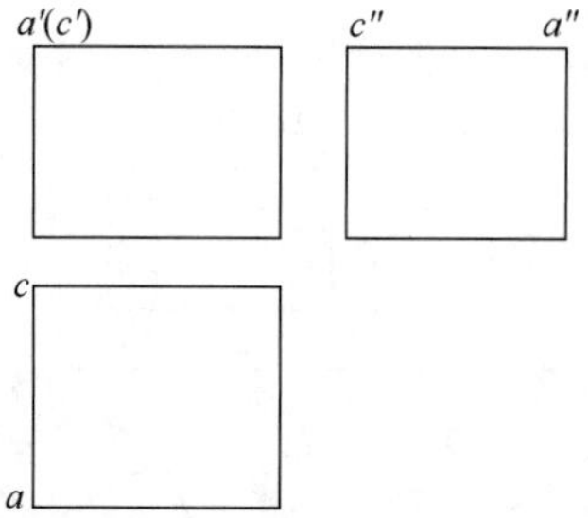	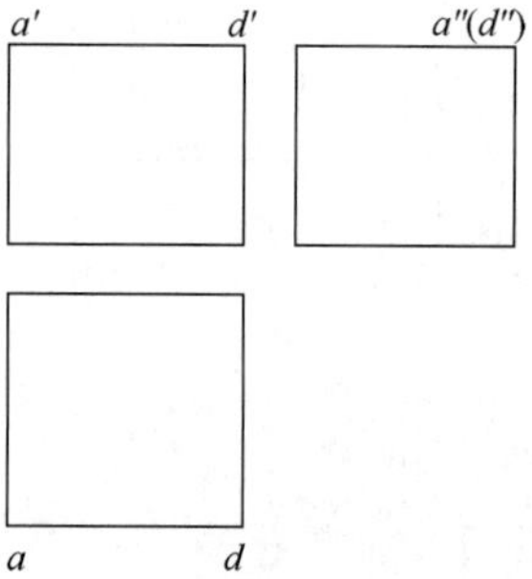
立体图中的位置	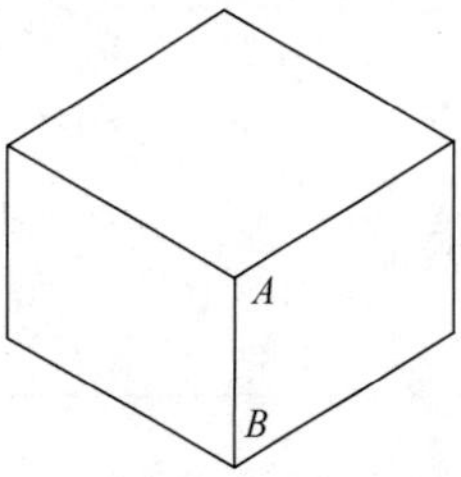	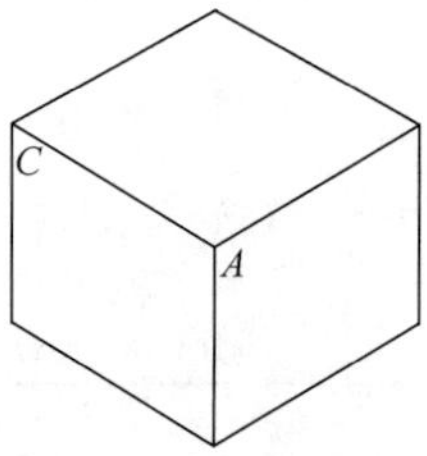	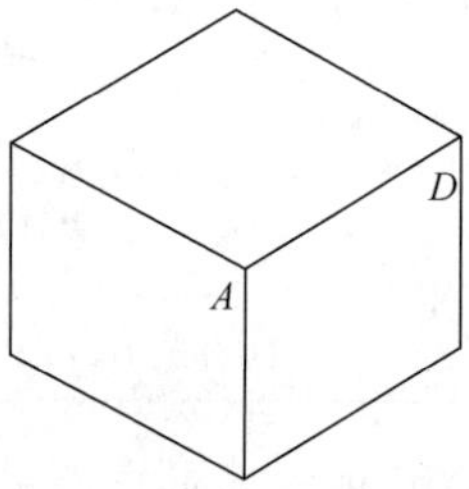
投影规律	(1) ab 积聚为一点 (2) $a'b'\perp OX$；$a''b''\perp OY_W$ (3) $a'b'=a''b''=AB$	(1) $a'c'$积聚为一点 (2) $ac\perp OX$；$a''c''\perp OZ$ (3) $ac=a''c''=AC$	(1) $a''d''$积聚为一点 (2) $ad\perp OY_H$；$a'd'\perp OZ$ (3) $ad=a'd'=AD$

③ 一般位置直线。由于一般位置直线对三个投影面都倾斜，其三面投影都与投影轴倾斜，且均不反映实长，如图 2-23（c）所示。

提示：一般位置直线与投影轴的夹角，不反映空间直线与投影面的倾角。

【例 2-6】 分析图 2-24 所示的正三棱锥三条棱线 SA、SB、SC 与投影面的相对位置。

分析：

- 棱线 SA。SA 的三个投影 sa、$s'a'$、$s''a''$与投影轴都倾斜，可确定为一般位置直线，其三个投影均小于实长，如图 2-24（a）所示。
- 棱线 SB。sb 平行于 OY 轴，$s'b'$平行于 OZ 轴，可确定 SB 为侧平线，其侧面投影 $s''b''$等于实长，如图 2-24（b）所示。
- 棱线 AC。侧面投影 a''（c''）重影，可确定 AC 为侧垂线，其正面投影 $a'c'$和水平投影 ac 等于实长，如图 2-24（c）所示。

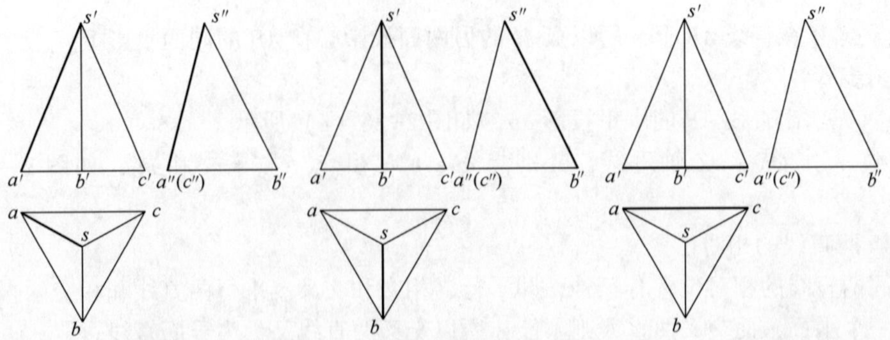

(a) 棱线*SA*　　(b) 棱线*SB*　　(c) 棱线*AC*

图 2-24　分析棱线与投影面的相对位置

(3) 属于直线的点

直线上点的投影有下列从属关系：

如果一个点在直线上，则此点的各个投影必在该直线的同面投影上。反之，如果点的各个投影都在直线的同面投影上，则点一定在该直线上。

如图 2-25（a）所示，点 *K* 在直线 *AB* 上，则 *k* 在 *ab* 上，*k′*在 *a′b′*上，*k″*在 *a″b″*上。

提示：若点的一个投影不在直线的同面投影上，则可判定该点不在该直线上。

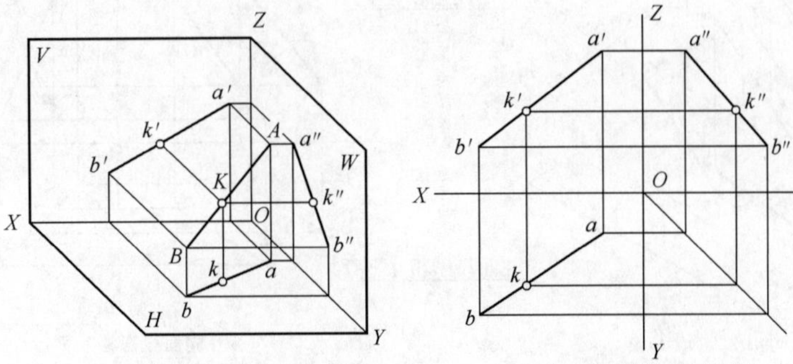

(a) 空间点*K*在直线*AB*上　　(b) 展开后的三面投影

图 2-25　直线上点的投影

【例 2-7】　已知点 *M* 在直线 *AB* 上，求作它们的第三面投影［图 2-26（a）］。

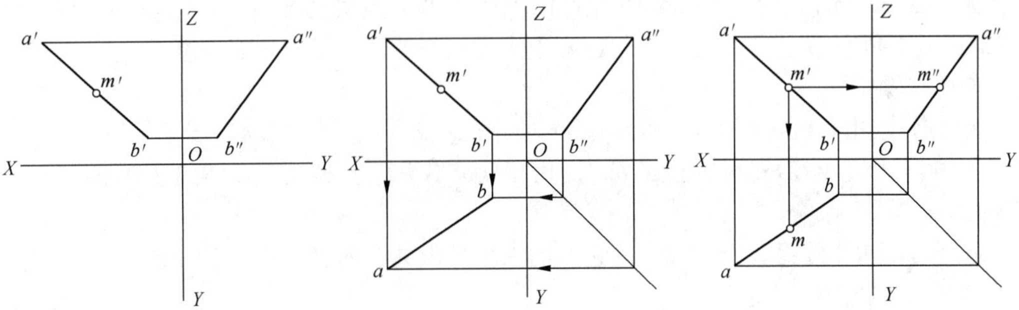

(a)　　(b)　　(c)

图 2-26　求直线上点的投影

分析：

由于点 M 在直线 AB 上，所以点 M 的另两面投影必在 AB 的同面投影上。

作图步骤：

- 首先求出直线 AB 的水平投影 ab，如图 2-26（b）所示。
- 过 m' 作 OX、OZ 轴垂线，分别与 ab、$a''b''$ 相交，求得 m 和 m''，如图 2-26（c）所示。

（4）两直线的相对位置

空间两直线的相对位置有三种，即平行、相交和交叉。平行两直线和相交两直线都可以组成一个平面，而交叉两直线则不能，所以交叉两直线又称为异面直线。

① 平行两直线。若空间两直线相互平行，则其各组同面投影必相互平行；若两直线的各组同面投影分别相互平行，则空间两直线必相互平行。

如图 2-27 所示，$AB /\!/ CD$，则 $ab /\!/ cd$、$a'b' /\!/ c'd'$、$a''b'' /\!/ c''d''$。

对两条一般位置直线来说，只要有任意两个同面投影相互平行，就可判定这两条直线在空间一定平行。但对两条同为某一投影面的平行线来说，则需从两直线在该投影面上的投影来判定。

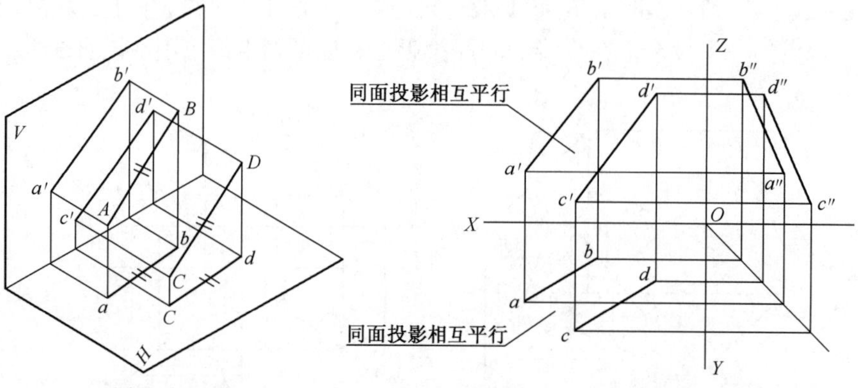

(a) 空间两直线平行　　(b) 同面投影相互平行

图 2-27　平行两直线的投影

【例 2-8】 判断 AB 与 CD 两直线是否平行。

分析：

如图 2-28（a）所示，AB 和 CD 为两条侧平线。在这种情况下，仅凭 $ab /\!/ cd$ 和 $a'b' /\!/ c'd'$，还不能判定 AB 与 CD 是否平行，必须求出它们的侧面投影才能判定。

作图步骤：

- 首先求出直线 AB 的侧面投影 $a''b''$，如图 2-28（b）所示。
- 再求出直线 CD 的侧面投影 $c''d''$。由于 $a''b''$ 不平行于 $c''d''$，故 AB 与 CD 不平行，如图 2-28（c）所示。

同样，两水平线是否平行，应从它们的水平投影进行判定；两正平线是否平行，应从它们的正面投影进行判定。

② 相交两直线。若空间两直线相交，则其各组同面投影必定相交，交点为两直线的共有点，且符合点的投影规律；若两直线的各组同面投影都相交，且交点符合点的投影规

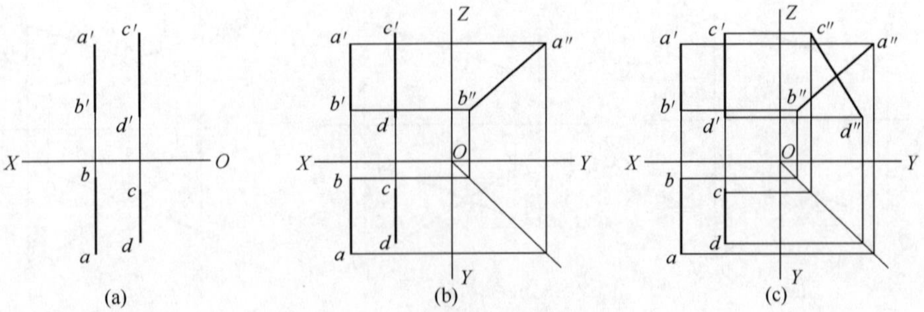

(a)　(b)　(c)

图2-28　判断两直线是否平行

律，则两直线在空间必定相交。

如图2-29（a）所示，直线 *AB* 和 *CD* 相交于点 *K*，点 *K* 是直线 *AB* 和 *CD* 的共有点。根据点属于直线的投影特性，可知 *k* 既属于 *ab*，又属于 *cd*，即 *k* 一定是 *ab* 和 *cd* 的交点。同理，*k′*必定是 *a′b′*和 *c′d′*的交点；*k″*也必定是 *a″b″*和 *c″d″*的交点。由于 *k*、*k′*和 *k″*是同一点 *K* 的三面投影，因此 *k*、*k′* 的连线垂直于 *OX* 轴，*k′* 和 *k″*的连线垂直于 *OZ* 轴，如图2-29（b）所示。

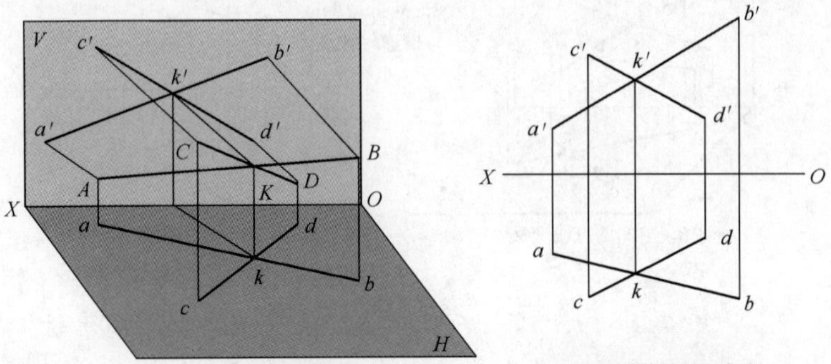

(a) 空间两直线相交　(b) 同面投影相交且交点符合点的投影规律

图2-29　相交两直线的投影

对两条一般位置直线来说，只要任意两个同面投影交点的连线垂直于相应的投影轴，就可判定这两条直线在空间一定相交。

【例2-9】　已知两相交直线 *AB* 和 *CD* 的水平投影 *ab*、*cd*，直线 *AB* 和 *C* 的正面投影 *a′b′*、*c′*，求直线 *CD* 的正面投影［图2-30（a）］。

分析：

水平投影 *ab* 与 *cd* 的交点 *k* 应为交点 *K* 的水平投影。利用两直线相交的投影特性，即可求得交点 *K* 的正面投影 *k′*。*d′*应在 *c′k′*的延长线上。

作图步骤：

- 过 *ab* 与 *cd* 的交点 *k* 作 *OX* 轴的垂线，与 *a′b′*相交于 *k′*，如图2-30（b）所示。
- 过 *d* 作 *OX* 轴的垂线，与 *c′k′*的延长线相交于 *d′*，则 *c′d′*即为所求，如图2-30（c）所示。

③ 交叉两直线。在空间既不平行又不相交的两直线，称为交叉两直线，也称异面直

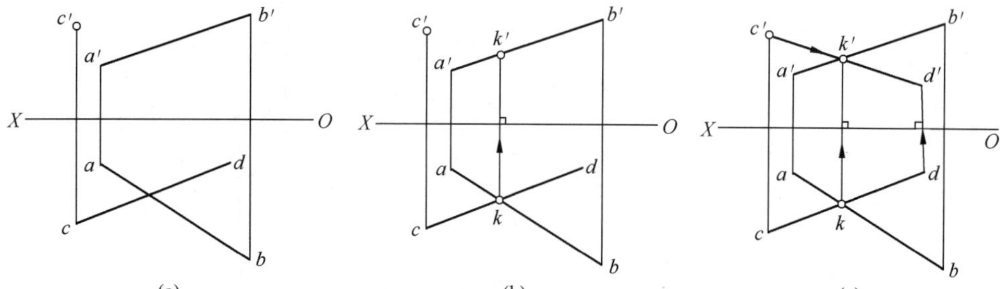

(a) (b) (c)

图 2-30　求直线 *CD* 的正面投影

线；如果两直线的投影不符合平行或相交两直线的投影规律，则可判定为空间交叉两直线。

如图 2-31（a）所示，直线 *AB* 与 *CD* 不平行，它们的各组同面投影不会都平行（可能有一两组平行）；又因 *AB*、*CD* 不相交，各组同面投影交点的连线不会垂直于相应的投影轴，即不符合点的投影规律，如图 2-31（b）所示。

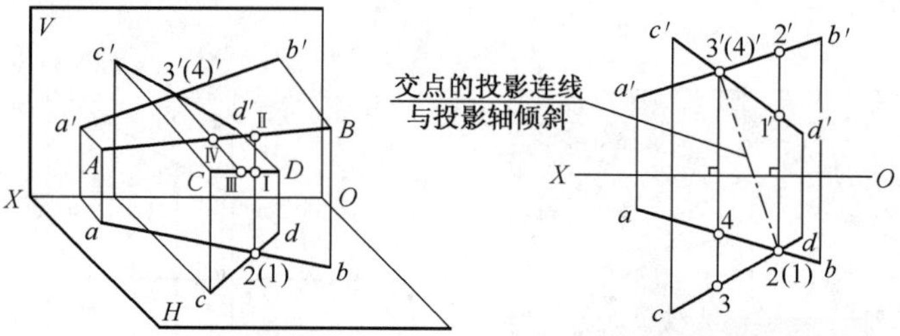

(a) 空间两直线交叉　　(b) 同面投影相交且交点不符合点的投影规律

图 2-31　交叉两直线的投影

那么，*ab* 与 *cd* 的交点又有什么意义呢？它实际上是 *AB* 上的Ⅱ点和 *CD* 上的Ⅰ点这一对重影点在 *H* 面上的投影。

从正面投影可以看出：$z_{\text{II}}>z_{\text{I}}$，对水平投影来说，直线 *AB* 在直线 *CD* 的上方，Ⅱ点是可见的，而Ⅰ点是不可见的，故标记为 2（1）。

a′b′ 与 *c′d′* 的交点，则是 *CD* 上的Ⅲ点和 *AB* 上的Ⅳ点这一对重影点在 *V* 面上的投影。由于 $y_{\text{III}}>y_{\text{IV}}$，说明直线 *CD* 在直线 *AB* 的前方，因此Ⅲ点可见而Ⅳ点不可见，故标记为 3′（4′）。

重影点这一概念常用来判别可见性。

【例 2-10】 试判别两根交叉管子 *AB* 和 *CD* 的相对位置，并判别可见性［图 2-32（a）］。

分析：

- 首先将交叉两管子抽象成交叉两直线，如图 2-32（b）所示。它们的水平投影 *ab* 和 *cd* 交于一点 2（1），即为交叉两直线对 *H* 面的重影点的投影。点Ⅱ比点Ⅰ高，故可判定直线 *CD* 在直线 *AB* 的上方，因此管子 *AB* 的水平投影被管子 *CD* 的水平投影遮挡。点 3′（4′）为交叉两直线对 *V* 面的重影点的投影。点Ⅲ在点Ⅳ的前面，故可判定直线 *AB* 在直

线 *CD* 的前面，因此管子 *CD* 的正面投影被管子 *AB* 的正面投影遮挡。

- 根据以上分析，将正面投影和水平投影中被遮挡的管子用细虚线表示，如图 2-32（c）所示。

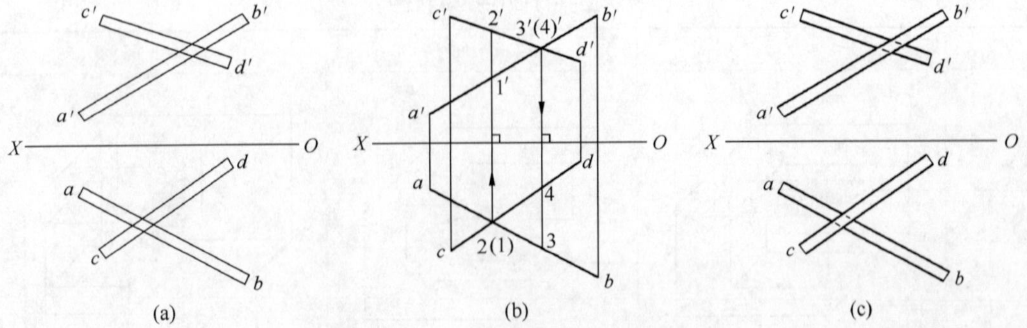

图 2-32　判别两根管子的可见性

3. 平面的投影

（1）平面的表示法

不属于同一直线的三点可确定一平面。因此，平面可以用图 2-33 中任何一组几何要素的投影来表示。在投影图中，常用平面图形来表示空间的平面。

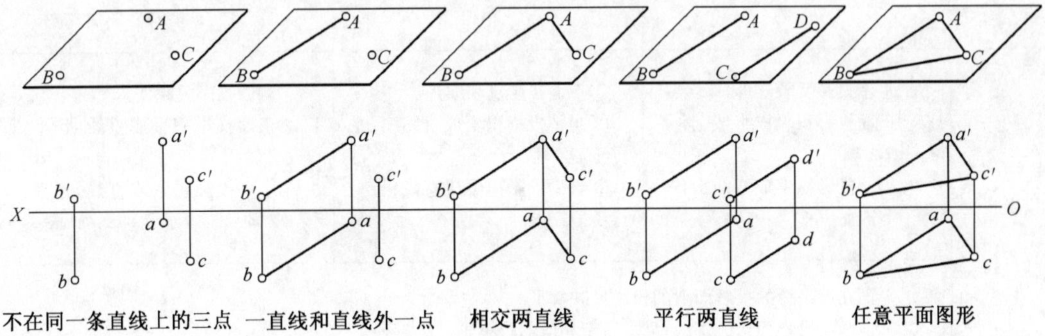

图 2-33　平面的表示法

（2）各种位置平面的投影

在三投影面体系中，按与投影面的相对位置，平面可分为三种：

投影面平行面（特殊位置平面）——平行于一个投影面的平面，如图 2-34 中的 *A* 面、*B* 面和 *C* 面。

投影面垂直面（特殊位置平面）——垂直于一个投影面，与其他两个投影面倾斜的平面，如图 2-34 中的 *D* 面、*E* 面和 *F* 面。

一般位置平面——与三个投影面都倾斜的平面，如图 2-34 中的 *G* 面。

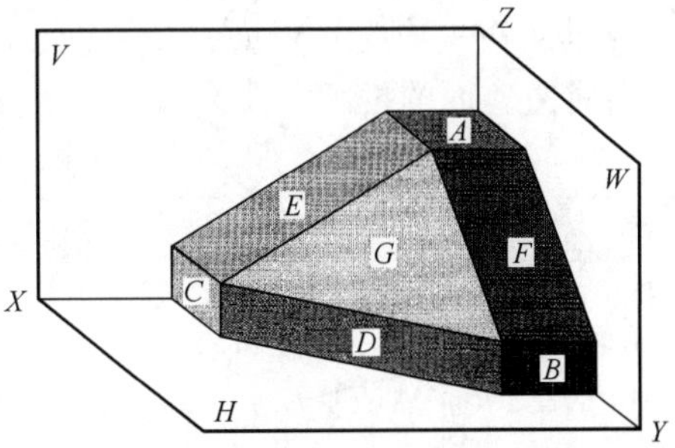

图 2-34　各种位置平面的投影

① 投影面平行面。投影面平行面共有三

种：水平面——平行于 *H* 面的平面（图 2–34 中的 *A* 面）；正平面——平行于 *V* 面的平面（图 2–34 中的 *B* 面）；侧平面——平行于 *W* 面的平面（图 2–34 中的 *C* 面）。各种平行面的投影特性，列于表 2–3 中。

表 2–3　　投影面平行面的投影特性

名称	水平面	正平面	侧平面
轴测图	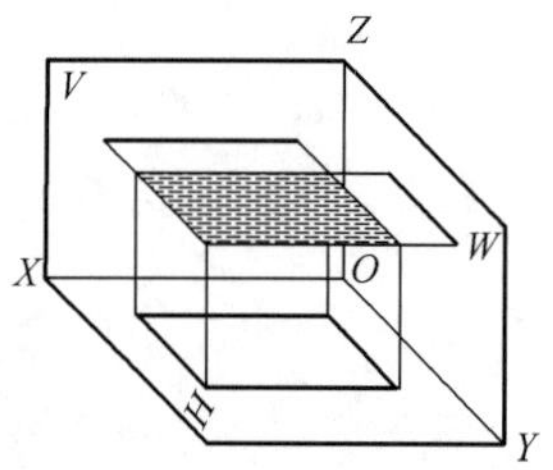	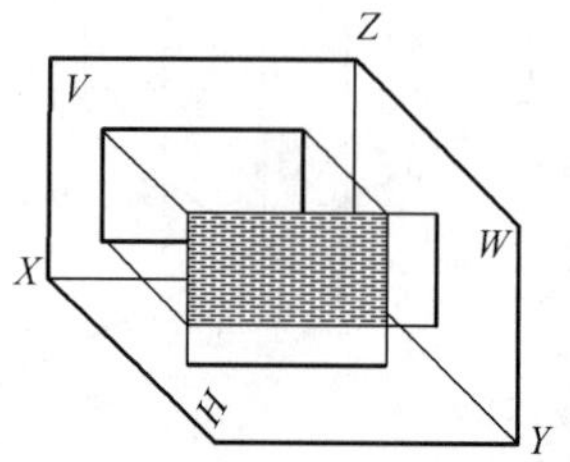	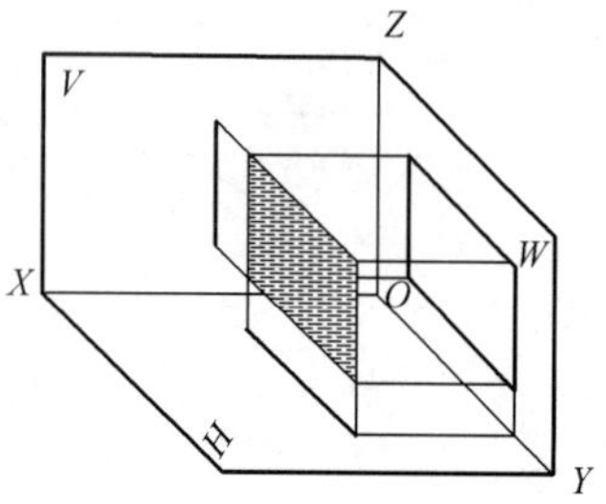
投影	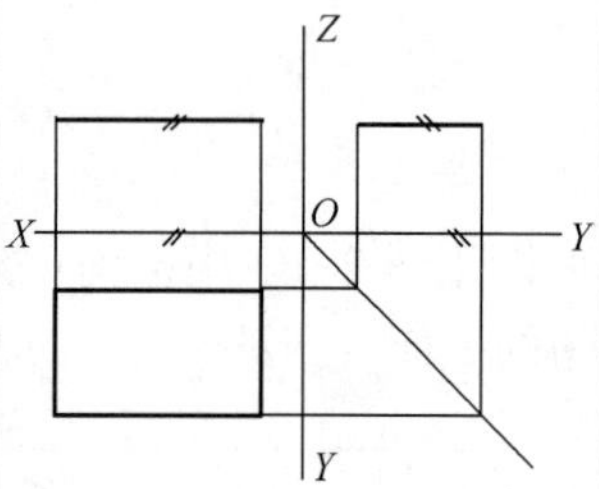	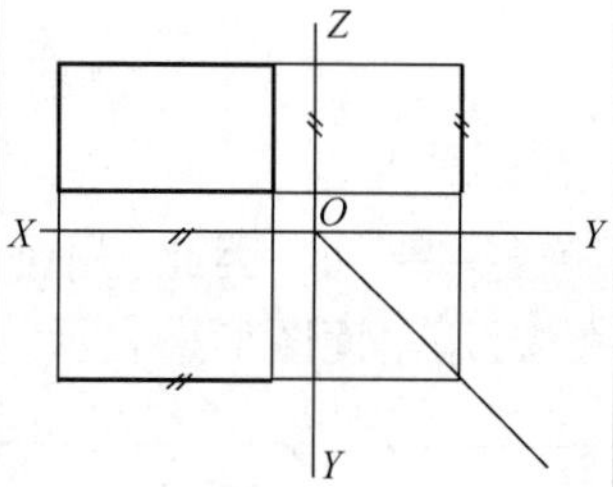	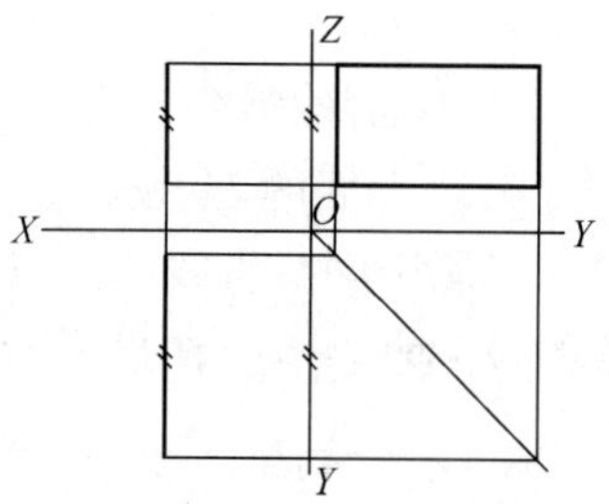
投影特性	①水平投影反映实形 ②正面投影积聚成直线，且平行于 *OX* 轴 ③侧面投影积聚成直线，且平行于 *OY* 轴	①正面投影反映实形 ②水平投影积聚成直线，且平行于 *OX* 轴 ③侧面投影积聚成直线，且平行于 *OZ* 轴	①侧面投影反映实形 ②正面投影积聚成直线，且平行于 *OZ* 轴 ③水平投影积聚成直线，且平行于 *OY* 轴
	①平面在所平行的投影面上的投影反映实形 ②其他两面投影积聚成直线，且平行于相应的投影轴		

② 投影面垂直面。投影面垂直面也有三种：

铅垂面——垂直于 *H* 面，与 *V* 面、*W* 面倾斜的平面（图 2–34 中的 *D* 面）。

正垂面——垂直于 *V* 面，与 *H* 面、*W* 面倾斜的平面（图 2–34 中的 *E* 面）。

侧垂面——垂直于 *W* 面，与 *V* 面、*H* 面倾斜的平面（图 2–34 中的 *F* 面）。

各种垂直面的投影特性，列于表 2–4 中。

表 2–4　　投影面垂直面的投影特性

名称	铅垂面（$A \perp H$）	正垂面（$B \perp V$）	侧垂面（$C \perp W$）
在形体立体图中的位置	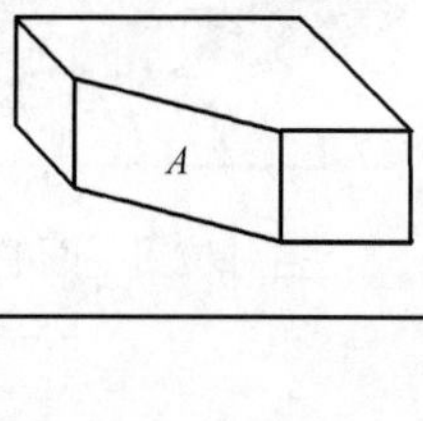	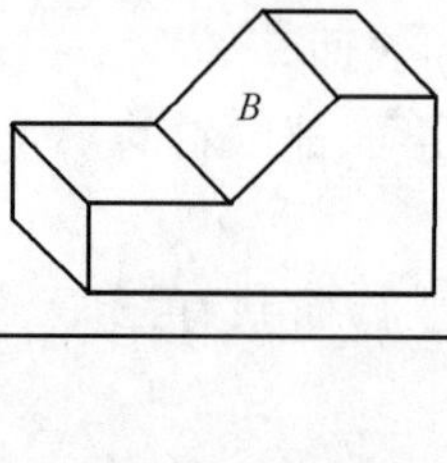	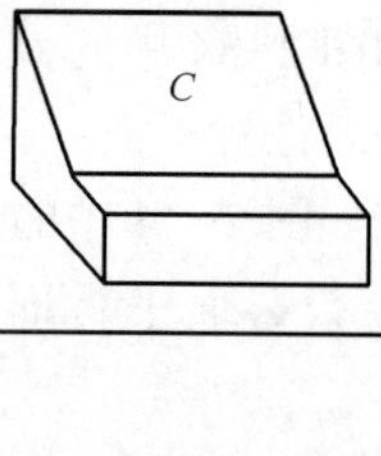

续表

名称	铅垂面（$A\perp H$）	正垂面（$B\perp V$）	侧垂面（$C\perp W$）
投影规律	（1）H 面投影 a 积聚为一条斜线且反映 β、γ 的大小 （2）V 面投影 a' 和 W 面投影 a'' 小于实形，是类似形	（1）V 面投影 b' 积聚为一条斜线且反映 α、γ 的大小 （2）H 面投影 b 和 W 面投影 b'' 小于实形，是类似形	（1）W 面投影 c'' 积聚为一条斜线且反映 α、β 的大小 （2）H 面投影 c 和 V 面投影 c' 小于实形，是类似形
立体图	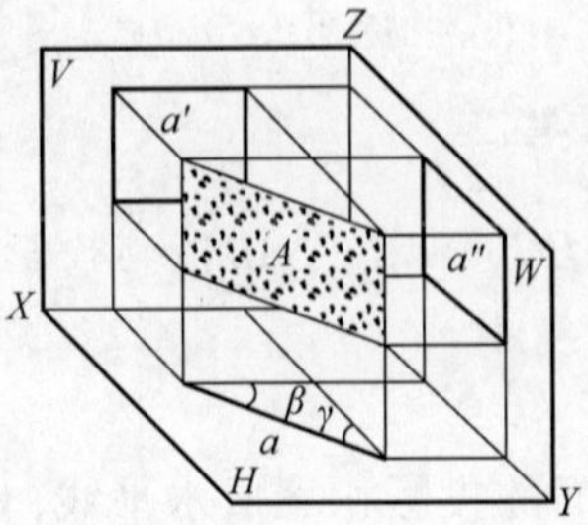	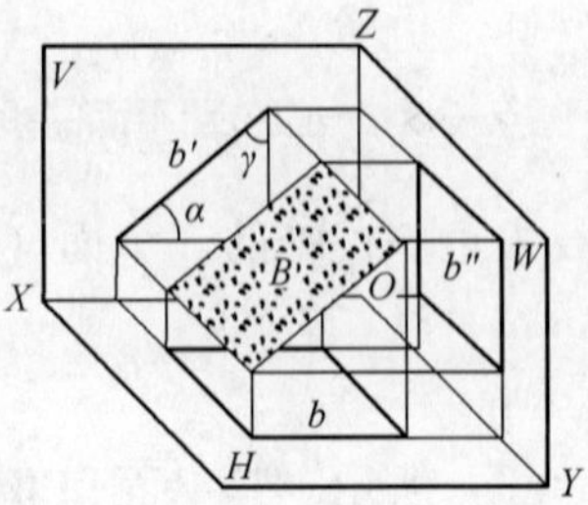	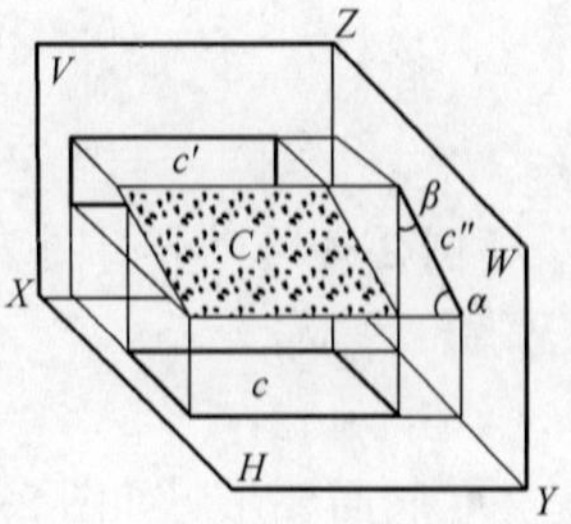
投影图	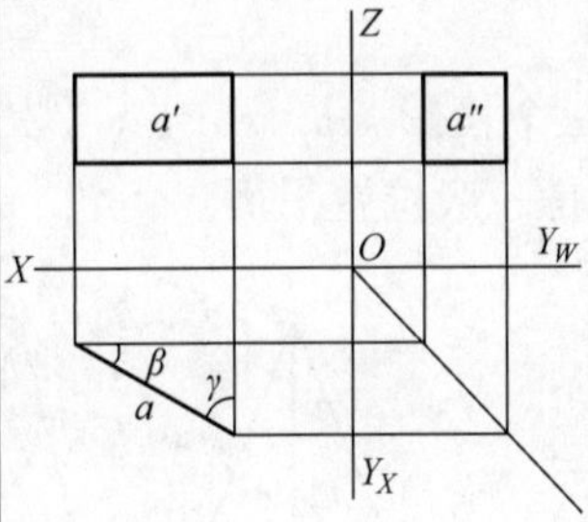	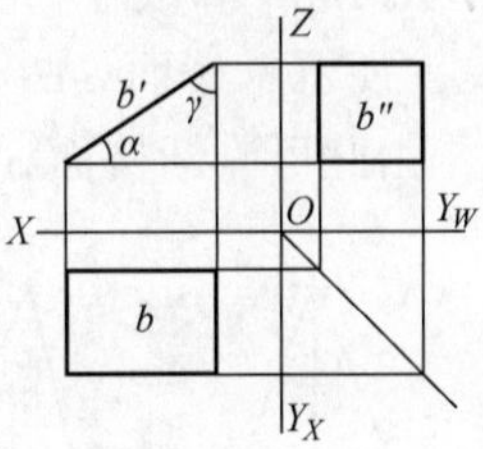	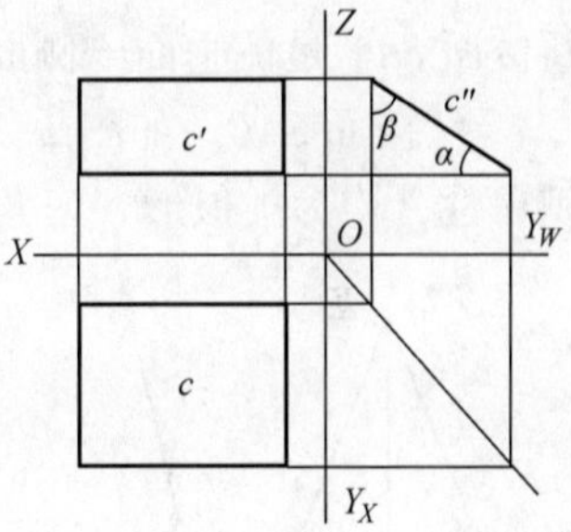
在形体投影图中的位置	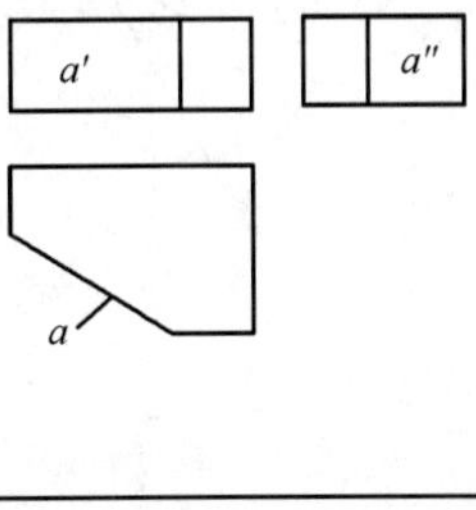	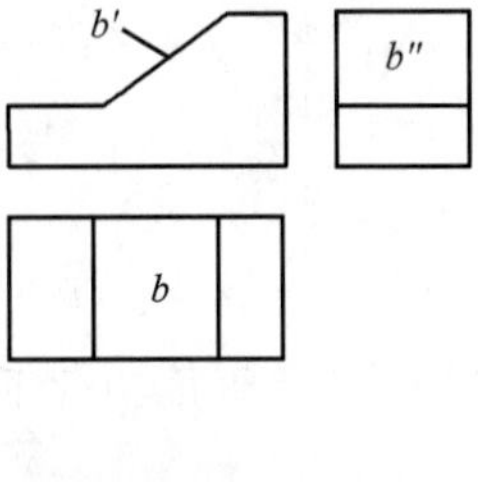	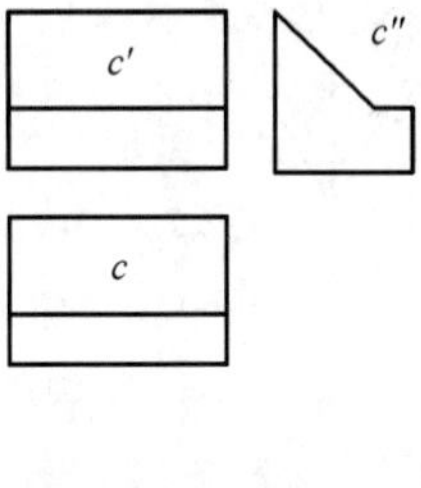

③ 一般位置平面。由于一般位置平面对三个投影面都倾斜，其三面投影均不反映实形，都是小于原平面的类似形。

如图 2-35（a）所示，图中的 G 面对三个投影面都倾斜，其水平投影、正面投影和侧面投影都没有积聚性，均为小于实形的三角形，如图 2-35（b）所示。

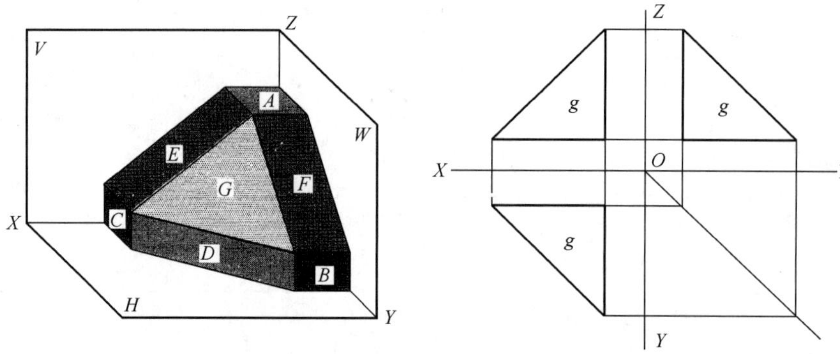

(a) 一般位置平面G　　(b) 三面投影具有类似形

图 2-35　一般位置平面的投影特性

【例 2-11】 分析图 2-36 中正三棱锥的三个面（ABC、SAC、SAB）与投影面的相对位置。

分析：

- 底面 ABC。如图 2-36（a）所示，其 V 面和 W 面的投影积聚成水平线，分别平行于 OX 轴和 OY 轴，可确定底面 ABC 是水平面，水平投影反映实形。
- 棱面 SAC。如图 2-36（b）所示，从 W 面投影中的重影 a''（c''）可知，AC 边是侧垂线。根据几何定理，平面内的任一直线垂直于另一平面，则两平面相互垂直。由此可判断棱面 SAC 是侧垂面，侧面投影积聚成一直线。
- 棱面 SAB。如图 2-36（c）所示，棱面 SAB 的三个投影 sab、$s'a'b'$、$s''a''b''$都没有积聚性，均为类似形（三角形），由此可判断棱面 SAB 是一般位置平面。

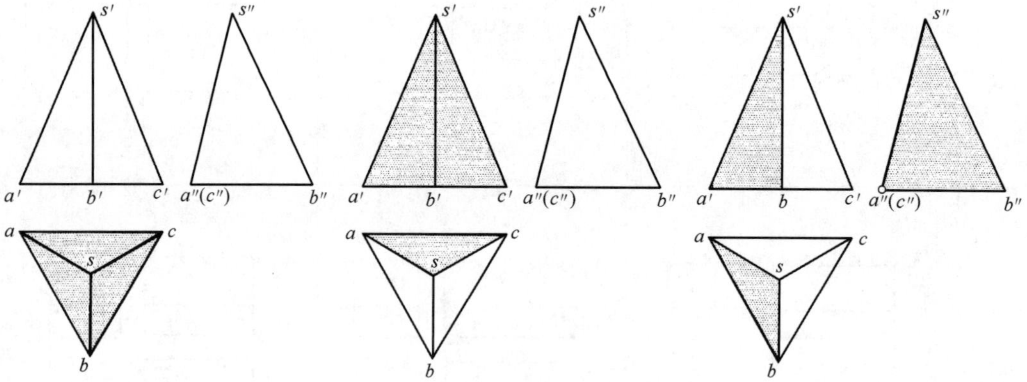

(a) 底面ABC　　(b) 棱面SAC　　(c) 棱面SAB

图 2-36　分析平面与投影面的相对位置

（3）平面内直线和点的投影

直线从属于平面的几何条件是：

一直线经过平面内的任意两点；或一直线经过平面内的一点，且平行于平面内的另一已知直线。

【例 2-12】 已知△ABC 内的直线 EF 的正面投影 $e'f'$，求水平投影 ef［图 2-37（a）］。

分析：

如图 2-37（b）所示，直线 EF 在△ABC 平面内，延长 EF，可与△ABC 的边线交于 M、N，则直线 EF 是△ABC 上直线 MN 的一部分，它的投影必属于直线 MN 的同面投影。

作图步骤：

• 延长 $e'f'$，交 $a'b'$ 于 m'、交 $b'c'$ 于 n'，由 m'、n' 求得 m、n 并连线，如图 2-37（c）所示。

• 过 $e'f'$ 作 OX 轴的垂线，在直线 mn 上求得 ef，连接 ef 即为所求，如图 2-37（d）所示。

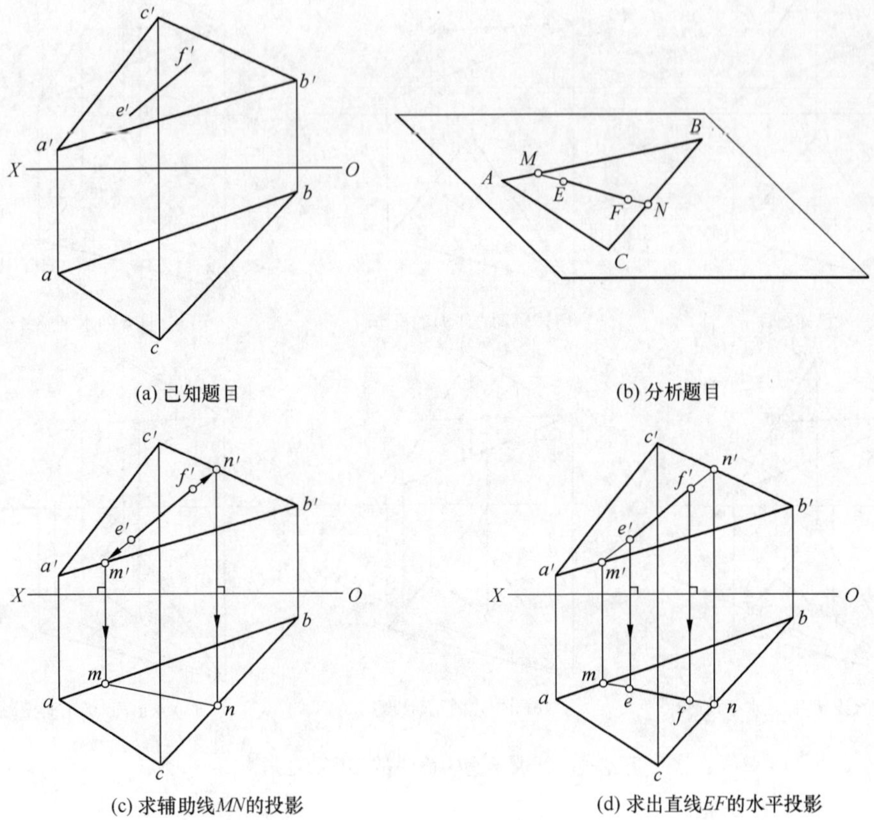

(a) 已知题目　(b) 分析题目

(c) 求辅助线 MN 的投影　(d) 求出直线 EF 的水平投影

图 2-37　求平面内直线的投影（一）

• 平面内的点，点从属于平面的几何条件是：

若一点在平面内的任一直线上，则此点必定在该平面内。

因此，在平面内取点时，应先在平面内取直线，再在该直线上取点。

【例 2-13】 已知△ABC 内点 E 的正面投影 e' 和点 F 的水平投影 f，求作它们的另一面投影［图 2-38（a）］。

分析：

因为点 E、F 在△ABC 上，故过 E、F 在△ABC 平面上各作一条辅助直线，则点 E、F 的两个投影必定在相应的辅助直线的同面投影上。

作图步骤：

- e'任作一条辅助直线 $a'1'$，求出水平投影 $a1$，如图 2-38（b）所示。
- 过 e'作 OX 轴的垂线与 $a1$ 相交，交点 e 即为所求，如图 2-38（c）所示。
- 连接 fa 为辅助直线，fa 与 bc 相交于 2，如图 2-38（d）所示。
- 过 2 作 OX 轴的垂线，与 $b'c'$相交，求出正面投影 $2'$，如图 2-38（e）所示。
- 过 f 作 OX 轴的垂线，与 $a2'$的延长线相交，交点 f' 即为所求，如图 2-38（f）所示。

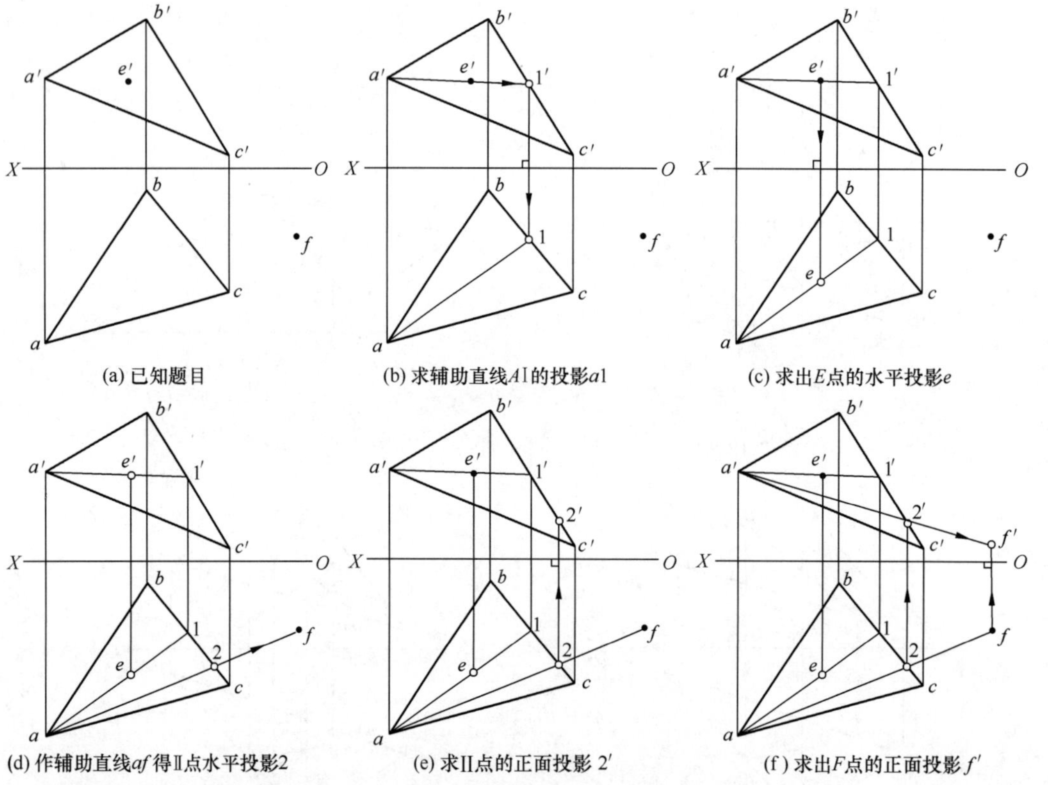

(a) 已知题目　(b) 求辅助直线AⅠ的投影a1　(c) 求出E点的水平投影e

(d) 作辅助直线af得Ⅱ点水平投影2　(e) 求Ⅱ点的正面投影 2′　(f) 求出F点的正面投影 f′

图 2-38　求平面内直线的投影（二）

【例 2-14】　在△ABC 平面上取一点 K，距离 V 面 14、距离 H 面 16［图 2-39（a）］。

分析：

按题目要求，点 K 是已知平面上距离 V 面 14 的点，它一定位于该面上的一条距离 V 面为 14 的正平线上。同时，点 K 距离 H 面 16，它也一定位于该面上的一条距离 H 面为 16 的水平线上。因此，点 K 必然是该面上的上述两投影面平行线的交点。

作图步骤：

- 先在平面上作距离 V 面为 14 的正平线（12→$1'2'$）；再在平面上作距离 H 面为 16 的水平线（$3'4'$→34），如图 2-39（b）所示。
- 正平线与水平线同面投影的交点 k 和 k'，即为所求点 K 的投影，如图 2-39（c）所示。

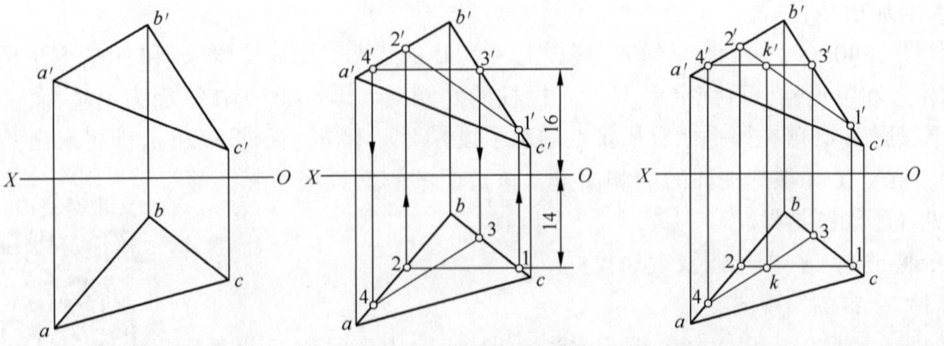

(a) 已知题目　(b) 画出正平线和水平线的投影　(c) 两直线同面投影的交点即为所求

图 2-39　在平面上取距离 V 面 14、距离 H 面 16 的点

（三）平面立体及其截交线的投影

几何体分为平面立体和曲面立体两大类。表面均为平面的立体，称为平面立体；表面由曲面或平面组成的立体，称为曲面立体。

配套视频

绘制正棱柱三视图

1. 棱柱的三视图绘制及表面找点

（1）棱柱的三视图

如图 2-40（a）表示一个正三棱柱的投影。它的顶面和底面为水平面；三个矩形侧面中，后面是正平面，左右两面为铅垂面；三条侧棱为铅垂线。

在画三视图时，先画顶面和底面的投影。在水平投影中，它们均反映实形（等边三角形）且重影；其正面和侧面投影都有积聚性，分别为平行于 *OX* 轴和 *OY* 轴的直线。三条侧棱的水平投影都有积聚性，为等边三角形的三个顶点，它们的正面和侧面投影，均平行于 *OZ* 轴且反映了棱柱的高。画出这些面的棱线的投影，即得到三棱柱的三视图，如图 2-40（b）所示。

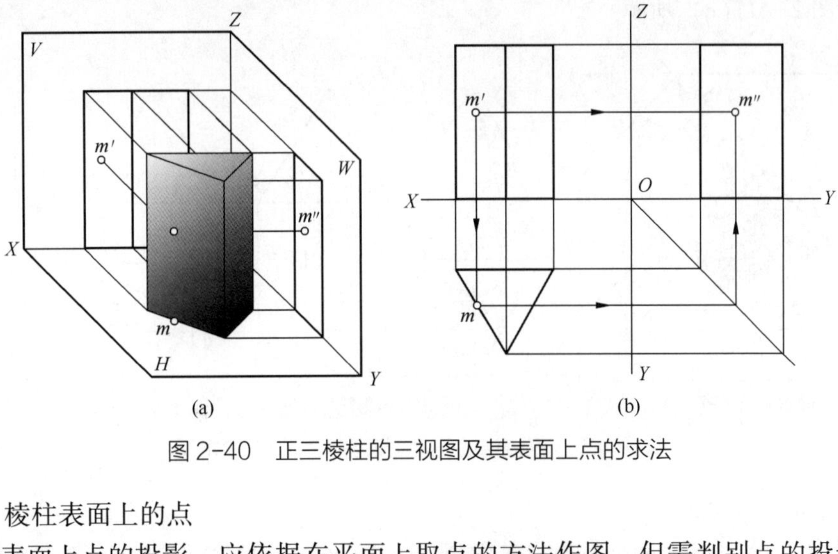

(a)　(b)

图 2-40　正三棱柱的三视图及其表面上点的求法

（2）棱柱表面上的点

求体表面上点的投影，应依据在平面上取点的方法作图。但需判别点的投影的可见性：若点所在表面的投影可见，则点的同面投影也可见；反之为不可见。对不可见的点的

投影，需加括号表示。

如图2-40（b）所示，已知三棱柱上一点 M 的正面投影 m'，求 m 和 m''的方法是：按 m'的位置和可见性，可判定点 M 在三棱柱的左侧上。因点 M 所在平面为铅垂面，因此，其水平投影 m 必落在该平面有积聚性的水平投影上。于是，根据 m'和 m 即可求出侧面投影 m''。由于点 M 在三棱柱的左侧面上，该棱面的侧面投影可见，故 m''可见（不加圆括号）。

配套视频

绘制正棱锥三视图

2. 棱锥的三视图绘制及表面找点

（1）棱锥的三视图

如图2-41（a）表示一个正三棱锥的投影。它由底面和三个棱面所组成。底面为水平面，其水平投影反映实形，正面和侧面投影积聚成一直线；棱面△*SAC* 为侧垂面，侧面投影积聚成一直线，水平投影和正面投影都是类似形；棱面△*SAB* 和△*SBC* 为一般位置平面，其三面投影均为类似形；棱线 *SB* 为侧平线，棱线 *SA*、*SC* 为一般位置直线，棱线 *AC* 为侧垂线，棱线 *AB*、*BC* 为水平线。

在画正三棱锥的三视图时，应先画出底面△*ABC* 的各面投影，再画出锥顶 *S* 的各面投影，连接各顶点的同面投影，即为正三棱锥的三视图。

注意：正三棱锥的侧面投影不是等腰三角形。

（2）棱锥表面上的点

正三棱锥的表面有特殊位置平面，也有一般位置平面。特殊位置平面上的点的投影，可利用该平面投影的积聚性直接作图；一般位置平面上点的投影，可通过在平面上作辅助线的方法求得。

已知棱面△*SAB* 上点 *M* 的正面投影 m'，求点 *M* 的其他两面投影。棱面△*SAB* 是一般位置平面，先过锥顶 *S* 及点 *M* 作一辅助线，求出辅助线的其他两面投影 $s1$ 和 $s''1''$，如图2-41（b）所示；然后根据点在直线上的投影特性，由 m'求出其水平投影 m 和侧面投影 m''，如图2-41（c）所示。

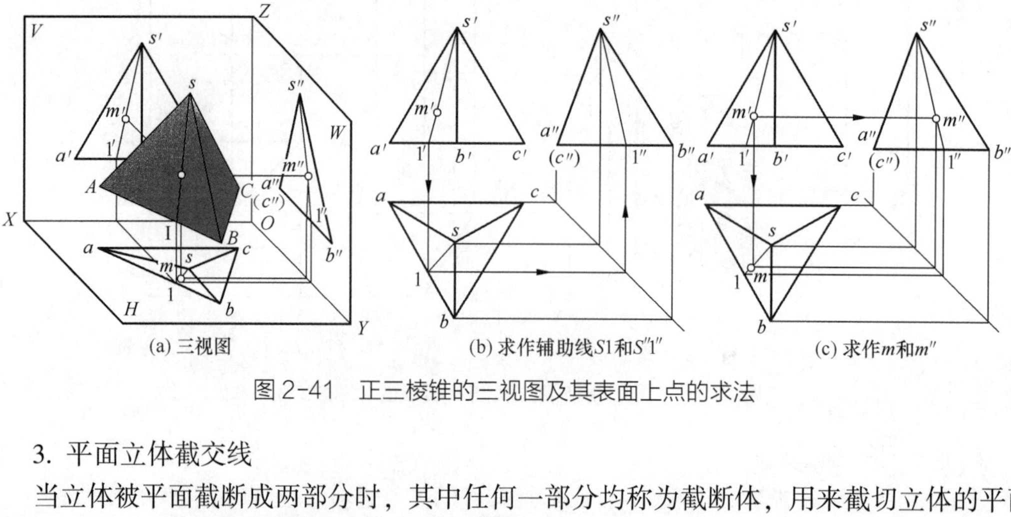

图2-41　正三棱锥的三视图及其表面上点的求法

3. 平面立体截交线

当立体被平面截断成两部分时，其中任何一部分均称为截断体，用来截切立体的平面称为截平面，截平面与立体表面的交线称为截交线。截交线有以下两个基本性质：

（1）截交线的概念

当立体被平面截断成两部分时，其中任何一部分均称为截断体，用来截切立体的平面称为截平面，截平面与立体表面的交线称为截交线。

（2）截交线的基本性质

① 共有性。截交线是截平面与立体表面共有的线。

② 封闭性。由于任何立体都有一定的范围，所以截交线一定是闭合的平面图形。

③ 平面切割平面立体时，其截交线为一平面多边形（图 2-42）。

图 2-42　多边形立体图

二、任务实施

① 正六棱锥被正垂面 *P* 截切，求切割后正六棱锥截交线的投影。

分析：

如图 2-43（a）所示，正六棱锥被正垂面 *P* 截切，截交线是六边形，六个顶点分别是截平面与六条侧棱的交点。由此可见，平面立体的截交线是一个平面多边形；多边形的每一条边，是截平面与平面立体各棱面的交线；多边形的各个顶点就是截平面与平面立体棱线的交点。求平面立体的截交线，实质上就是求截平面与各条棱线交点的投影。

作图步骤：

• 利用截平面的积聚性投影，先找出截交线各顶点的正面投影 a'、b'、c'、d'（*B*、*C* 各为前后对称的两个点）；再依据直线上点的投影特性，求出各顶点的水平投影 *a*、*b*、

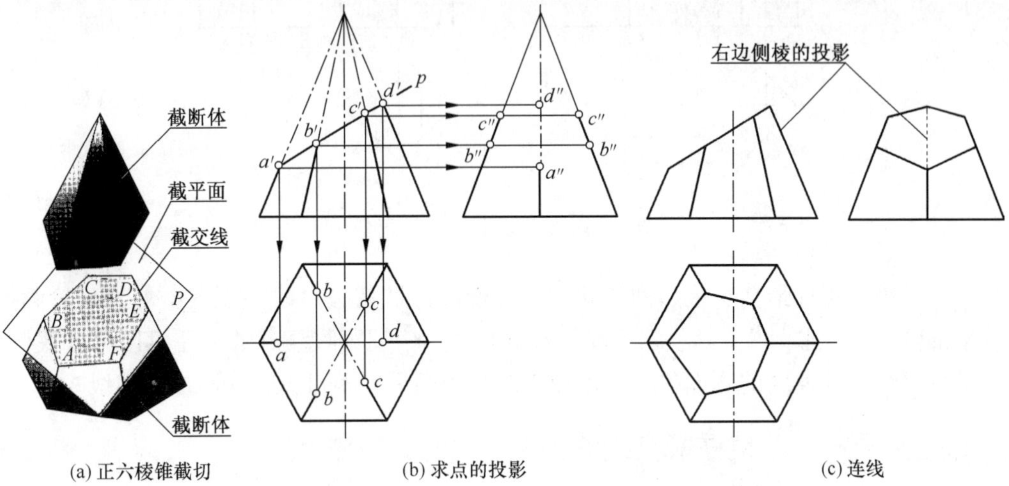

(a) 正六棱锥截切　　(b) 求点的投影　　(c) 连线

图 2-43　正六棱锥截交线的画法

c、d 及侧面投影 a''、b''、c''、d''，如图 2-43（b）所示。

- 擦去作图线，依次连接各顶点的同面投影，即为截交线的投影，如图 2-43（c）所示。

注意：正六棱锥右边棱线在侧面投影中有一段不可见，应画成细虚线。

② 如图 2-44（a）所示，在四棱柱上方切割一个矩形通槽，试完成四棱柱矩形通槽的水平投影和侧面投影。

分析：

如图 2-44（b）所示，四棱柱上方的矩形通槽是由三个特殊位置平面切割而成的。槽底是水平面，其正面投影和侧面投影均积聚成水平方向的直线，水平投影反映实形。两侧壁是侧平面，其正面投影和水平投影均积聚成竖直方向的直线，侧面投影反映实形且重合在一起。可利用积聚性求出通槽的水平投影和侧面投影。

作图步骤：

配套动画

切槽棱柱

- 根据通槽的主视图，先在俯视图中作出两侧壁的积聚性投影；再按“高平齐、宽相等”的投影规律，作出通槽的侧面投影，如图 2-44（c）所示。
- 擦去作图线，校核切割后的图形轮廓，加深描粗，如图 2-44（d）所示。

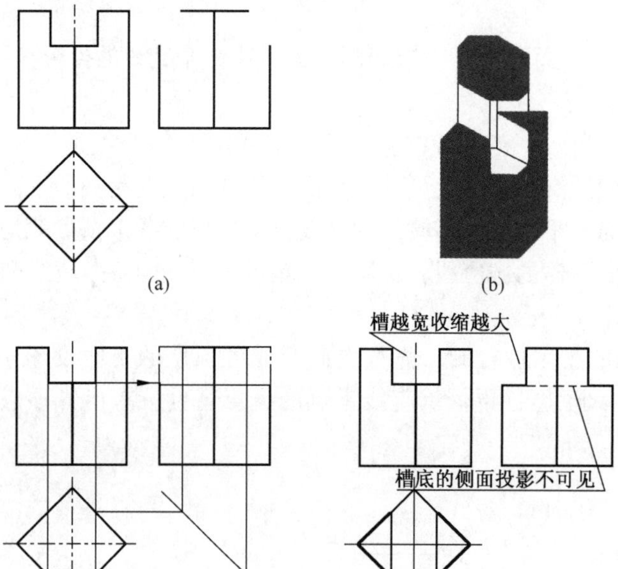

图 2-44　四棱柱开槽的画法

提示：因四棱柱最前、最后两条侧棱在开槽部位被切去，故左视图中的外形轮廓线，在开槽部位向内“收缩”。其收缩程度与槽宽有关，槽越宽收缩越大。注意区分槽底侧面投影的可见性，即槽底的侧面投影积聚成直线，中间一段不可见，应画成细虚线。

三、任务拓展——八棱柱截交线的画法

已知八棱柱被平面截切后的主、左视图，如图 2-45 所示，求其俯视图。图 2-45 为

八棱柱截交线的画法。

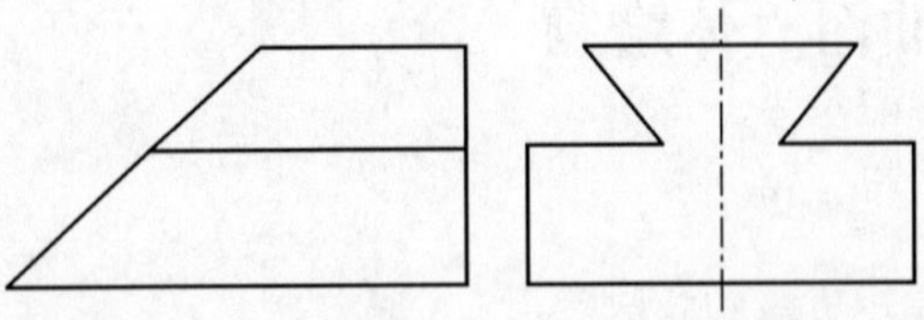

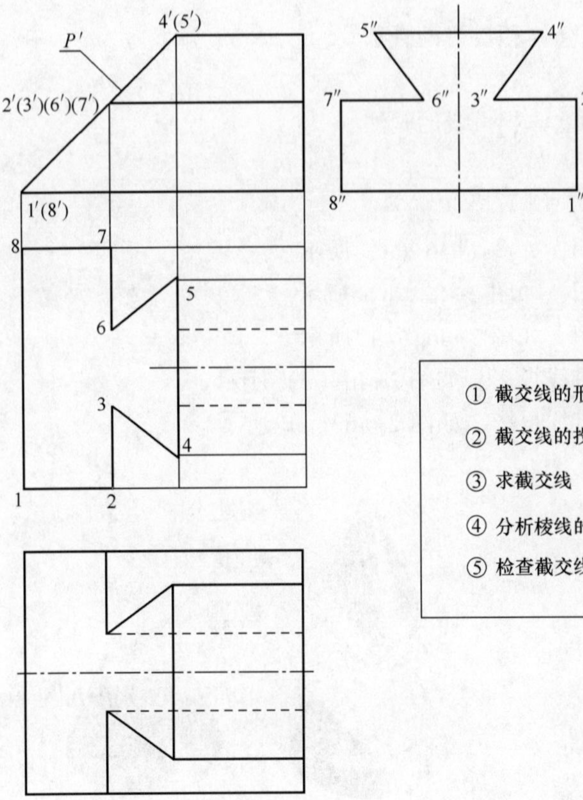

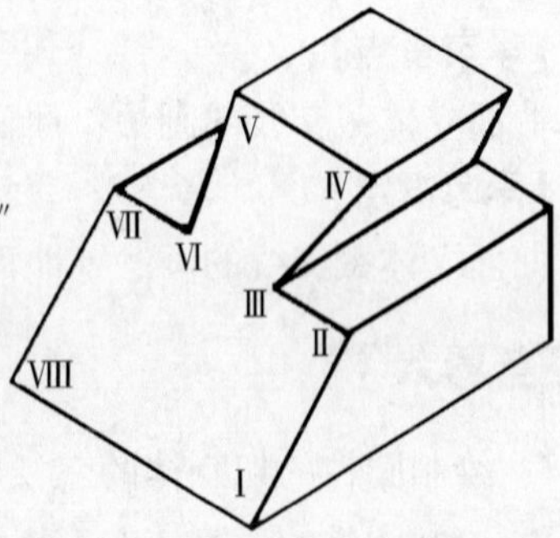

① 截交线的形状

② 截交线的投影特性

③ 求截交线

④ 分析棱线的投影

⑤ 检查截交线的投影

图 2-45　八棱柱截交线的画法

任务二　曲面立体绘制

【学习目标】

掌握曲面立体及其截交线的画法，掌握相贯线的画法。

【学习重点】

曲面立体截交线的画法；曲面立体相贯线的画法。

【学习难点】

曲面立体截交线的画法；曲面立体相贯线的画法。

[任务导入]

① 绘制圆柱的切割体的三视图，如图 2-46（a）所示。

② 绘制圆锥的切割体的三视图，如图 2-46（b）所示。

③ 绘制圆球的切割体的三视图，如图 2-46（c）所示。

④ 绘制圆柱与圆柱正交的相贯线投影，如图 2-46（d）所示。

⑤ 绘制圆柱与圆锥正交的相贯线投影，如图 2-46（e）所示。

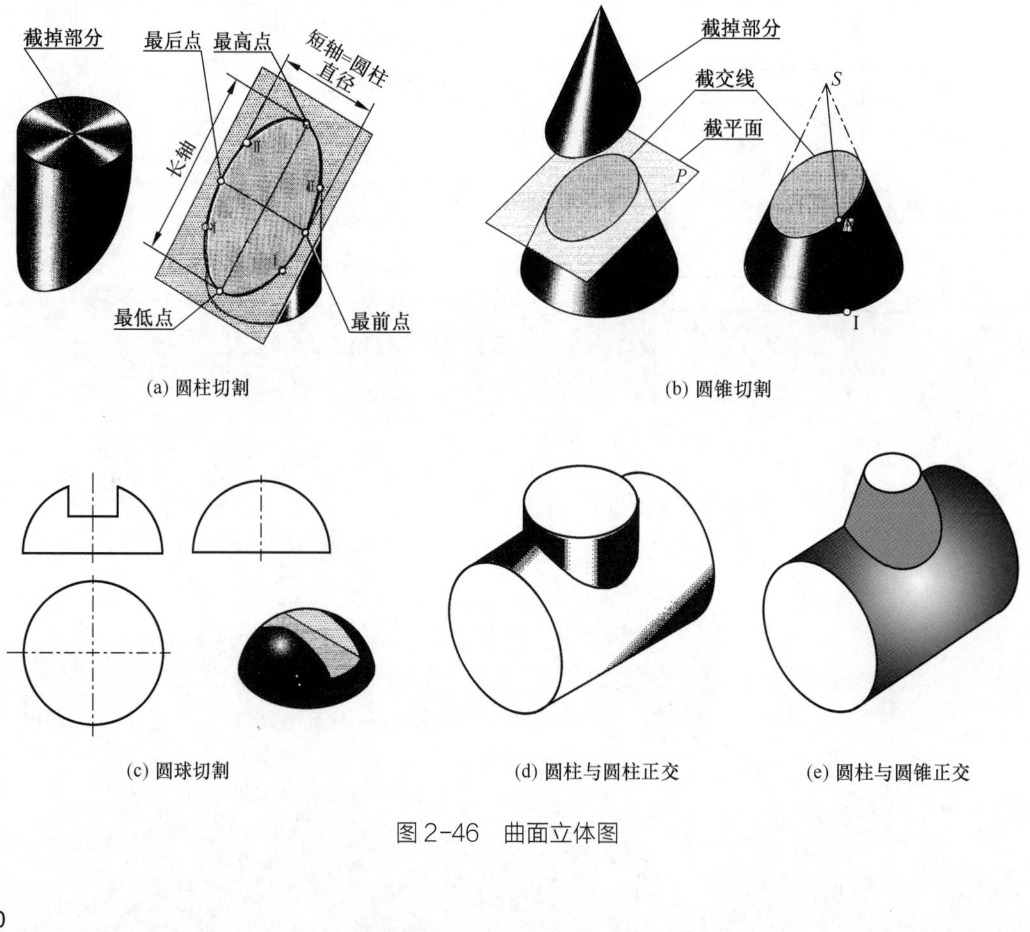

图 2-46　曲面立体图

一、知识链接

（一）曲面立体及其截交线

1. 圆柱体三视图绘制及表面找点

（1）圆柱面的形成

如图 2-47（a）所示，圆柱面可看作一条直线 *AB* 围绕与它平行的轴线 *OO* 回转而成。*OO* 称为回转轴，直线 *AB* 称为母线，母线转至任一位置时称为素线。这种由一条母线绕轴回转而形成的表面称为回转面；由回转面构成的立体称为回转体。

（2）圆柱的三视图

由图 2-47（b）可以看出，圆柱的主视图为一个矩形线框，其中左、右两轮廓线是两组由投射线组成（和圆柱面相切）的平面与 *V* 面的交线。这两条交线也正是圆柱面上最左、最右素线的投影，它们把圆柱面分为前、后两部分，其投影前半部分可见，后半部分不可见，而这两条素线是可见与不可见的分界线。最左、最右素线的侧面投影和轴线的侧面投影重合（不需画出其投影），水平投影在横向中心线与圆周的交点处。矩形线框的上、下两边分别为圆柱顶面、底面的积聚性投影。

图 2-47（c）为圆柱的三视图。俯视图为一圆线框。由于圆柱轴线是铅垂线，圆柱表面所有素线都是铅垂线，因此，圆柱面的水平投影积聚成一个圆。同时，圆柱顶面、底面的投影（反映实形），也与该圆相重合。画圆柱的三视图时，一般先画投影具有积聚性的圆，再根据投影规律和圆柱的高度完成其他两视图。

配套视频

圆柱三视图的绘制

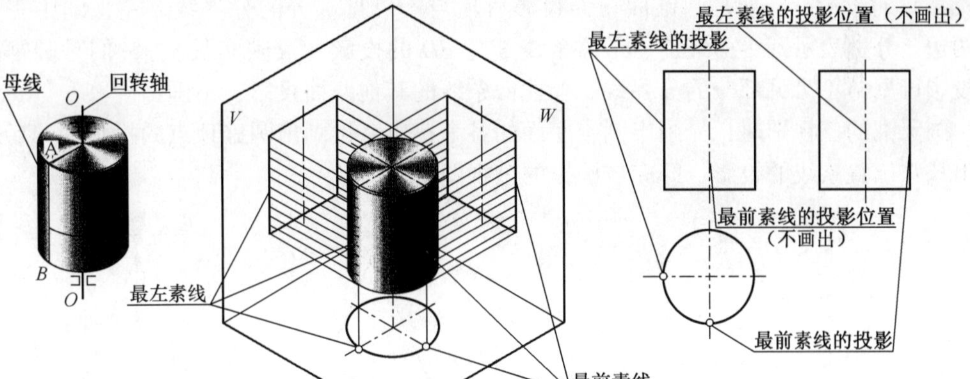

(a) 圆柱的形成　　(b) 圆柱的投影　　(c) 圆柱的三视图

图 2-47　圆柱的形成及视图

（3）圆柱表面上的点

如图 2-48（a）所示，已知圆柱面上点 *M* 的正面投影 m'和点 *N* 的侧面投影 n''，求另两面投影。根据给定的 m'的位置，可判定点 *M* 在前半圆柱面的左半部分。因圆柱面的水平投影有积聚性，故 *m* 必在前半圆周的左部。m''可根据 m'和 *m* 直接求得，如图 2-48（b）所示。n''在圆柱面的最后素线上，其正面投影 n'在轴线上（不可见），水平投影 *n* 在圆的最上方，如图 2-48（c）所示。

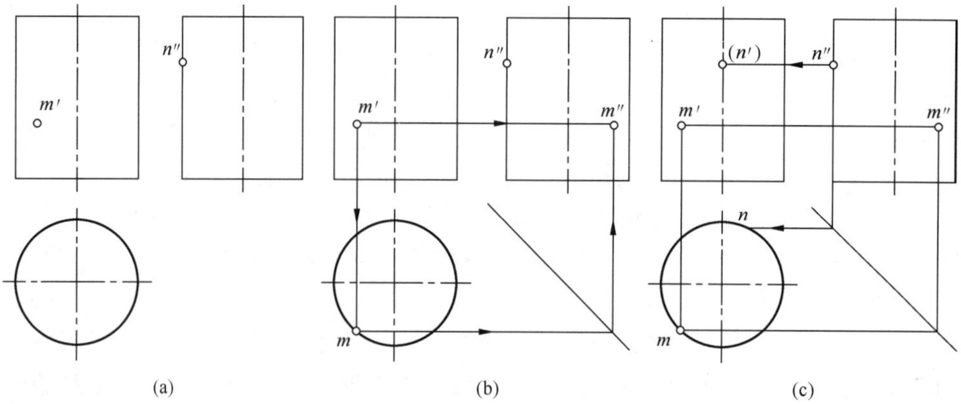

图 2-48　圆柱表面上点的求法

配套视频

绘制圆锥
三视图

2. 圆锥三视图绘制及表面找点

（1）圆锥面的形成

圆锥面可看作由一条直母线 *SA* 围绕与它相交的轴线回转而成，如图 2-49（a）所示。

（2）圆锥的三视图

图 2-49（b）为圆锥的三视图。俯视图的圆形，反映圆锥底面的实形，同时也表示圆锥面的投影。主、左视图的等腰三角形线框，其底边为圆锥底面的积聚性投影。主视图中三角形的左、右两边，分别表示圆锥面最左、最右素线 *SA*、*SB*（反映实长）的投影，它们是圆锥面正面投影可见与不可见部分的分界线。左视图中三角形的两边，分别表示圆锥面最前、最后素线 *SC*、*SD* 的投影（反映实长），它们是圆锥面侧面投影可见与不可见部分的分界线。上述四条线的其他两面投影，不画出。

画圆锥的三视图时，先画出圆锥底面的各个投影，再画出圆锥顶点的投影，然后分别画出特殊位置素线的投影，即完成圆锥的三视图。

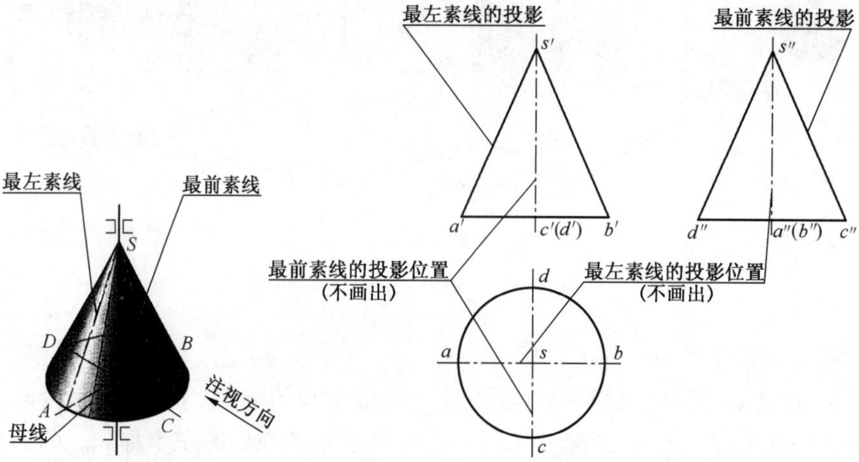

(a) 圆锥的形成　　(b) 圆锥的三视图

图 2-49　圆锥的形成及视图

（3）圆锥表面上的点

如图 2-50（a）所示，已知圆锥面上的点 M 的正面投影 m'，求 m 和 m''。根据 M 的位置和可见性，可判定点 M 在前、左圆锥面上，因此，点 M 的三面投影均可见。作图可采用如下两种方法：

第一种方法——辅助素线法。

a. 过锥顶 S 和点 M 作一辅助素线 SⅠ，即连接 $s'm'$ 并延长，与底面的正面投影相交于 $1'$，求得 $s1$ 和 $s''1''$，如图 2-50（b）所示。

b. 根据点在直线上的投影规律，再由 m' 直接作出 m 和 m''，如图 2-50（c）所示。

第二种方法——辅助圆法。

a. 如图 2-50（d）所示，过点 M 在圆锥面上作垂直于圆锥轴线的水平辅助圆。该圆的正面投影积聚成一直线，即过 m' 所作的 $2'3'$。它的水平投影为一直径等于 $2'3'$ 的圆，圆心为 s，如图 2-50（e）所示。

b. 由 m' 作 OX 轴的垂线，与辅助圆的交点即为 m，再根据 m' 和 m 求出 m''，如图 2-50（f）所示。

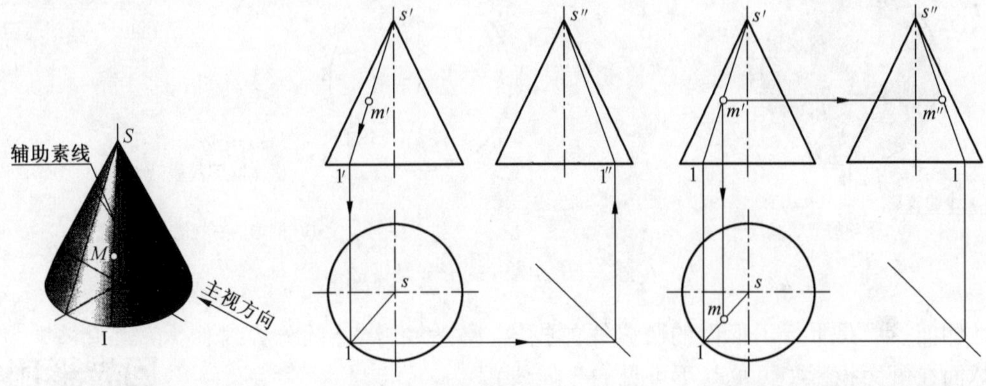

(a) 辅助素线法　　(b) 作辅助线　　(c) 直接求M点的另两面投影

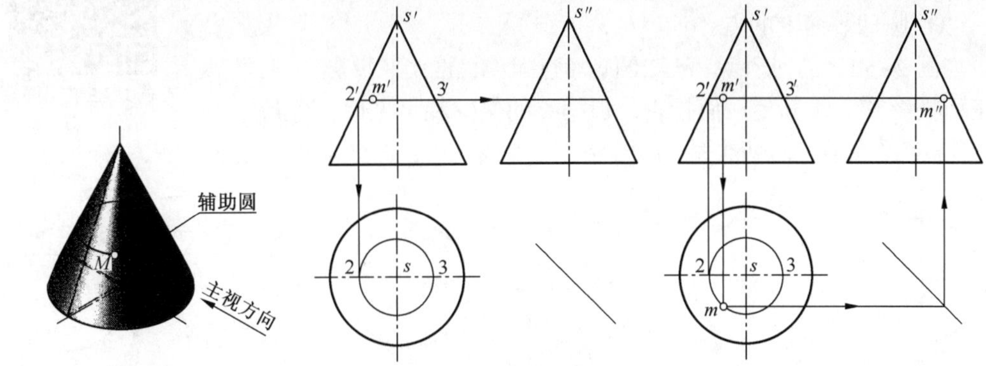

(d) 辅助圆法　　(e) 做辅助圆　　(f) 直接求M点的另两面投影

图 2-50　圆锥表面上点的求法

3. 圆球三视图绘制及表面找点

（1）圆球面的形成

如图 2-51（a）所示，圆球面可看作一圆（母线），围绕它的直径回转而成。

（2）圆球的三视图

图 2-51（b）为圆球的三视图。它们都是与圆球直径相等的圆，均表示圆球面的投影。球的各个投影虽然都是圆形，但各个圆的意义不同。

正面投影是平行于 *V* 面的圆素线的投影（前、后半球的分界线，圆球面在正面投影中可见与不可见的分界线）。

水平投影是平行于 *H* 面的圆素线的投影（上、下半球的分界线，圆球面在水平投影中可见与不可见的分界线）。

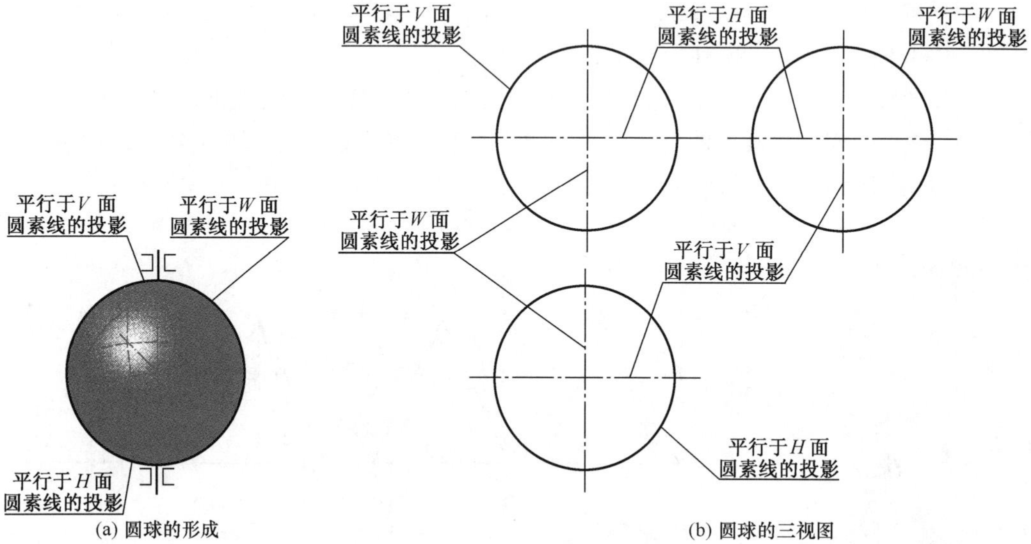

图 2-51　圆球的形成及视图

侧面投影是平行于形面的圆素线的投影（左、右半球的分界线，圆球面在侧面投影中可见与不可见的分界线）。

配套视频

圆球三视图的绘制

这三条圆素线的其他两面投影，都与圆的相应中心线重合。

（3）圆球表面上的点

如图 2-52（a）所示，已知圆球面上点 *M* 的水平投影 *m* 和点 *N* 的正面投影 *n*′，求其他两面投影。根据点的位置和可见性，可判定：

① 点 *N* 在前、后两半球的分界线上，*n* 和 *n*″可直接求出。因为

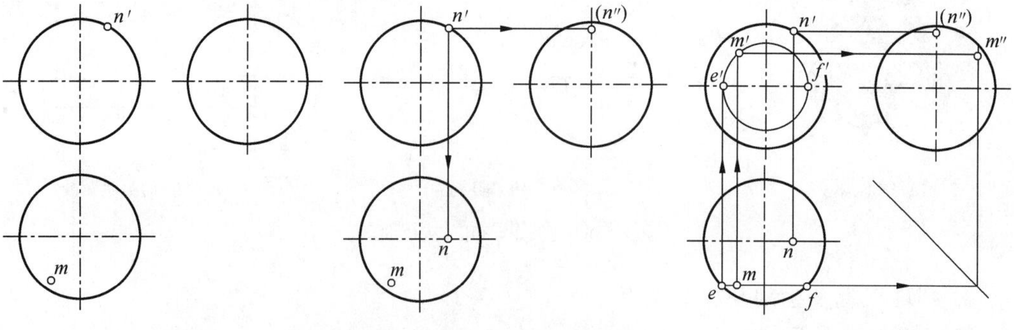

图 2-52　圆球表面上点的求法

点 N 在右半球，其侧面投影 n''不可见，需加圆括号，如图 2-52（b）所示。

② 点 M 在前、左、上半球（点 M 的三面投影均为可见），需采用辅助圆法求 m'和 m''。过点 m 在球面上作一平行于正面的辅助圆（也可作平行于水平面或侧面的圆），因点在辅助圆上，故点的投影必在辅助圆的同面投影上。作图时，先在水平投影中过 m 作 OX 轴的平行线 ef（ef 为辅助圆在水平投影面上的积聚性投影），其正面投影为直径等于 ef 的圆，由 m 作 OX 轴的垂线，与辅助圆正面投影的交点即为 m'，再由 m'求得 m''，如图 2-52（c）所示。

平面切割曲面立体时，截交线的形状取决于曲面立体的表面形状，以及截平面与曲面立体的相对位置。

（二）曲面立体相贯线

相贯线的概念：两立体表面相交时产生的交线，称为相贯线。

相贯线具有下列基本性质：

（1）共有性

相贯线是两立体表面上的共有线，也是两立体表面的分界线，所以相贯线上的所有点，都是两立体表面上的共有点。

（2）封闭性

一般情况下，相贯线是闭合的空间曲线或折线，在特殊情况下是平面曲线或直线。

由于两相交立体的形状、大小和相对位置不同，因此相贯线的形状也比较复杂。本节仅以常见的两回转体（圆柱与圆柱、圆柱与圆锥）正交为例，介绍求两回转体相贯线的一般方法及简化画法。

配套动画

圆柱与圆柱相交—直径变化

1. 圆柱与圆柱正交

当两圆柱的相对位置不变，而两圆柱的直径发生变化时，相贯线的形状和位置也将随之变化。

当 $\phi_1>\phi$ 时，相贯线的正面投影为上、下对称的曲线，如图 2-53（a）所示。

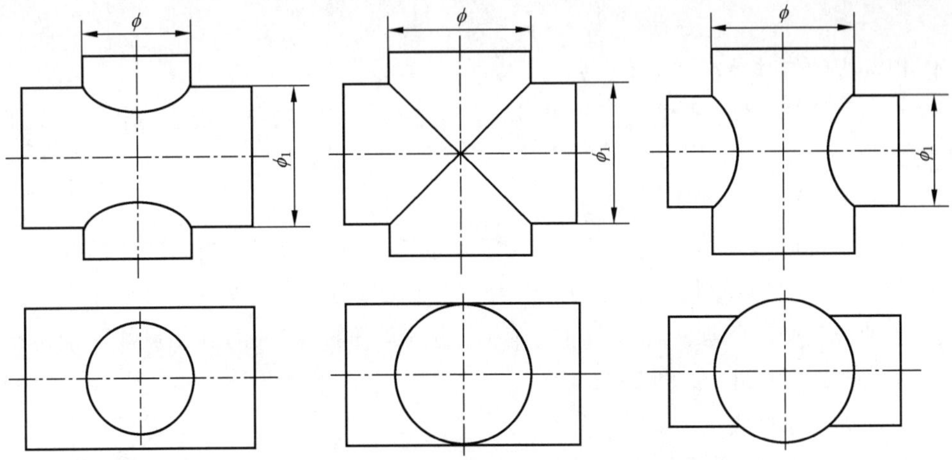

(a) $\phi_1>\phi$　　(b) $\phi_1=\phi$　　(c) $\phi_1<\phi$

图 2-53　两圆柱正交时相贯线的变化

当 $\phi_1=\phi$ 时，相贯线在空间为两个相交的椭圆，其正面投影为两条相交的直线，如图 2-53（b）所示。

当 $\phi_1<\phi$ 时，相贯线的正面投影为左、右对称的曲线，如图 2-53（c）所示。

提示：从图 2-53（a）、（c）的正面投影中可以看出，两圆柱正交时相贯线的弯曲方向，朝向较大圆柱的轴线。

2. 圆柱与圆锥正交

当两回转体的相贯线不能用积聚性直接求出时，可用辅助平面法求解。辅助平面法是求相贯线上共有点的常用方法，一般适用于两回转体相贯的各种情况。

3. 内相贯线的画法

当圆筒上钻有圆孔时，则孔与圆筒外表面及内表面均有相贯线，如图 2-54（a）所示。在内表面产生的交线，称为内相贯线。内相贯线和外相贯线的画法相同，内相贯线的投影由于不可见而画成细虚线，如图 2-54（b）所示。

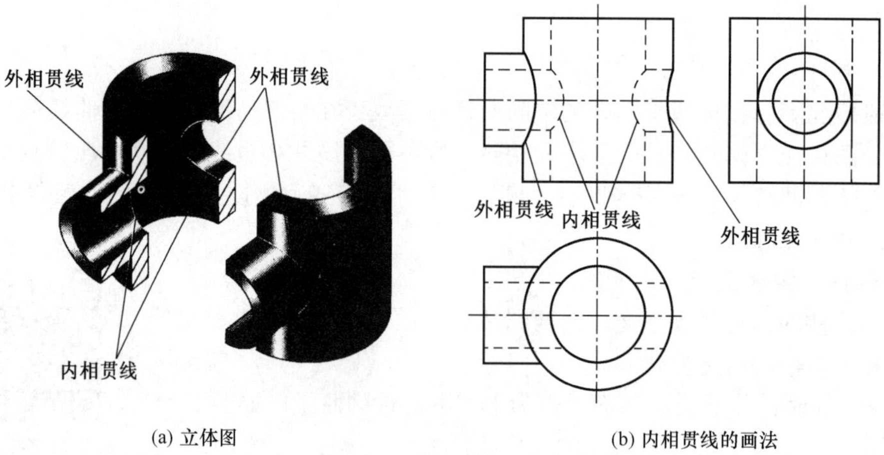

图 2-54　圆孔与圆孔相交时相贯线的画法

4. 相贯线的特殊情况

两回转体相交，在一般情况下相贯线为空间曲线。但在特殊情况下，相贯线为平面曲线或直线。

（1）相贯线为平面曲线

① 两个同轴回转体相交时，相贯线一定是垂直于轴线的圆。当回转体轴线平行于某一投影面时，这个圆在该投影面上的投影为垂直于轴线的直线，如图 2-55 所示。

② 当轴线相交的两圆柱（或圆柱与圆锥）公切于同一球面时，相贯线一定是平面曲线，即两个相交的椭圆，如图 2-56 所示。

（2）相贯线为直线

当相交两圆柱的轴线平行时，相贯线为直线，如图 2-57（a）所示。当两圆锥共顶时，相贯线也是直线，如图 2-57（b）所示。

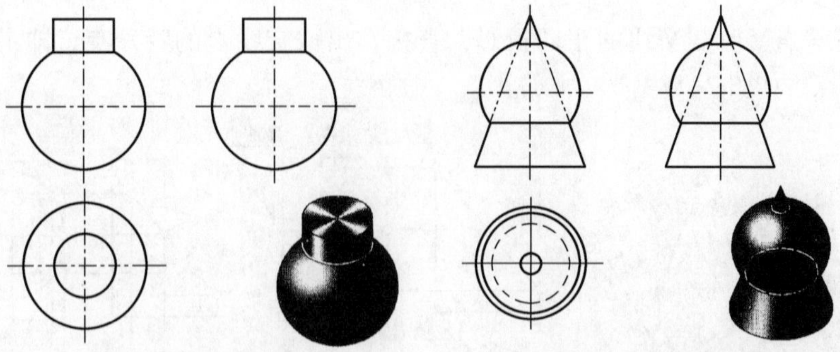

(a) 圆柱与圆球同轴相交　　(b) 圆锥与圆球同轴相交

图 2-55　同轴回转体的相贯线——圆

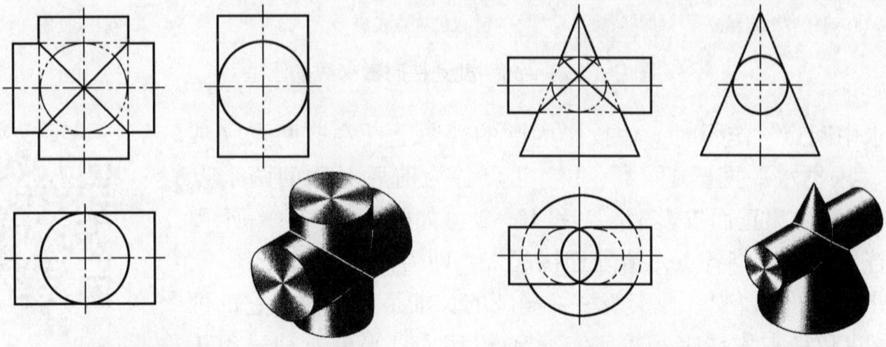

(a) 圆柱与圆锥等径正交（公切一圆球）　　(b) 圆柱与圆锥正交（公切一圆球）

图 2-56　两回转体公切于同一球面的相贯线——椭圆

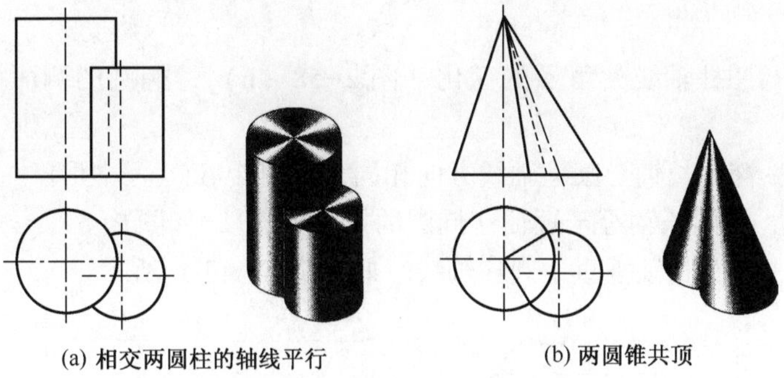

(a) 相交两圆柱的轴线平行　　(b) 两圆锥共顶

图 2-57　相贯线为直线的情况

二、任务实施

（一）绘制圆柱的切割体的三视图

如图 2-46（a）曲面立体图中圆柱切割。

1. 分析

由图 2-58（a）可见，圆柱被平面斜截，其截断面为椭圆。椭圆的正面投影积聚为一斜线，水平投影与圆柱面投影重合，仅需求出侧面投影。由于已知截交线的正面投影和水平投影，所以根据“高平齐、宽相等”的投影规律，便可直接求出截交线的侧面投影。

2. 作图步骤

① 求特殊点。由截交线的正面投影，直接作出截交线上的特殊点，即最高、最前、最后、最低点，如图 2-58（b）所示。

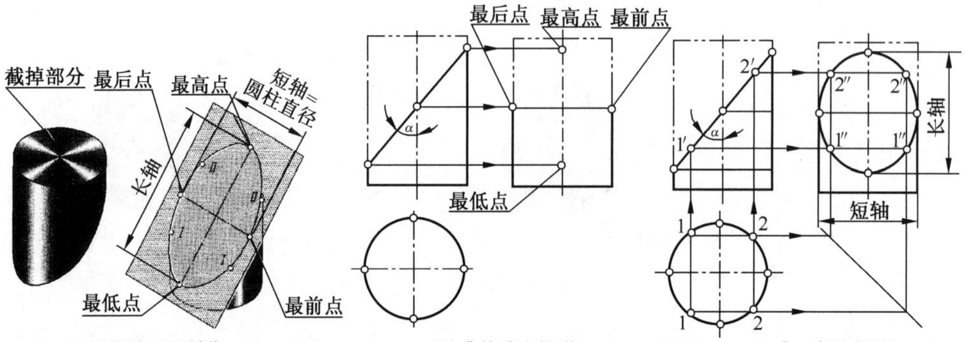

(a) 圆柱被平面斜截　(b) 求特殊点投影　(c) 求一般点投影

图 2-58　平面斜截圆柱时截交线的画法

② 求中间点。作图时，在投影为圆的视图上任意取两点（或取等分点）。根据水平投影 1、2（Ⅰ、Ⅱ点各为前后对称的两个点），利用投影关系求出正面投影 1′、2′和 1″、2″，如图 2-58（c）所示。

配套动画

截圆柱-椭圆

③ 连点成线。将各点光滑地连接起来，即为截交线的投影。

在图 2-58（c）中，截交线——椭圆的长轴是正平线，它的两个端点在最左和最右素线上；短轴与长轴相互垂直平分，是一条正垂线，两个端点在最前和最后素线上。这两条轴的侧面投影仍然相互垂直平分，它们是截交线侧面投影椭圆的长轴和短轴。确定了长、短轴，就可以用近似画法作出椭圆。

随着截平面与圆柱轴线夹角 α 的变化 [图 2-58（b）]，椭圆的侧面投影也会发生如下变化：

当 $\alpha<45°$ 时，椭圆长轴与圆柱轴线方向相同，如图 2-58（c）所示。

当 $\alpha=45°$ 时，椭圆长轴等于短轴（椭圆的投影为圆），如图 2-59（a）所示。

当 $\alpha>45°$ 时，椭圆长轴垂直于圆柱轴线，如图 2-59（b）所示。

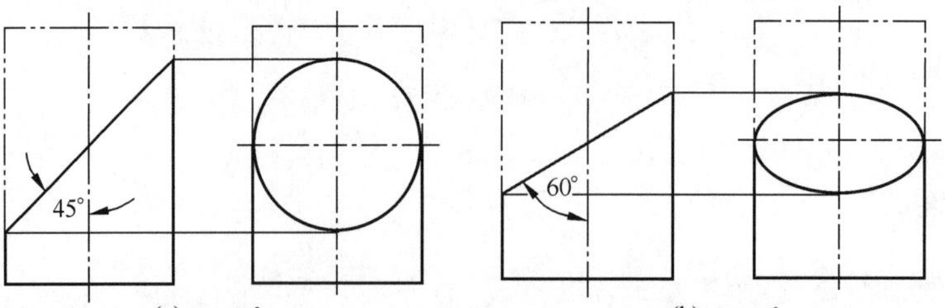

(a) $\alpha=45°$　(b) $\alpha>45°$

图 2-59　平面斜截圆柱时椭圆的变化

圆柱的截交线，因截平面与圆柱轴线的相对位置不同而形状不同。当截平面平行于圆柱轴线时，截交线是矩形；当截平面垂直于圆柱轴线时，截交线是一个直径等于圆柱直径的圆；当截平面倾斜于圆柱轴线时，截交线是椭圆，椭圆的大小随截平面与圆柱轴线的倾斜角度不同而变化，但短轴总与圆柱的直径相等。这三种情况如表 2-5 所示。

表 2-5　　截平面与圆柱轴线的相对位置不同时所得的三种截交线

截平面的位置	与轴线平行	与轴线垂直	与轴线倾斜
轴测图		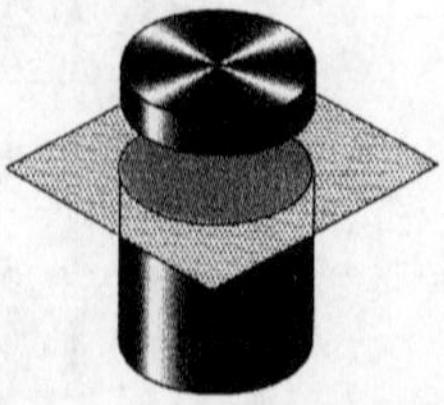	
投影	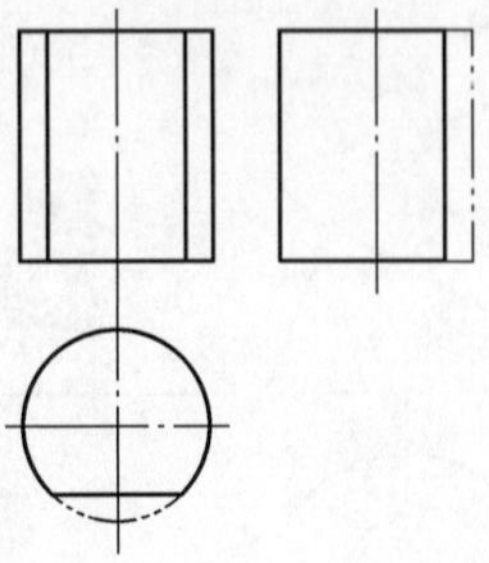	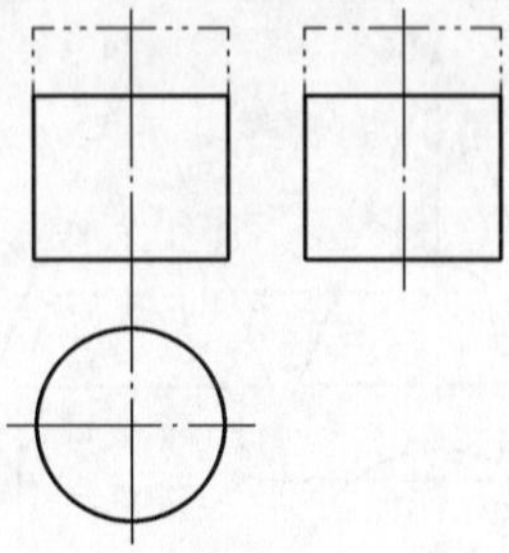	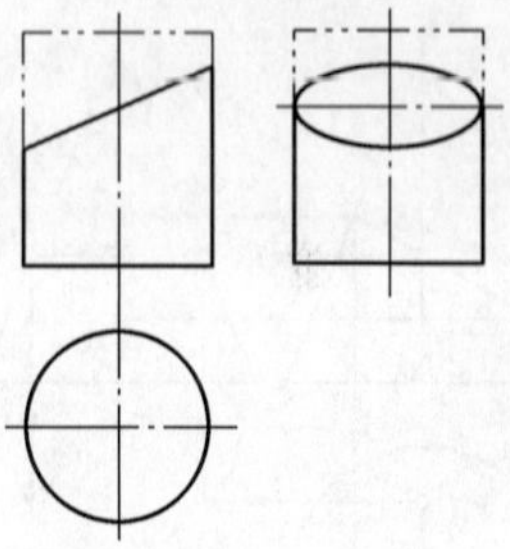
截交线的形状	矩形	圆	椭圆

（二）绘制圆锥的切割体的三视图　[图 2-46（b）]

1. 分析

如图 2-60（b）所示，截交线上任一点 M，可看成是圆锥表面某一素线 SⅠ与截平面 P 的交点。因 M 点在素线 SⅠ上，故 M 点的三面投影分别在该素线的同面投影上。由于截平面 P 为正垂面，截交线的正面投影积聚为一直线，故需求作截交线的水平投影和侧面投影。

2. 作图步骤

① 求特殊点。C 为最高点，根据 c'，可作出 c 及 c''；A 为最低点，根据 a'，可作出 a 及 a''；B 为最前、最后点（前后对称点），根据 b'，可作出 b''，进而求出 b，如图 2-60（c）所示。

② 利用辅助线法求中间点。过锥顶作辅助线 $s'1'$ 与截交线的正面投影相交，得 m'，求出辅助线的其余两投影 $s1$ 及 $s''1''$，进而求出 m 和 m''，如图 2-60（d）所示。

提示：若在 b' 和 c' 之间再作一条辅助线，又可求出两个中间点。中间点越多，求得的截交线越准确。

③ 连点成线。去掉多余图线，将各点依次连成光滑的曲线，即为截交线的投影，如图 2-60（e）所示。

截平面与圆锥轴线的相对位置不同时，所得的几种截交线，如表 2-6 所示。

配套动画

切割圆锥

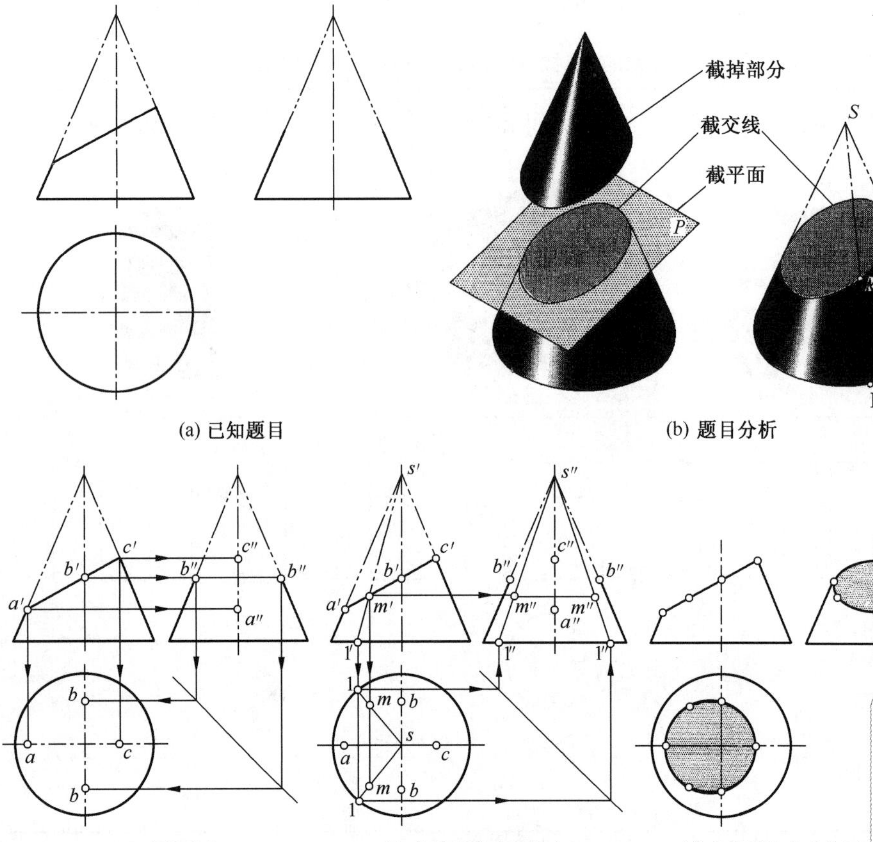

图 2-60　用辅助线法求圆锥的截交线

配套动画

圆锥截切-截交线的变化

表 2-6　截平面与圆锥轴线的相对位置不同时所得的五种截交线

截平面的位置	与轴线垂直 $\theta=90°$	与轴线倾斜 $\theta>\alpha$	与轴线平行 $\theta=0°$	与一条素线平行 $\theta=\alpha$	过锥顶直线（三角形）
轴测图	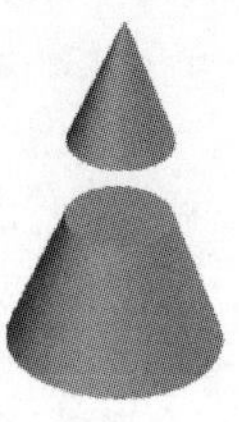		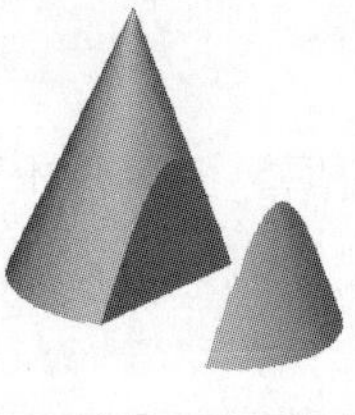	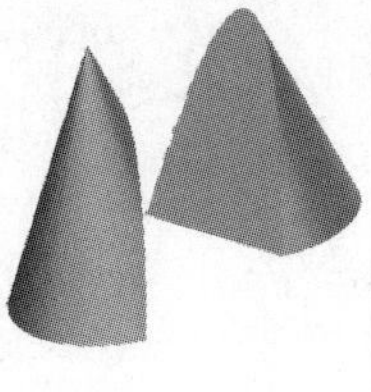	
投影	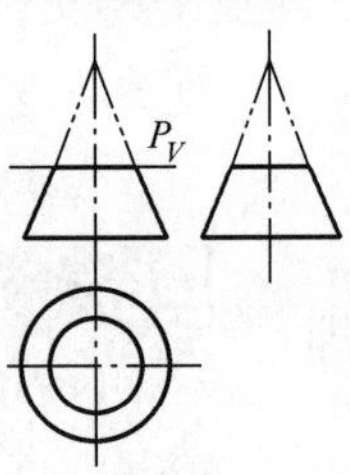	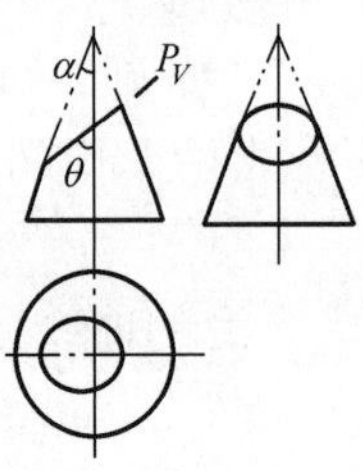	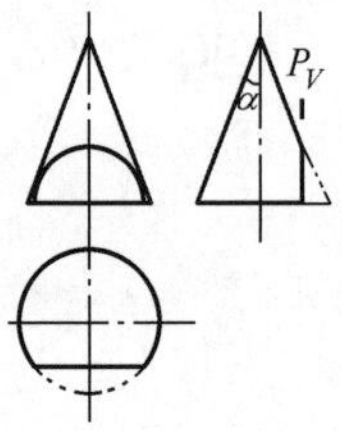	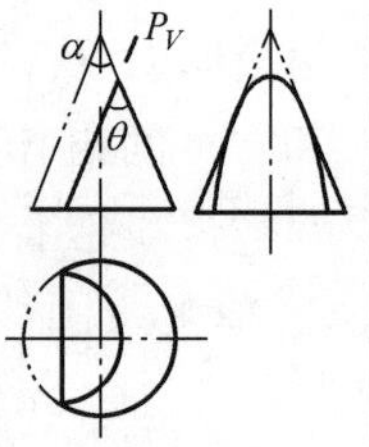	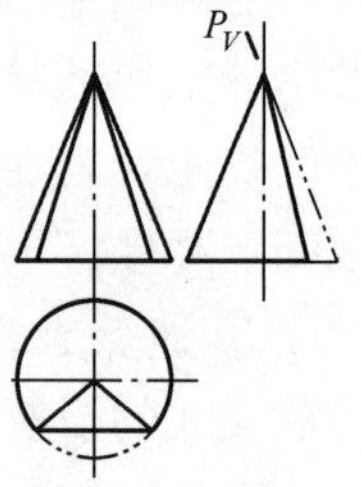
截交线的形状	圆	椭圆	双曲线	抛物线	直线

（三）绘制圆球的切割体的三视图 ［图 2-46（c）］

圆球被任意方向的平面截切，其截交线都是圆。当截平面为投影面平行面时，截交线在所平行的投影面上的投影为一圆，其余两面投影积聚为直线。该直线的长度等于切口圆的直径，其直径的大小与截平面至球心的距离 B 有关，如图 2-61 所示。

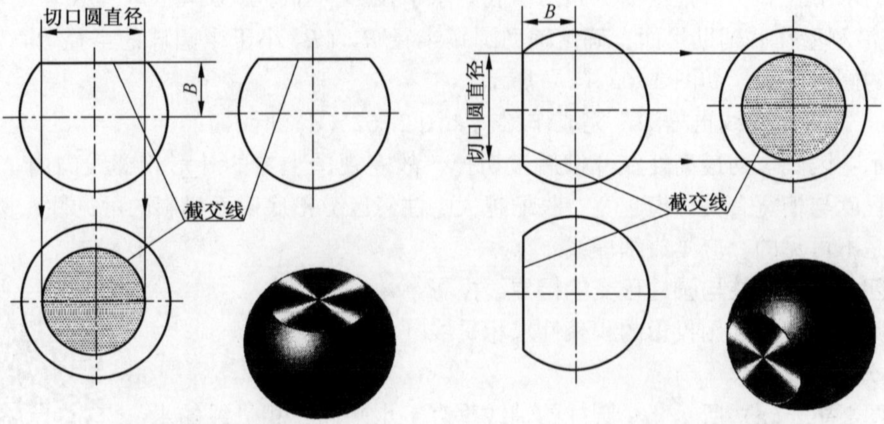

(a) 圆球被水平面截切　　(b) 圆球被侧平面截切

图 2-61　圆球被平面截切的画法

1. 分析

如图 2-62（a）所示，由于半圆球被两个对称的侧平面和一个水平面截切，所以两个

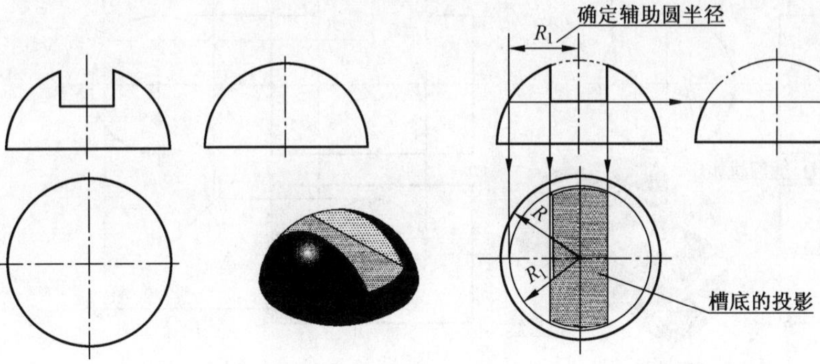

(a) 已知题目　　(b) 沿槽底作辅助平面

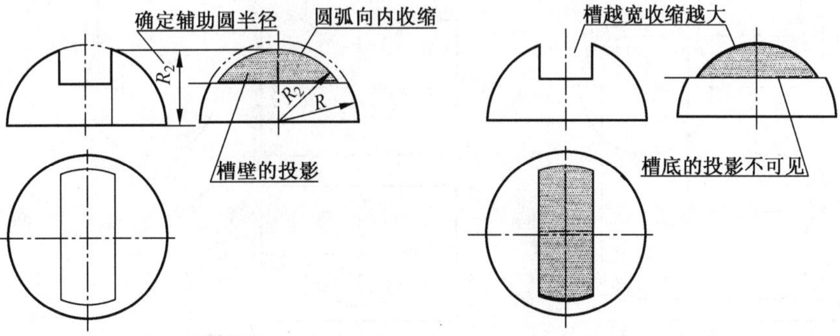

(c) 沿槽壁作辅助平面　　(d) 加粗描深

配套动画

切槽球

图 2-62　半圆球开槽的画法

（侧壁）侧平面与球面的截交线各为一段平行于侧面的圆弧，而水平面与球面的截交线为两段水平圆弧。

2. 作图步骤

① 沿槽底作一辅助平面，确定辅助圆弧半径 R_1（R_1 小于半圆球的半径 R），画出辅助圆弧的水平投影，再根据槽宽画出槽底的水平投影，如图 2-62（b）所示。

② 沿侧壁作一辅助平面，确定辅助圆弧半径 R_2（R_2 小于半圆球的半径 R），画出辅助圆弧的侧面投影，如图 2-62（c）所示。

③ 去掉多余图线再描深，完成作图，如图 2-62（d）所示。

提示：因圆球的最高处在开槽后被切掉，故左视图上方的外形轮廓线向内“收缩”，其收缩程度与槽宽有关，槽越宽、收缩越大。注意区分槽底侧面投影的可见性，槽底的中间部分是不可见的，应画成细虚线。

（四）绘制圆柱与圆柱正交的相贯线投影

两圆柱正交时利用投影的积聚性求相贯线［图 2-46（d）］。

配套动画

圆柱与圆柱相贯

1. 分析

如图 2-63（a）所示，小圆柱的轴线垂直于水平面，相贯线的水平投影为圆（与小圆柱面的积聚性投影重合），大圆柱面的轴线垂直于侧面，相贯线的侧面投影为一段圆弧（与大圆柱面的部分积聚性投影重合），只需补画相贯线的正面投影。

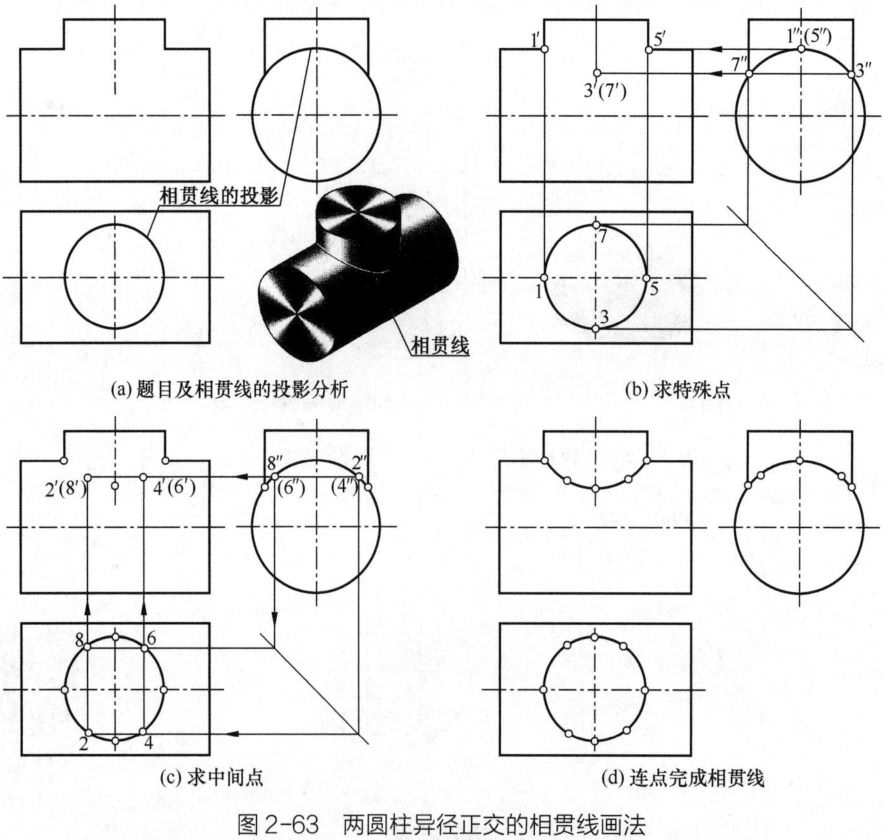

(a) 题目及相贯线的投影分析　(b) 求特殊点　(c) 求中间点　(d) 连点完成相贯线

图 2-63　两圆柱异径正交的相贯线画法

2. 作图步骤

① 求特殊点。由水平投影看出，1、5 两点既是最左、最右点的投影，也是最高点，同时也是两圆柱正面投影外形轮廓线的交点，可由 1、5 对应求 1″（5″）及 1′、5′。由侧面投影看出，小圆柱与大圆柱的交点 3″、7″，既是相贯线最低点的投影，也是最前、最后点的投影，由 3″、7″可直接对应求出 3、7 及 3′（7′），如图 2-63（b）所示。

配套视频

绘制圆柱与圆柱正交相贯线

② 求中间点。中间点决定曲线的趋势。在侧面投影中，任取对称点 2″（4″）及 8″（6″），然后按点的投影规律，求出其水平投影 2、4、6、8 和正面投影 2′（8′）及 4′（6′），如图 2-63（c）所示。

③ 连点成线。按顺序光滑地连接 1′、2′、3′、4′、5′各点，即得到相贯线的正面投影，如图 2-63（d）所示。

两圆柱正交时相贯线的简化画法，如图 2-64 所示。为了简化作图，国家标准规定，允许采用简化画法作出相贯线的投影，即用圆弧代替非圆曲线。当两圆柱异径正交，且不需要准确地求出相贯线时，可采用简化画法作出相贯线的投影。

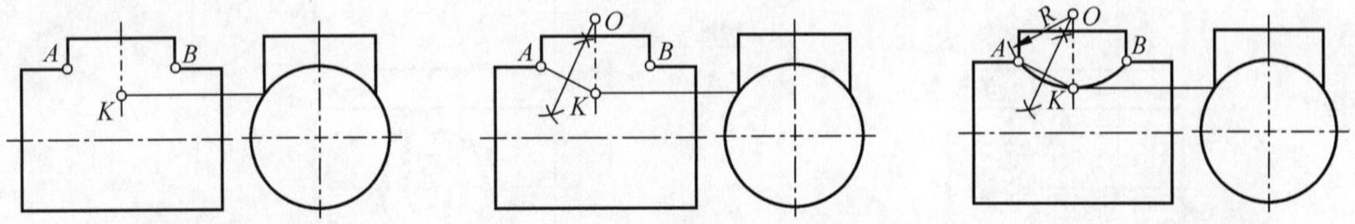

(a) 第一步：求出相贯线的最低点K　(b) 第二步：作AK的垂直平分线与轴线相交　(c) 第三步：以O为圆心、OA为半径画弧即可

图 2-64　两圆柱正交时相贯线的简化画法

（五）绘制圆柱与圆锥正交的相贯线投影 ［图 2-46（e）］

1. 分析

用一辅助平面与两回转体同时相交，得到两组截交线。

2. 辅助平面法的作图原理

用一辅助平面与两回转体同时相交，得到两组截交线。这两组截交线均处于辅助平面内，它们的交点为辅助平面与两回转体表面的共有点（三面共点），即相贯线上的点［图 2-65（a）］。应选取特殊位置平面作为辅助平面，并使辅助平面与两回转体的截交线为最简图形——直线或圆。

由于圆柱与圆锥两轴线垂直相交，相贯线是一条前后、左右对称，闭合的空间曲线。相贯线侧面投影与圆柱侧面投影（圆）的一部分重合，需利用辅助平面法求出相贯线的水平投影和正面投影。

配套动画

圆柱与圆锥相贯

3. 作图步骤

① 求特殊点。根据侧面投影可直接作出最左、最右（也是最高）点，最前、最后（也是最低）点的正面投影和水平投影，如图 2-65（b）所示。

② 求中间点。在最高点和最低点之间作辅助平面（辅助平面为

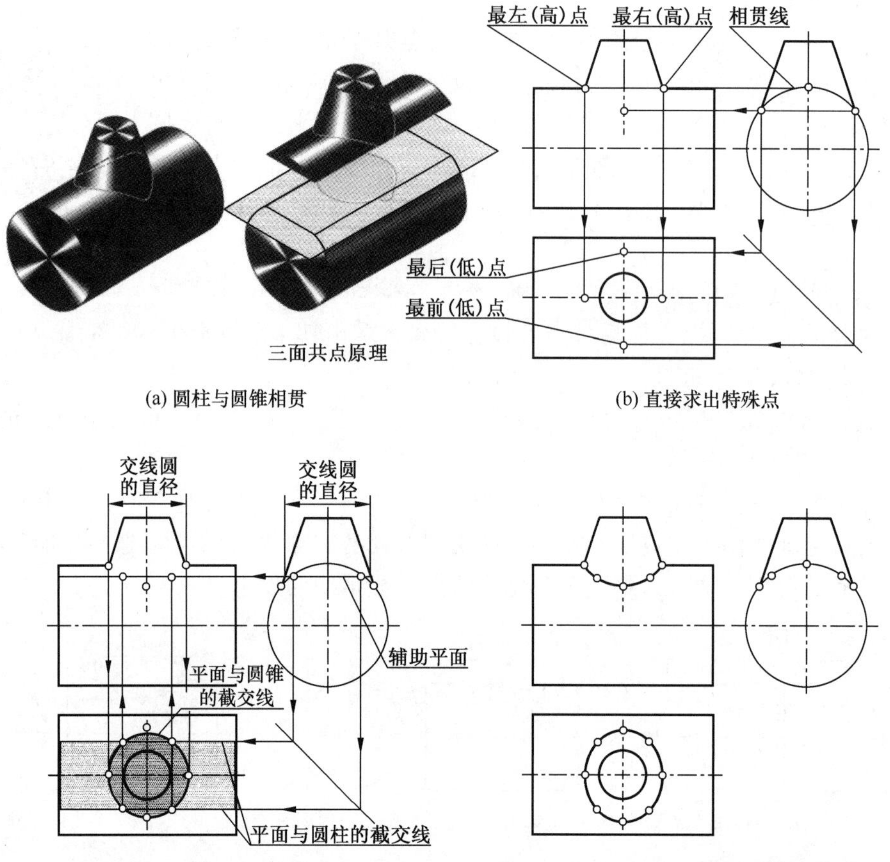

(a) 圆柱与圆锥相贯　(b) 直接求出特殊点

(c) 作辅助平面求中间点　(d) 连接各点完成相贯线的投影

图 2-65　圆柱与圆锥正交的相贯线画法

水平面，与圆锥面的轴线垂直、与圆柱面的轴线平行），它与圆锥面的交线为圆，与圆柱面的交线为两平行直线，圆与两平行线的交点即为相贯线上的点，如图 2-65（c）所示。

③ 连点成线。顺次光滑连接各点的同面投影，即为相贯线的投影，如图 2-65（d）所示。

三、任务拓展——轴测图绘制

（一）轴测图的基本知识

在机械图样中，主要是通过视图和尺寸来表达物体的形状和大小。由于视图是按正投影法绘制的，每个视图只能反映其二维空间大小，缺乏立体感。轴测图是用平行投影法绘制的单面投影图，由于轴测图能同时反映出物体长、宽、高三个方向的形状，所以具有立体感。但轴测图的度量性差，作图复杂，因此在机械图样中只能用作辅助图样。

1. 轴测图的形成

将物体连同其直角坐标体系，沿不平行于任一坐标平面的方向，用平行投影法将其投射在单一投影面上所得到的图形，称为轴测投影图，简称轴测图，如图 2-66 所示。

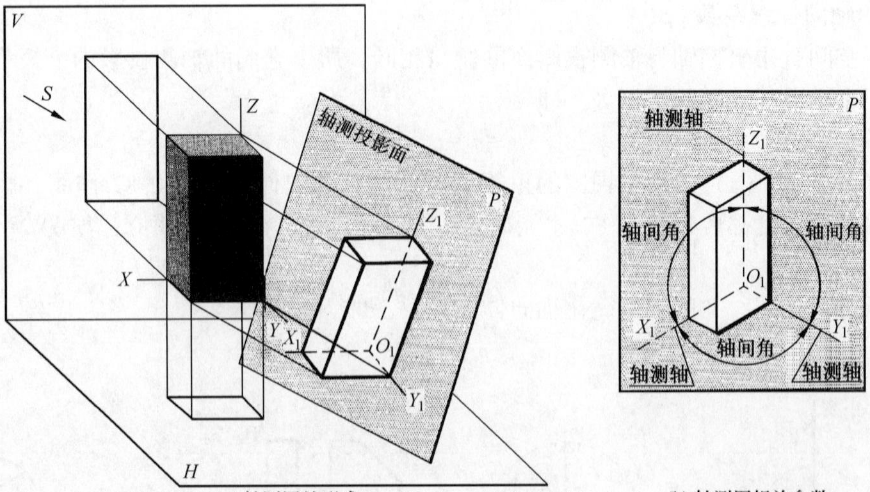

(a) 轴测图的形成　　(b) 轴测图相关参数

图 2-66　轴测图的获得

2. 轴间角和轴向伸缩系数

（1）轴测轴

直角坐标轴在轴测投影面上的投影，称为轴测轴，如图 2-66（b）中的 O_1X_1、O_1Y_1、O_1Z_1 轴。

（2）轴间角

轴测投影中，任意两根坐标轴在轴测投影面上的投影之间的夹角，称为轴间角，如图 2-66（b）中的$\angle X_1O_1Y_1$、$\angle Y_1O_1Z_1$、$\angle X_1O_1Z_1$。

（3）轴向伸缩系数

直角坐标轴的轴测投影的单位长度，与相应直角坐标轴上的单位长度的比值，称为轴向伸缩系数。OX、OY、OZ 轴的轴向伸缩系数，分别用 p_1、q_1、r_1，表示，即

$$p_1 = O_1X_1/OX,\qquad q_1 = O_1Y_1/OY,\qquad r_1 = O_1Z_1/OZ$$

简化轴向伸缩系数分别用 p、q、r 表示。为了便于作图，轴向伸缩系数之比值，即 $p:q:r$ 应采用简单的数值。

3. 轴测图的投影特性

由于轴测图是用平行投影法绘制的，所以具有平行投影的特性。

① 物体上与坐标轴平行的线段，在轴测图中平行于相应的轴测轴。

② 物体上相互平行的线段，在轴测图中相互平行。

（二）正等轴测图

使确定物体的空间直角坐标轴对轴测投影面的倾角相等，用正投影法将物体连同其坐标轴一起投射到轴测投影面上，所得到的轴测图称为正等轴测图，简称正等测。

配套视频

绘制正等轴测图

1. 正等测的轴间角和轴向伸缩系数

（1）轴间角

如图 2-67（a）所示，正等测中的轴间角相等，均为 120°。轴测轴的画法，如图 2-67（b）所示。

（2）轴向伸缩系数

由于空间直角坐标轴与轴测投影面的倾角相同，所以它们的轴测投影的缩短程度也相同，其三个轴向伸缩系数均相等，即

$$p_1 = q_1 = r_1 \approx 0.82$$

画如图 2-68（a）所示三视图的正等测时，按其轴向伸缩系数 0.82 作图，物体上的每个轴向线段长度都要乘以 0.82 才能确定它的投影长度（比较麻烦），如图 2-68（b）所示。

为了方便作图，一般采用简化轴向伸缩系数，即

$$p = q = r = 1$$

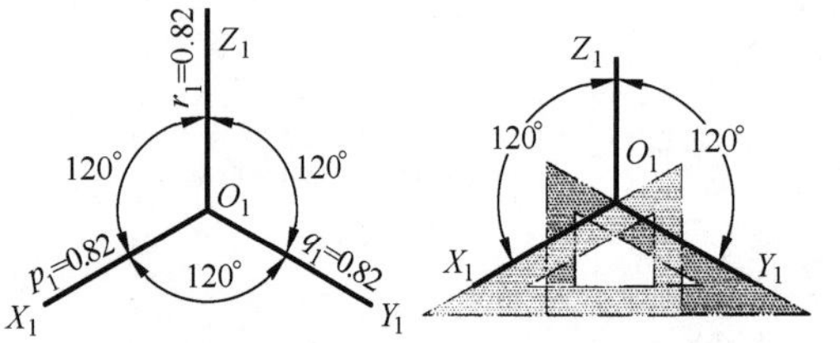

(a) 正等测轴间角、轴向伸缩系数　(b) 正等测轴测轴的画法

图 2-67　正等测间角、轴向伸缩系数及轴测轴画法

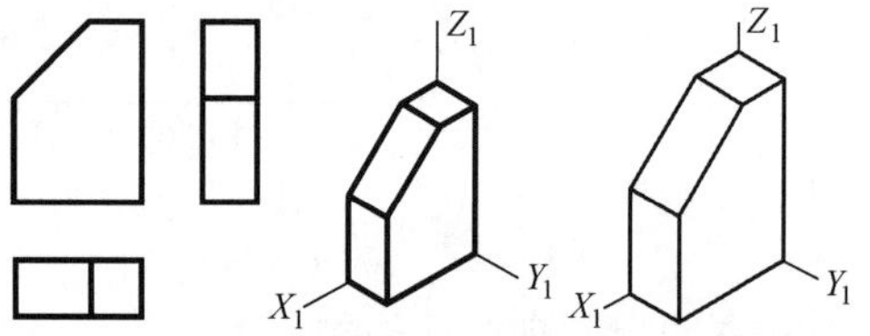

(a) 视图　(b) 采用轴向伸缩系数　(c) 采用简化轴向伸缩系数

图 2-68　轴向伸缩系数不同的两种正等测的比较

在画正等测时，凡平行于轴测轴的线段，直接按物体上相应线段的实际长度作图，不需换算。在采用简化轴向伸缩系数绘制的正等测，其轴向尺寸均比原来的图形放大 1/0.82≈1.22 倍。如图 2-68（c）所示的正等测，是采用简化轴向伸缩系数画出的。图形虽然大了一些，但形状和直观性都没有发生变化。

2. 平面立体的正等测画法

绘制平面立体轴测图的基本方法是坐标法和切割法。用坐标法作图，是沿坐标轴测量，画出各顶点的轴测投影，连接各顶点形成物体的轴测图；对于不完整的物体，可先按完整物体画出，再用切割法画出其不完整的部分。

（1）棱柱的正等测画法

【例 2-15】 根据如图 2-69（a）所示正六棱柱的两视图，画出其正等测。

分析：

由于正六棱柱前后、左右对称，故选择顶面的中点作为坐标原点，棱柱的轴线作为 OZ 轴，顶面的两条中心线作为 OX、OY 轴，如图 2-69（a）所示。用坐标法从顶面开始作图，可直接作出顶面六边形各顶点的正等测。

作图步骤：

- 画出轴测轴，定出点Ⅰ、Ⅱ、Ⅲ、Ⅳ；通过点Ⅰ、Ⅱ，作 OX 轴的平行线，如图 2-69（b）所示。
- 在过点Ⅰ、Ⅱ的平行线上，确定点 m、n，连接各顶点得到六边形的正等测，如图 2-69（c）所示。
- 过六边形的各顶点，向下作 OZ 轴的平行线，并在其上截取高度 h，画出底面上可

见的各条边，如图 2-69（d）所示。

- 擦去作图线并描深，完成正六棱柱的正等测，如图 2-69（e）所示。

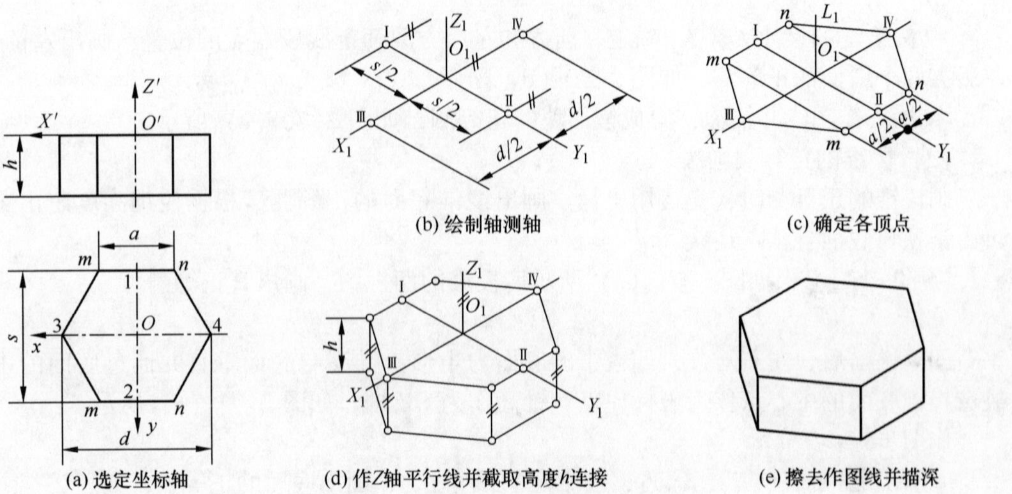

图 2-69　正六棱柱正等测的作图步骤

【例 2-16】　根据图 2-70（a）所示楔形块的两视图，画出其正等测。

分析：

楔形块的原始形状是一个长方体。长方体的左上方、左前方和左后方分别被切掉一个角而形成楔形块，因此，绘制楔形块的正等测时，可采用切割法。

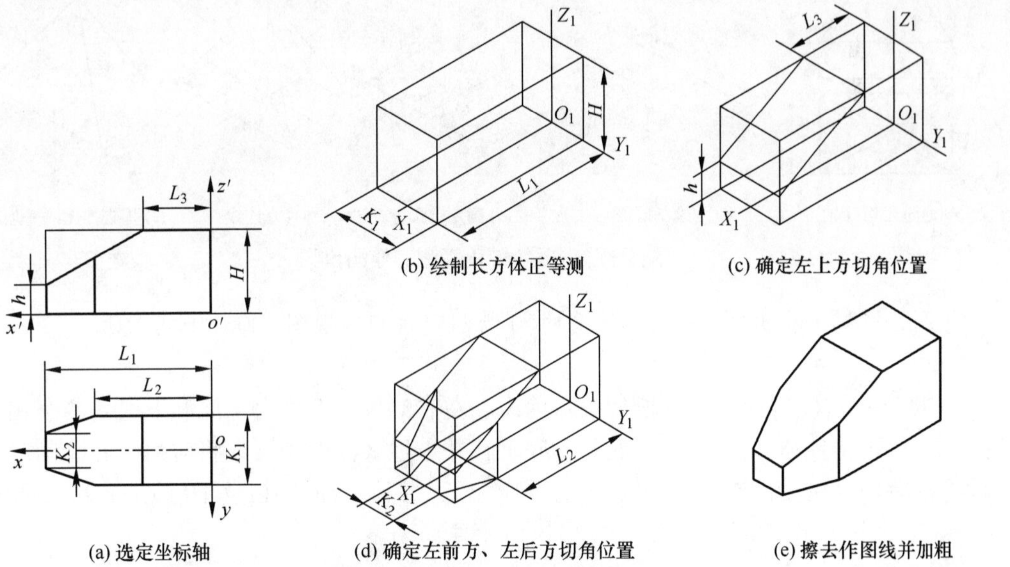

图 2-70　楔形块正等测的作图步骤

作图步骤：

- 因为楔形块前、后对称，所以在俯视图中将对称线确定为 OX 轴，如图 2-70（a）所示。

- 按给定的尺寸 L_1、K_1、H 画出长方体的正等测，如图 2-70（b）所示。
- 按给定的尺寸 h、L_3 确定斜面上线段端点的位置，画出左上方斜面的正等测，如图 2-70（c）所示。
- 按给定的尺寸 L_2、K_2 确定左前方和左后方斜面上线段端点的位置，画出左前方和左后方两个斜面的正等测，如图 2-70（d）所示。
- 擦去作图线并描深，完成楔形块的正等测，如图 2-70（e）所示。

（2）棱锥的正等测画法

画棱锥的正等测时，先运用坐标法画出棱锥底面的正等测，根据棱锥高度定出锥顶，再由锥顶与底面各顶点连线。

【例 2-17】 根据图 2-71（a）所示四棱锥的两视图，画出其正等测。

分析：

四棱锥前后、左右对称，四棱锥的底面为矩形，锥高与底面垂直并通过底面的中心，故选择锥底面的中心点作为坐标原点，锥高作为 OZ 轴，如图 2-71（a）所示。

作图步骤：

- 画出轴测轴 O_1X_1、O_1Y_1，按给定的尺寸 L、K 画出底面的正等测，如图 2-71（b）所示。
- 按给定的棱锥高度 H 定出锥顶，如图 2-71（c）所示。
- 过锥顶与底面各顶点连线，如图 2-71（d）所示。
- 擦去作图线并描深，完成四棱锥的正等测，如图 2-71（e）所示。

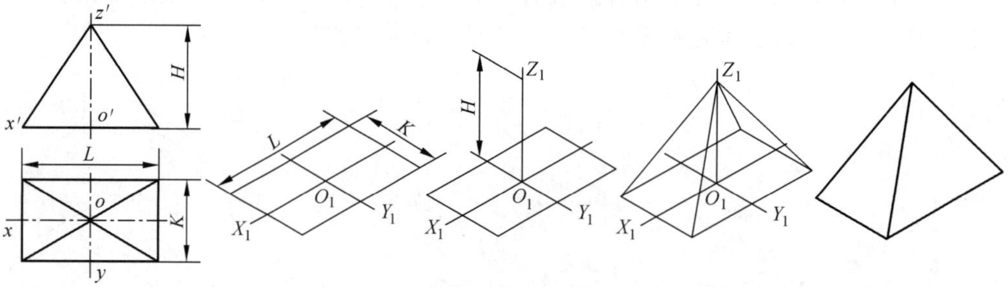

(a) 选定坐标轴　(b) 绘制底面　(c) 确定锥顶　(d) 连线　(e) 擦去作图线并加粗

图 2-71　四棱锥正等测的作图步骤

【例 2-18】 根据图 2-72（a）所示开槽四棱台的两视图，画出其正等测。

分析：

如图 2-72（a）所示，开槽四棱台前后、左右对称，四棱台上底和下底是两个相互平行且尺寸不同的矩形，锥高与上底和下底垂直并通过底面的中心。将对称中心线确定为轴测轴，对称中心线的交点作为坐标原点。应注意，四棱台的槽口（AB、CD）部分与轴测轴不平行，可利用图中给出的尺寸 m、n、h 间接求出。

作图步骤：

- 画出轴测轴 O_1X_1、O_1Y_1、O_1Z_1；先画出下底的正等测，再按给定的尺寸 H，画出上底的正等测；将对应的各顶点相连，得到完整四棱台的正等测，如图 2-72（b）所示。
- 利用图中给出的尺寸 m，沿 O_1Y_1 轴方向画出槽口上方的两条平行线，得到 A、C 两点；沿 O_1Z_1 轴方向向下画出长度为 h 的直线，再沿 O_1Y_1 轴方向画出长度为 n 的直线，

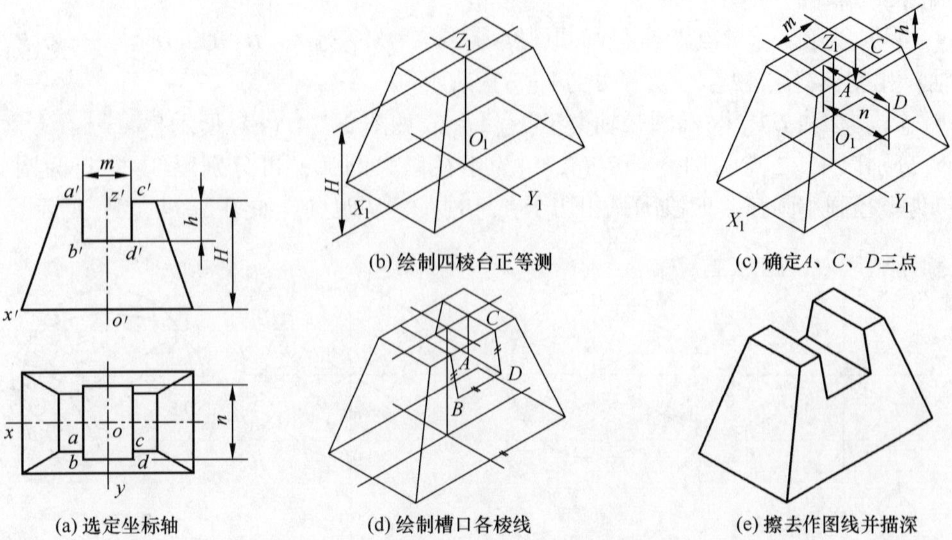

图 2-72　开槽四棱台正等测的作图步骤

得到 D 点，如图 2-72（c）所示。

- 连接 C、D 两点（槽口后部画法与之相同）；过 A 点，作 CD 的平行线；过 D 点，作底边的平行线，得 B 点，如图 2-72（d）所示。
- 擦去作图线并描深，完成开槽四棱台的正等测，如图 2-72（e）所示。

3. 曲面立体的正等测画法

（1）圆的正等测画法

在正等测中，三个坐标面上的圆的投影——椭圆，其长、短轴的比例都是相同的。长轴的方向与相应的轴测轴垂直，短轴的方向与相应的轴测轴平行。从图 2-73 中可以看出，平行于不同坐标面的圆的正等测，除了椭圆长、短轴方向不同外，其画法都一样。椭圆长、短轴具有如下特征：

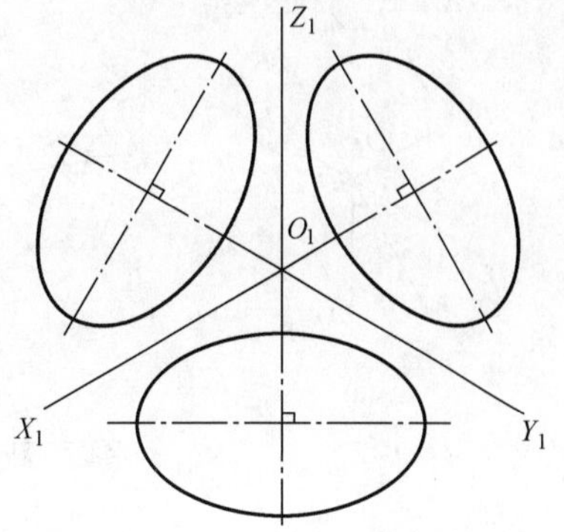

图 2-73　不同坐标面上圆的正等测

圆所在的平面平行于水平面（XOY 坐标面）时，O_1Z_1 轴为椭圆短轴方向，椭圆长轴垂直于 O_1Z_1 轴。

圆所在的平面平行于正面（XOZ 坐标面）时，O_1Y_1 轴为椭圆短轴方向，椭圆长轴垂直于 O_1Y_1 轴。

圆所在的平面平行于侧面（YOZ 坐标面）时，O_1X_1 轴为椭圆短轴方向，椭圆长轴垂直于 O_1X_1 轴。

画回转体的正等测时，只有明确圆所在的平面与哪一个坐标面平行，才能保证画出方位正确的椭圆。为了简化作图，圆的正等测可采用近似画法。

【例 2-19】 已知圆的直径为 $\phi24$，圆平面与水平面平行（即椭圆长轴垂直于 O_1Z_1 轴），用六心共圆法画出其正等测。

作图步骤：

- 画出轴测轴 O_1X_1、O_1Y_1 及 O_1Z_1（椭圆短轴），在垂直于 O_1Z_1 方向画出椭圆长

轴，如图 2-74（a）所示。

- 以 O_1 为圆心、R12 为半径画圆，交 O_1X_1、O_1Y_1 得 A、B、C、D 点，与 O_1Z_1（椭圆短轴）相交，得 1、2 点，如图 2-74（b）所示。
- 连接 A2 和 D2，与椭圆长轴交于 3、4 点，如图 2-74（c）所示。
- 分别以 1、2 点为圆心、R（2A）为半径画大圆弧；再分别以 3、4 点为圆心、r（4D）为半径画小圆弧，四段圆弧相切于 A、B、C、D 四点，如图 2-74（d）所示。

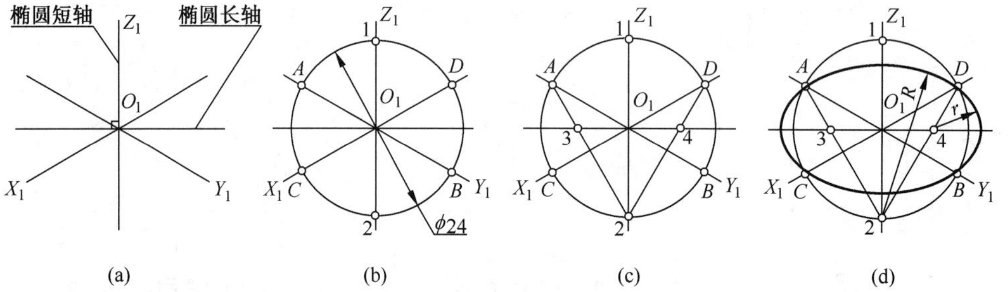

图 2-74　六心共圆法画圆的正等测

提示：画圆的正等测时，必须搞清圆平行于哪一个坐标面。根据椭圆长、短轴的特征，先确定椭圆的短轴方向，再作短轴的垂线，确定椭圆的长轴方向，进而画出圆的正等测。平行于正面的圆的正等测画法，如图 2-75 所示；平行于侧面的圆的正等测画法，如图 2-76 所示，具体作图步骤与图 2-74 基本相同。

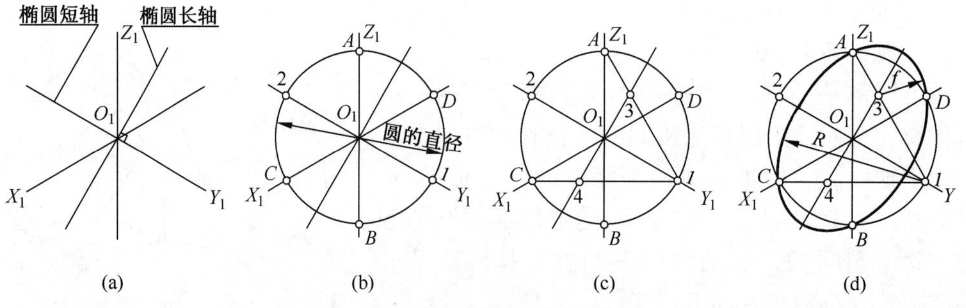

图 2-75　平行于正面的圆的正等测画法

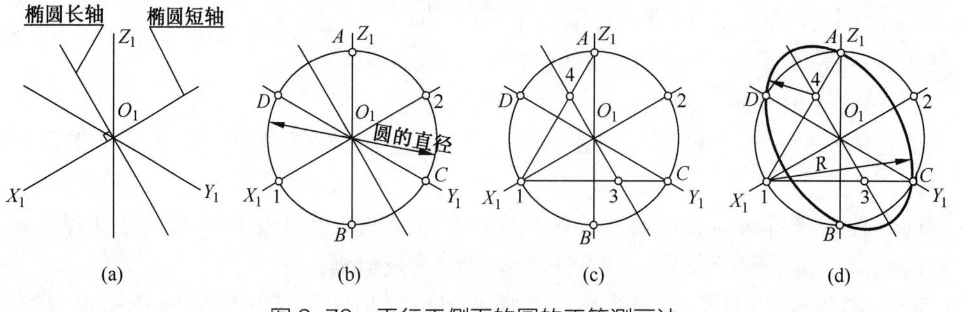

图 2-76　平行于侧面的圆的正等测画法

（2）圆柱的正等测画法

【例 2-20】 根据图 2-77（a）所示圆柱的视图，画出其正等测。

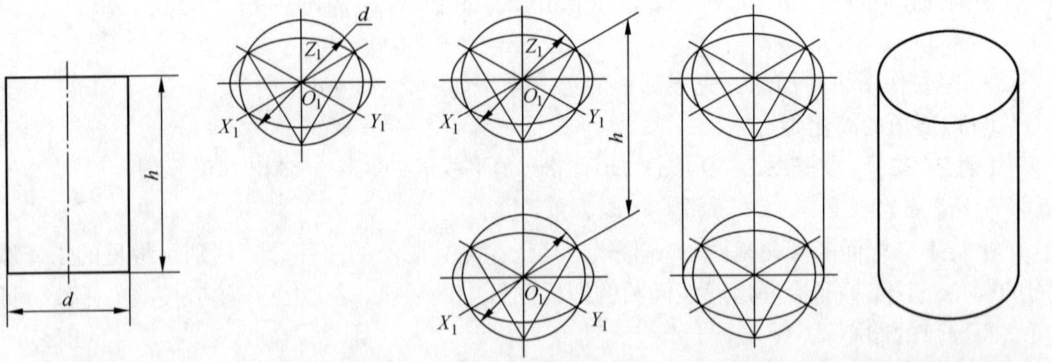

(a) 圆柱视图　(b) 绘制上底圆正等测　(c) 绘制下底圆正等测　(d) 作两椭圆公切线　(e) 擦去作图线并描深

图 2-77　圆柱的正等测画法

分析：

圆柱轴线垂直于水平面，其上、下底两个圆与水平面平行（即椭圆长轴垂直于 O_1Z_1 轴）且大小相等。可根据直径 d 和高度 h 作出大小完全相同、中心距为 h 的两个椭圆，然后作两个椭圆的公切线即成。

作图步骤：

- 用六心共圆法画出上底圆的正等测，如图 2-77（b）所示。
- 向下量取圆柱的高度 h，画出下底圆的正等测，如图 2-77（c）所示。
- 分别作两椭圆的公切线，如图 2-77（d）所示。
- 擦去作图线并描深，完成圆柱的正等测，如图 2-77（e）所示。

（3）圆锥的正等测画法

【例 2-21】 根据图 2-78（a）所示圆锥的视图，画出其正等测。

分析：

圆锥轴线垂直于侧面，锥底圆与侧面平行（即椭圆长轴垂直于 O_1X_1 轴）。可根据其直径 ϕ 画出底圆的正等测，再根据圆锥高度 h 求出锥顶，由锥顶作椭圆的两条切线即成。

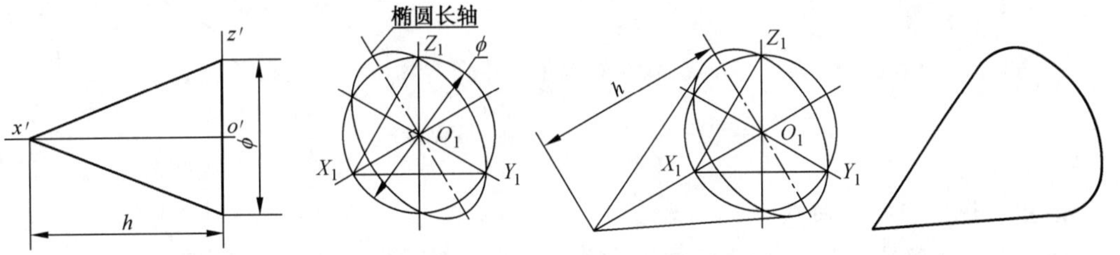

(a) 圆锥视图　(b) 绘制底圆正等测　(c) 由锥顶作椭圆两条切线　(d) 擦去作图线并描深

图 2-78　圆锥的正等测画法

作图步骤：

- 采用六心共圆法，画出底圆的正等测，如图 2-78（b）所示。

● 根据圆锥高度 h，沿 O_1X_1 轴求出锥顶，由锥顶作椭圆的两条切线，如图 2-78（c）所示。

● 擦去作图线并描深，完成圆锥的正等测，如图 2-78（d）所示。

（4）圆角的简化画法

【例 2-22】 根据图 2-79（a）所示带圆角平板的两视图，画出其正等测。

分析：

平行于坐标面的圆角是圆的一部分，其正等测是椭圆的一部分。特别是常见的 1/4 圆周的圆角，其正等测恰好是近似椭圆的四段圆弧中的一段。从切点作相应棱线的垂线，即可获得圆弧的圆心。

作图步骤：

● 首先画出平板上面（矩形）的正等测，如图 2-79（b）所示。

● 沿棱线分别量取 R，确定圆弧与棱线的切点；过切点作棱线的垂线，垂线与垂线的交点即为圆心，圆心到切点的距离即连接弧半径 R_1 和 R_2；分别画出连接弧，如图 2-79（c）所示。

● 分别将圆心和切点向下平移 h（板厚），如图 2-79（d）所示。

● 画出平板下面（矩形）和相应圆弧的正等测，作出左右两段小圆弧的公切线，如图 2-79（e）所示。

● 擦去作图线并描深，完成带圆角平板的正等测，如图 2-79（f）所示。

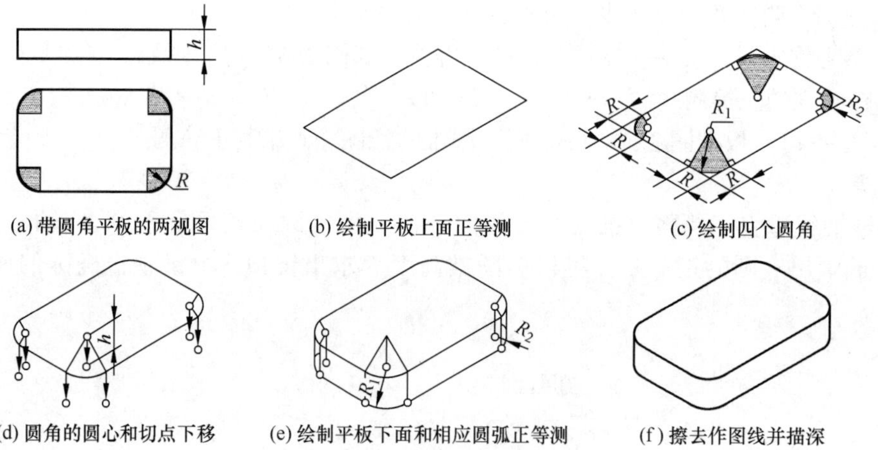

(a) 带圆角平板的两视图　(b) 绘制平板上面正等测　(c) 绘制四个圆角

(d) 圆角的圆心和切点下移　(e) 绘制平板下面和相应圆弧正等测　(f) 擦去作图线并描深

图 2-79　圆角正等测的简化画法

4. 组合体的正等测画法

画组合体正等测的基本方法是叠加法和切割法，有时也可两种方法并用。

① 叠加法。先将组合体分解成若干基本形体，再按其相对位置逐个画出各基本形体的正等测，然后完成整体的正等测。

② 切割法。先画出完整的几何体的正等测，再按其结构特点逐个切去多余部分，然后完成切割后形体的正等测。

【例 2-23】 根据图 2-80（a）所示的三视图，画出其正等测。

分析：

该组合体是由底板、立板及一块三角形肋板叠加而成的。组合体左右对称，底板和立板的后表面共面，三部分均以底板上面为结合面。坐标原点选在底板后、下棱与对称面的交点处。

作图步骤：

- 画正等测时，按叠加法进行。先画出底板，如图 2-80（b）、2-80（c）所示。
- 再按其相对位置尺寸添加立板，如图 2-80（d）所示。
- 在立板前面添加三角形肋板，如图 2-80（e）所示。
- 最后，擦去作图线并描深，完成组合体的正等测，如图 2-80（f）所示。

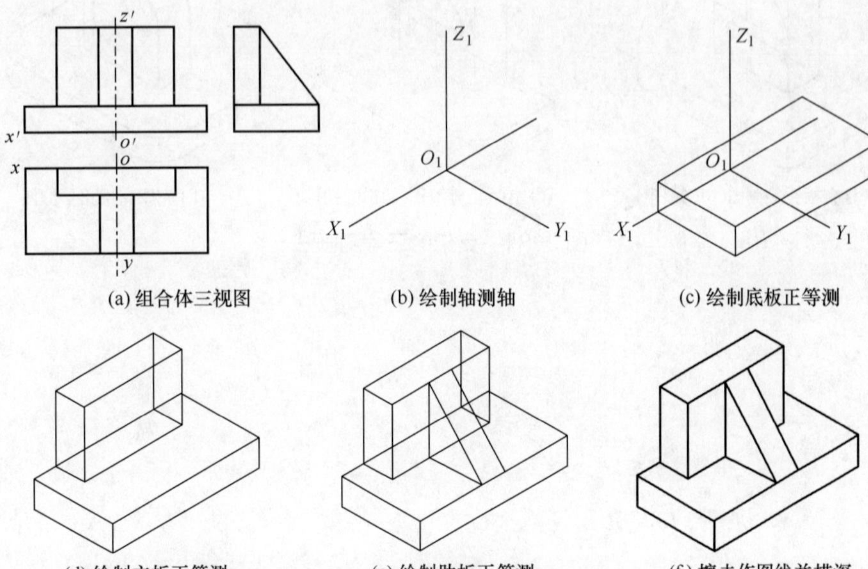

(a) 组合体三视图　(b) 绘制轴测轴　(c) 绘制底板正等测

(d) 绘制立板正等测　(e) 绘制肋板正等测　(f) 擦去作图线并描深

图 2-80　组合体正等测的叠加画法

【例 2-24】　根据图 2-81（a）所示支架的两视图，画出其正等测。

分析：

支架是由底板、立板叠加而成的。底板为长方体，有两个圆角；立板的上半部为半圆柱面，下半部为长方体，中间有一通孔。支架左右对称，底板和立板后表面共面，并以底板上面为结合面。为方便作图，坐标原点选在底板的上面与对称中心线的交点处。画正等测时，先采用叠加法，再用切割法。

作图步骤：

- 先画出底板的正等测，如图 2-81（b）所示。
- 按相对位置尺寸叠加立板（长方体），如图 2-81（c）所示。
- 画细节。在底板上采用圆角的简化画法，切割出两个圆角；采用六心共圆法，画出立板上方半圆柱面的正等测，如图 2-81（d）所示。
- 采用六心共圆法，切割出立板上方的圆孔，如图 2-81（e）所示。
- 擦去作图线并描深，完成支架的正等测，如图 2-81（f）所示。

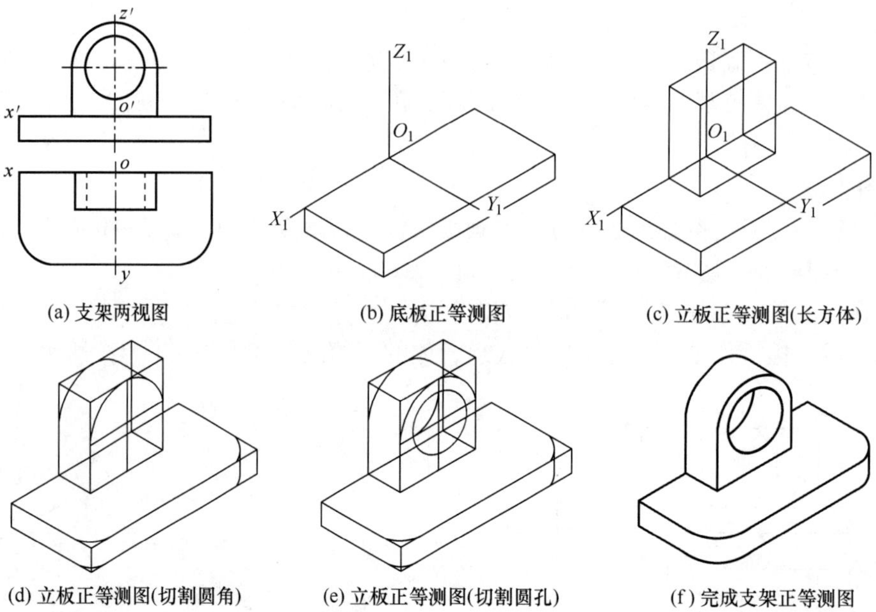

图 2-81　支架的正等测画法

任务三　组合体三视图绘制与识读

【学习目标】

掌握组合体三视图的读图方法，掌握绘制组合体三视图及尺寸标注的方法。

【学习重点】

组合体三视图的绘制及尺寸标注

【学习难点】

组合体三视图的读图。

[任务导入]

① 绘制如图 2-82（a）所示支座的三视图。

② 绘制如图 2-82（b）所示垫块的三视图。

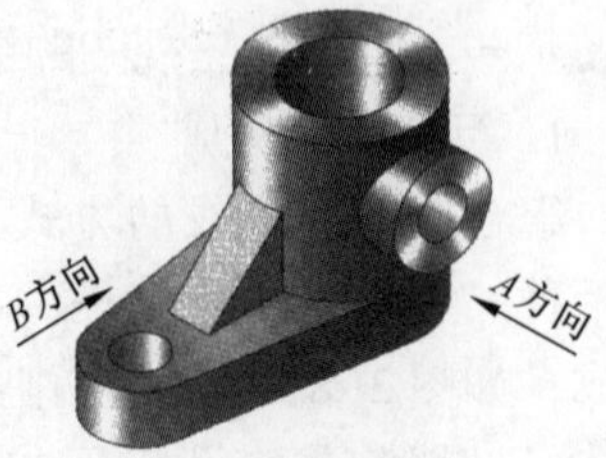

(a) 支座立体图

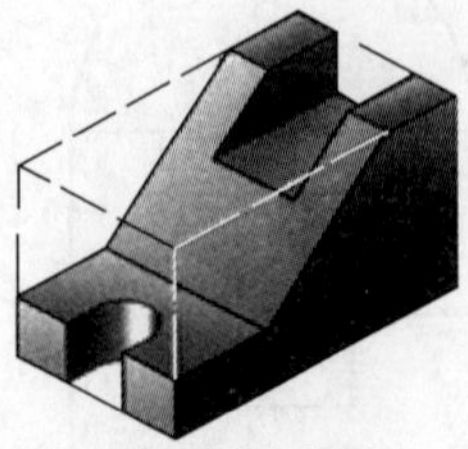

(b) 垫块立体图

图 2-82　组合体三视图

③ 标注轴承座的尺寸。

如图 2-83（b）所示轴承座的三视图，在轴承座三视图上标注尺寸。

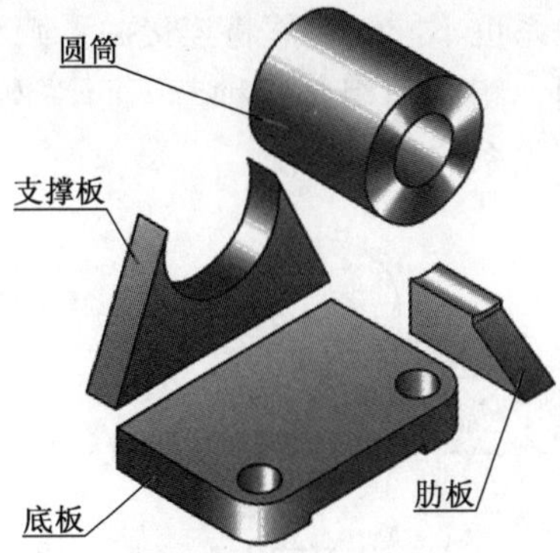

(a) 轴承座

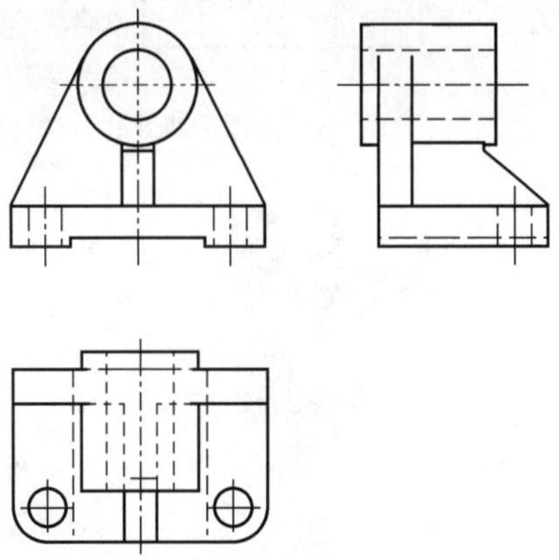

(b) 轴承座三视图

图 2-83　轴承座

④ 识读底座三视图，如图 2-84 所示。

⑤ 识读压板三视图，如图 2-85 所示。

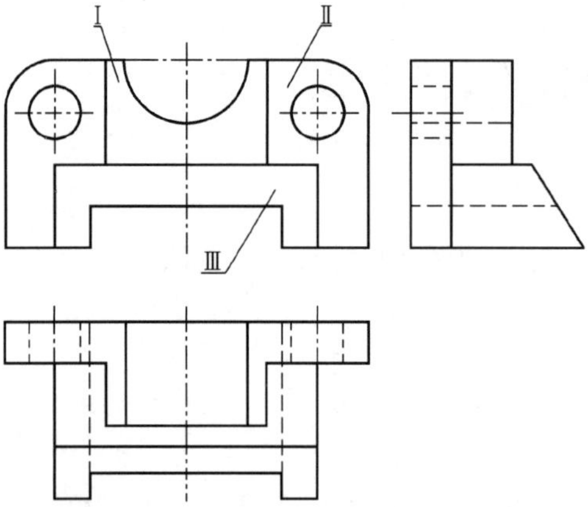

图 2-84　底座三视图

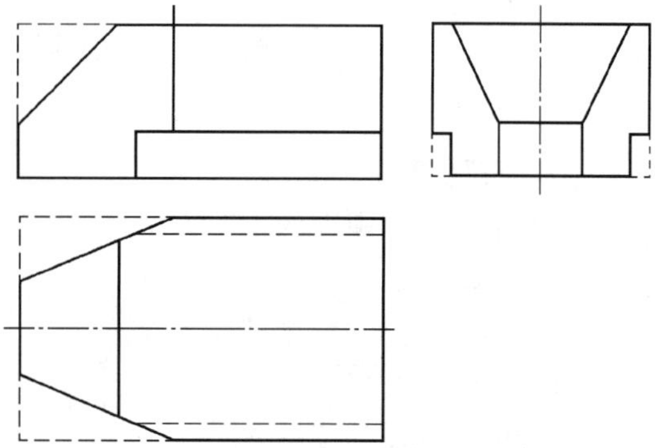

图 2-85　压板三视图

⑥ 补画支架左视图，如图 2-86 所示。

配套视频

组合体组合形式及连接方式

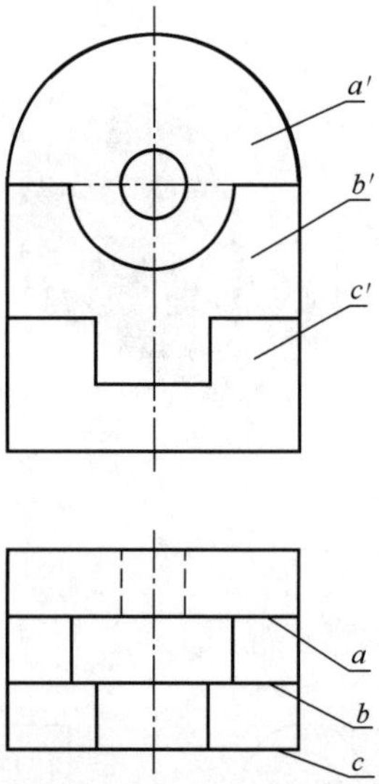

图 2-86　支架视图

一、知识链接

（一）组合体三视图的绘制

1. 组合体的构成

组合体按其构成的方式，可分为叠加和切割两种。叠加型组合体是由若干基本形体叠加而成，如图 2-87 所示。切割型组合体是由基本形体经过切割或穿孔后形成的如图 2-82（b）所示的垫块。多数组合体则是既有叠加又有切割的综合型，如图 2-82（a）所示的支座。

2. 组合体相邻表面之间的连接关系及画法

组成组合体的各形体表面相对位置不同，连接关系也不同，这里将连接关系归纳为共面，不共面，相切和相交四种。下面举例说明这四种连接关系的投影画法。

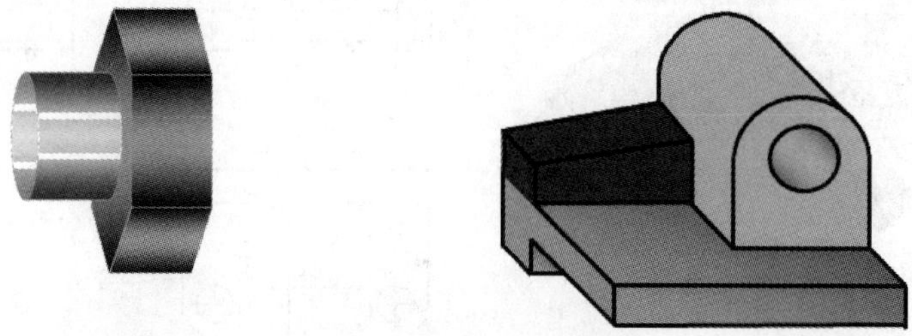

图 2-87　叠加型组合体

（1）共面与不共面

当两形体的邻接表面共面时，在共面处没有交线，如图 2-88（a）所示，图 2-88（b）为共面时错误画法，当两形体的邻接表面不共面时，在两形体的连接处应有交线，如图 2-88（c）所示，图 2-88（d）为不共面时错误画法。

配套动画
共面

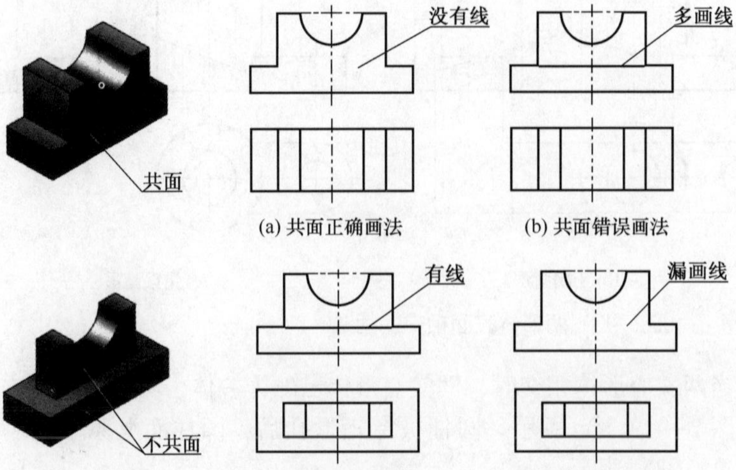

(a) 共面正确画法　(b) 共面错误画法

(c) 不共面正确画法　(d) 不共面错误画法

配套动画
相错

图 2-88　两形体共面和不共面的画法

（2）相切

配套动画
相切

图 2-89（a）中的组合体由耳板和圆筒组成。耳板前后两平面与左右两大小圆柱面光滑连接，即相切。在水平投影中，表现为直线和圆弧相切。在其正面和侧面投影中，相切处不画线，耳板上表面的投影只画至切点处，如图 2-89（b）所示。图 2-89（c）是在相切处画线的错误图例。

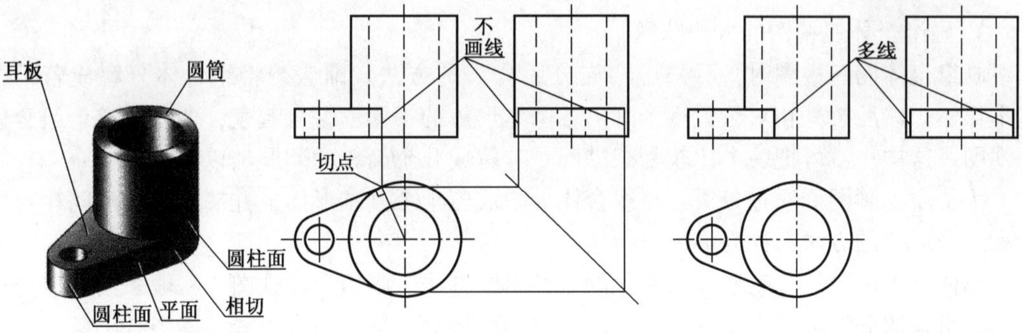

(a) 两形体相邻表面相切　(b) 正确画法　(c) 错误画法

图 2-89　两形体表面相切的画法

（3）相交

图 2-90（a）中的组合体也是由耳板和圆筒组成，但耳板前后两平面平行，与左右两大小圆柱面相交。在水平投影中，表现为直线和圆弧相交。在其正面和侧面投影中，应画出交线，如图 2-90（b）所示。图 2-90（c）是在相交处漏画线的错误图例。

配套动画
相交

如图 2-91（a）、（c）所示，无论是两实心形体相邻表面相交，还是实心形体与空心形体相邻表面相交，只要形体的大小和相对位置一

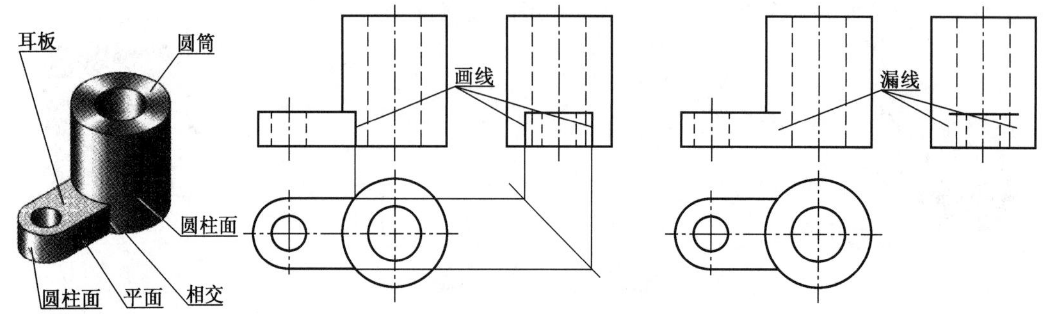

(a) 两形体相邻表面相交　(b) 正确画法　(c) 错误画法

图 2-90　两形体表面相交的画法

致，其交线就完全相同。当两实心形体相交时，两实心形体已融为一体，圆柱面上原来的一段轮廓线已不存在，如图 2-91（b）所示。圆柱被穿矩形孔后，圆柱面上原来的一段轮廓线已被切掉，如图 2-91（d）所示。

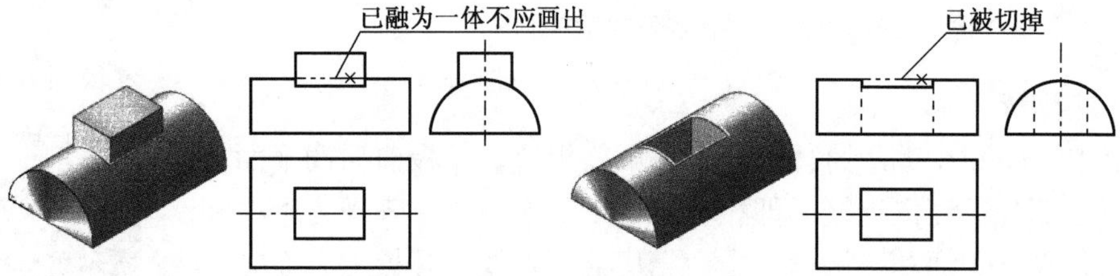

(a) 两实心形体相邻表面相交　(b) 对应画法　(c) 圆柱被穿矩形孔　(d) 对应画法

图 2-91　不同形体相交的比较

3. 画组合体三视图的方法步骤

画组合体的三视图时，可采用“先分后合”的方法。即假想将组合体分解成若干个基本形体，然后按其相对位置逐个画出各基本形体的投影，综合起来，即得到整个组合体的视图。这样，就可把一个比较复杂的问题分解成几个简单的问题加以解决。

为了便于画图，通过分析，将组合体分解成若干个基本形体，并搞清它们之间相对位置和组合形式的方法，称为形体分析法。

形体分析法是将复杂形体简单化的一种思维方法。画组合体视图，一般采用形体分析法，将组合体分解为若干基本形体，分析它们的相对位置和组合形式，逐个画出各基本形体的三视图。

（1）形体分析

看到组合体实物（或轴测图）后，首先应对它进行形体分析。要搞清楚它的前后、左右和上下等六个面的形状，并根据其结构特点，想一想大致可以分成几个组成部分，它们之间的相对位置关系如何，是什么样的组合形式等。如图 2-92 所示支座，按它的结构特点可分为直立圆筒、水平圆筒、底板和肋板四个部分［图 2-92（b）］。水平圆筒和直立圆筒垂直相贯，且两孔贯通；底板的前后两侧面和直立圆筒外表面相切；肋板与底板叠加，与直立圆筒相贯。

配套视频

绘制组合体三视图

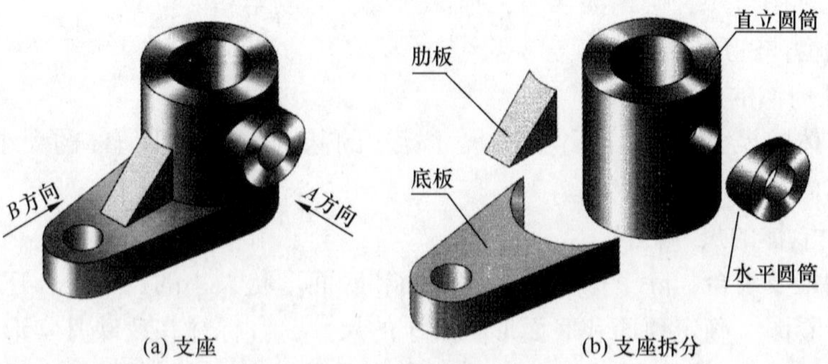

图 2-92　支座的形体分析

（2）视图选择

视图选择的内容包含主视图的选择和视图数量的确定。

① 主视图的选择。主视图是表达组合体的一组视图中最主要的视图。当主视图的投射方向确定之后，俯、左视图投射方向随之确定。选择主视图应符合以下三条要求：

a. 反映组合体的结构特征。一般应把反映组合体各部分形状和相对位置较多的一面作为主视图的投射方向。

b. 符合组合体的自然安放位置，主要面应平行于基本投影面。

c. 尽量减少其他视图的虚线。

如图 2-92（a）所示，将支座按自然位置安放后，比较箭头所示的两个投射方向，选择 *A* 方向作为主视图的投射方向，显然比 *B* 方向好。因为组成支座的基本形体以及它们之间的相对位置关系等，在 *A* 方向表达最清晰，能反映支座的整体结构形状特征。

② 视图数量的确定。在组合体形状表达完整、清晰的前提下，其视图数量越少越好。支座的主视图按 *A* 方向确定后，还要画出俯视图，表达底板的形状和两孔的中心位置，并用左视图表达水平圆筒的形状和位置。因此，要完整表达出该支座的形状，需要画出主、俯、左三个视图。

（3）画图步骤

① 选择比例，确定图幅。视图确定以后，便要根据组合体的大小和复杂程度，选定作图比例和图幅。应注意，所选的幅面要比绘制视图所需的面积大一些，以便标注尺寸和画标题栏。

② 布置视图。布图时，应将视图匀称地布置在幅面上，视图间的空当应保证能注全所需的尺寸。

③ 绘制底稿。为了迅速而正确地画出组合体的三视图，画底稿时，应注意以下两点：

a. 画图的先后顺序，一般应从形状特征明显的视图入手。先画主要部分，后画次要部分；先画可见部分，后画不可见部分；先画圆或圆弧，后画直线。

b. 画图时，形体的每一组成部分，最好是三个视图配合着画。就是说，不要先把一个视图画完再画另一个视图。这样，不但可以提高绘图速度，还能避免多线或漏线。

④ 检查、描深。底稿完成后，应在三视图中认真核对各组成部分的投影对应关系正确与否；仔细分析相邻两形体衔接处的画法有无错误，是否多线、漏线；再以实物（或

轴测图）与三视图对照，确认无误后，描深图线，完成全图。

（二）组合体的尺寸注法

1. 基本几何体的尺寸注法

基本几何体的尺寸注法，是组合体尺寸标注的基础。基本几何体的大小通常是由长、宽、高三个方向的尺寸来确定的。

（1）平面立体的尺寸注法

棱柱、棱锥及棱台，除了标注确定其顶面和底面形状大小的尺寸外，还要标注高度尺寸。为了便于看图，确定顶面和底面形状大小的尺寸，宜标注在反映其实形的视图上，如图 2-93 所示。标注正方形尺寸时，在正方形边长尺寸数字前，加注正方形符号“□”，如图 2-93（b）所示。

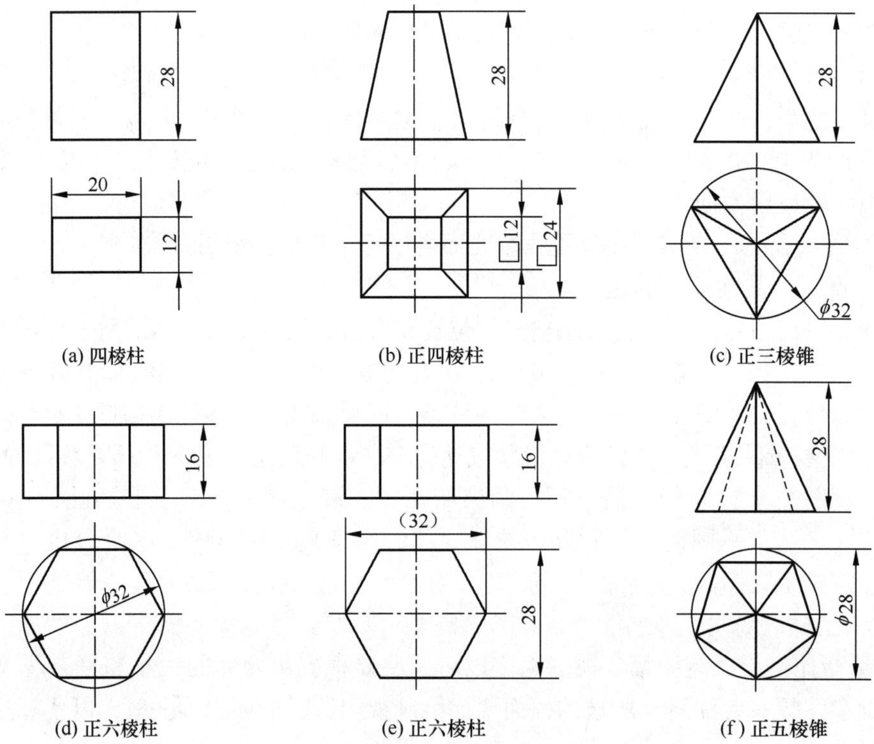

(a) 四棱柱　(b) 正四棱柱　(c) 正三棱锥

(d) 正六棱柱　(e) 正六棱柱　(f) 正五棱锥

图 2-93　平面立体的尺寸注法

（2）回转体的尺寸注法

圆柱、圆锥和圆台，应标注底圆直径和高度尺寸，并在直径数字前加注直径符号“ϕ”。标注圆球尺寸时，在直径数字前加注球直径符号“$S\phi$”。直径尺寸一般标注在非圆视图上。当尺寸集中标注在一个非圆视图上时，一个视图即可表达清楚它们的形状和大小。如图 2-94 所示，圆柱、圆锥、圆台、圆环、圆球、半圆球均用一个视图即可。

（3）带切口几何体的尺寸注法

对带切口的几何体，除标注基本几何体的尺寸外，还要注出确定截平面位置的尺寸。但要注意，由于几何体与截平面的相对位置确定后，切口的交线即完全确定，因此，不应在交线上标注尺寸。图 2-95 中画“×”的尺寸为多余尺寸。

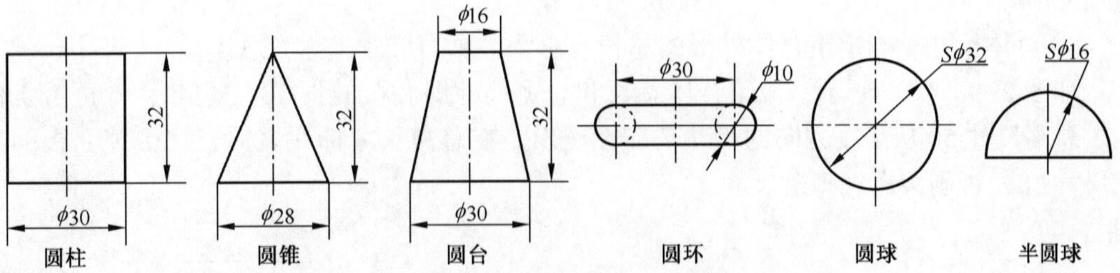

图 2-94　回转体的尺寸注法

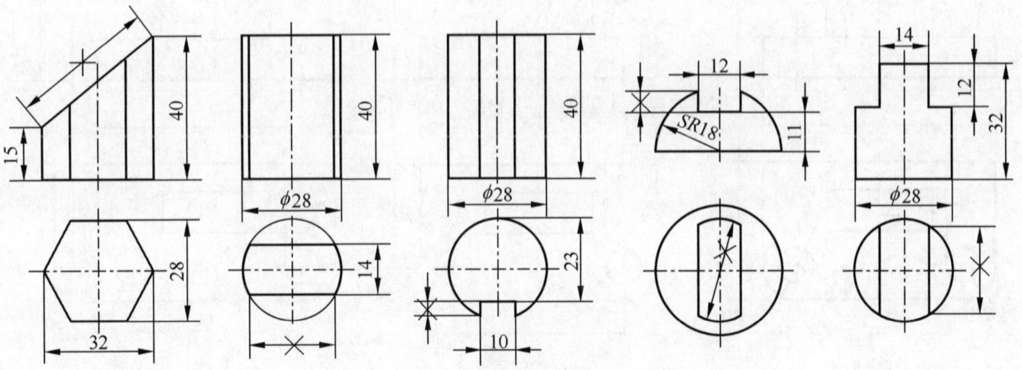

图 2-95　带切口几何体的尺寸注法

2. 尺寸标注的基本要求

（1）正确性

应确保尺寸数值正确无误，所注的尺寸（包括尺寸数字、符号、箭头、尺寸线和尺寸界线等）要符合国家标准的有关规定。

（2）完整性

为了将尺寸注得完整，应先按形体分析法注出确定各基本形体的定形尺寸，再标注确定它们之间相对位置的定位尺寸，最后根据组合体的结构特点，注出总体尺寸。

① 定形尺寸。确定组合体中各基本形体的形状和大小的尺寸，称为定形尺寸。

如图 2-96（a）所示，底板的定形尺寸有长 70、宽 40、高 12，圆孔直径 2×ϕ10，圆角半径 R10；立板的定形尺寸有长 32、宽 12、高 38，圆孔直径 ϕ16。

提示：相同的圆孔要标注数量（如 2×ϕ10），但相同的圆角不需标注数量。两者都不必重复标注。

② 定位尺寸。确定组合体中各基本形体之间相对位置的尺寸，称为定位尺寸。

标注定位尺寸时，应先选择尺寸基准。尺寸基准是指标注或测量尺寸的起点。由于组合体具有长、宽、高三个方向的尺寸，每个方向都应有尺寸基准，以便从基准出发，确定基本形体在各方向上的相对位置。选择尺寸基准必须体现组合体的结构特点，并便于尺寸度量。通常以组合体的底面、端面、对称面、回转体轴线等作为尺寸基准。

如图 2-96（b）所示，组合体左右对称面为长度方向的尺寸基准，由此注出两圆孔的定位尺寸 50；后端面为宽度方向的尺寸基准，由此注出底板上圆孔的定位尺寸 30，立板与后端面的定位尺寸 8；底面为高度方向的尺寸基准，由此注出立板上圆孔与底面的定位尺寸 34。

③ 总体尺寸。确定组合体外形的总长、总宽、总高尺寸，称为总体尺寸。

如图 2-96（c）所示，该组合体总长和总宽尺寸即底板的长 70、宽 40，不再重复标注。总高尺寸 50 从高度方向的尺寸基准标注出。在总高尺寸标注之后，要去掉立板的高度尺寸 38，否则会出现多余尺寸。

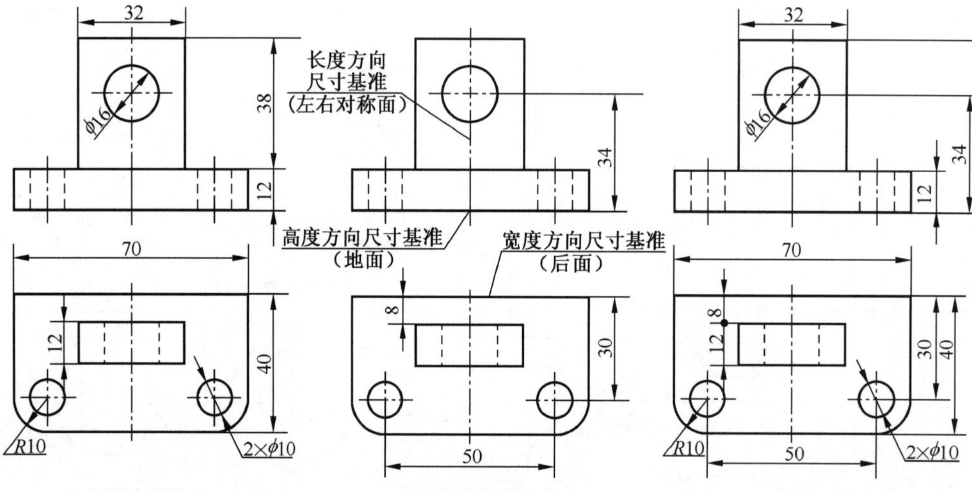

(a) 标注定形尺寸　(b) 标注定位尺寸　(c) 标注总体尺寸

图 2-96　组合体的尺寸注法

提示：当组合体的一端或两端为回转体时，总体尺寸是不能直接注出的，否则就会出现重复尺寸。如图 2-97（a）所示组合体，其总长尺寸（$76=52+R12\times2$）和总高尺寸（$42=28+R14$）是间接确定的，因此，图 2-98（b）标注总长 76、总高 42 是错误的。

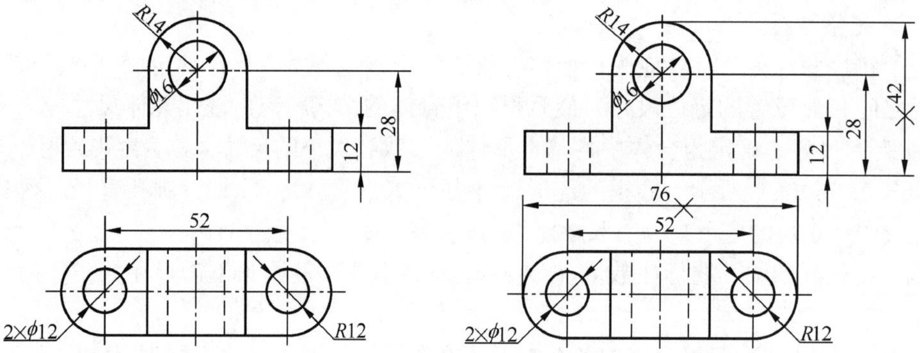

(a) 正确注法　(b) 错误注法

图 2-97　不注总体尺寸的情况

综上所述，定形尺寸、定位尺寸、总体尺寸可以相互转化。在实际标注尺寸时，应认真分析，避免多注或漏注尺寸。

（3）清晰性

尺寸标注除要求完整外，还要求标得清晰、明显，以方便看图。为此，标注尺寸时应注意以下几个问题：

① 定形尺寸尽可能标注在表示形体特征明显的视图上，定位尺寸尽可能标注在位置特征清楚的视图上。如图 2-98（a）所示，将五棱柱的五边形尺寸标注在主视图上，比分开标注要好。如图 2-98（c）所示，腰形板的俯视图形体特征明显，半径 *R*4、*R*7 等尺寸标注在俯视图上是正确的。

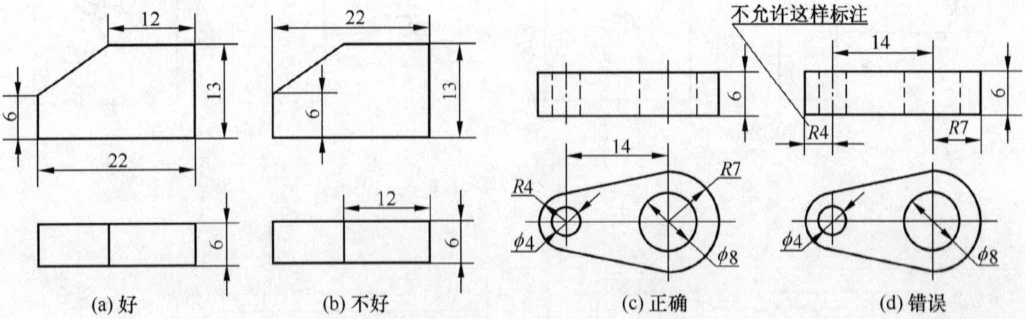

图 2-98　定形尺寸标注在形体特征明显的视图上

② 同一形体的尺寸应尽量集中标注。如图 2-96（c）所示，底板的长度 70、宽度 40、两圆孔直径 2×ϕ12、圆角半径 *R*10、两圆孔定位尺寸 50、30 都集中标注在俯视图上，便于看图时查找。如图 2-99 所示，圆柱开槽后表面产生截交线，两圆柱相交表面产生相贯线，其尺寸集中标注在主视图上比较好。

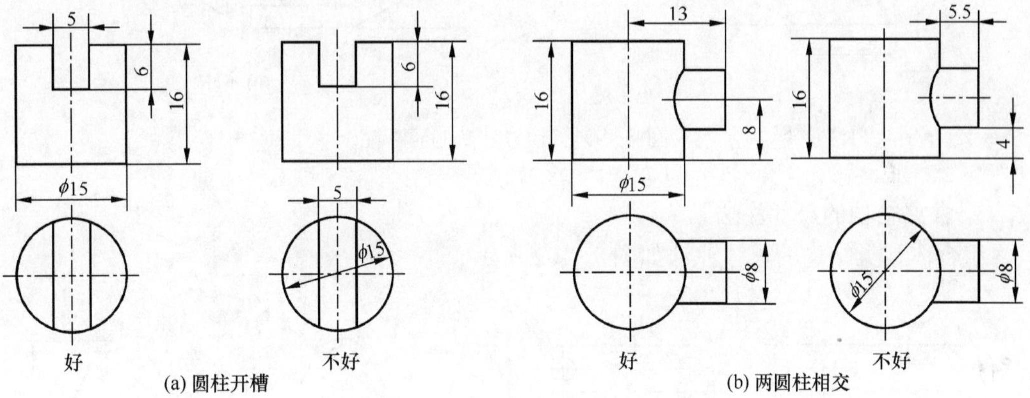

图 2-99　截断体和相贯体的尺寸注法

③ 直径尺寸尽量注在投影为非圆的视图上，圆弧的半径应注在投影为圆的视图上。尺寸尽量不注在细虚线上。如图 2-100（a）所示，圆的直径（ϕ20、ϕ30 注在主视图上是正确的；注在左视图上是错误的；而 ϕ14 注在左视图上是为了避免在细虚线上标注尺寸；*R*20 只能注在投影为圆的左视图上，而不允许注在主视图上。

④ 平行排列的尺寸应将较小尺寸注在里面（靠近视图），大尺寸注在外面。如图 2-100（a）所示，12、16 两个尺寸应注在 42 的里面，注在 42 的外面是错误的，如图 2-100（b）所示。

⑤ 尺寸应尽量注在视图外部，相邻视图的相关尺寸最好注在两个视图之间，避免尺寸线、尺寸界线与轮廓线相交，如图 2-101（a）所示。图 2-101（b）所示的尺寸注法不够清晰。

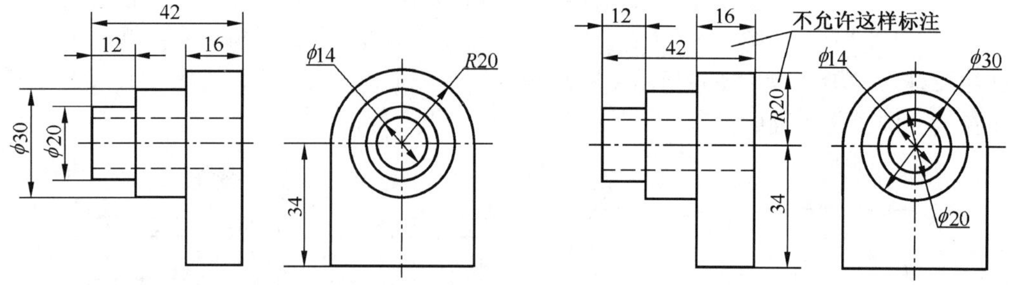

(a) 正确注法　　(b) 错误注法

图 2-100　直径与半径、大尺寸与小尺寸的注法

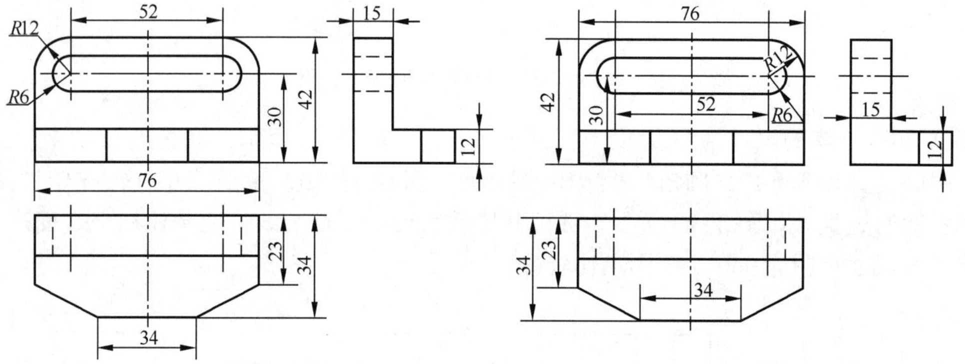

(a) 好　　(b) 不好

图 2-101　尺寸注法的清晰性

3. 常见结构的尺寸注法

组合体常见结构的尺寸注法如图 2-102 所示。

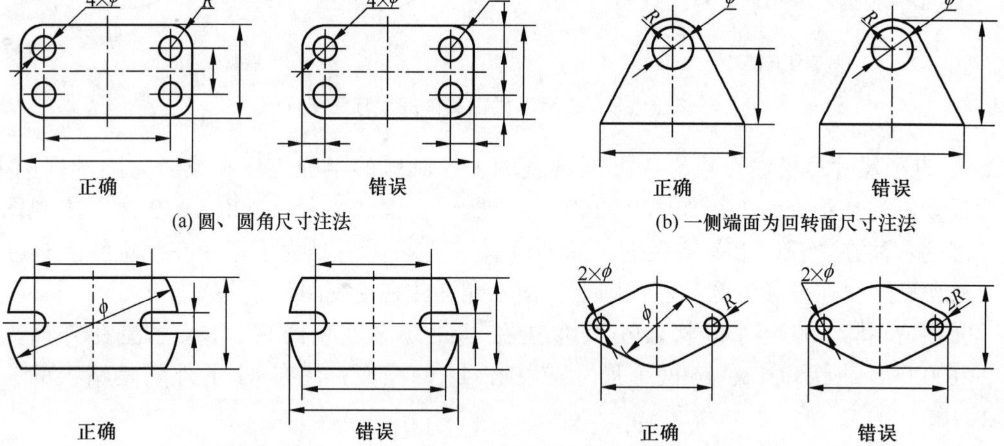

正确　错误　正确　错误

(a) 圆、圆角尺寸注法　　(b) 一侧端面为回转面尺寸注法

正确　错误　正确　错误

(c) 切口类尺寸注法　　(d) 两侧端面为回转面尺寸注法

图 2-102　组合体常见结构的尺寸注法

（三）识读组合体三视图

1. 看图的基本要领

（1）将几个视图联系起来看

一个视图不能确定物体的形状。如图 2-103（a）、（b）、（c）所示，三个主视图都相同，但所表示的是三个不同的物体。有时只看两个视图，也无法确定物体的形状。如图 2-103（d）、（e）、（f）所示，它们的主、俯两个视图完全相同，但实际上也是三个不同的物体。

由此可见，看图时，必须把所给的视图联系起来看，才能想象出物体的确切形状。

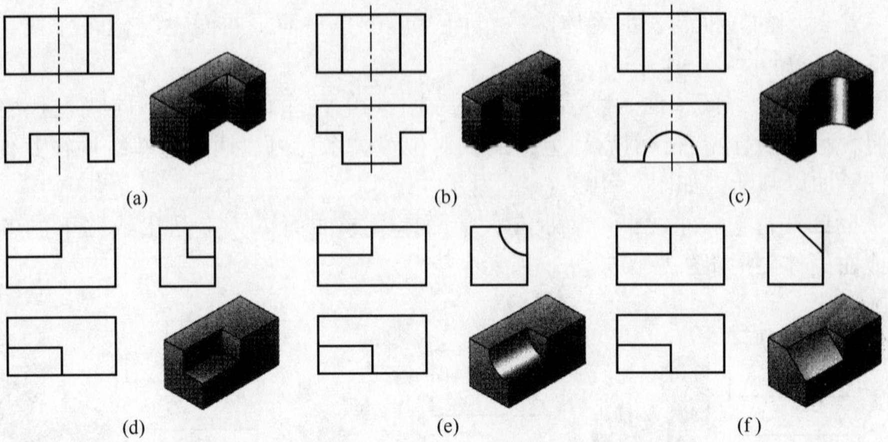

图 2-103　一个或两个视图不能确切表示物体的形状

（2）理解视图中图线和线框的含义

视图是由一个个封闭线框组成的，而线框又是由图线构成的。因此，弄清图线及线框的含义，是十分必要的。

① 图线的含义。如图 2-104 所示，视图中的图线主要有粗实线、细虚线和细点画线。

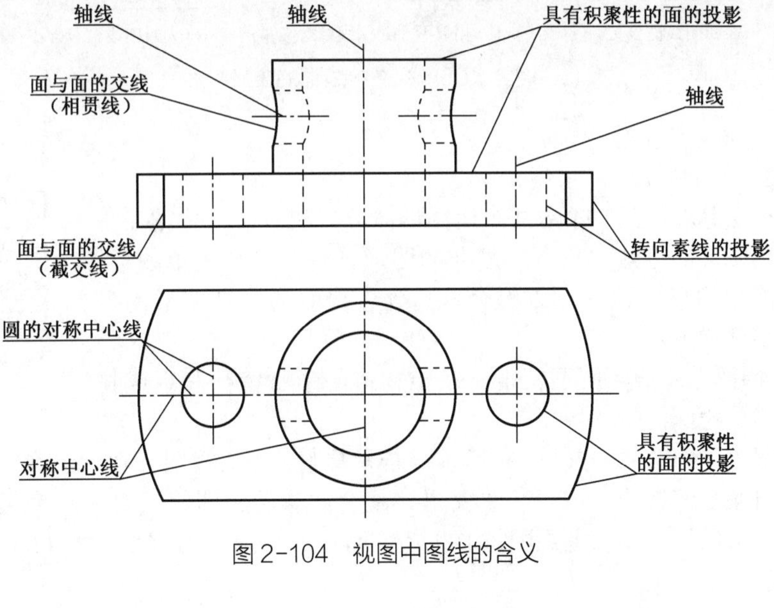

图 2-104　视图中图线的含义

a. 粗实线或细虚线（包括直线和曲线）可以表示：

——具有积聚性的面（平面或柱面）的投影。

——面与面（两平面，或两曲面，或一平面和一曲面）交线的投影。

——曲面的转向素线的投影。

b. 细点画线可以表示：

——回转体的轴线。

——对称中心线。

——圆的对称中心线。

② 线框的含义。如图 2-105 所示，视图中的线框有以下三种情况：

a. 一个封闭的线框。表示物体的一个面（可能是平面、曲面、组合面）或孔洞，如图 2-105（a）所示。

b. 相邻的两个封闭线框。表示物体上位置不同的两个面。由于不同线框代表不同的面，它们表示的面有左右、前后、上下的相对位置关系，可以通过这些线框在其他视图中的对应投影加以判断，如图 2-105（b）所示。

c. 大封闭线框包含小线框。表示在大平面体（或曲面体）上凸出或凹下的各个小平面体（或曲面体），如图 2-105（c）所示。

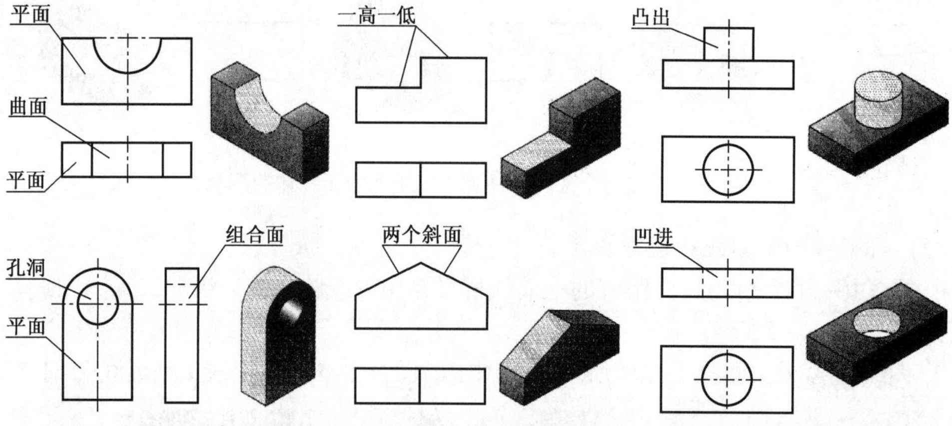

(a) 一个封闭线框含义举例　(b) 相邻两个封闭线框含义举例　(c) 大封闭线框包含小线框含义举例

图 2-105　视图中线框的含义

2. 看图的方法和步骤

（1）形体分析法

配套视频

形体分析法读图

形体分析法是看图的基本方法。运用形体分析法看图，关键在于掌握分解复杂图形的方法。只有将复杂的图形分解为几个简单图形，才能通过对简单图形的识读加以综合，达到较快看懂复杂图形的目的。看图的步骤如下：

① 抓住特征分部分。所谓特征，是指物体的形状特征和组成物体的各基本形体之间的位置特征。

a. 形状特征。如图 2-106（a）所示，若只看俯、左两视图，则无法确定物体的结构形状。如果将主、俯视图（或主、左视图）配合起来看，即使不要另一个视图，也能想象出它的结构形状。因此，主视图是形状特征明显的视图。如图 2-106（b）所示，若只看主、左两视图，则除了板厚以外，其他形状就很难分析了。如果将主、俯视图配合起来看，即使不要左视图，也能想象出它的全貌。因此，俯视图是反映该物体形状特征明显的视图。采用同样的分析方法，图 2-106（c）中的左视图，是形状特征明显的视图。

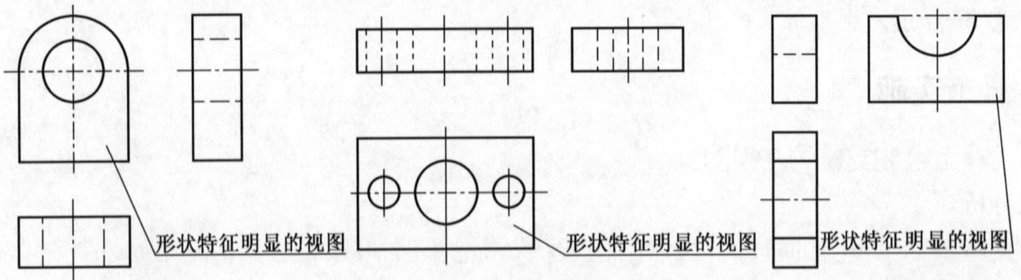

(a) 示例一　(b) 示例二　(c) 示例三

图 2-106　形状特征明显的视图

b. 位置特征。在图 2-107（a）的主视图中，大线框中包含两个小线框（一个圆、一个矩形），如果只看主、俯视图，无法确定两个形体哪个凸出、哪个凹进，如图 2-107（b）所示。但如果将主、左视图配合起来看，则不仅形状容易想清楚，圆柱凸出、四棱柱凹进也能确定。

因此，左视图是反映该物体各组成部分位置特征明显的视图。

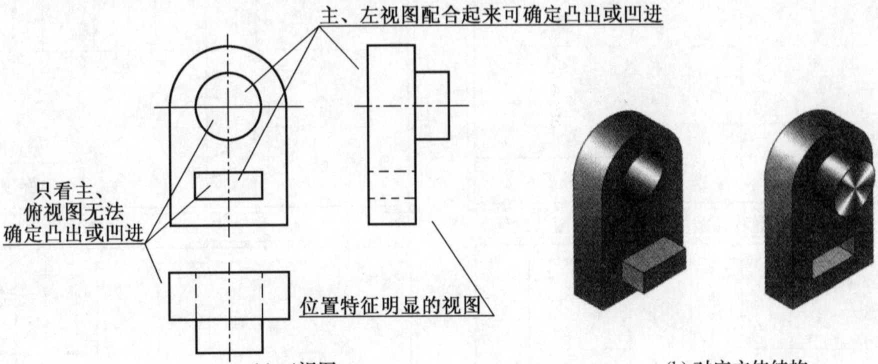

(a) 三视图　(b) 对应立体结构

图 2-107　位置特征明显的视图

提示：物体上每一组成部分的特征，并非集中在一个视图上。因此，在分部分时，无论哪个视图（一般以主视图为主），只要形状、位置特征有明显之处，就应从该视图入手，这样就能较快地将其分解成若干个组成部分。

② 对准投影想形状。依据“三等”规律，从反映特征部分的线框（一般表示该部分形体）出发，分别在其他两视图上找出对应投影，并想象出它们的形状。

③ 综合起来想整体。想出各组成部分形状之后，再根据整体三视图，分析它们之间的相对位置和组合形式，进而综合想象出该物体的整体形状。

（2）线面分析法

用线面分析法看图，就是运用投影规律，通过识别线、面等几何要素的空间位置、形状，进而想象出物体的形状。在看切割体的视图时，主要靠线面分析法。

配套视频

线面分析法读图

看图步骤如下：

① 进行形体分析。

② 进行线面分析。

③ 综合起来想整体。

二、任务实施

（一）绘制支座的三视图

分析：

支座、轴承座类的机件，虽然结构形状不同，但都可以看成是由几个基本几何体组合而成的。所以对于任何复杂的机器零件都可以从形体的角度来分析，可以看成是由若干基本形体（柱、锥、球等），按一定的方式（叠加、切割或穿孔等）组合而成的。这种由两个或两个以上的基本形体按一定的连接方式组合构成的整体，称为组合体。

实施：

支座的画图步骤如图 2-108 所示。

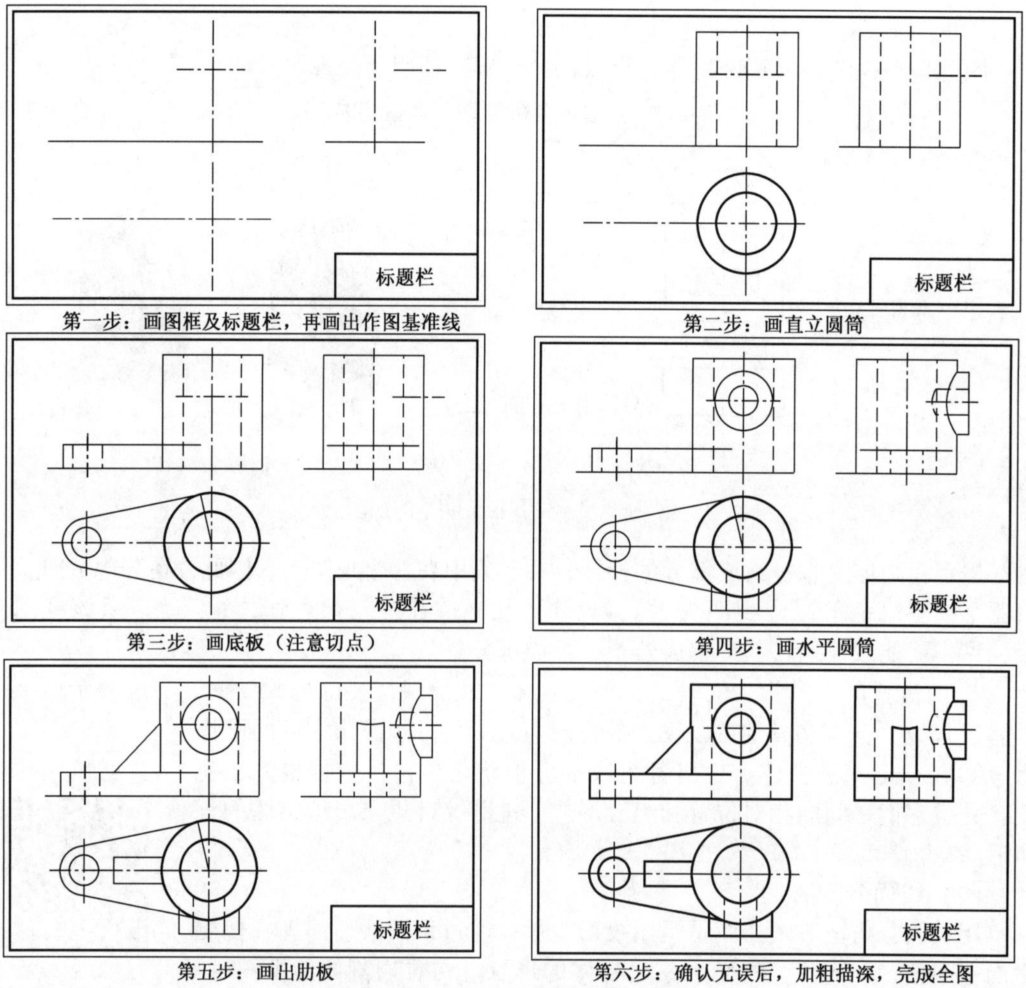

图 2-108　支座的画图步骤

（二）绘制垫块三视图

分析：

如图 2-109（a）所示组合体可看做由长方体切去基本形体 A、B、C 而形成的。切割型组合体视图的画法可在形体分析法的基础上结合线面分析法作图。

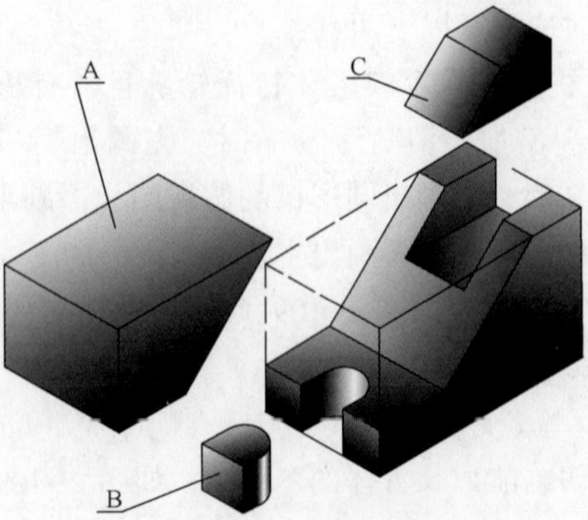

(a) 切割型组合体的形成

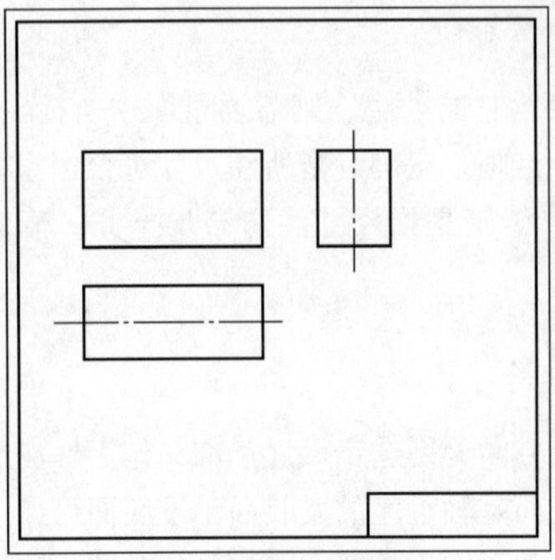

(b) 画出长方体三视图

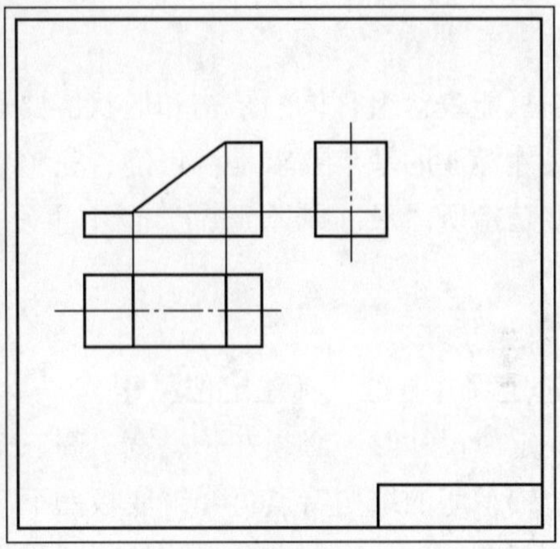

(c) 切割形体A

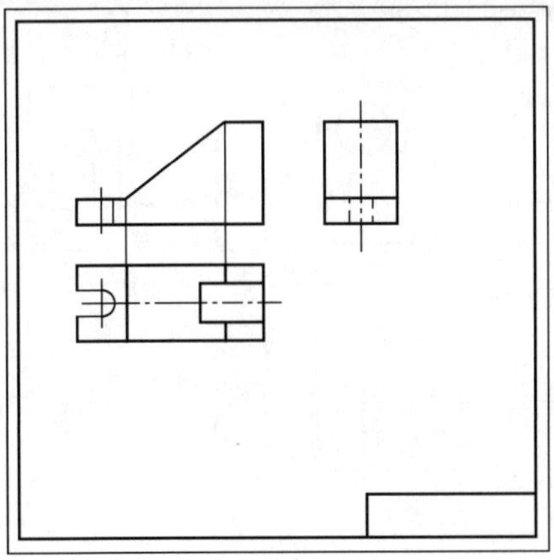

(d) 切割形体B

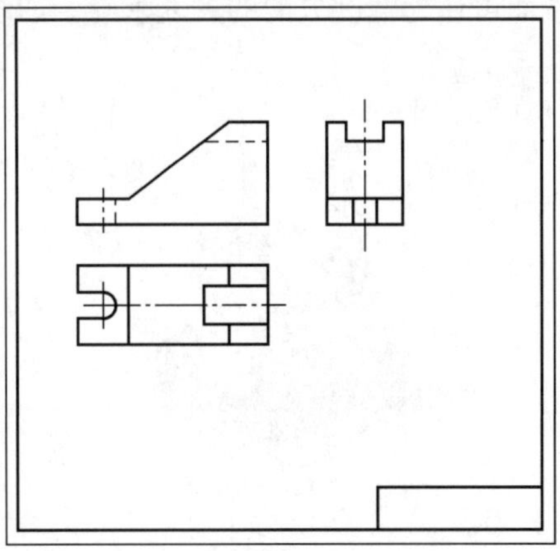

(e) 切割形体C

图 2-109　切割型组合体的画法

线面分析法，就是根据表面的投影特性来分析组合体表面的性质、形状和相对位置，从而完成画图和读图的方法。这种方法是分析切割型组合体的主要方法。

绘制切割型组合体视图时，通常先画出未切割前完整的基本形体的投影，然后画出切割后的形体。各切口部分应从反映其形状特征的视图画起，再画出其他视图。

画切割型组合体三视图时应注意以下两点：

① 作每个切口的投影时，应先从反映形体特征轮廓且具有积聚性投影的视图开始，再按投影关系画出其他视图。例如，切割形体 A 时，先画出切口的主视图，再画出俯、左视图中的图线；切割形体 B 时，先画出圆形槽的俯视图，再画出主、左视图中的图线；切割形体 C 时，先画矩形槽的左视图，再画出主、俯视图中的图线。

② 注意切口截面投影的类似性。如图 2-109（e）所示的矩形槽与斜面相交而形成的截面，其水平投影与侧面投影应为类似形。

实施：

画图时，首先画出（未切割前）长方体的三视图，如图 2-109（b）所示；然后将形体 A、B、C 依次切割下来，作图步骤如图 2-109（c）、（d）、（e）所示。

（三）标注轴承座的尺寸

分析：

视图只能表达组合体的结构和形状，要表示它的大小，则需通过图中所标注的尺寸。组合体尺寸标注的基本要求是：正确、完整、清晰。正确是指所注尺寸符合国家标准的规定；完整是指所注尺寸既不遗漏，也不重复；清晰是指尺寸注写布局整齐、清楚，便于看图。

实施：

1. 选定尺寸基准，标注定位尺寸

标注定位尺寸时，必须在长、宽、高三个方向分别选定尺寸基准，作为标注尺寸的出发点。由轴承座的结构特点可知，底板的下底面是轴承座的安装面，下底面可作为高度方向的尺寸基准；轴承座是左右对称的，对称平面可作为长度方向的尺寸基准；底板和支承板的后端面可作为宽度方向的尺寸基准，如图 2-110（a）所示。

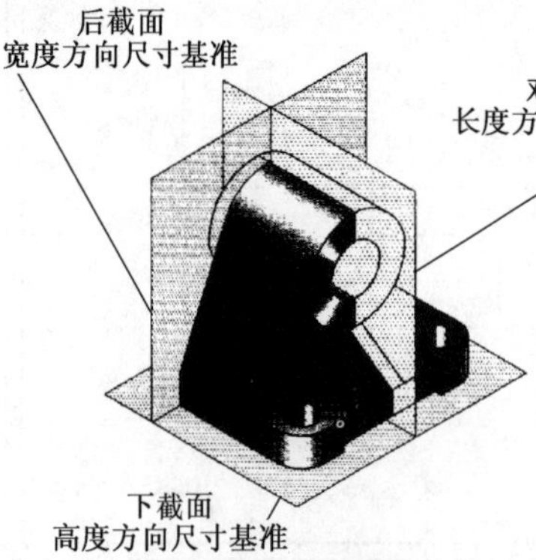

(a) 选定尺寸基准

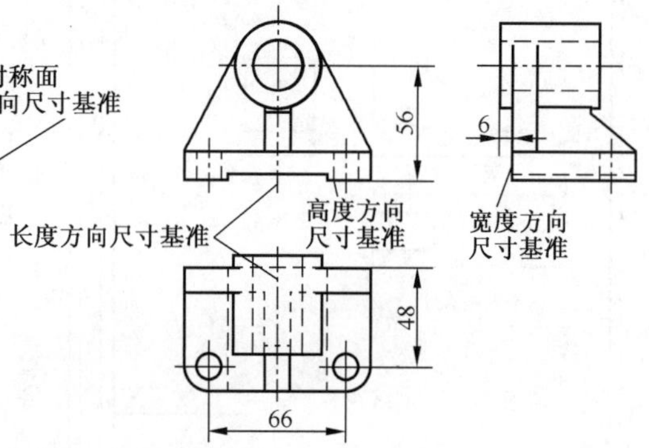

(b) 标注定位尺寸

图 2-110　标注定位尺寸

2. 标注定位尺寸

根据尺寸基准，按底板、圆筒、支承板、肋板的相对位置，标注定位尺寸。圆筒与底板上下方向的相对位置，需标注圆筒轴线到底板下底面的中心距56；圆筒与底板前后方向的相对位置，需标注圆筒后端面与支承板后端面的定位尺寸6；由于轴承座左右对称，长度方向的定位尺寸可以省略不注；标注底板上两个圆孔的定位尺寸66、48，如图2-110（b）所示。

3. 标注定形尺寸

逐个注出各基本形体的定形尺寸及总体尺寸。根据底板、圆筒、支承板、肋板的各自特点，分别注出其定形尺寸，如图2-111所示。底板的长度90是轴承座的总长（与定形尺寸重合，不另行注出）；总宽由底板宽度60和圆筒在支承板后面伸出的长度6所确定；总高由圆筒的定位尺寸56加上圆筒外径 $\phi42$ 的一半所确定，如图2-111（d）所示。

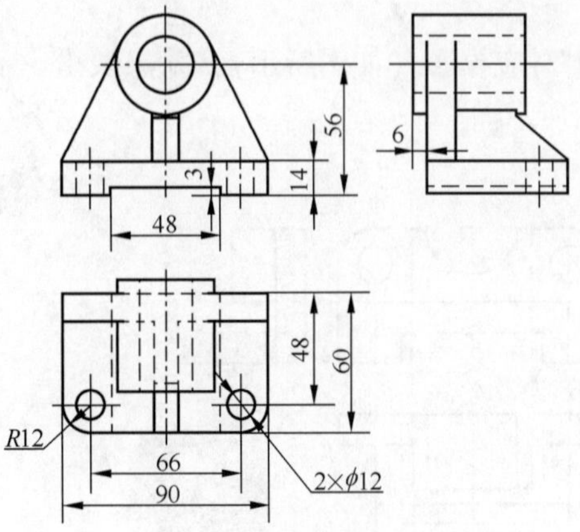

(a) 标注底板定形尺寸

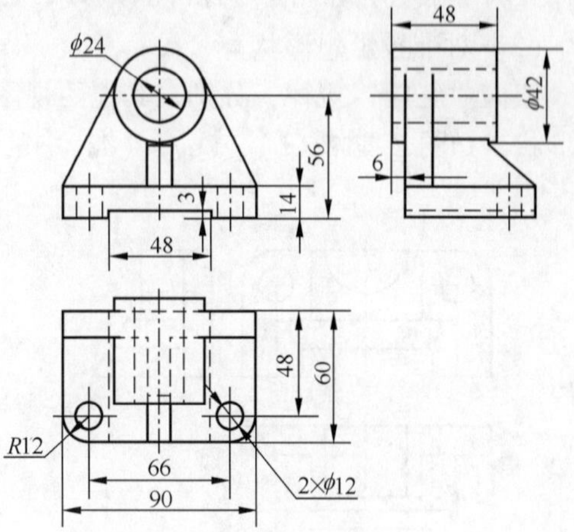

(b) 标注圆筒定形尺寸

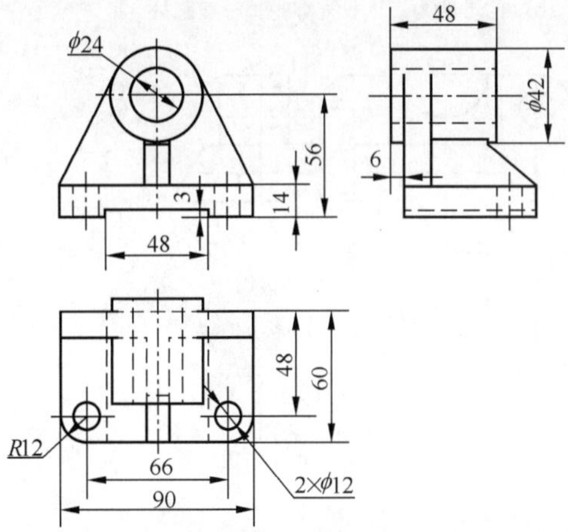

(c) 标注支承板定形尺寸

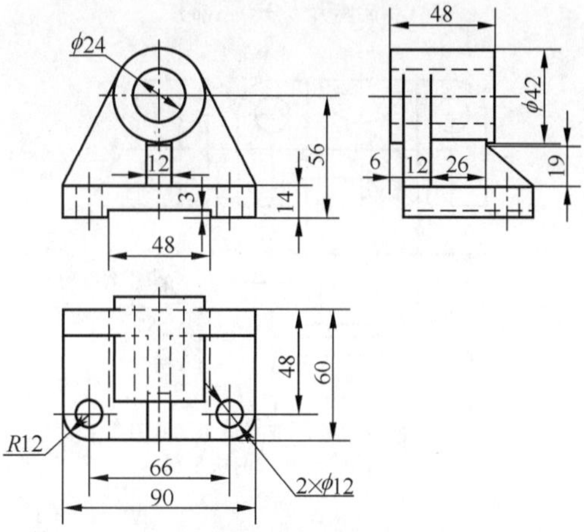

(d) 标注肋板定形尺寸

图2-111　分别标注定形尺寸及总体尺寸

4. 检查和调整

按上述步骤注出尺寸后，还要按形体逐个检查有无重复或遗漏，然后修正并进行适当的调整。

（四）识读底座的三视图

分析：

画图，是将物体用正投影法表示在二维平面上；读图，则是依据视图，通过投影分析想象出物体的形状，是通过二维图形建立三维物体的过程。画图与读图是相辅相成的，看图是画图的逆过程。“照物画图”与“依图想物”相比，后者的难度要大一些。为了能够正确而迅速地看懂组合体视图，必须掌握看图的基本要领和基本方法，通过反复实践，不断培养空间思维能力，提高看图水平。读图的基本方法有形体分析法和线面分析法。

实施：

看图步骤如下：

（1）抓住特征分部分

通过形体分析可知，主视图较明显地反映出形体Ⅰ、Ⅱ、Ⅲ的特征，据此，该底座可大体分为三部分，如图 2-112（a）所示。

（2）对准投影想形状

依据“三等”规律，分别在其他两视图上找出对应投影（如图所示），并想象出它们的形状，如图 2-112（b）、（c）、（d）中的轴测图所示。

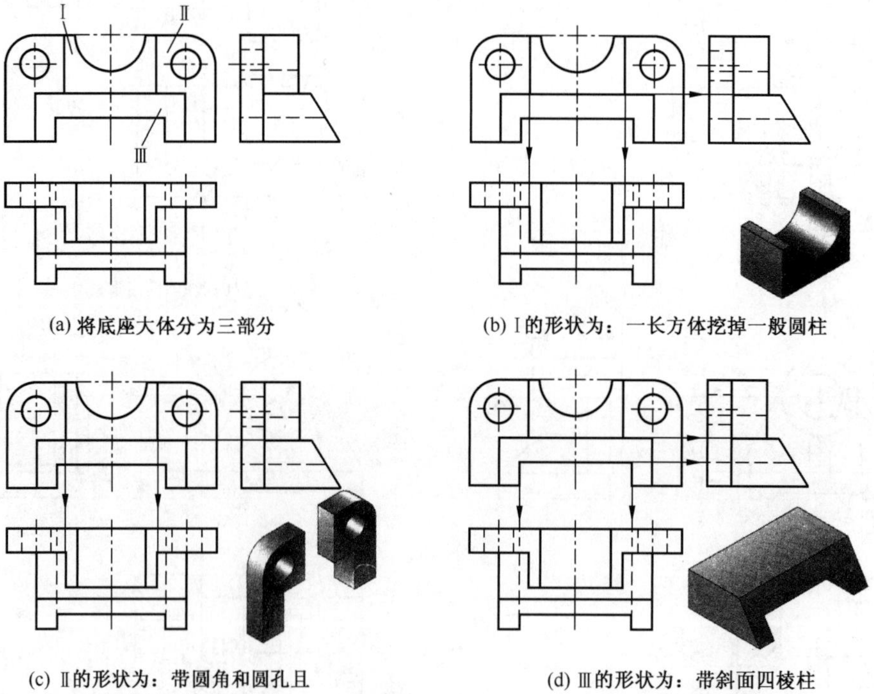

(a) 将底座大体分为三部分

(b) Ⅰ的形状为：一长方体挖掉一般圆柱

(c) Ⅱ的形状为：带圆角和圆孔且形状对称的两块平板

(d) Ⅲ的形状为：带斜面四棱柱下方开一通槽

图 2-112　底座的看图方法

（3）综合起来想整体

长方体Ⅰ在底板Ⅲ的上面，两形体的对称面重合且后面靠齐；侧板Ⅱ在长方体Ⅰ、底板Ⅲ的左、右两侧，且与其相接，后面靠齐。综合想象出物体的整体形状，如图 2-113 所示。

（五）识读压板三视图

分析：

在一般情况下，只用形体分析法看图就可以了。但是对于一些较为复杂的物体（如较复杂的切割类组合体）单用形体分析法还不够，还要应用另外一种分析方法——线面分析法来进行分析，集中解决看图的难点。

图 2-113　底座轴测图

线面分析法，就是运用线面的投影规律，通过识别线条、线框等几何要素的含义和空间位置，进而想象出物体形状的分析方法。在看切割体的视图时，主要靠线面分析法。线面分析法的基本要点，就是前面看图要领第二条所述内容。

实施：

看图步骤如下：

① 进行形体分析：由于压块三个方向视图的轮廓基本都是矩形（只切掉了几个角），所以它的原始形体是长方体，如图 2-114 所示。

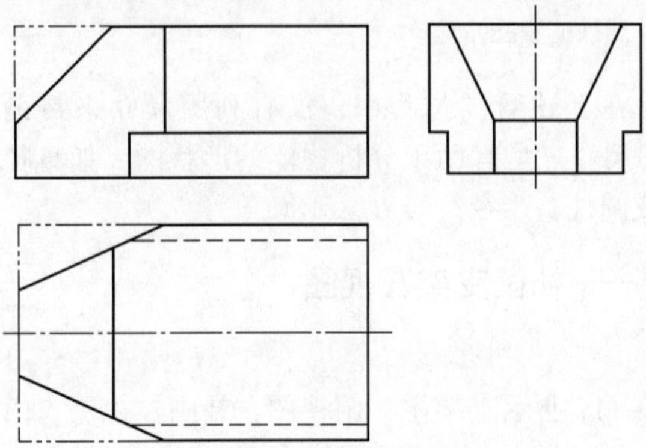

图 2-114　压块三视图

② 进行线面分析：从压块的外表面来看，主视图左上方的缺角是用正垂面切出的；俯视图左端的前、后缺角是用两个铅垂面切出的；左视图下方前、后的缺块，则是用正平面和水平面切出的。可见，压块的外形是一个长方体被几个特殊位置平面切割后形成的。在搞清被切面的空间位置后，再根据平面的投影特性，分清各切面的几何形状。

当被切面为“垂直面”时，从该平面投影积聚成的直线出发，在其他两视图上找出对应的线框——一对边数相等的类似形。

如图 2-115（a）所示，从主视图中斜线（正垂面的积聚性投影）出发，在俯视图中找出与它对应的梯形线框，则左视图中的对应投影，也一定是一个梯形线框；如图 2-115（b）所示，从俯视图中的斜线（铅垂面的积聚性投影）出发，在主、左视图上找出与它对应的投影——一对七边形。

当被切面为“平行面”时，也从该平面投影积聚成的直线出发，在其他两视图上找出对应的投影——一直线和一平面图形。

如图 2-115（c）所示，从左视图中正平面的积聚性投影（如图）出发，找出其正面投影（矩形线框）和水平投影（细虚线）；如图 2-115（d）所示，从左视图中水平面的积聚性投影出发，找出其水平投影（四边形）和正面投影（一直线）。

③ 综合起来想整体：在看懂压板各表面的空间位置与形状后，还必须根据视图搞清面与面之间的相对位置，进而综合想象出压块的整体形状，如图 2-116 所示。

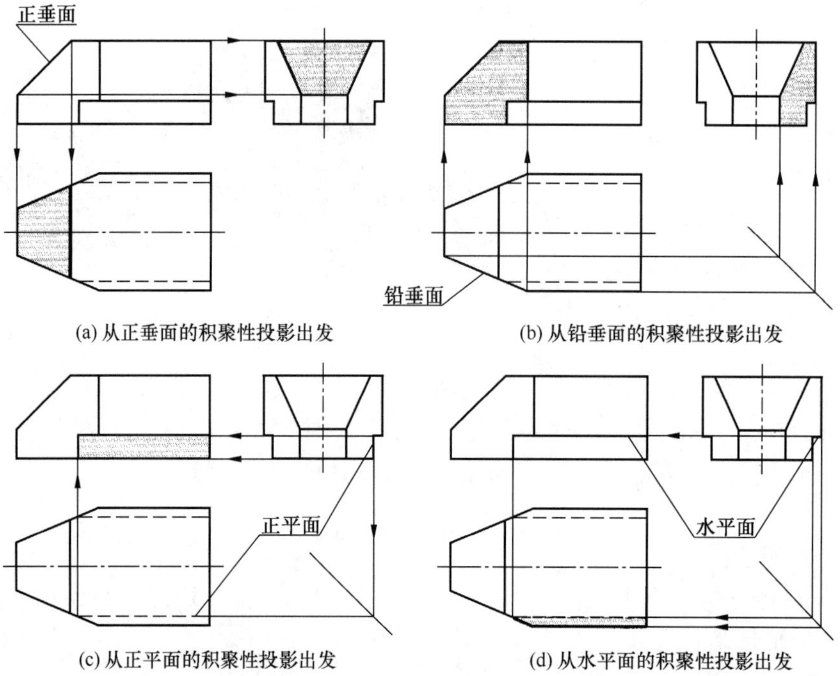

(a) 从正垂面的积聚性投影出发　(b) 从铅垂面的积聚性投影出发

(c) 从正平面的积聚性投影出发　(d) 从水平面的积聚性投影出发

图 2-115　压块的看图方法

图 2-116　压板的轴测图

应当指出，在上述看图过程中，没有利用尺寸来帮助看图。有时图中的尺寸，是有助于分析物体的形状的。如直径符号 ϕ 表示圆孔或圆柱，半径符号 R 表示圆角等。

三、任务拓展——补画支架左视图

分析：

根据如图 2-117 所示支架主、俯视图，补画左视图。由已知两视图补画第三视图，是训练看图能力、培养空间想象力的重要手段。补画视图，实际上是读图和画图的综合练习，一般可分如下两步进行：

① 看懂两视图想出物体的形状。

② 在想出形状的基础上，应根据已知的两个视图，按照三视图投影规律及各组成部分位置关系，逐个作出各部分的第三视图，进而完成整个物体的第三视图。

实施：

如图 2-118 所示，主视图中有 a、b、c 三个线框，对照主俯两视图可以看出，三个线框分别表示三个不同位置的表面。线框 c'是一个凹形板，处于支架的前下方；线框 a'中有一个小圆线框，与俯视图中的两条虚线对应，是半圆形竖板上穿了一个圆孔，半圆形竖板处于支架的后面；线框 b'的上方有个半圆形槽，在俯视图中可找到对应的两条竖线，它处于 A 面和 C 面之间。该支架是由凹形板、半圆形槽板和半圆形竖板（分三层）叠加而成的。

补画支架左视图的方法步骤：

① 根据主、俯视图的对照分析，画出左视图的外轮廓，分出支架三部分的前后、高

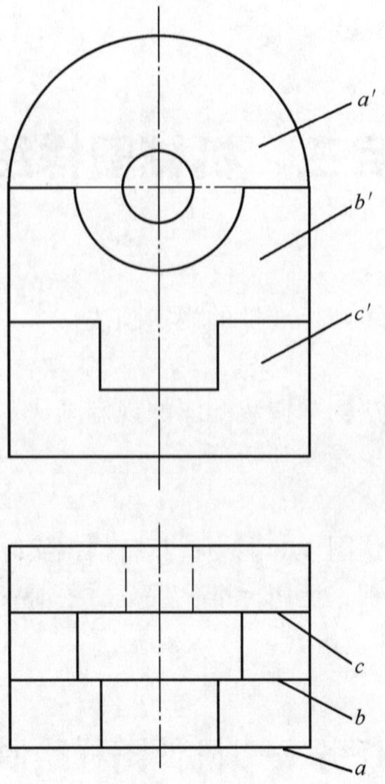

图 2-117　支架

低层次，如图 2-118（a）所示。

② 在前层切出凹形槽，补画左视图中的细虚线，如图 2-118（b）所示。

③ 在中间层切出半圆形槽，补画左视图中的细虚线，如图 2-118（c）所示。

④ 在后层挖出圆孔，补画左视图中的细虚线。检查无误后完成作图，如图 2-118（d）所示。

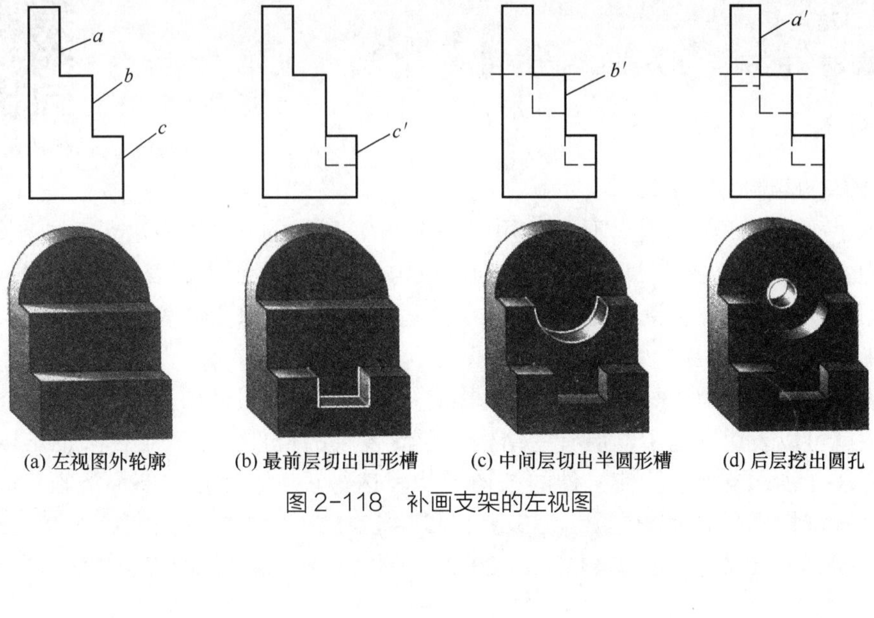

(a) 左视图外轮廓　(b) 最前层切出凹形槽　(c) 中间层切出半圆形槽　(d) 后层挖出圆孔

图 2-118　补画支架的左视图

项目三　机械图样绘制

【知识目标】

掌握机件的图样表示法；了解标准件的规定画法。

【能力目标】

掌握零件图读图和绘图方法；掌握装配图的规定画法；基本掌握简单装配图的尺寸标注。熟悉配合代号等技术要求的标注与识读。

【素质目标】

具备灵活运用各种视图表达图样的能力；具备根据实际问题，提出针对性解决方案的能力；具有质量意识、工匠精神，运用标准、规范、手册查阅有关技术资料；树立正确的职业观。

任务一　机件图样绘制

【学习目标】

熟悉基本视图的形成、名称及配置关系。理解剖视的概念，掌握画剖视图的方法和步骤、剖切位置和剖视图的标注。掌握移出断面图和重合断面图的画法和标注。熟悉各种表示方法的综合应用。

【学习重点】

掌握剖视图、断面图的绘制方法。

【学习难点】

机械图样中各种表示方法的综合应用。

配套课件

机械图样绘制

[任务导入]

1. 支座的绘制

如图 3-1（a）所示支座立体图，用图 3-1（b）所示的三视图表达支座的结构和形状是否合理？如图所示的 *A*、*B*、*C* 三个方向的机构是否在三视图中都表达清楚了？

根据机件的视图，想象出机件的形状，用适当的表达方法重新表达该机件，以达到完整、清晰的要求。

在生产实践中，物体的结构形状是多样的。有些简单的机件用一个或两个视图并配合尺寸标注就可以表达清楚了，但有些结构和形状复杂的机件，用三个视图也难以表达清楚。如图 3-1 所示支座。为使机件的结构形状表达得正确、完整，图形清晰、简练，便于看图，国家标准《技术制图》（GB/T 17451 ~ 17452—1998）和国家标准《机械制图》（GB/T 4458. 1—2002 和 GB/T 4458. 6—2002）等规定了绘制机件的表达方法。

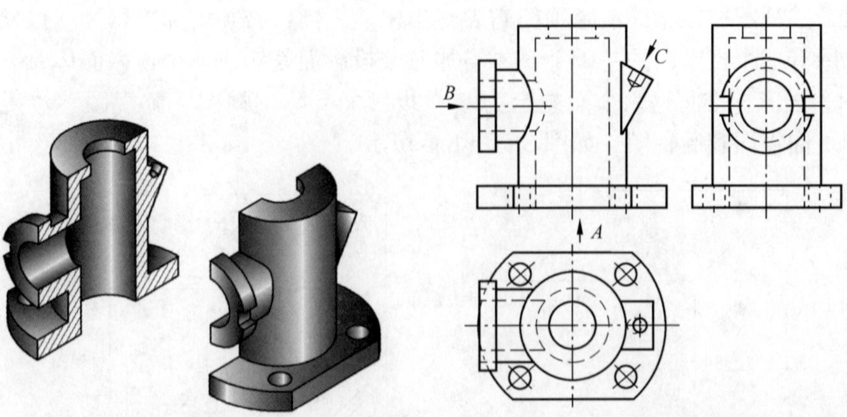

(a) 支座立体图　　(b) 支座三视图

图 3-1　绘制支座三视图

2. 定位块的绘制

如图 3-2 是定位块的立体图和三视图，用三视图表达该机件，没有完整清晰地表达定位块的结构和形状，特别是内部孔的表达有许多虚线，视图中的细虚线较多，就使图形不够清晰，既不便于画图、看图，也不便于标注尺寸。为了解决这些问题，国家标准（GB/T 17452—1998 和 GB/T 4458. 6—2002）规定了剖视图的基本表示法。

根据机件的视图，用适当的表达方法重新表达该机件，以达到完整、清晰的要求。

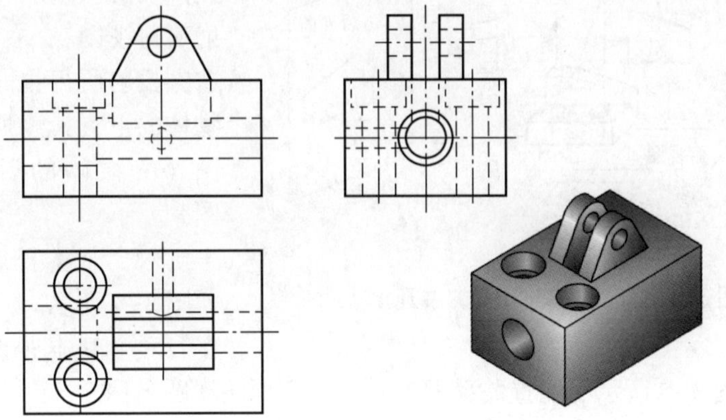

图 3-2　绘制定位块三视图

一、知识链接

（一）视图

视图主要用来表达机件的外部结构和形状，一般用粗实线画出机件的可见部分，其不可见部分必要时也可用细虚线表示。视图通常有基本视图、向视图、局部视图和斜视图四种。

配套视频

基本视图和向视图

1. 基本视图

物体向基本投影面投射所得的视图称为基本视图。

当物体的外部结构、形状在各个方向（上下、左右、前后）都不相同时，三视图往往不能清晰地把它表达出来。因此，必须增加投影面，以便得到更多视图。在原有三个投影面的基础上，再增加三个投影面就构成一个正六面体系，如图 3-3（a）所示。国家标准将这六个面规定为基本投影面。除主视图、俯视图、左视图外，还有右视图、仰视图和后视图，如图 3-3（b）所示。

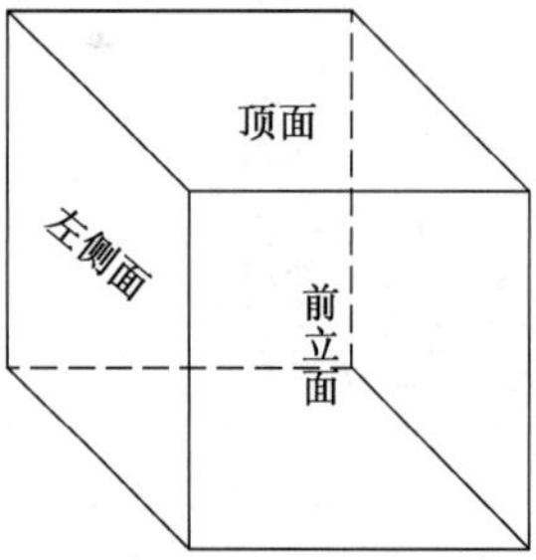

(a) 六个基本投影面

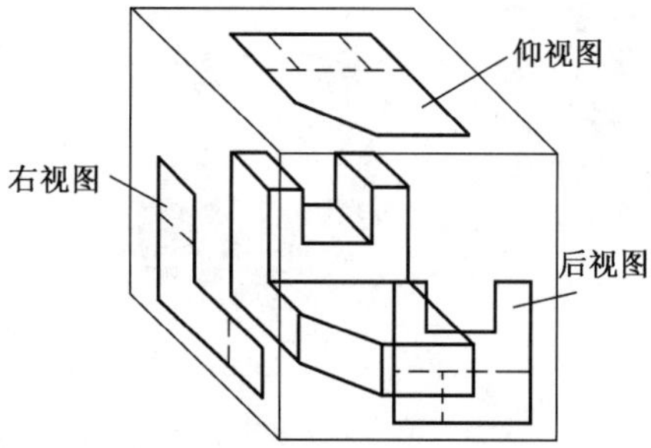

(b) 右、后、仰视图的形成

图 3-3　基本视图

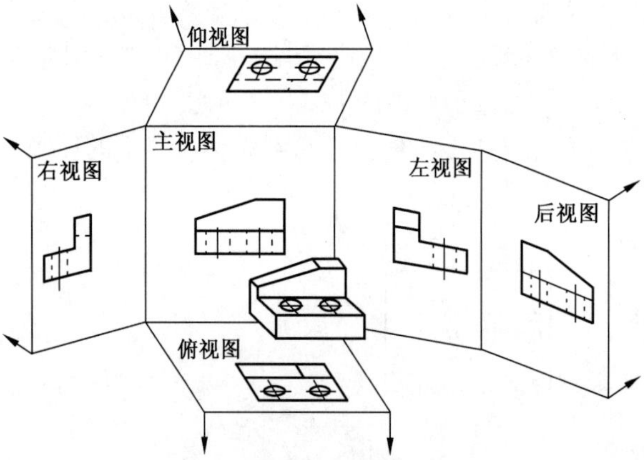

图 3-4　六个基本投影面的展开

按六个基本投射方向，得到六个基本视图分别是：主视图（由物体的前方投射所得视图）；俯视图（由物体的上方投射所得视图）；左视图（由物体的左方投射所得视图）；右视图（由物体的右方投射所得视图）；仰视图（由物体的下方投射所得视图）；后视图（由物体的后方投射所得视图）。

六个基本投影面的展开方法如图 3-4 所示。

六个基本视图若画在同一张图样内，按如图 3-5 所示的配置关系配置时，可不标注视图名称。

六个基本视图之间的关系仍遵循“长对正、高平齐、宽相等”的投影原则。

2. 向视图

在实际设计绘图中，有时为了合理利用图纸，国家标准规定了一种可以自由配置的视图——向视图，如图 3-6 所示。

在绘制向视图时，应在向视图的上方标注“×”（×为大写拉丁字母），在相应视图的附近用箭

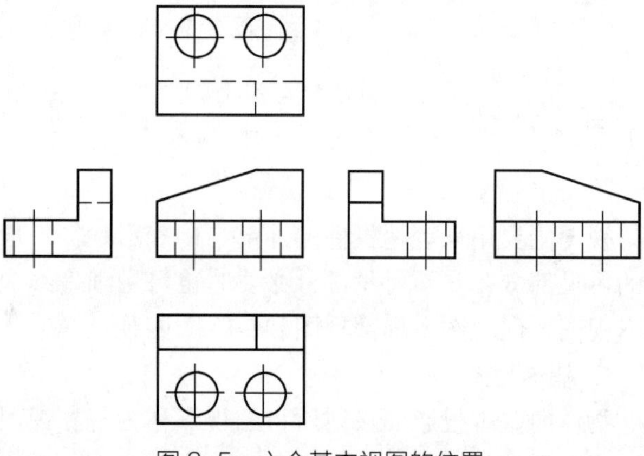

图 3-5　六个基本视图的位置

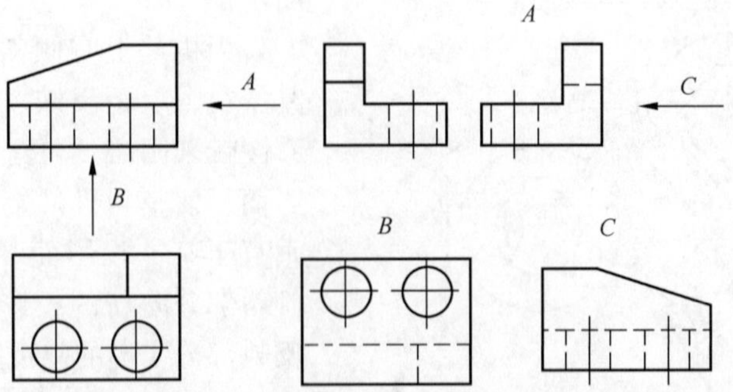

图 3-6　向视图及其标注

头指明投射方向，并注明相同的字母，如图 3-6 所示。表示向视图名称的字母标注均应与正常的读图方向一致，以便于识别。表示投射方向的箭头应尽可能配置在主视图上，以使视图与基本视图相一致。表示后视图的投射方向箭头最好配置在左视图或右视图上。

3. 局部视图

局部视图是将物体的某一部分向基本投影面投射所得的视图，用于表达机件的局部形状，如图 3-7 所示。

配套视频

局部视图和斜视图

画局部视图时，可以将局部视图按基本视图的配置形式配置，如图 3-7（b）主视图右边的局部视图所示，也可以按向视图的配置形式配置，如图 3-7（b）中的 *B* 局部视图所示。

当局部视图按基本视图的配置形式配置且中间没有其他视图隔开时，可省略标注［如图 3-7（b）主视图右边的局部视图］。

局部视图的断裂边界用波浪线或双折线表示，当所表示的局部结构的外形轮廓是完整的封闭图形时，断裂边界线可省略不画，如图 3-7（b）中的 *B* 局部视图所示。

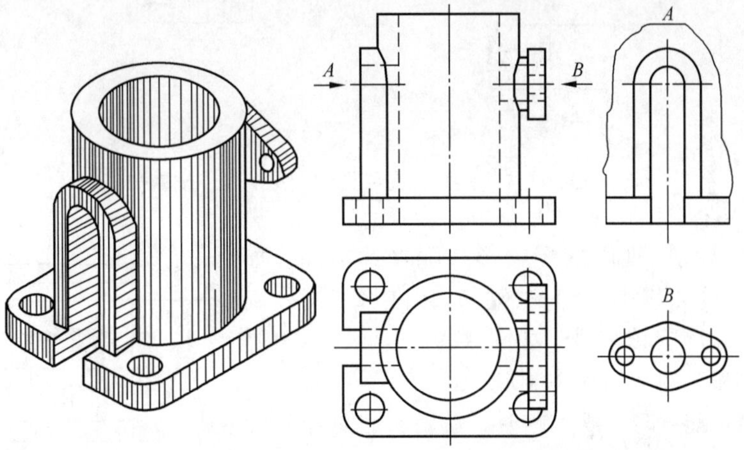

(a) 立体图　　(b) *A*、*B* 两处局部视图

图 3-7　局部视图

4. 斜视图

将机件向不平行于任何基本投影面的投影面投射所得的视图，称为斜视图，如图 3-8

所示。

当机件上有倾斜结构时，由于它在基本视图上不反映实形，因此给绘图和看图带来困难。可选择一个新的辅助投影面，使其与机件上倾斜的部分平行且垂直于某一投影面。然后，将机件上的倾斜部分向新的投影面投射，即可得到反映部分实形的斜视图，如图 3-9 所示。

在画斜视图时，必须在视图的上方标出“×”，并在相应的视图附近用箭头指明投射方向，注上同样的字母。斜视图只反映机件上倾斜结构的实形，其余部分省略不画。斜视图的断裂边界可用波浪线或双折线表示，如图 3-9 所示中的 *A* 视图。

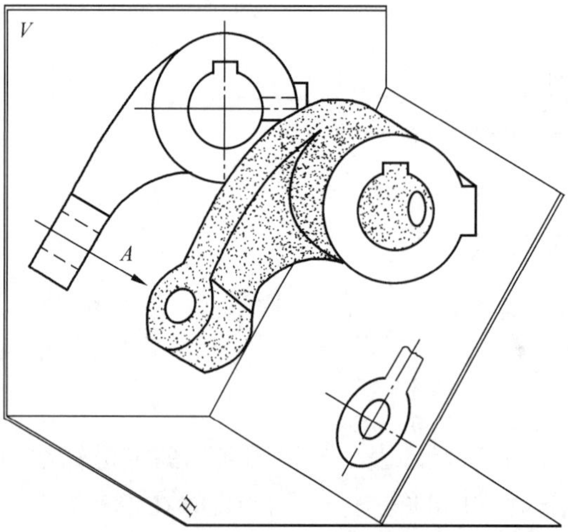

图 3-8　压紧杆斜视图的形成

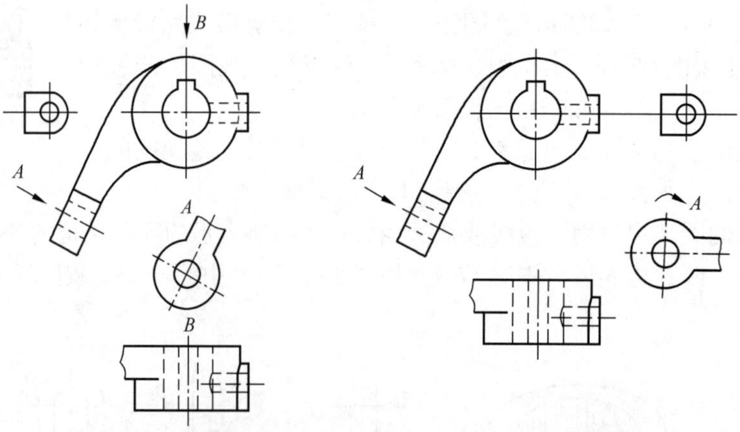

(a) 一种配置　　(b) 另一种配置

图 3-9　压紧杆的斜视图和局部视图的两种配置形式

斜视图通常按向视图的配置形式配置并标注，如图 3-9（a）中的 *A* 视图所示。必要时允许将斜视图旋转配置，但需标出旋转符号。如图 3-9（b）所示。旋转符号的尺寸和比例，如图 3-10 所示。

斜视图旋转配置时，既可顺时针旋转，也可逆时针旋转。但旋转符号的方向要与实际旋转方向一致，以便于看图者辨别。

（二）剖视图

用视图表达机件时，机件中不可见的结构形状都用细虚线表示。如果机件的内部结构比较复杂，视图中的

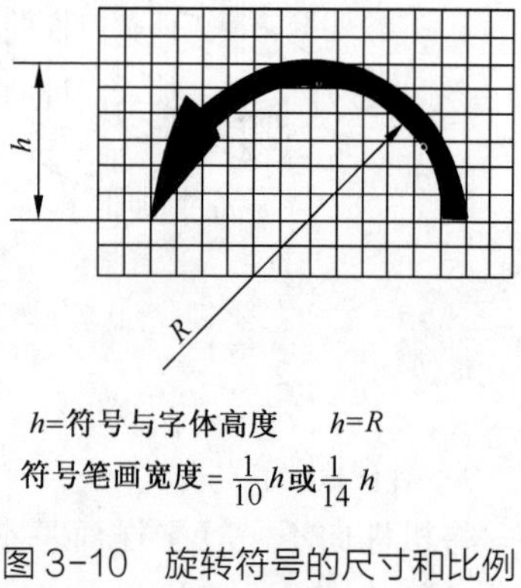

h=符号与字体高度　$h=R$

符号笔画宽度=$\frac{1}{10}h$或$\frac{1}{14}h$

图 3-10　旋转符号的尺寸和比例

细虚线较多，就会使图形不够清晰，既不便于画图、看图，也不便于标注尺寸。为了解决这些问题，国家标准（GB/T 17452—1998 和 GB/T 4458.6—2002）规定了剖视图的基本表示法。

1. 剖视图的基本概念和画法

剖切物体的假想平面或曲面称为剖切面。假想用剖切面剖开机件，将处在观察者和剖切面之间的部分移去，而将其余部分向投影面投射所得的图形称为剖视图，简称剖视，如图 3-11 所示。剖视图用于表达机件的内部结构形状。

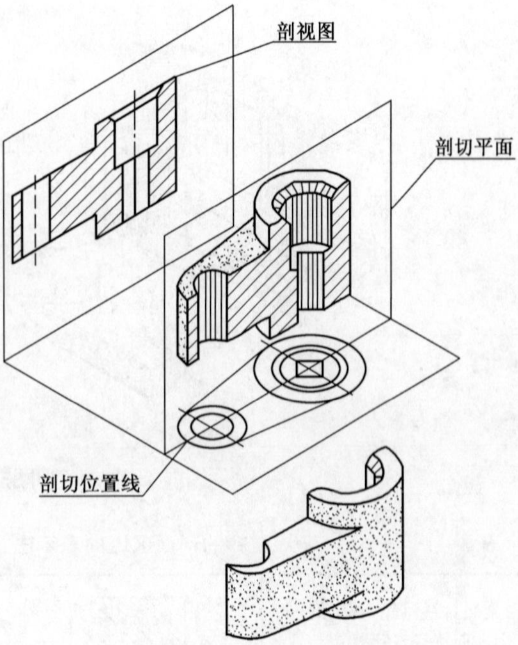

图 3-11 剖视的概念

比较图 3-12 中的视图与剖视图，由于图 3-12（b）中的主视图采取了剖视图，视图中不可见的部分变为可见，原有的细虚线变成了实线，加上剖面线的作用，使图形具有层次感。而主视图中后部的细虚线予以省略，从而使图形显得更加清晰。

配套动画

剖视图

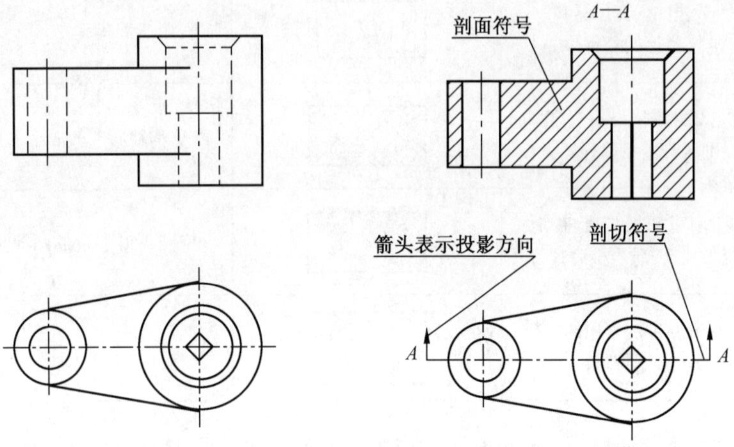

(a) 视图　　(b) 剖视图

图 3-12 视图与剖视图的比较

2. 剖视图的画法

① 确定剖切平面的位置，使剖切后的结构投影反映被剖切部分真实形状。

② 当机件被剖切后，除了取剖视的视图外，其余视图应按完整机件画出，如图 3-13 所示。

③ 在绘制剖视图时，通常在机件的剖面区域画出剖面符号，以区别剖面区域与非剖面区域。表 3-1 为各种材料的剖面符号。

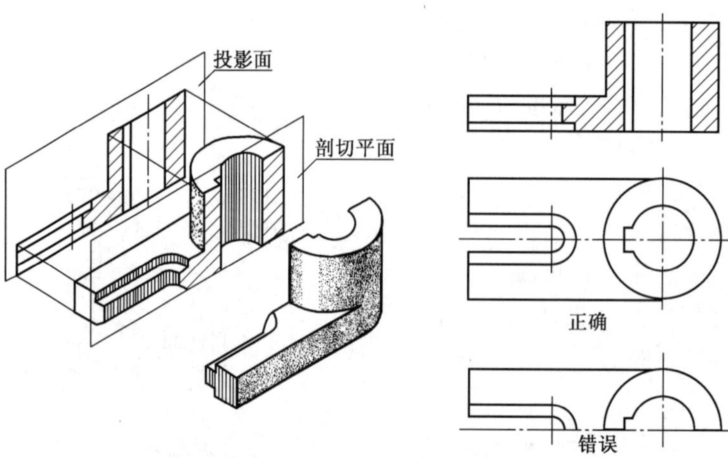

图 3-13　俯视图按完整机件绘制

表 3-1　　　　　材料的剖面区域的表示法（GB/T 4457.5—2013）

金属材料(已有规定剖面符号者除外)	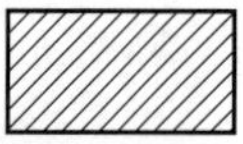	混凝土	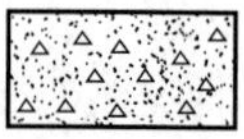
线圈绕组元件	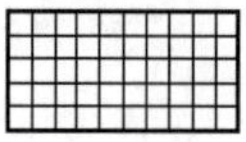	钢筋混凝土	
转子、电枢、变压器和电抗器等的叠钢片	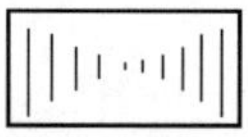	砖	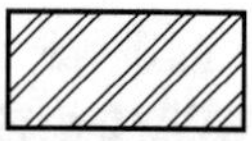
非金属材料(已有规定剖面符号者除外)	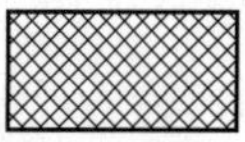	基础周围的泥土	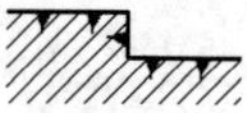
型砂、填砂、粉末冶金、砂轮、陶瓷刀片、硬质合金刀片等	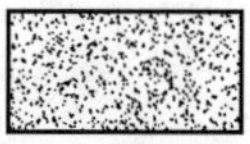	格网(筛网、过滤网等)	
玻璃及供观察用的其他透明材料		液体	

国家标准规定，表示金属材料的剖面区域，采用通用的剖面线，即以适当角度的细实线绘制，最好与主要轮廓或剖面区域的对称线成 45°，如图 3-14（a）所示。

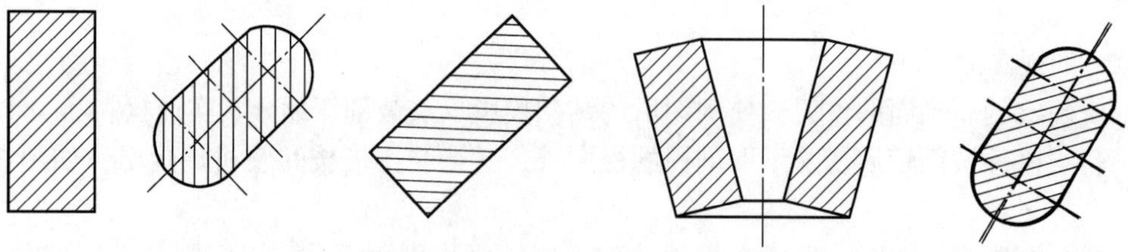

(a)　(b)　(c)　(d)　(e)

图 3-14　剖面线的角度

当图形的主要轮廓与水平成45°时，该图形的剖面线应与水平成30°或60°，其倾斜方向仍与其他图形的剖面线一致，如图3-14（b）~（e）所示。

应注意：同一物体的各个剖面区域，其剖面线的画法应一致——间距相等、方向相同。不同物体的剖面区域，其剖面线应加以区分。

④ 当剖视图中不可见的结构形状在其他视图中已表达清楚时，在剖视图中其细虚线可省略不画。如图3-15所示主视图中上、下突缘的后部在剖视图中为不可见，故细虚线予以省略。对尚未表达清楚的结构形状，也可用细虚线表达，如图3-16所示，左视图中画出的少量细虚线，既不影响剖视图的清晰，还可减少一个视图。

⑤ 不可漏画可见的轮廓线，在剖切面后面的可见轮廓线，全部用粗实线画出。

3. 剖切面的种类

由于机件内部结构形状多种多样，故剖切面的选择也不尽相同。

首先，在图形中剖切面可以是平面或曲面，其位置用剖切符号表示。即在剖切面的起止和转折处画上短划粗实线（尽可能不与图形的轮廓线相交），并在短划粗实线的两端外侧用箭头指明剖切后的投射方向，如图3-15所示。

其次，根据剖切面的数量和组合形式的不同，剖切面又分为单一剖切面、几个平行的剖切平面、两相交的剖切平面、组合剖切平面等。

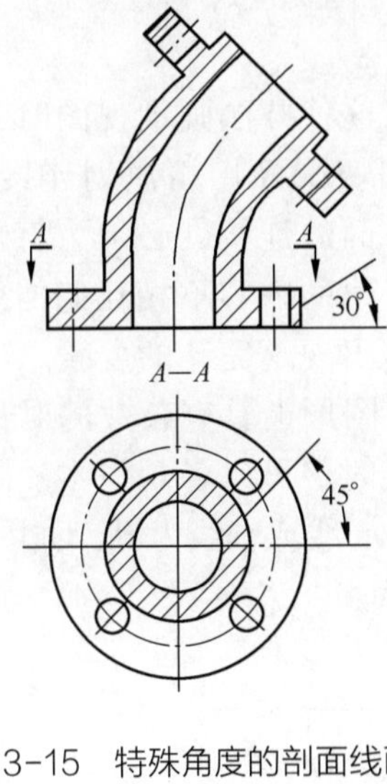

图3-15　特殊角度的剖面线画法

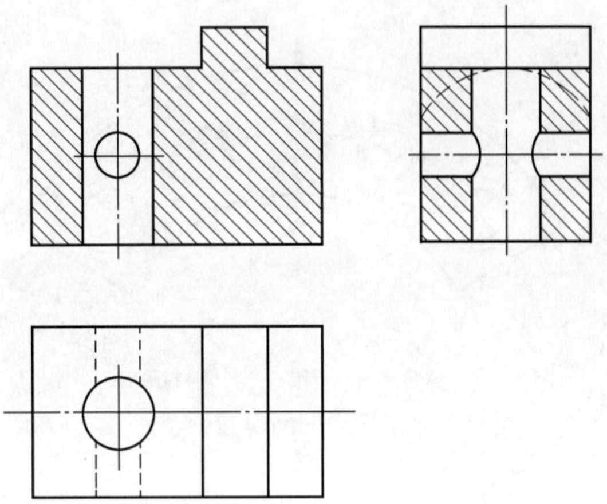

图3-16　剖视图中必要的虚线要画出

（1）单一剖切面

① 单一剖切平面：单一剖切平面可以是平行于某一基本投影面的平面，如图3-13所示。也可以是不平行于任何基本投影面的平面（单一斜剖切面），用来表达机件上倾斜部分的内部结构形状，其配置和标注方法通常如图3-17（a）所示。必要时，允许将斜剖视图旋转配置，但必须在剖视图上方标注出旋转符号，如图3-17（b）所示。

② 单一剖切柱面：为了准确表达处于圆周上分布的某些结构，有时采用柱面剖切。画这种剖视图时，常采用展开画法，并仅画出剖面展开图，剖切平面后面的有关结构省略不画，如图3-18所示。

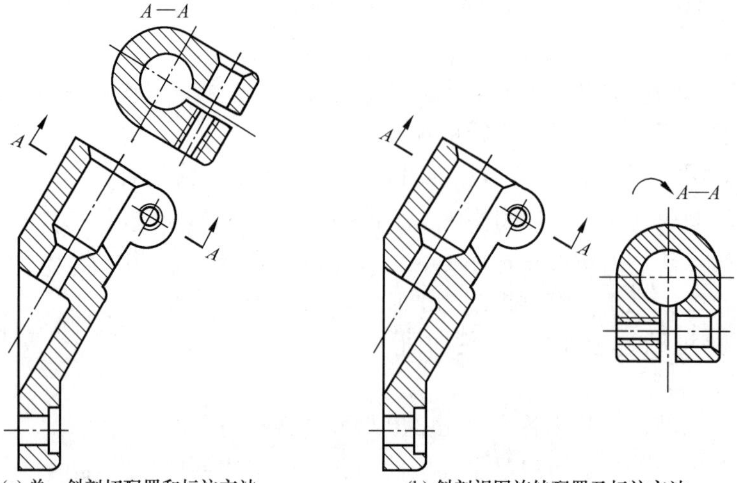

(a) 单一斜剖切配置和标注方法　　(b) 斜剖视图旋转配置及标注方法

图 3-17　用单一斜剖切平面获得的剖视图

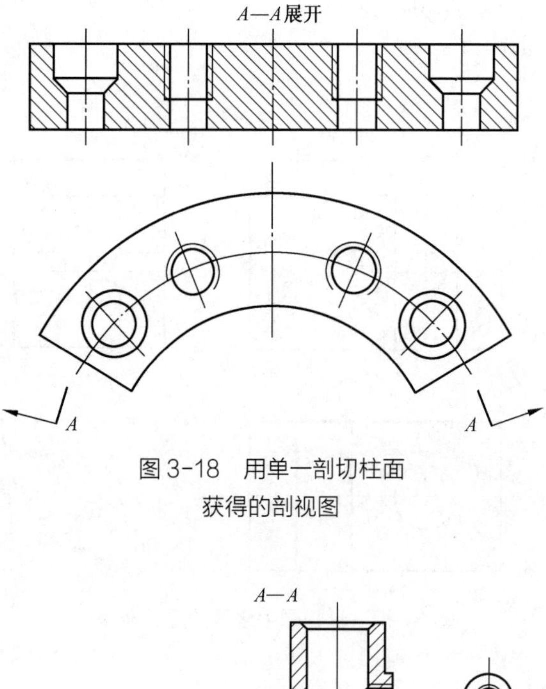

图 3-18　用单一剖切柱面获得的剖视图

（2）几个平行的剖切平面

用几个平行的剖切平面剖开机件（也称为阶梯剖），如图 3-19（a）所示。

采用这种方法画剖视图时，需将各平行剖切平面用粗短划连接起来。各剖切平面的连接处必须为直角，并且要使表达的内容不相互遮挡，在图形内不应出现不完整的要素。仅当两个要素在图形上具有公共的对称中心线或轴线时，可以各画一半，此时应以对称中心线或轴线为界，如图 3-19（b）所示。

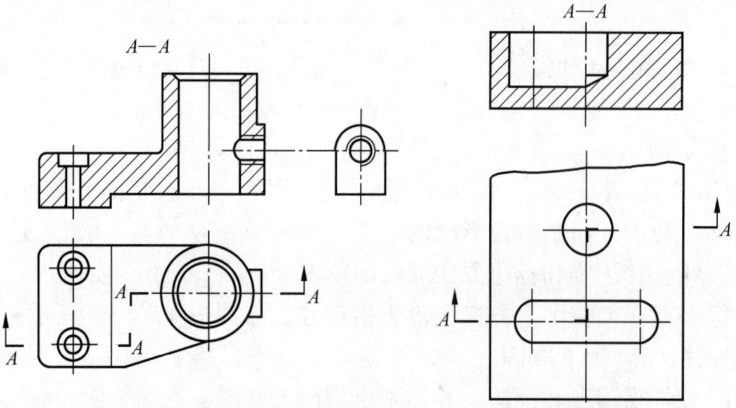

(a) 几个平行剖切面剖视图画法　　(b) 对称要素剖切画法

图 3-19　平行平面剖切的剖视图

画剖视图时应注意以下几点：

① 正确选择剖切平面的位置，图形中不应出现不完整的要素。

② 因为剖切是假想的，所以设想将几个平行的剖切平面平移到同一位置后，再进行投影。此时，不应画出剖切平面转折处的交线，如图 3-20（a）所示。

③ 为清晰起见，各剖切平面的转折处不应重合在图形的实线或细虚线上，如图 3-20（b）所示。

（3）几个相交的剖切面（交线垂直于某一投影面）

用几个相交的剖切面剖开机件（也称为旋转剖）。剖切面可以是平面，也可以是柱面。图 3-21 为两个相交的平面剖切，其交线垂直于侧立投影面。

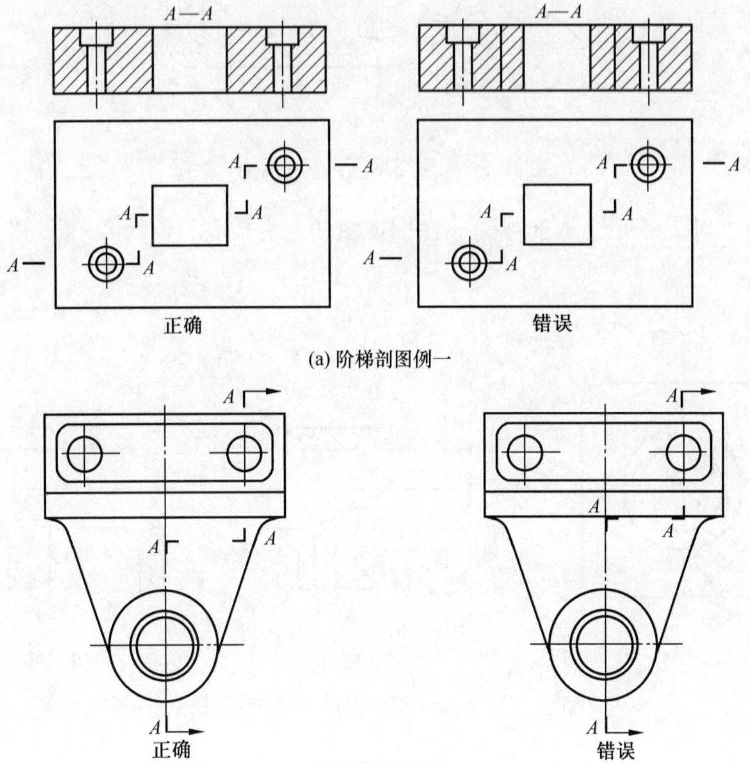

(a) 阶梯剖图例一

(b) 阶梯剖图例二

图 3-20　画阶梯剖视图时出现的错误及正确画法

画旋转剖视图时应注意以下几点：

① 旋转剖视图是先假想按剖切位置剖开机件，然后将剖开后所显示的结构及其有关部分旋转到与选定的投影面平行后再进行投射，以反映被剖切部分结构的真实形状。

采用这种“先剖切后旋转”的方法画出的剖视图，有些部分的投影图形往往会被伸长，却反映了机件被剖切部分的真实形状，如图 3-22（a）所示。否则，若采取“先旋转后剖切”的方法，就会出现剖切位置的标注与实际剖切位置不一致的矛盾，如图 3-22（b）所示，是错误画法。

用几种剖切面组合使用将机件剖开（也称复合剖），如图 3-23 所示。复合剖可以用

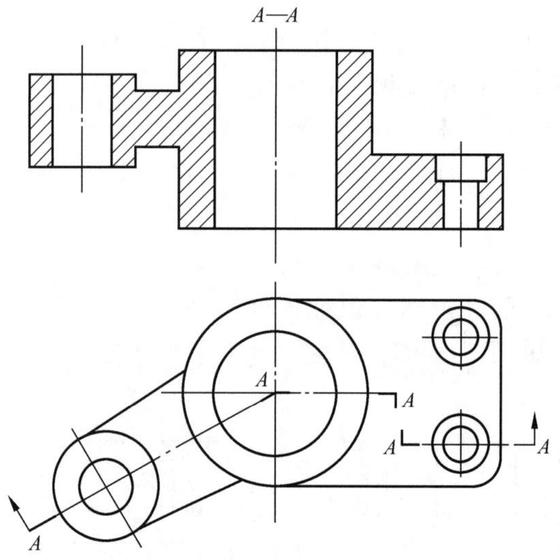

图 3-21　相交平面剖切的剖视图

展开画法绘制，对于展开绘制剖视图，在剖视图的上方应标注“×—×展开”（×为大写拉丁字母）。

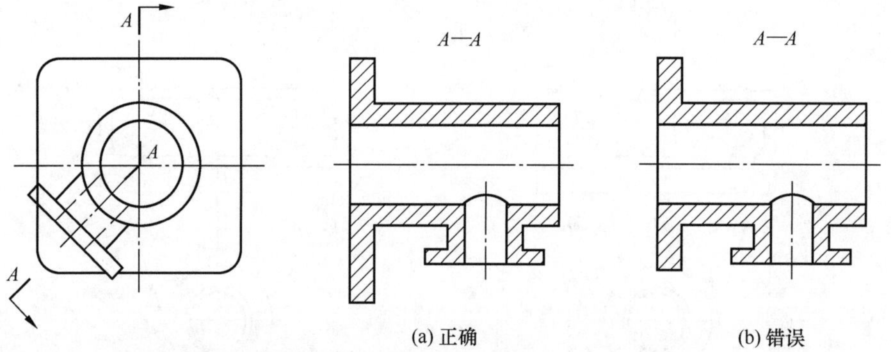

(a) 正确　　(b) 错误

图 3-22　旋转剖视图的正确及错误画法

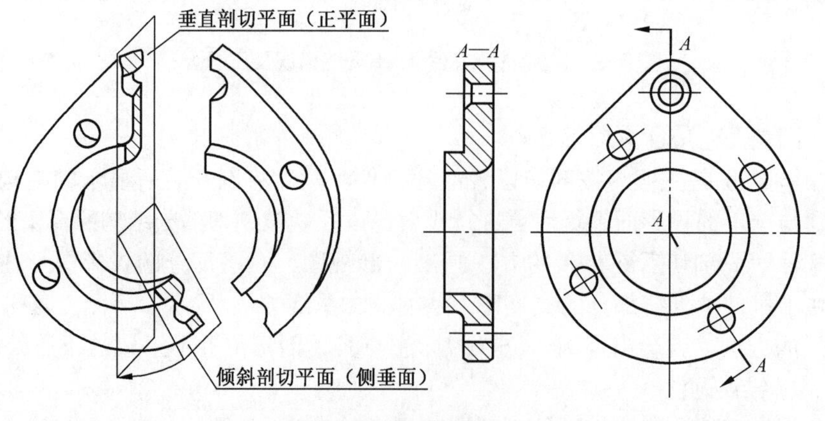

图 3-23　复合剖

② 在旋转剖视图中，剖切平面后与所表达的结构关系不太密切的其他结构一般仍按原来的位置投射，如图 3-24 中的凸台。

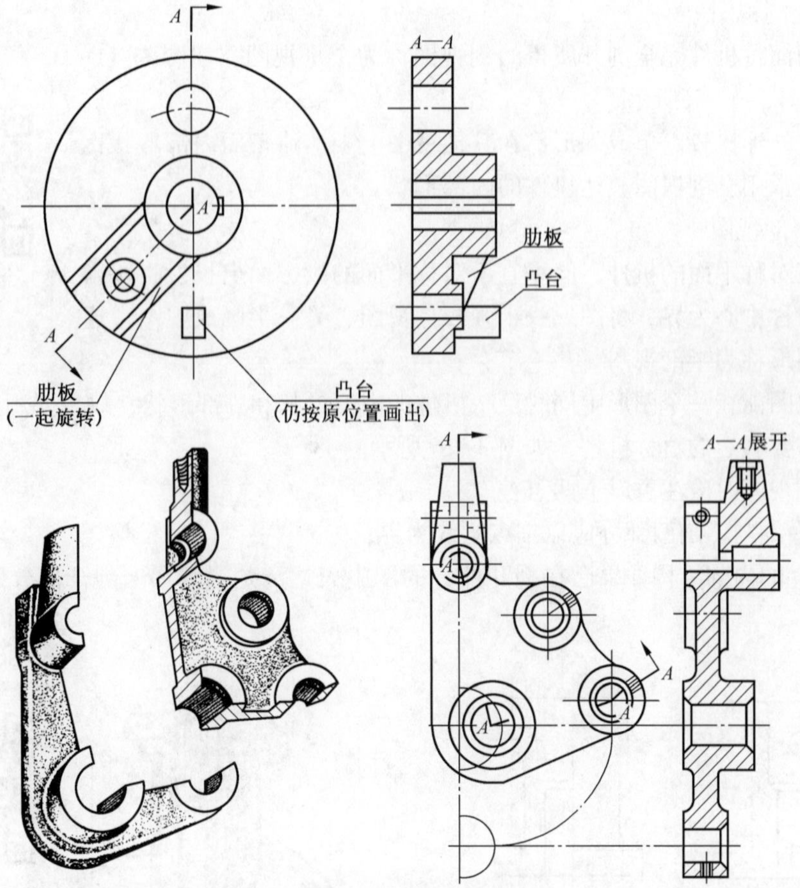

图 3-24　有关结构的规定画法

③ 如果剖切后产生不完整要素时，应将此部分按不剖绘制，如图 3-25 中的臂板。

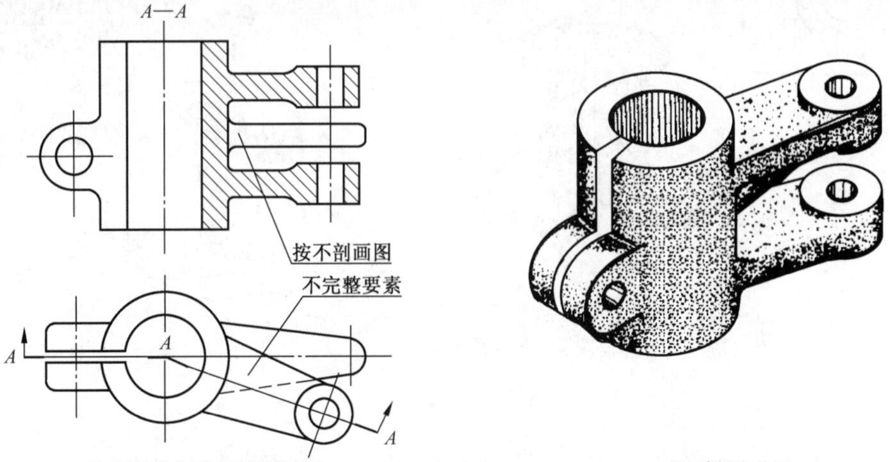

(a) 剖切产生不完整要素画法　　(b) 臂板立体图

图 3-25　不完整要素的规定画法

4. 剖视图的种类

剖视图可分为全剖视图、半剖视图和局部剖视图三种。

（1）全剖视图

用剖切面将机件完全剖开所得的剖视图称为全剖视图，如图 3-11、图 3-12 和图 3-13 等所示。

配套视频
全剖视图和半剖视图

当机件外形比较简单或外形已在其他视图上表达清楚而内部形状比较复杂时，常用全剖视图表达机件的内部形状。

（2）半剖视图

将具有对称平面的机件，向垂直于对称平面的投影面上投射，所得的图形以对称中心为界，将图形一半画成剖视图，另一半画成视图，这种组合的图形称为半剖视图。

半剖视图能在一个图形中同时反映机件的内部形状和外部形状，故主要用于内、外结构形状都需要表达的对称机件，如图 3-26 所示。

画半剖视图时应注意以下两点：

① 图中剖与不剖两部分应以细点画线为界；

② 机件的内部结构如果已在剖开部分的图中表达清楚，则在未剖开部分的图中不再画细虚线。

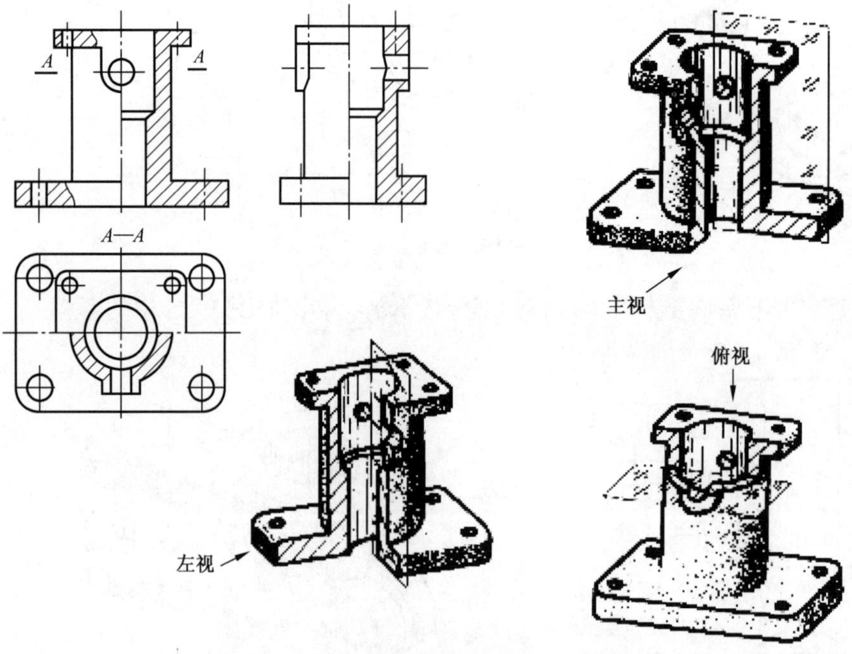

配套动画
半剖-1

配套动画
半剖-2

图 3-26 半剖视图

（3）局部剖视图

用剖切面局部地剖开机件，所得的剖视图称为局部剖视图，如图 3-27 所示。

局部剖视图是一种比较灵活的兼顾内、外结构的表达方法，且不受条件限制，但在一个视图中，局部剖切的次数不宜过多，否则就会影响图形的清晰度。

配套视频

局部剖视图

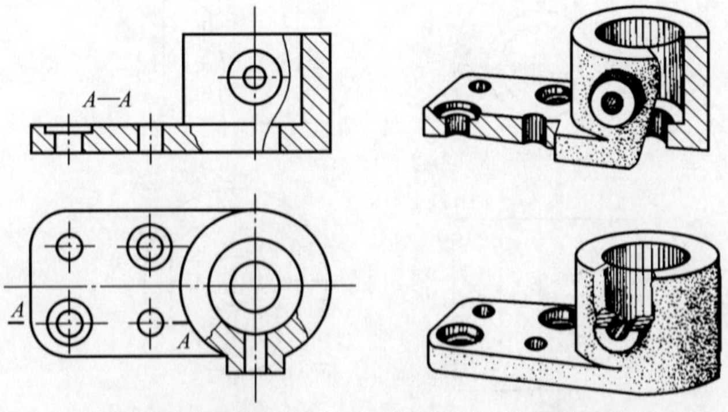

(a) 局部剖视图画法　　(b) 局部剖立体图

图 3-27　局部剖视图

画局部剖视图时应注意以下几点：

① 局部剖视图中，剖与不剖部分用波浪线（或双折线）分界，如图 3-27 所示。该波浪线不应和图样上其他图线重合，也不应超出视图的轮廓线，如图 3-28 所示。

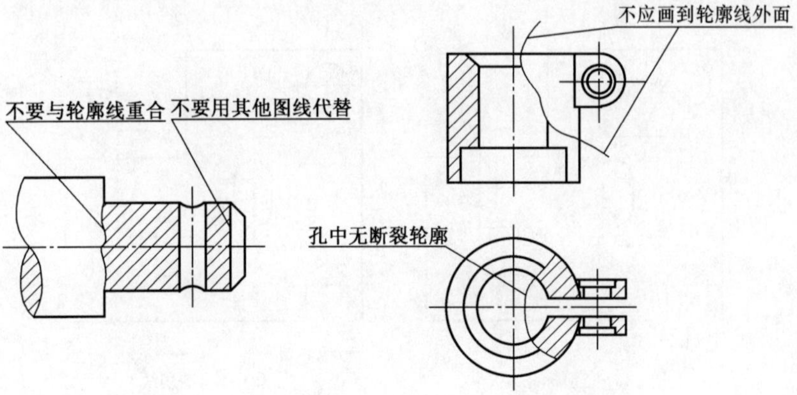

(a) 图例一　　(b) 图例二

图 3-28　波浪线的错误画法

② 当被剖物体是回转体时，允许将该结构的轴线作为局部剖视图中剖与不剖的分界线，如图 3-29（a）所示。

③ 当对称机件在对称中心线处有图线而不便于采用半剖视图时，应采用局部剖视图表示，如图 3-29（b）所示。

（4）剖视图的配置和标注

剖视图的配置仍采用视图配置的规定。一般按投影关系配置，如图 3-16、图 3-18、图 3-21、图 3-24 等所示；必要时允许配置在其他适当位置，但必须进行标注。

剖视图中的标注方法是：一般应在剖视图上方标注剖视图的名称“×—×”（×为大写拉丁字母）。在相应的视图上用剖切符号表示剖切位置，用箭头表示投射方向，并标注相同字母。

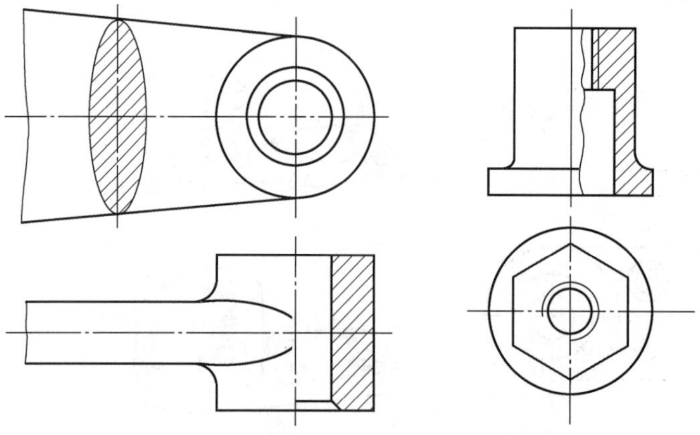

(a) 可用中心线代替波浪线　　(b) 不便采用半剖的对称机件

图 3-29　局部剖视图

剖切符号、剖切线和字母的组合标注如图 3-30（a）所示。剖切线也可不画，如图 3-30（b）所示。

剖切符号为短画粗实线，箭头线为细实线。

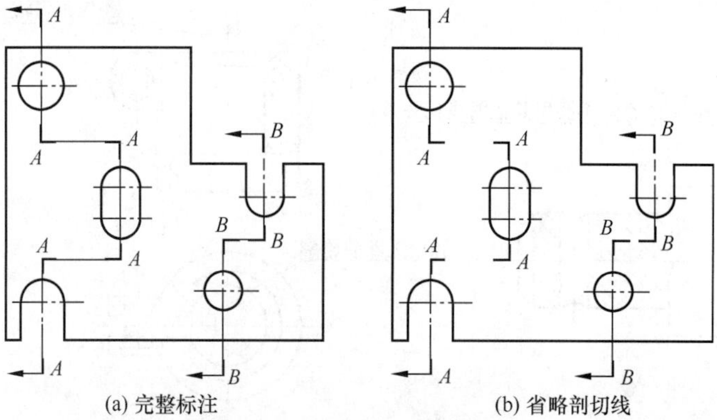

(a) 完整标注　　(b) 省略剖切线

图 3-30　剖视图的组合标注

剖切符号在剖切面的起始和转折处均应画出，且尽可能不与图形的轮廓线相交。箭头线应与剖切符号垂直。在剖切符号的起始和转折处应标记相同的字母，但当转折处地方有限且不致引起误会时，允许省略字母，如图 3-17（b）所示。不论剖切符号方向如何，字母总是水平书写。

剖视图省略标注：

① 当剖视图按投影关系配置，中间又无其他图形隔开时，可省略箭头，如图 3-27 中的 *A*—*A* 剖视图所示。

② 当单一剖切平面重合于机件的对称平面或基本对称平面，且剖视图是按投影关系配置，中间又无其他图形隔开时，可省略标注，如图 3-16 和图 3-18 所示。

③ 当单一剖切平面的剖切位置明显时，局部剖视图的标注可省略，如图 3-27（a）所示。

（三）断面图

1. 断面图的概念

假想用剖切面将机件的某处切断，仅画出该剖切面与物体接触部分的图形，称为断面图，简称断面，如图 3-31 所示。

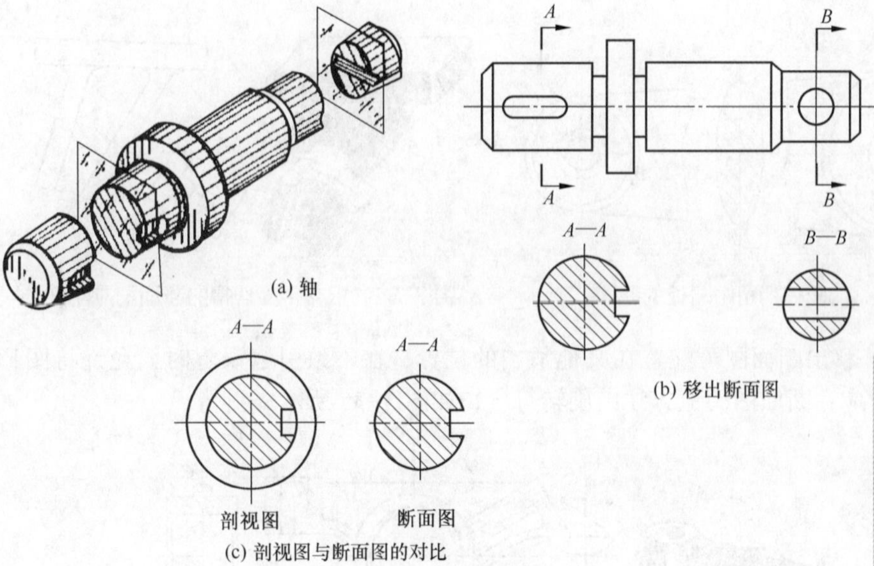

图 3-31　断面图的概念

配套视频
断面图

从图 3-31 中可以看出，用断面图表达则显得更为清晰、简洁，同时也便于标注尺寸。

断面图主要用来表达机件上某些部分的截断面形状，如肋、轮辐、键槽、小孔及各种细长杆件和型材的截断面形状等，如图 3-31 和图 3-32 所示。

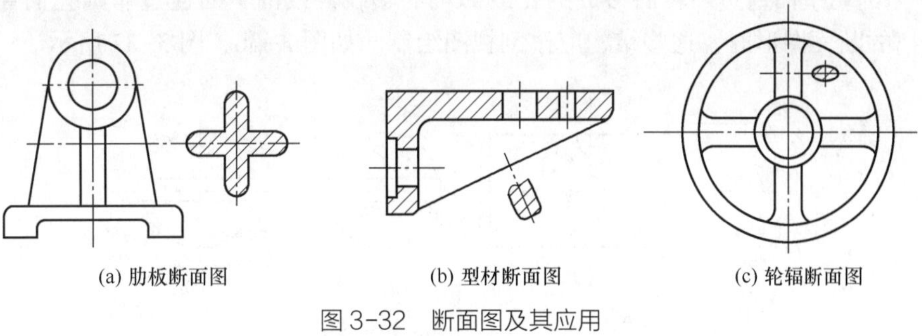

图 3-32　断面图及其应用

2. 断面图的种类

断面图分为移出断面图和重合断面图。

(1) 移出断面图

画在视图外面的断面图称为移出断面图。移出断面图通常按下列原则绘制和配置：

① 移出断面图的轮廓线用粗实线绘制，并在剖面区域上画出剖面符号，如图 3-32 所示。

② 移出断面图应尽量配置在剖切线的延长线上（图 3-32）或剖切符号的延长线上，也可以配置在其他适当位置。

③ 当移出断面图形对称时，可配置在视图的中断处，如图 3-33 所示。

④ 有两个或多个相交的剖切平面剖切机件所得的移出断面图，绘制时，图形的中间应断开，如图 3-34 所示。

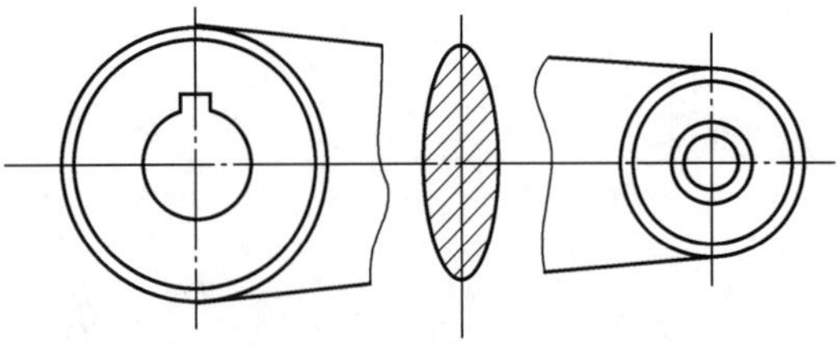

图 3-33　画在视图中断处的断面

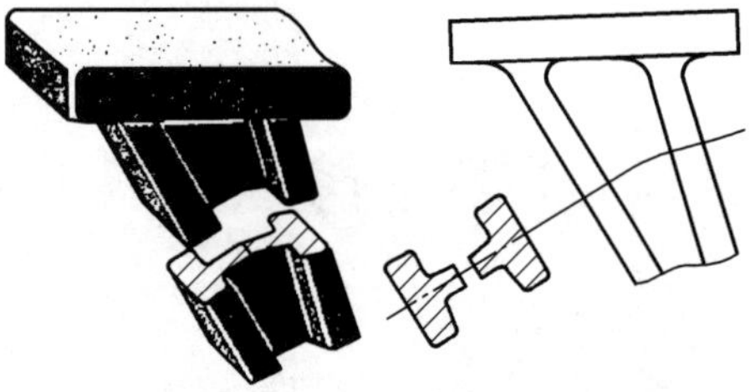

图 3-34　相交平面切得的断面图应断开

⑤ 必要时，移出断面图可配置在其他适当的位置，在不致引起误解时，允许将图形旋转配置，此时应在断面图的上方注出旋转符号，如图 3-35 所示。

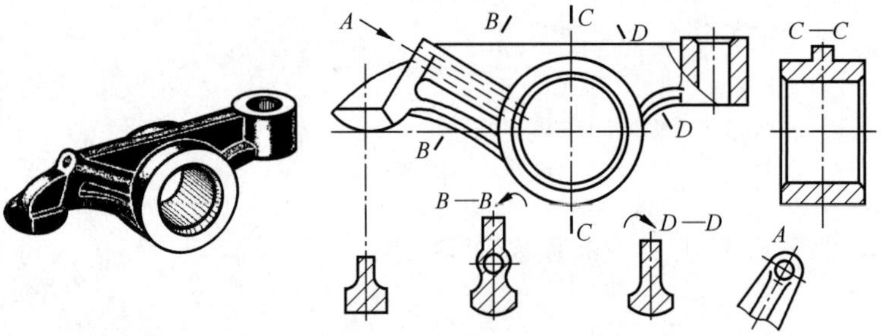

图 3-35　可异地配置或旋转的移出断面图及其标注形式

⑥ 当剖切平面通过回转面形成的孔或凹坑的轴线，或剖平面通过非圆孔而导致出现完全分离的断面图形时，这些结构应按剖视图绘制，如图 3-36、图 3-37 所示。

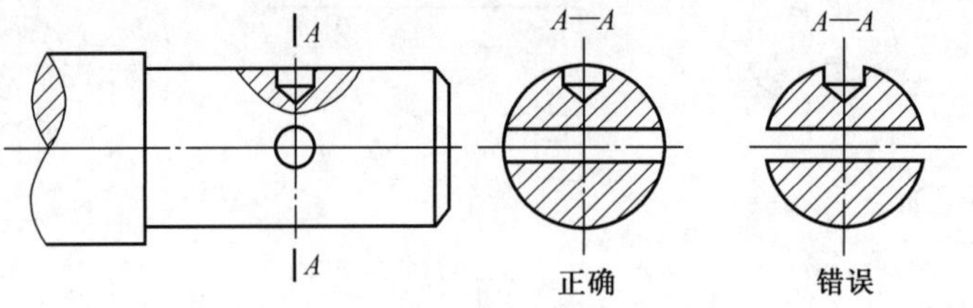

图 3-36　带有孔或凹坑的断面图

（2）重合断面图

重合断面图的图形应画在视图之内，断面图的轮廓线用细实线绘制，如图 3-38 所示。当视图中的轮廓线与重合断面图的图线重叠时，视图中的轮廓线仍连续画出，不可间断，如图 3-39 所示。

由上可见，重合断面图和移出断面图的基本画法相同，其区别仅是画在图中的位置不同，采用的线型不同。

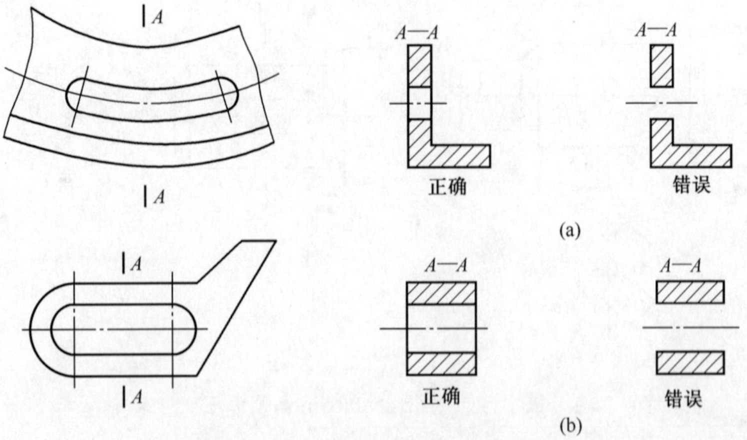

图 3-37　按非圆孔剖视图绘制的断面图

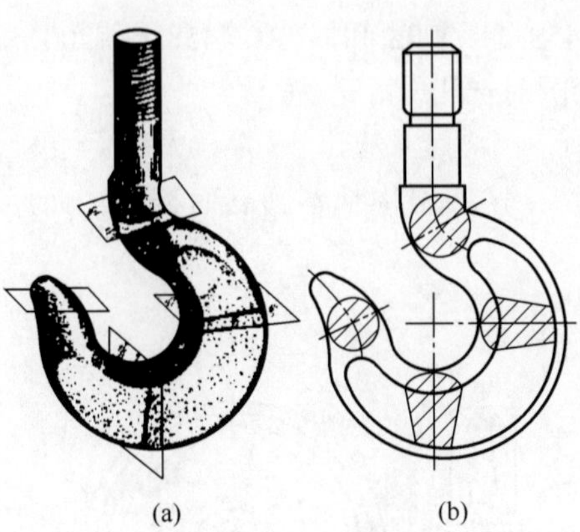

图 3-38　重合断面图

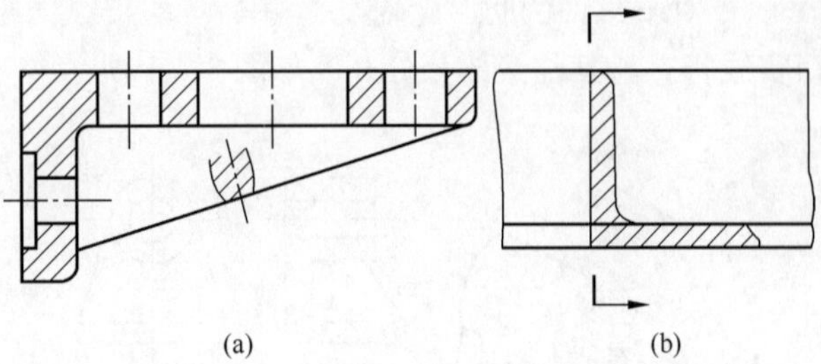

图 3-39　视图轮廓线应连续画出

3. 断面图的标注

（1）完全标注

移出断面图一般用剖切符号表示剖切位置，用箭头表示投射方向，并注上字母；在断面图的上方，用同样的字母标出相应的名称“×—×”（×为大写拉丁字母），如图 3-40（b）中的 *A—A* 断面图。

（2）省略字母的标注

配置在剖切符号延长线上的不对称移出断面图，可省略字母，如图 3-40（a）所示；配置在剖切符号上的不对称重合断面图，不必标注字母，如图 3-39（b）所示。

（3）省略箭头的标注

不配置在剖切线延长线上的对称的移出断面图，如图 3-35 所示中的 *B—B* 和 *D—D*，以及按投射关系配置的不对称移出断面如图 3-40（b）所示，均可省略箭头。

（4）省略标注

对称重合断面图如图 3-38 所示，配置在剖切线延长线上的对称移出断面如图 3-32、图 3-34 所示，以及配置在视图中断处的对称移出断面图如图 3-33 所示，均不必标注剖

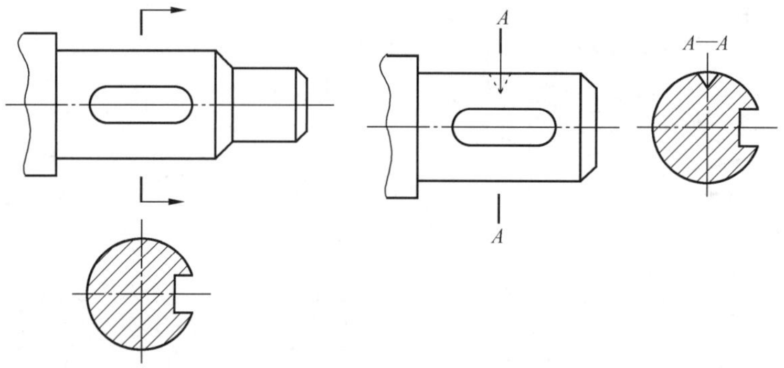

(a) 省略字母　　(b) 省略箭头

图 3-40　移出断面图的省略标注

切符号。

（四）其他表达方法

为了图形清晰和画图简便，国家标准（GB/T 4458. 1—2002 和 GB/T 4458. 6—2002）中还规定了局部放大图和图样的一些规定画法，供绘图时选用。

1. 特殊结构在剖视图和断面图中的规定画法

① 对于机件的肋、轮辐及薄壁等，如按纵向剖切，这些结构都不画剖面符号，而用粗实线将它与其临接部分分开，如图 3-41 所示。

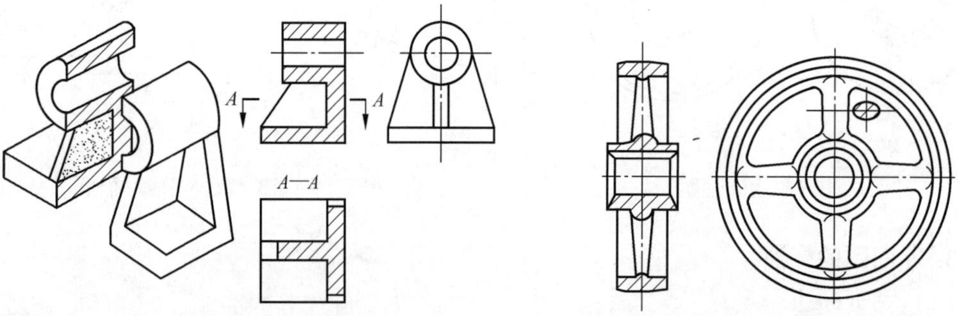

(a)机件上的肋的规定画法　　(b)轮辐剖切时的画法

图 3-41　肋、轮辐的画法

② 当机件回转体上均匀分布的肋、轮辐、孔等结构不处于剖切平面上时，可将这些结构旋转到剖切平面上画出，如图 3-42 所示。

③ 在剖视图的剖面区域中可作一次局部剖视，两者剖面线应同方向、同间隔，但要互相错开，并用指引线标出局部剖视图的名称，如图 3-43 所示。

2. 局部放大图

将机件的部分结构用大于原图形的比例画出的图形，称为局部放大图。

局部放大图常用于表达机件上的在视图中表达不清楚或不便于标注尺寸和技术要求的细小结构，如图 3-44 所示。

画局部放大图时应注意以下几点：

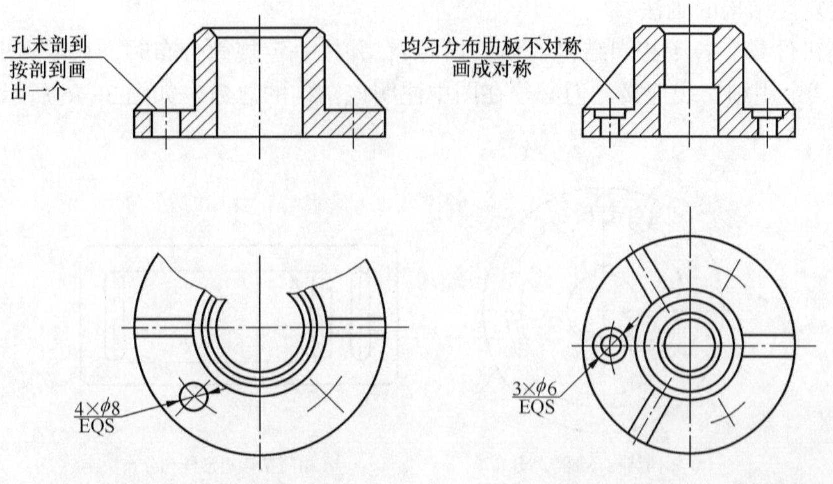

(a) 孔未剖到按剖到画出一个　　(b) 均匀分布肋板不对称画成对称

图 3-42　零件回转体上均匀分布的肋、孔的画法

① 局部放大图可画成视图、剖视图或断面图，与被放大部分的表达方式无关，如图 3-44 所示。局部放大图应尽量配置在被放大部分的附近。

② 绘制局部放大图时，除螺纹牙型、齿轮和链轮的齿形外，应将被放大部分用细实线圈出。在同一机件上有几处需要放大画出时用罗马数字标明放大位置的顺序，并在相应的局部放大图的上方标出相应的罗马数字及所用比例，以示区别，如图 3-44 所示。若机件上只有一处需要放大时，只需在局部放大图的上方注明所采用的比例，如图 3-45 所示。

必须指出，局部放大图上所标注的比例，是指该图形中机件要素的线性尺寸与实际机件相应要素的线性尺寸之比，与原图比例无关。

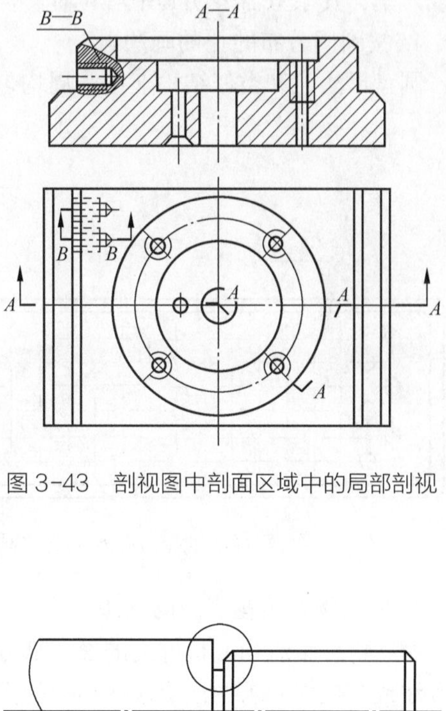

图 3-43　剖视图中剖面区域中的局部剖视

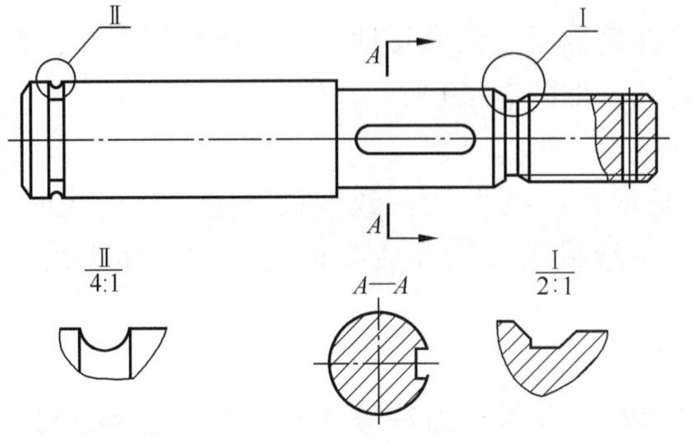

图 3-44　局部放大图

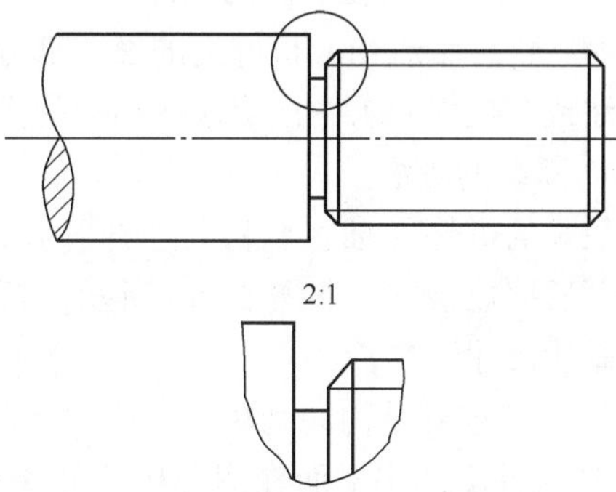

图 3-45　视图中只有一个局部放大图

3. 重复性结构的画法

① 当机件具有若干相同结构（齿、槽等），并按一定规律分布时，只需画出几个完整的结构，其余用细实线连接，但必须在图中注明该结构的总数，如图 3-46 所示。

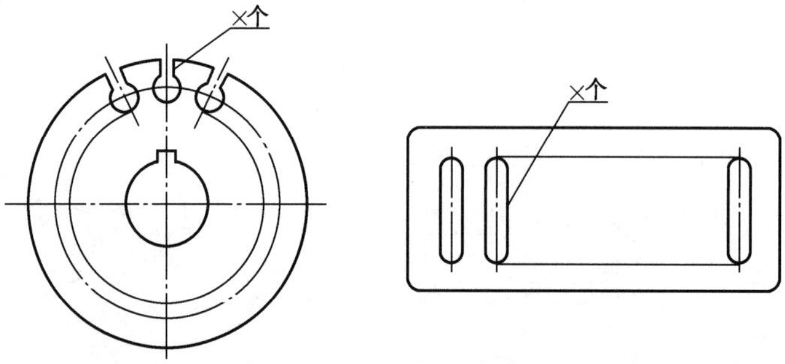

(a) 相同结构环形阵列分布　　(b) 相同结构矩形阵列分布

图 3-46　相同结构的省略画法

② 若干直径相同且按规律分布的孔（圆孔、螺孔、沉孔等）、管道等，可以仅画出一个或几个，其余只需表明其中心位置，但在零件图中应注明其总数，如图 3-47 所示。

4. 按圆周分布的孔的画法

圆盘形法兰和类似结构上按圆周均匀分布的孔，可按图 3-48 所示的方式表示。

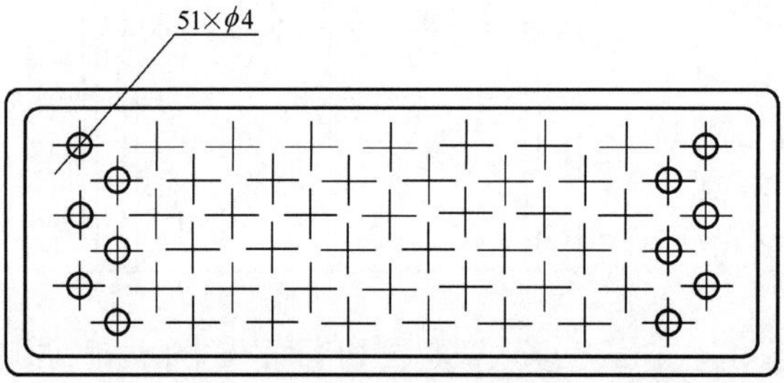

图 3-47　等径成规律分布孔的简化画法

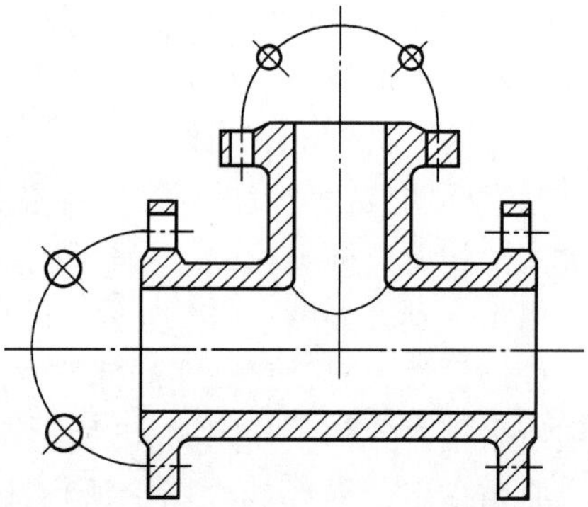

图 3-48　圆盘形法兰均布孔的简化画法

5. 网状物及滚花表面的画法

网状物、编织物或机件上的滚花部分，可在轮廓线之内示意地画出一部分细实线，并加旁注或在技术要求中注明这些结构的具体要求，如图 3-49 所示。

6. 断裂的画法

较长的机件（轴、型材、连杆等）沿其长度方向的形状一致或按一定规律变化时，可断开后缩短绘制，如图 3-50 所示。折断线一般采用波浪线或双折线（均为细实线）。断裂画法尺寸注实长。

7. 一些细部结构的画法

① 机件上的小平面在图形中不能充分表达时，可用平面符号（相交的两条细实线）表示这些平面，如图 3-51 所示。

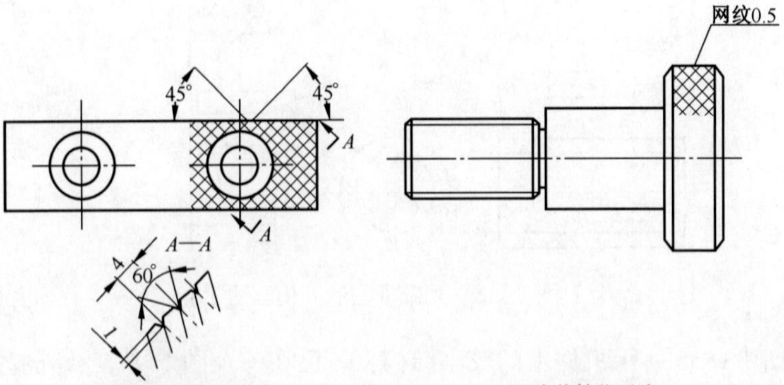

(a) 网状物简化画法　　(b) 滚花简化画法

图 3-49　机件上网状物和滚花的简化画法

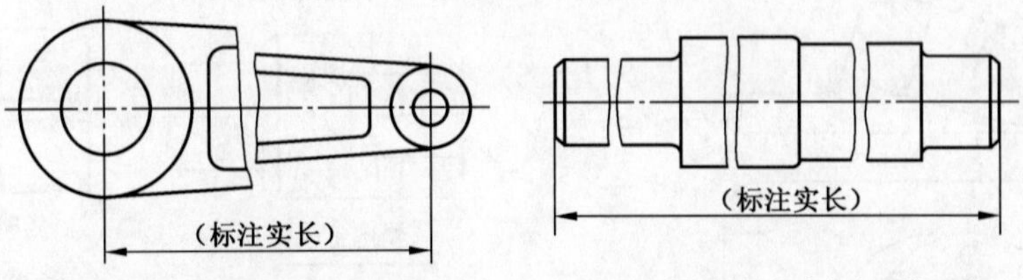

(a) 较长机件沿长度方向按一定规律变化　　(b) 较长机件沿长度方向形状一致

图 3-50　较长机件的折断画法

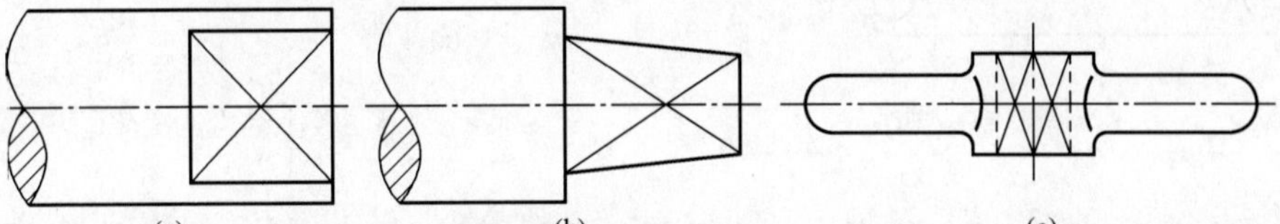

(a)　　(b)　　(c)

图 3-51　平面的简化画法

② 在不致引起误解时，非圆曲线的过渡线及相贯线允许简化为圆弧或直线，如图 3-52 所示。

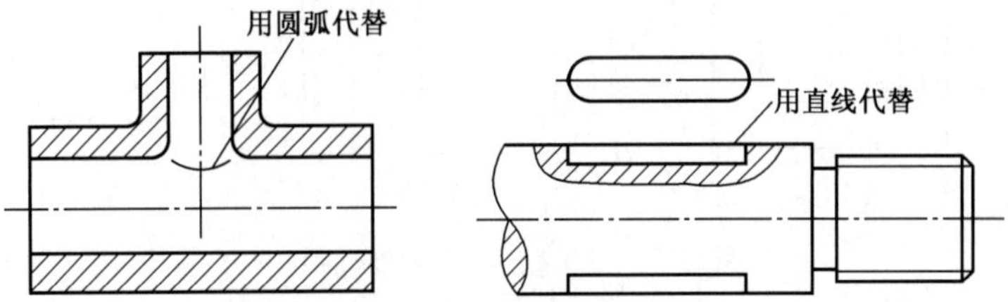

图 3-52　非圆曲线的简化画法

③ 零件上个别的孔、槽等结构可用简化的局部视图表示其轮廓实形，如图 3-53 所示。

④ 与投影面倾斜角度等于或小于 30° 的圆或圆弧，其投影可用圆或圆弧代替，如图 3-54 所示。

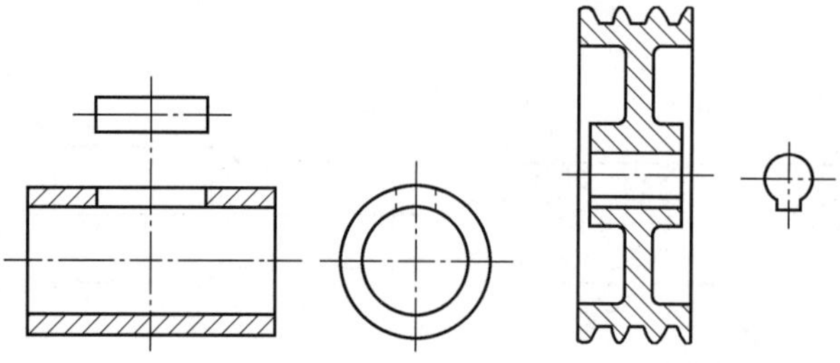

图 3-53　局部视图的简化画法

⑤ 类似于图 3-55 所示机件上的较小结构，若已在一个图形中表示清楚，在其他图形中可简化或省略。

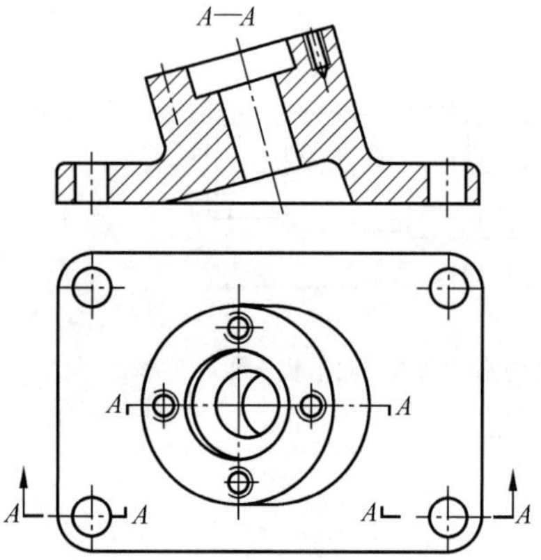

图 3-54　倾斜圆的简化画法

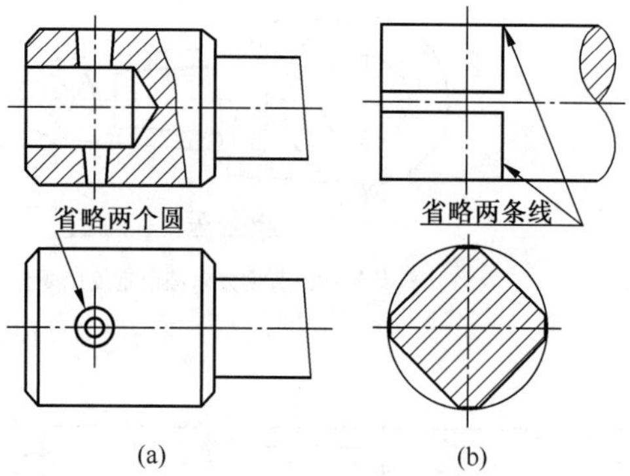

图 3-55　较小结构的简化画法

⑥ 在不致引起误解时，机件上的小圆角、小倒圆或 45° 小倒角，在图上允许省略不画，但必须注明其尺寸或在技术要求中加以说明，如图 3-56 所示。

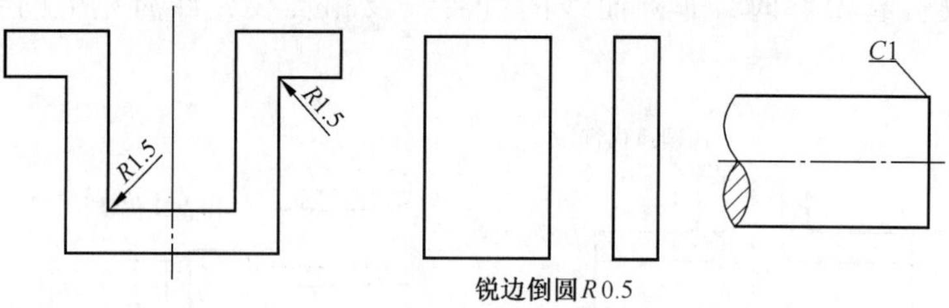

图 3-56　圆角、倒角的简化画法

⑦ 机件上的环面小圆角，在垂直于其轴线的视图上按无圆角处理，如图 3-57 所示。

⑧ 机件上斜度不大的结构，如在一个图形中已表达清楚时，其他图形可按小端画出，如图 3-58 所示。

⑨ 在不致引起误解时，对于对称机件的视图可只画一半或 1/4，并在对称中心线的两端画出两条与其垂直的平行细实线，如图 3-59 所示。

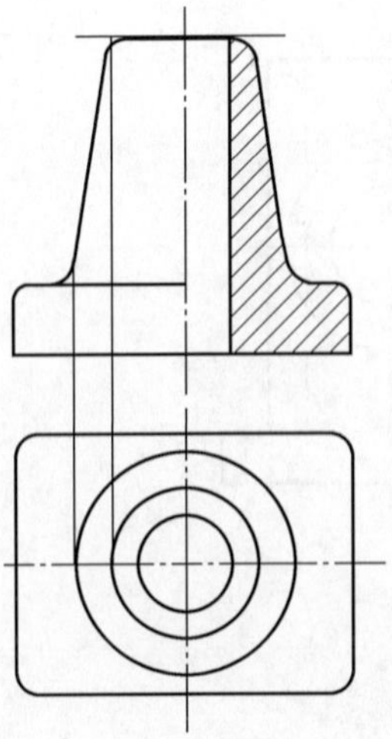

图 3-57　环面小圆角的简化画法

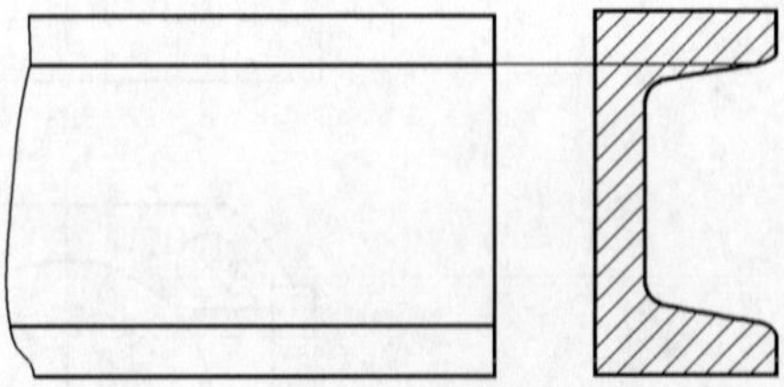

图 3-58　斜度不大的结构的简化画法

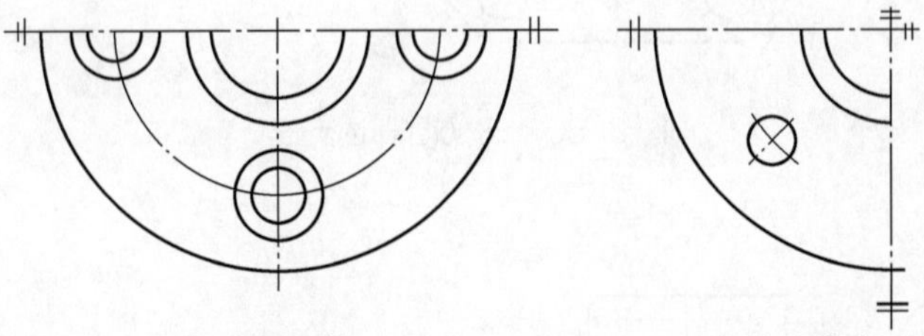

(a) 只画一半　　(b) 只画1/4

图 3-59　对称机件的简化画法

二、任务实施

（一）支座的绘制

绘制机件图样时，应考虑看图方便，在完整、清晰地表达机件各部分结构形状的前提下，力求绘图简便。在确定机件的表达方案时，要针对其结构形状特点，恰当地选用前面的各种表达方法把机件表达出来。对同一个机件来说，可能有几种表达方案，经过比较之后，确定较好的方案。

1. 方案一

如图 3-60 所示用三视图表达支座的结构和形状。

分析：主视图表达机件各部分的位置关系，左视图虽然可以表达左侧 *B* 向法兰的结构，但是圆柱及内部孔的结构已在主视图中表达，在左视图中属于重复表达；因为右侧的 *C* 向凸台与各投影面倾斜，所以在主俯视图中均未能表达清楚其形状结构。俯视图没能清楚表达底板的结构。

2. 方案二

如图 3-61 所示，主视图俯视图表达了支座各部分的位置关系。为了不重复表达圆柱及内孔的结构，所以去掉左视图，加一个 *B* 向局部视图表达左侧法兰的结构形状；为了表达底板的结构形状，加 *A* 向仰视图。为了表达右侧凸台的结构形状，做 *C* 向斜视图。

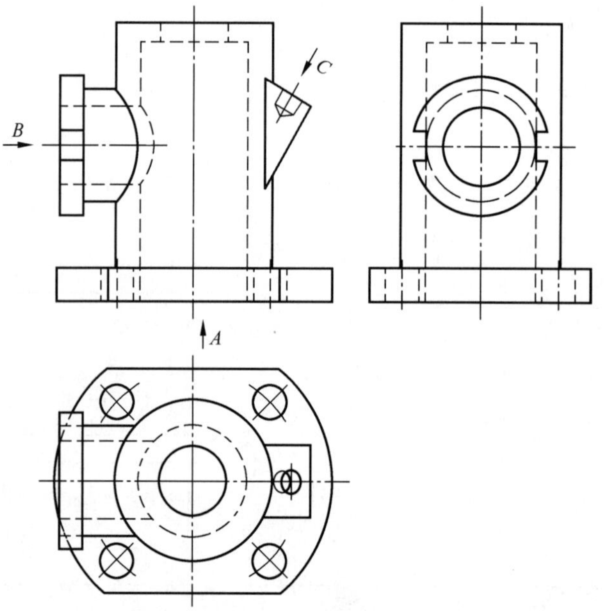

图 3-60　三视图表达支座

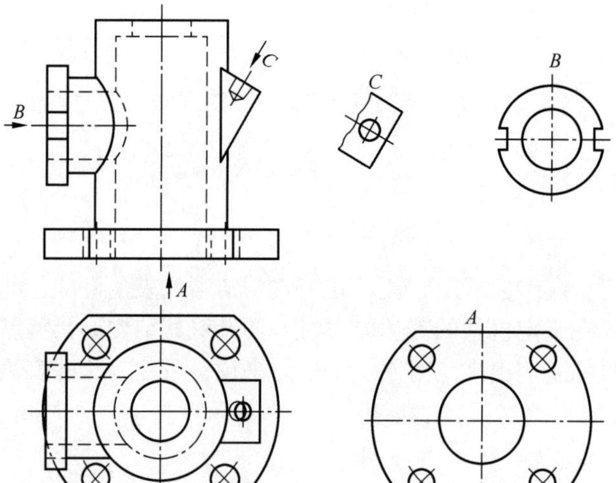

图 3-61　用主俯及局部视图表达支座

（二）定位块的绘制

根据定位块的结构特点（图 3-62），采用如下表达方案：主视图采用全剖视图（图 3-63）；左视图采用全剖视图，如图 3-64 所示，表达凸耳上小孔、零件后方小孔的形状；俯视图采用外形视图（图 3-65）；用单一剖切面剖切方法表达左侧两个竖阶梯孔的形状（图 3-65）。

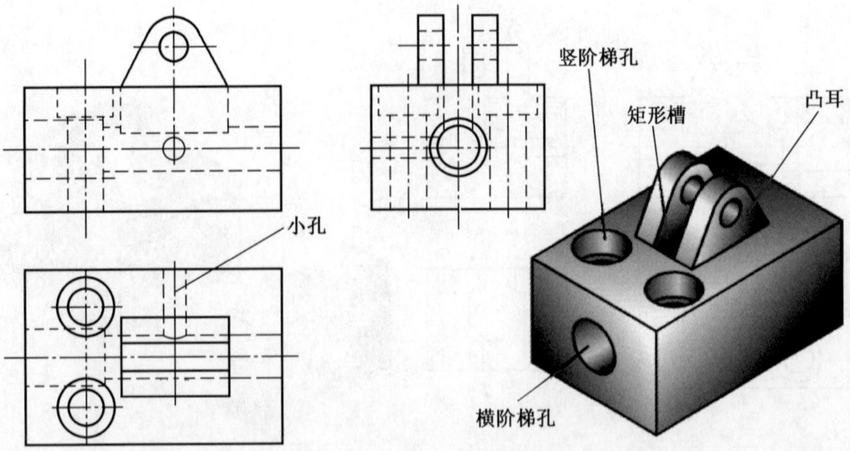

图 3-62　定位块的结构

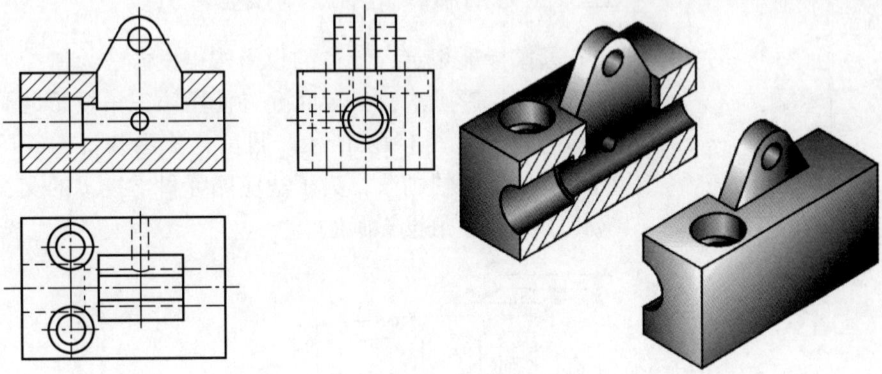

图 3-63　主视图全剖

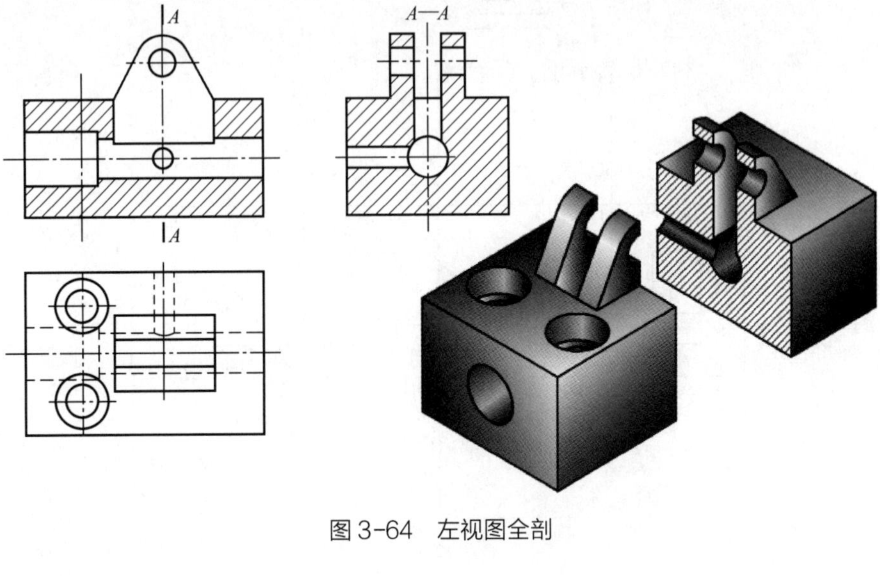

图 3-64　左视图全剖

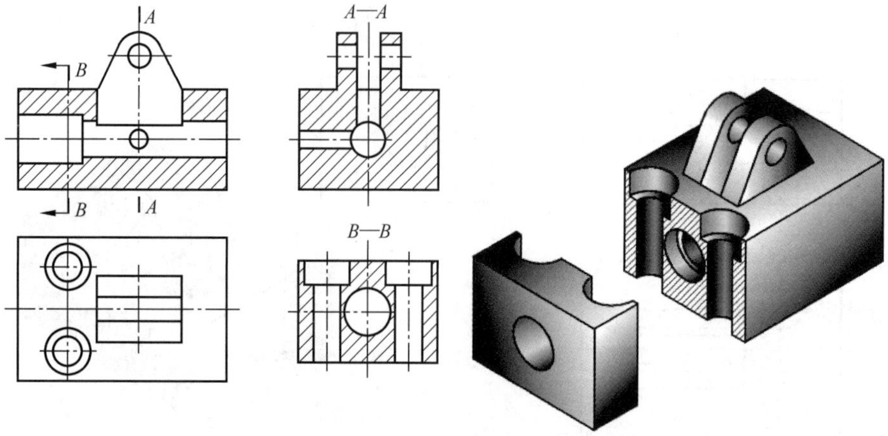

图 3-65　过轴线全剖视图

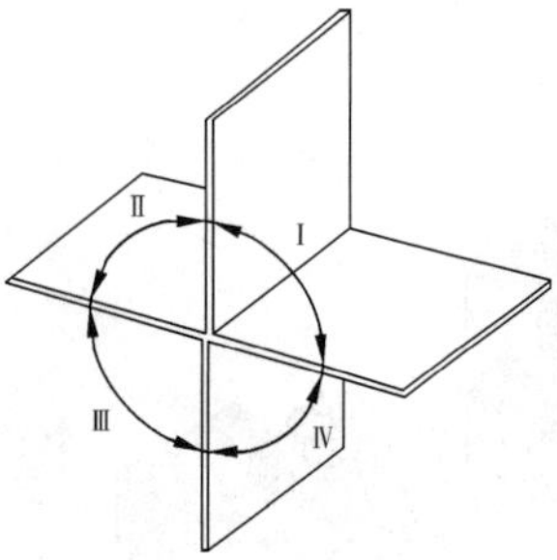

图 3-66　空间四个分角

三、任务拓展——第三角投影简介

国家标准规定，物体的投影按正投影法绘制，并优先采用第一角投影画法，必要时允许使用第三角投影的画法，空间四个分角如图 3-66 所示。目前，美国和日本等国家仍采用第三角投影的画法，为了适应国际科学技术的交流，我们应该了解第三角投影画法。

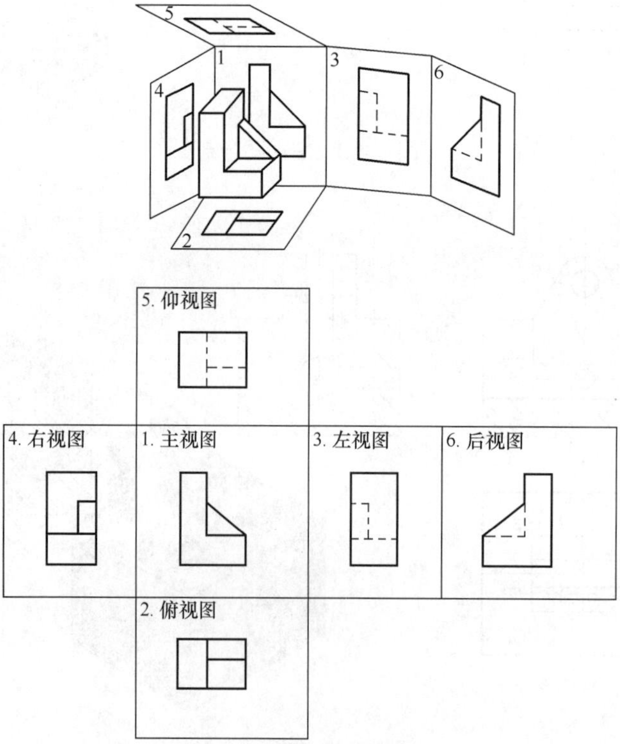

图 3-67　第一角投影

前面介绍的视图画法都是第一角投影画法，即是将物体置于第一分角内，保持着“观察者→物体→投影画”之间的关系进行投射，然后展开，如图 3-67 所示。而第三角投影是将物体置于第三分角内，保持着“观察者→投影面→物体”之间的关系进行投射，然后展开，如图 3-68 所示。

从图 3-67 和图 3-68 可以看出，无论采用第一角投影还是第三角投影，都是利用正投影法进行投射，六个基本视图都符合“长对正，高平齐，宽相等”的投影规律；但投影面的展开方向不同，各视图的配置关系不同，所以第三角画法的俯视图、仰视图、左视图和右视图围绕主视图的一边，均表示物体的前面，远离主视图的一边均表示物体的后面，这与第一角画法正好相反。

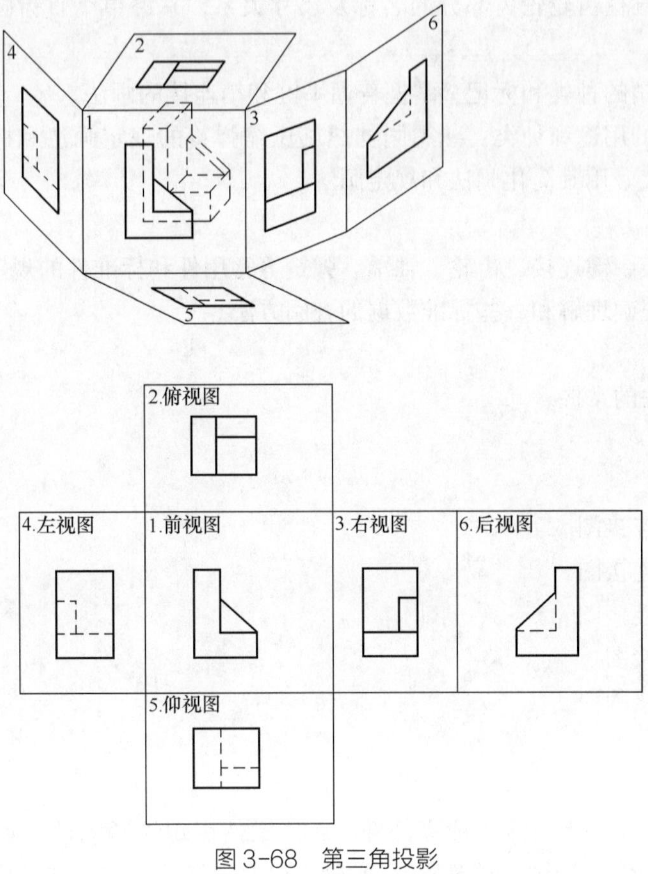

图 3-68　第三角投影

采用第三角画法时，在图样中必须画出如图 3-69 所示的第三角画法识别符号。

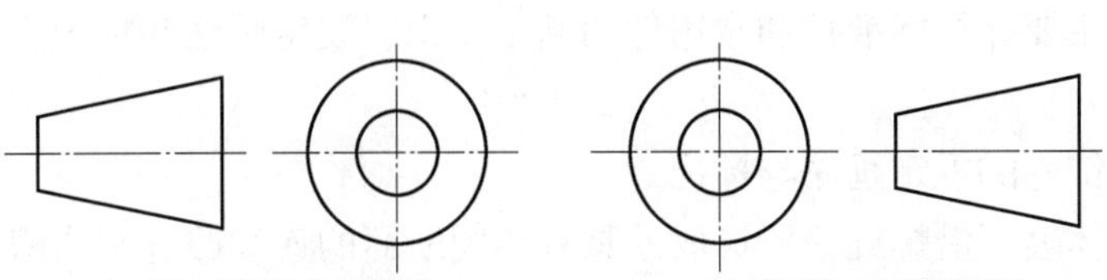

(a) 第一角画法识别符号　　(b) 第三角画法识别符号

图 3-69　第一角和第三角画法识别符号

任务二 标准件绘制

【学习目标】

① 了解螺纹的形成、种类和用途，熟悉螺纹的要素，掌握螺纹的规定画法及标注，熟悉标准螺纹的查表。

② 熟悉常用螺纹紧固件的种类、用途、标记与查表，掌握螺栓连接、双头螺柱连接、螺钉连接的画法。

③ 掌握直齿圆柱齿轮轮齿部分的名称及尺寸关系，掌握单个直齿圆柱齿轮及其啮合的画法。

④ 熟悉键、销的种类和标记，掌握普通平键和销连接的画法。

⑤ 熟悉弹簧的用途和种类；熟悉圆柱螺旋压缩弹簧的规定画法和标注；熟悉常用滚动轴承的类型、代号用其简化画法和规定画法。

【学习重点】

掌握螺纹连接、键连接、齿轮、轴承、弹簧等常用件和标准件的规定画法，掌握对标准件国家标准的正确理解和一些标准数据的查阅方法。

【学习难点】

螺纹连接画法的掌握。

[任务导入]

配套课件

标准件绘制

① 绘制螺栓连接图。

② 绘制螺钉连接图。

③ 绘制螺柱连接图。

④ 绘制键连接图。

⑤ 绘制销连接图。

一、知识链接

在各种机器和设备上，除一般零件外，还广泛使用螺纹紧固件（如螺栓、螺钉、螺母、垫圈等）连接件（如键、销等）、滚动轴承以及弹簧等，它们的结构、形状、大小都已标准化，称为标准件。另一些零件，如齿轮等，它们的部分结构、参数也已标准化，称为常用件。本节主要介绍标准件和常用件的基本知识、规定画法和标记，以及相关标准表格的查用。

（一）螺纹结构的规定画法与标记

螺纹是回转体表面沿螺旋线所形成的具有相同断面的连续凸起和沟槽。在零件外表面加工的螺纹称为外螺纹，在零件内表面加工的螺纹称为内螺纹。螺纹的加工方法很多。图 3-70 为在车床上加工内、外螺纹的示意图。

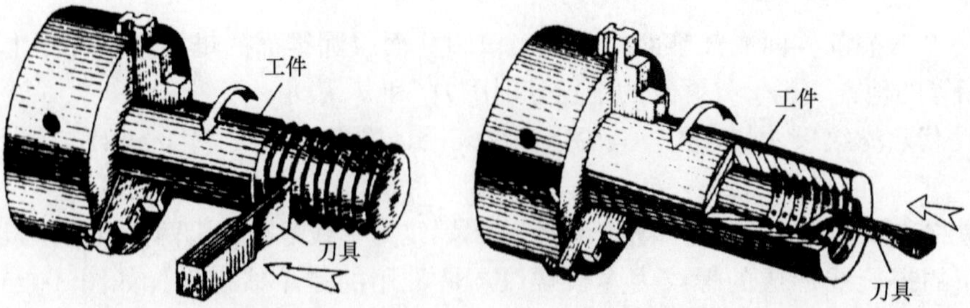

(a) 在车床上加工外螺纹　　(b) 在车床上加工内螺纹

配套动画
螺纹加工

图 3-70　螺纹的加工

1. 螺纹的基本要素

(1) 牙型

配套视频
绘制螺纹

牙型是指在通过螺纹轴线的剖面上的螺纹的轮廓形状。相邻两牙侧面间的夹角称为牙型角。常见的牙型有三角形、梯形、锯齿形等，如图 3-71 所示。不同牙型的螺纹有不同的用途。螺纹凸起部分顶端称为牙顶，螺纹沟槽的底部称为牙底。

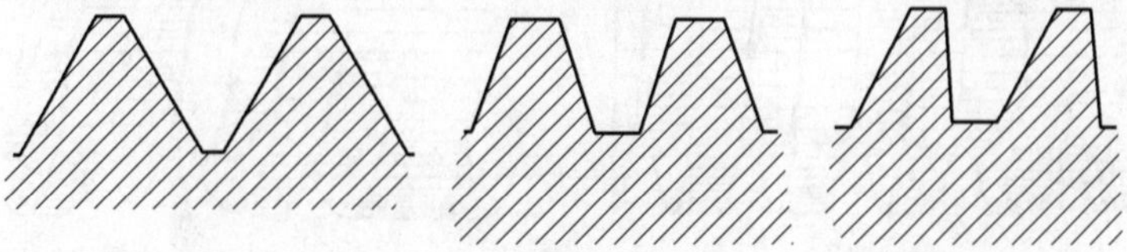

图 3-71　螺纹的牙型

(2) 螺纹直径及公称直径

螺纹直径包括大径、小径和中径，如图 3-72 所示。

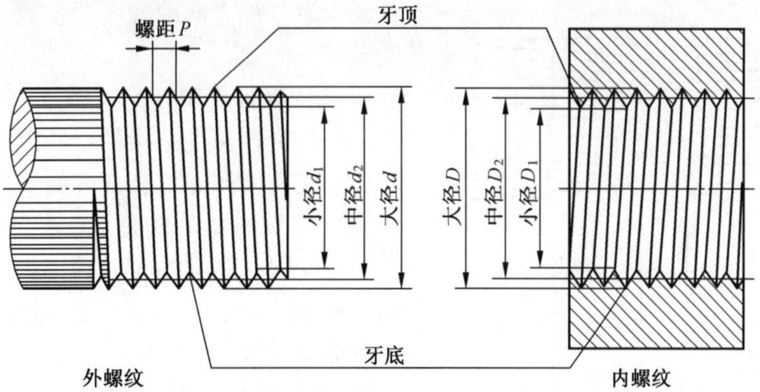

图 3-72　螺纹参数

① 大径：指与外螺纹牙顶或内螺纹牙底相切的假想圆柱或圆锥的直径，内、外螺纹的大径分别用 D 和 d 表示。

② 小径：指与外螺纹牙底或内螺纹牙顶相切的假想圆柱面或圆锥的直径，内、外螺

纹的小径分别用 D_1 和 d_1 表示。

③ 中径：指一个假想圆柱面或圆锥面的直径，该圆柱面或圆锥面的母线通过牙型上沟槽和凸起宽度相等的地方。内、外螺纹的中径分别用 D_2 和 d_2 表示。

④ 公称直径是代表螺纹尺寸的直径，一般指螺纹大径（管螺纹用尺寸代号表示）。

（3）线数

螺纹有单线螺纹和多线螺纹，沿一条螺旋线形成的螺纹为单线螺纹，沿两条或两条以上沿轴向等距分布的螺旋线形成的螺纹为多线螺纹。最常用的是单线螺纹，如图 3-73 所示。

（4）螺距和导程

螺距是指相邻两牙在中径线上对应两点间的轴向距离，用 P 表示。

导程是指同一螺旋线上相邻两牙在中径线上对应两点间的轴向距离，用 P_h 表示。螺距 P、导程 P_h 和线数 n 的关系如下：

单线螺纹：$P_h = P$；多线螺纹 $P_h = nP$，对于图 3-73 所示的双线螺纹，$P_h = 2P$。

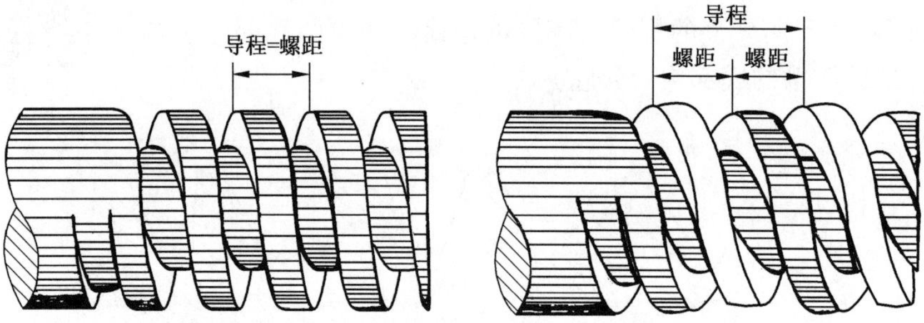

(a) 单线螺纹　(b) 双线螺纹

图 3-73　螺纹线数、螺距和导程

（5）旋向

螺纹分左旋和右旋两种，如图 3-74 所示。当内外螺纹旋合时，顺时针方向旋入者为右旋，逆时针方向旋入者为左旋。常用的是右旋螺纹。

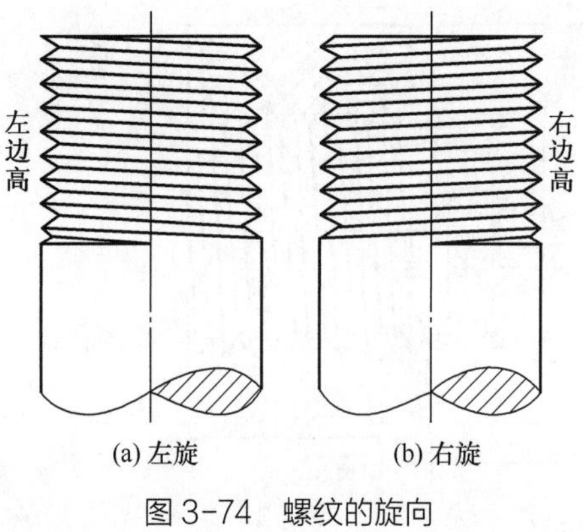

(a) 左旋　(b) 右旋

图 3-74　螺纹的旋向

（6）旋合长度

螺纹旋合长度是指两个相互配合的螺纹沿螺纹轴线方向彼此旋合部分的长度。

2. 螺纹的规定画法

根据国家标准规定，在图样上绘制螺纹按规定画法作图，而不必画出螺纹的真实投影。国家标准规定了螺纹的画法。

（1）外螺纹的规定画法

① 平行于螺纹轴线的视图，螺纹的大径（牙顶圆直径）用粗实线绘制，小径（牙底圆直径）用细实线绘制，并应画入倒角区。通常小径按大径的 0.85 倍绘制，但当大径较大或画细牙螺纹时，小径数值应查国家标准；螺纹终止线用粗实线绘制。

② 垂直于螺纹轴线的视图，螺纹的大径用粗实线画整圆，小径用细实线画约 3/4 圆，轴端的倒角圆省略不画。如图 3-75（a）所示。

③ 当需要表示螺纹收尾时，螺尾处用与轴线成 30°角的细实线绘制，如图 3-75（b）所示。

④ 在水管、油管、煤气管等管道中，常使用管螺纹连接，管螺纹的画法如图 3-75（c）所示。

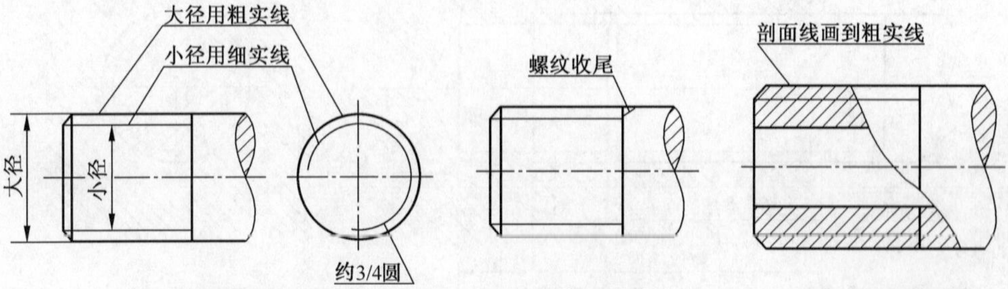

(a) 普通外螺纹规定画法　(b) 螺纹收尾画法　(c) 管螺纹规定画法

图 3-75　外螺纹的规定画法

（2）内螺纹的规定画法

① 平行于螺纹轴线的视图，一般画成全剖视图，螺纹的大径（牙底圆直径）用细实线绘制，小径（牙顶圆直径）用粗实线绘制，且不画入倒角区，小径尺寸计算同外螺纹。在绘制不通孔时，应画出螺纹终止线和钻孔深度线。钻孔深度＝螺纹深度＋0. 5×螺纹大径；钻孔直径＝螺纹小径；钻孔顶角＝120°；剖面线画到粗实线处。

② 垂直于螺纹轴线的视图，螺纹的小径用粗实线画整圆，大径用细实线画约 3/4 圆。倒角圆省略不画，如图 3-76（a）所示。

③ 当螺纹不可见时，除螺纹轴线、圆中心线外，所有的图线均用虚线绘制，如图 3-76（b）所示。

④ 当内螺纹为通孔时，其画法如图 3-76（c）所示。

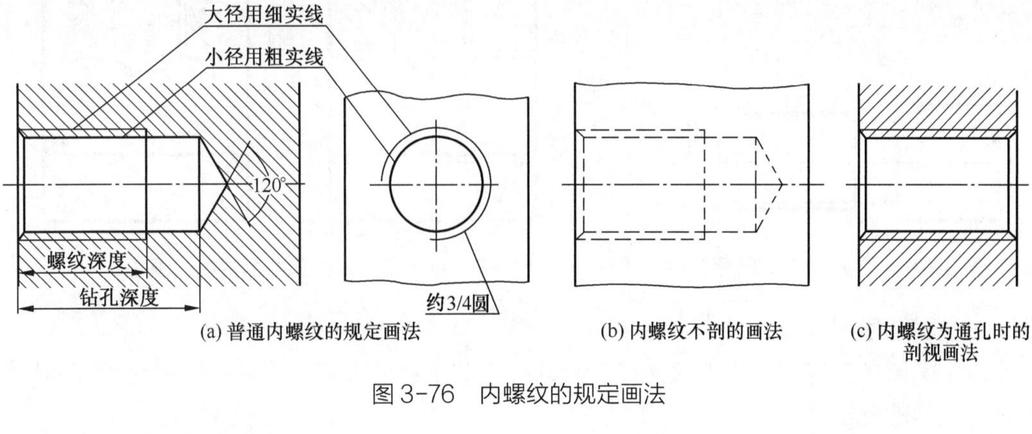

(a) 普通内螺纹的规定画法　(b) 内螺纹不剖的画法　(c) 内螺纹为通孔时的剖视画法

图 3-76　内螺纹的规定画法

（3）内、外螺纹的旋合画法

内、外螺纹旋合时，一般采用剖视图表示，其旋合部分按外螺纹绘制，其余部分按各自的规定画法绘制。标准规定，当沿外螺纹的轴线剖开时，螺杆作为实心零件按不剖绘制。表示螺纹大、小径的粗、细实线应分别对齐。当垂直于螺纹轴线剖开时，螺杆处应画剖面线。如图 3-77 所示。

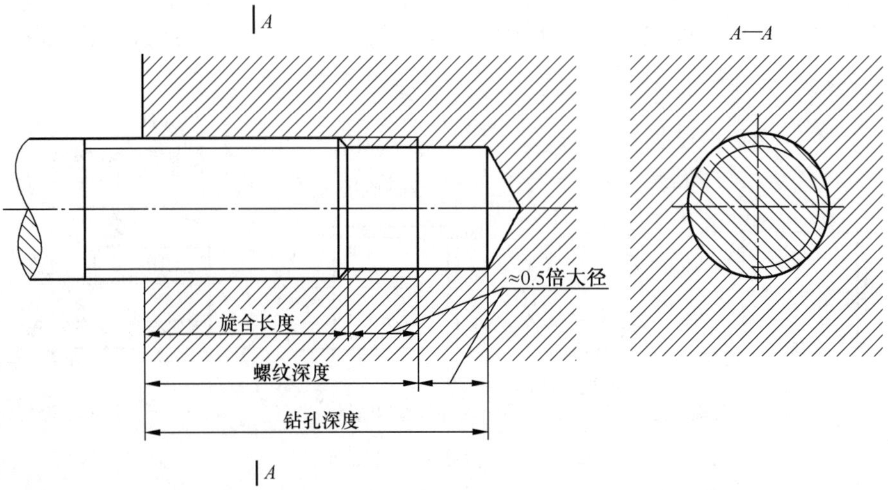

图 3-77　内、外螺纹旋合画法

（4）非标准螺纹的规定画法

画非标准螺纹时，应画出螺纹牙型，并标注出所需的尺寸及有关要求，如图 3-78 所示。

（5）螺孔相贯的规定画法

国家标准规定只画螺孔小径的相贯线，如图 3-79 所示。

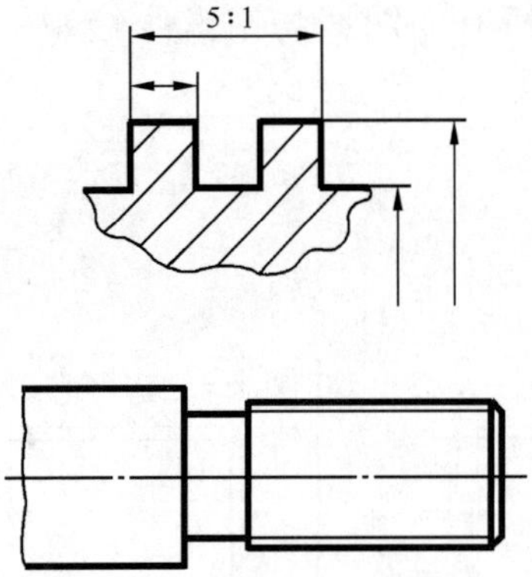

图 3-78　非标准螺纹的画法

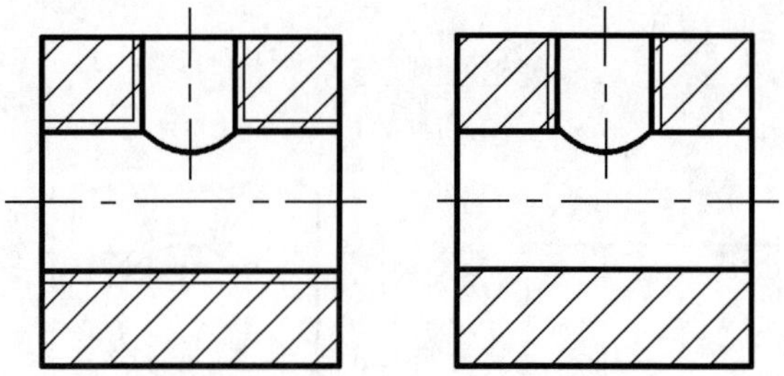

图 3-79　螺纹孔中相贯线的画法

3. 螺纹的标注方法

由于螺纹的规定画法不能表达出螺纹的种类和螺纹的要素，因此在图中对标准螺纹需要进行正确的标注。

（1）普通螺纹

标注普通螺纹时，尺寸界线应从螺纹大径处引出，如图 3-80 所示，其标注的具体项目和格式如下：

螺纹特征代号 公称直径×螺距或导程 旋向-中径和顶径公差带代号-旋合长度代号

普通螺纹特征代号：用“M”表示。

公称直径：指螺纹大径的基本尺寸。

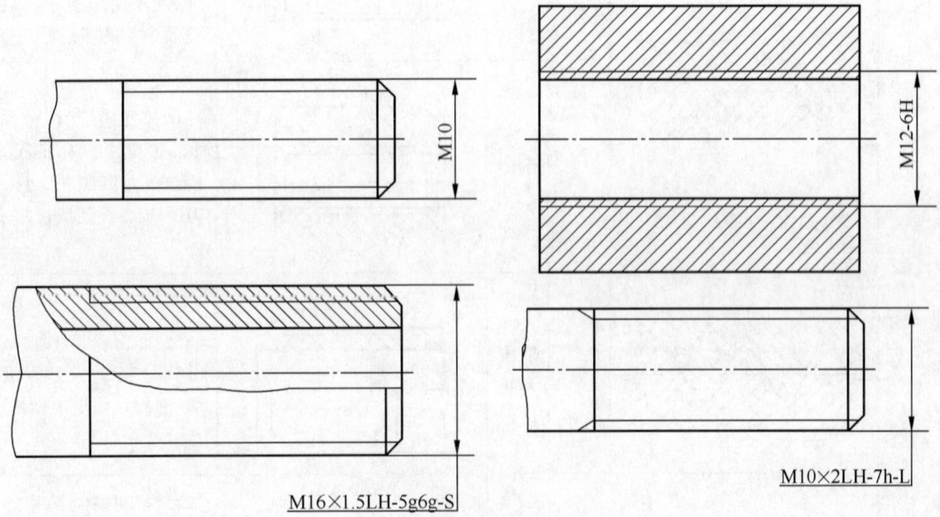

图 3-80　螺纹尺寸的标注

螺距：有粗牙和细牙之分，粗牙的螺距只有一个（例如，M8 的粗牙普通螺纹，螺距为 1.25），故不标注螺距；细牙的螺距有多个（例如，M8 的细牙普通螺纹，螺距为 1、0.75 等），应标注螺距。其中，单线时只标注螺距，多线时标注导程和螺距。

旋向：左旋螺纹以“LH”表示，右旋螺纹不标注旋向。

中径公差带代号和顶径公差带代号：若中径公差带代号和顶径公差带代号相同时只标注一项代号，如 7H 或 7g。其中，大写字母代表内螺纹公差带代号，小写字母代表外螺纹公差带代号。

旋合长度代号：分为短旋合长度（S）、中等旋合长度（N）和长旋合长度（L）三种。中等旋合长度代号“N”可省略。

例如：M16×1-7H-LH。

表示细牙普通内螺纹，公称直径为 16mm，螺距为 1mm，中径和顶径公差带均为 7H，中等旋合长度，左旋。

（2）管螺纹

管螺纹分为密封管螺纹和非密封管螺纹，常用螺纹的种类和标注如表 3-2 所示。管螺纹的尺寸引线必须指向大径，其标记组成如下：

① 密封管螺纹的标记：

螺纹特征代号 尺寸代号×旋向

② 非密封管螺纹的标记：

螺纹特征代号 尺寸代号 公差等级代号-旋向

表 3-2　　　　常用螺纹的种类和标注

螺纹分类		牙型放大图	特征代号	标记示例		说明
连接螺纹	普通螺纹	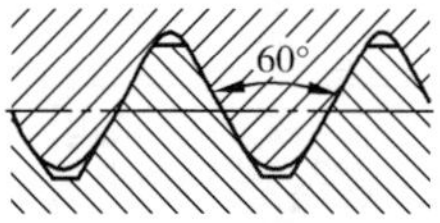	M	粗牙	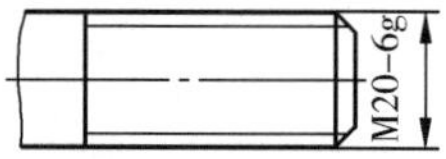	粗牙普通螺纹，公称直径20mm，右旋。螺纹公差带：中径、大径均为6g。旋合长度属中等的一组
				细牙	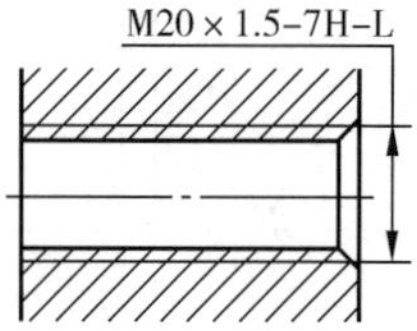	细牙普通螺纹，公称直径20mm，螺距为1.5mm，右旋。螺纹公差带：中径、小径均为7H。旋合长度属长的一组
	管螺纹	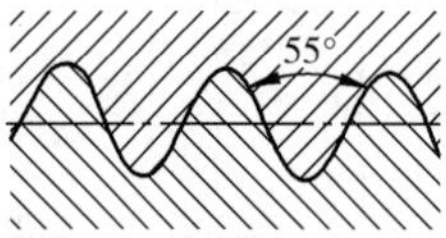	G	55°非密封管螺纹	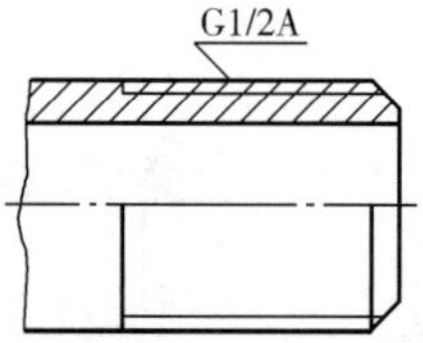	55°非密封圆柱外螺纹，尺寸代号1/2，公差等级为A级，右旋。用引出标注
		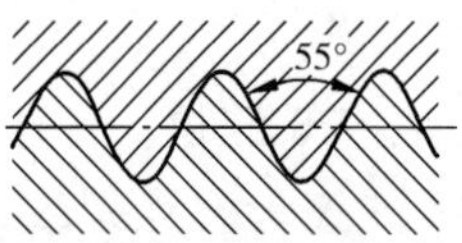	R_p R_1 R_c R_2	55°密封管螺纹	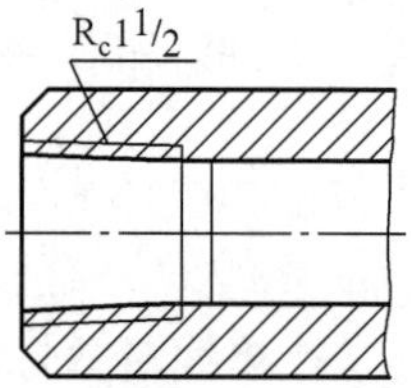	55°密封的与圆锥外螺纹旋合的圆锥内螺纹，尺寸代号1½，右旋，用引出标注。 与圆锥内螺纹旋合的圆锥外螺纹的特征代号为R_2。 圆柱内螺纹与圆锥外螺纹旋合时，前者和后者的特征代号分别为R_p和R_1
传动螺纹	梯形螺纹	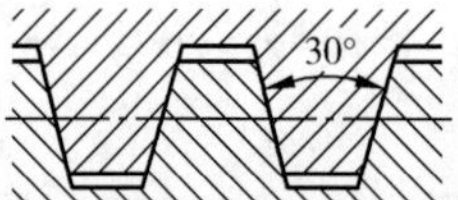	Tr		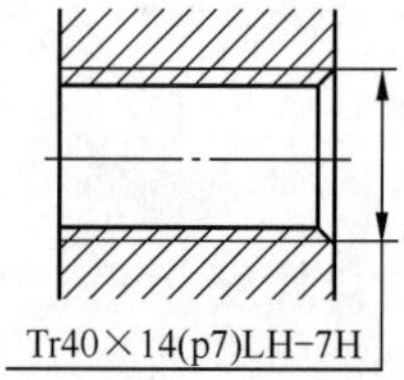	梯形螺纹，公称直径40mm，双线螺纹，导程14mm，螺距7mm，左旋（代号为LH）。螺纹公差带：中径为7H。旋合长度属中等的一组
	锯齿形螺纹	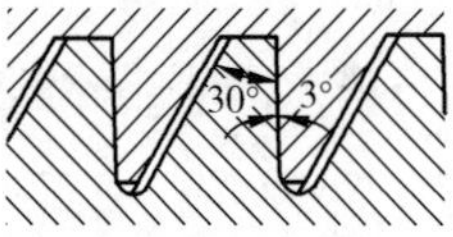	B		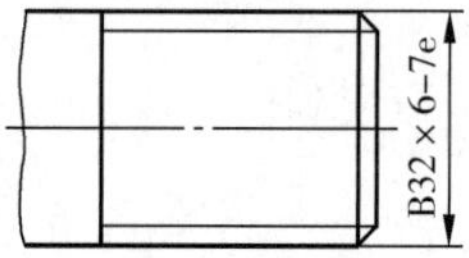	锯齿形螺纹，公称直径32mm，单线螺纹，螺距6mm，右旋。螺纹公差带：中径为7e。旋合长度属中等的一组

螺纹密封管螺纹又分为：与圆柱内螺纹相配合的圆锥外螺纹，其特征代号是R_1；与圆锥内螺纹相配合的圆锥外螺纹，其特征代号为R_2；圆锥内螺纹特征代号是R_c；圆柱内螺纹特征代号是R_p。旋向代号只注左旋“LH”。

非螺纹密封管螺纹的特征代号是G。它的公差等级代号分A、B两个精度等级。外螺纹需注明，内螺纹不注此项代号。右旋螺纹不注旋向代号，左旋螺纹标“LH”。

例如：$R_c3/4$。

表示右旋圆锥内螺纹，尺寸代号为 3/4。

（3）螺纹的标注

对标准螺纹，应注出相应标准所规定的螺纹标记，普通螺纹、梯形螺纹和锯齿形螺纹，其标记应直接注在大径的尺寸线上或其指引线上，如图 3-81 所示。管螺纹的标记一律注在指引线上，指引线应由大径引出或由中心对称处引出，如图 3-81（d）所示。

对非标准螺纹，应画出螺纹的牙型，并注出所需的尺寸及有关要求。

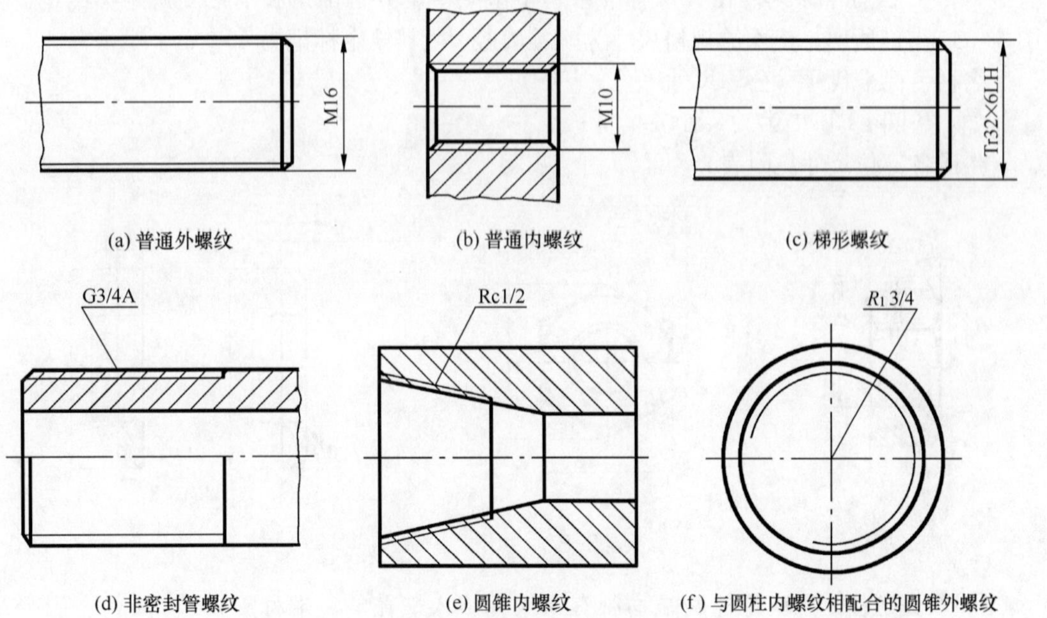

图 3-81　螺纹的标注

4. 螺纹紧固件

常用螺纹紧固件有螺栓、双头螺柱、螺钉、螺母和垫圈。它们的结构、尺寸都已分别标准化，称为标准件，使用或绘图时，可以从相应标准中查到所需的结构尺寸。

（1）螺纹紧固件的标记

① 螺栓。螺栓由头部和杆身组成，常用的为六角头螺栓，如图 3-82 所示。螺栓的规格尺寸是螺纹大径（d）和螺栓公称长度（l），其规定标记为：

名称　标准代号　螺纹代号×长度

如：螺栓　GB/T 5782—2016　M24×100

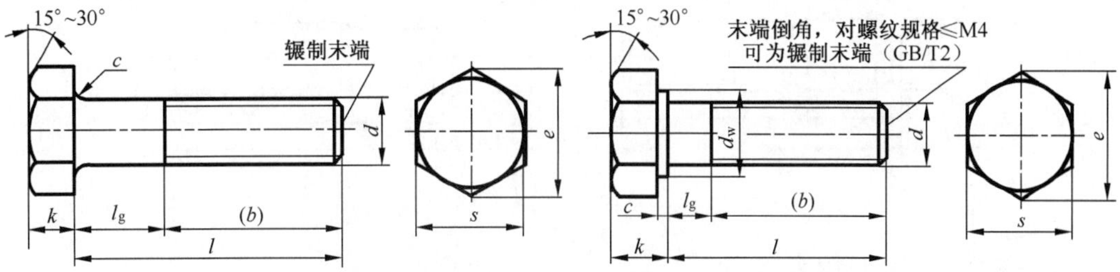

图 3-82　六角头螺栓

螺栓各部位尺寸见本书附表 6。

② 螺母。螺母有六角螺母、方螺母和圆螺母等，常用的为六角螺母，如图 3-83（a）所示。螺母的规格尺寸是螺纹大径（D），其规定标记为：

名称　标准代号　螺纹代号

如：螺母　GB/T 6170—2015　M12 螺母各部位尺寸见附表 7。

③ 垫圈。垫圈一般置于螺母与被连接件之间。常用的有平垫圈和弹簧垫圈。平垫圈有 A 级和 C 级标准系列。在 A 级标准系列平垫圈中，分带倒角和不带倒角两类结构，如图 3-83（b）所示。垫圈的规格尺寸为螺栓直径 d，其规定标记为：

名称　标准代号　公称尺寸

如：垫圈　GB/T 97.2—2002　24

垫圈各部位尺寸见附表 8。

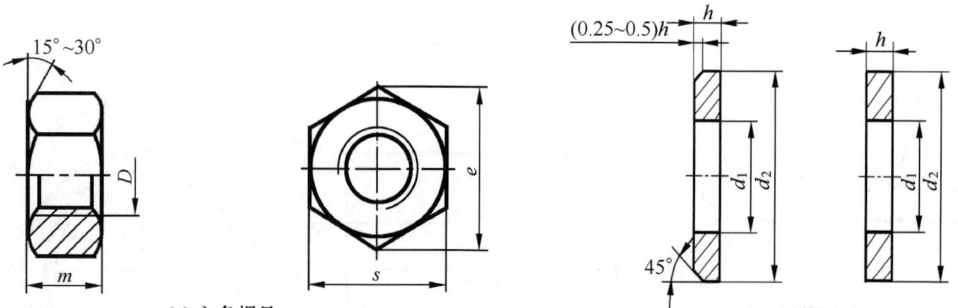

(a) 六角螺母　　(b) 平垫圈

图 3-83　螺母、垫圈

④ 双头螺柱。双头螺柱两端均制有螺纹，旋入螺孔的一端称旋入端（b_m），另一端称紧固端（b）。b_m 的长度与被旋入零件的材料有关：

$b_m = 1d$　（用于钢和青铜）　GB/T 897—1988

$b_m = 1.25d$　（用于铸铁）　GB/T 898—1988

$b_m = 1.5d$　（用于铸铁）　GB/T 899—1988

$b_m = 2d$　（用于铝合金）　GB/T 900—1988

双头螺柱的结构型式为 A 型、B 型两种，如图 3-84 所示。A 型是车制，B 型是辗制。双头螺柱的规格尺寸是螺纹大径（d）和双头螺柱公称长度长（l），其规定标记为：

名称　标准代号　类型　螺纹代号×长度

如：螺柱　GB/T 897—1998　AM10×50

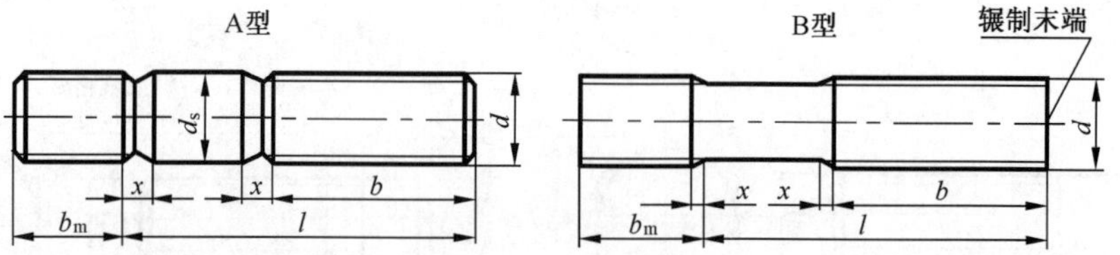

图 3-84　双头螺柱

双头螺柱各部位见附表 9。

⑤ 螺钉。螺钉按其作用可分为连接螺钉和紧定螺钉。常用的连接螺钉有开槽圆柱头

螺钉、盘头螺钉、沉头螺钉、半沉头螺钉等。常用的紧定螺钉按其末端型式不同有锥端紧定螺钉、平端紧定螺钉、长圆柱端紧定螺钉等。螺钉的规格尺寸是螺纹大径（d）和螺钉公称长度（l），其规定标记为：

名称　标准代号　螺纹代号×长度

如：螺钉　GB/T 67—2016　M5×20

螺钉各部位尺寸见附表 10。

（2）螺纹紧固件的画法

已经标准化的螺纹紧固件，虽然一般不要求单独画出它们的零件图，但在装配图中要画出，螺纹紧固件的画法有比例画法和查表画法。

① 比例画法根据螺纹公称直径（D、d），按与其近似的比例关系，计算出各部分尺寸后作图。图 3-85 为螺纹紧固件的比例画法。

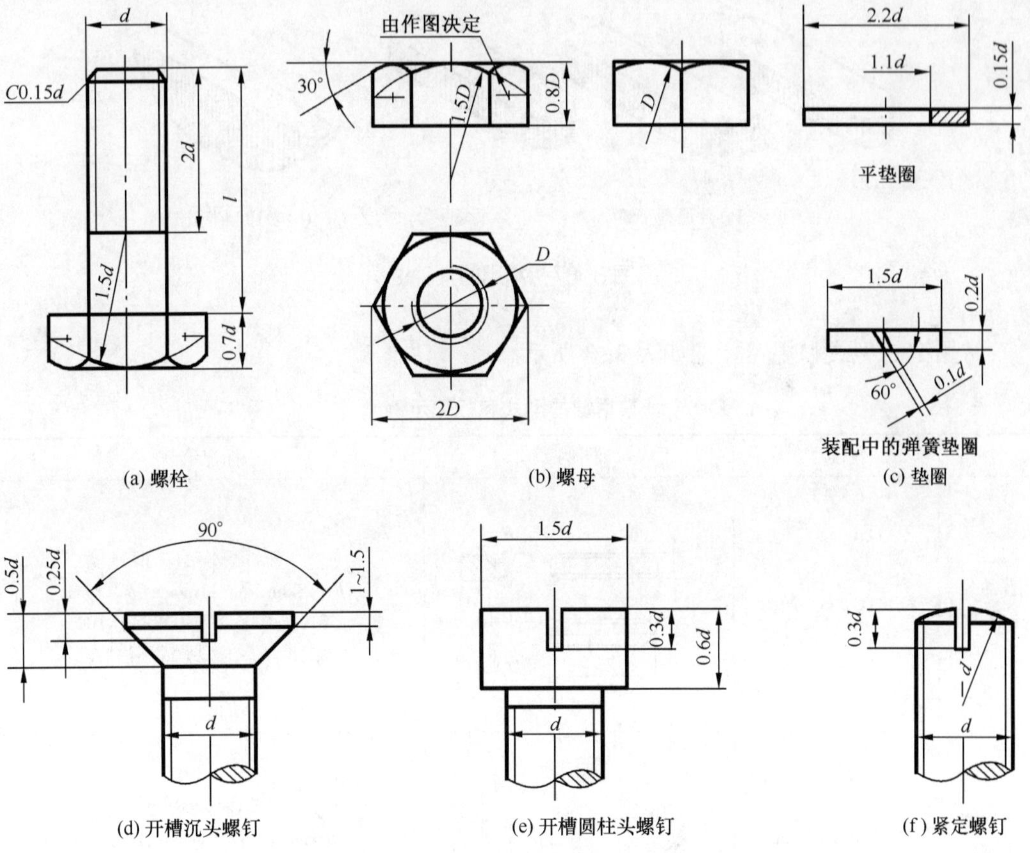

图 3-85　螺纹紧固件的比例画法

② 查表画法。根据螺纹紧固件的标记，在相应的标准中查得各有关尺寸后作图。例如：

螺栓　GB/T 5782—2016　M12×100

查附表 6 得 $b=30$，$k=7.5$，$s=18$，$e=20.03$（A 级）

螺柱　GB/T 897—1988　AM10×50

查附表 9 得 $b_m=10$，$b=26$

螺钉　GB/T 67—2016　M5×45

查附表 10 得 $b=38$，$n=1.2$，$k=3$，$dk=9.3$，$t=1.2$ 根据所查数据就可以画出以上各标准件的视图。

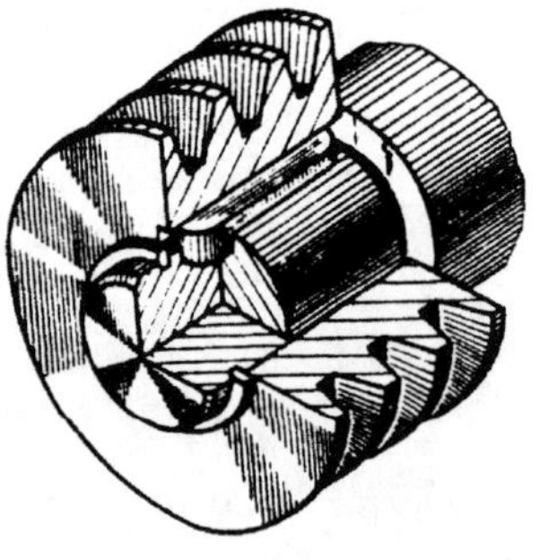

图 3-86　键连接

（二）键、销的规定画法与标记

1. 常用键及其标记

键是用来连接轴及轴上零件（如齿轮、带轮等）的标准件，起传递扭矩的作用，如图 3-86 所示。

常用的键有普通型平键、普通型半圆键等，如图 3-87 所示，其中普通型平键应用最广。关于键与键槽的尺寸，可参见附表 12。

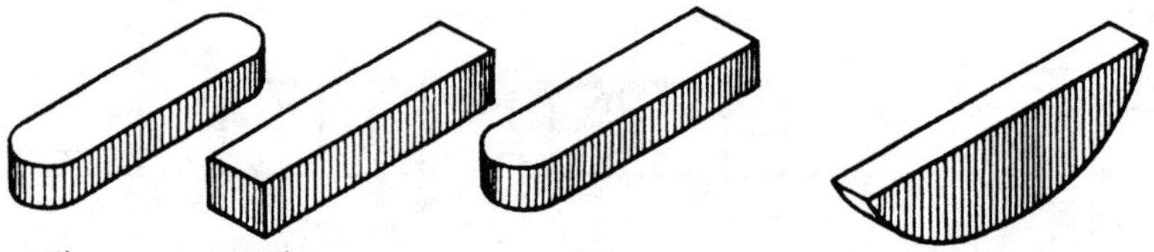

(a) 普通型平键　　(b) 普通型半圆键

图 3-87　常用的几种键

常用键的型式和规定标记如表 3-3 所示。

表 3-3　**常用键的型式和标记示例**

名称	标准号	图例	标记示例
普通型平键	GB/T 1096—2003	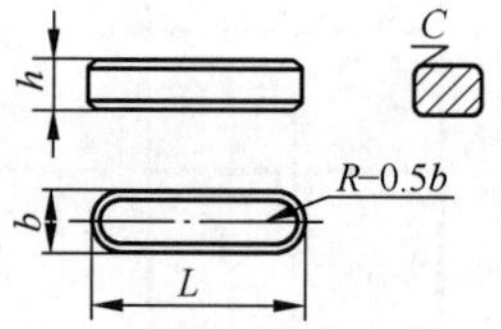	普通型平键（A 型） $b=18$mm　$h=11$mm　$L=100$mm GB/T 1096　键　18×11×100 注：A 型普通型平键不注“A”
普通型半圆键	GB/T 1099.1—2003	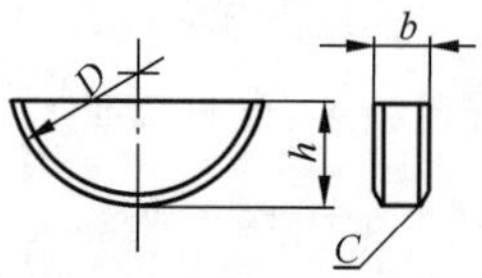	普通型半圆键 $b=6$mm　$h=10$mm　$D=25$mm GB/T 1099.1　键　6×10×25

2. 常用销及其标记

销是标准件，常用的销有圆柱销、圆锥销、开口销，圆柱销和圆锥销用于零件之间的连接或定位，开口销用于螺纹连接的锁紧装置，常用销的型式和标记示例见表 3-4 和附表 13。

表 3-4　　常用销的型式和标记示例

名称	标准号	图例	标记示例
圆锥销	GB/T 117—2000	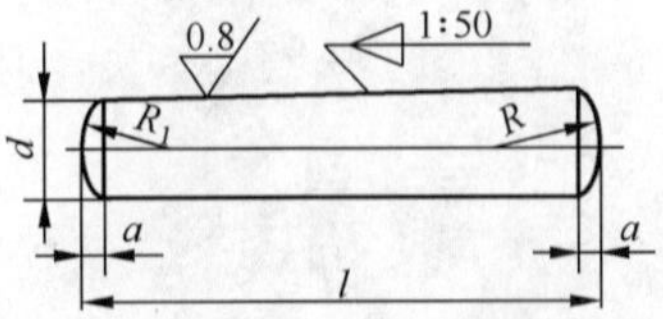	直径 d = 10mm，长度 l = 100mm，材料为 35 号钢，热处理硬度(28～38)HRC，表面氧化处理的 A 型圆锥 GB 117 10×100 圆锥销的公称尺寸是指小端直径
圆柱销	GB/T 119. 1—2000	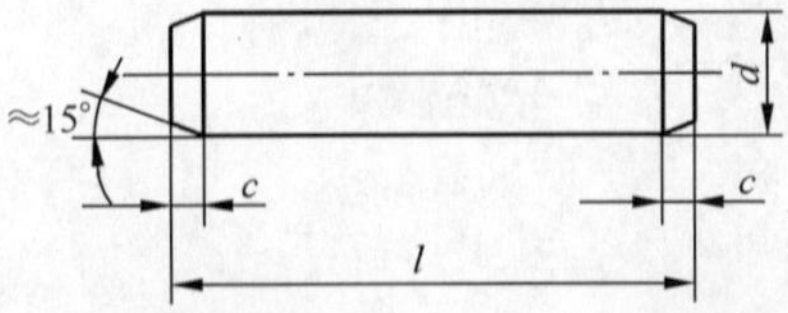	直径 d = 10mm，公差为 m6，长度 l = 80mm，材料为钢，不经表面处理的圆柱销　销 GB/119. 1 10 m6×80
开口销	GB/91—2000		公称规格为 4mm（指销孔直径），l = 20mm，材料为低碳钢，不经表面处理　销　GB/T 91 4×20

（三）齿轮的规定画法与标记

齿轮是机械中广泛应用的传动件，必须成对使用，可用来传递动力，改变转速和旋转方向。齿轮的种类繁多，常用的有圆柱齿轮、锥齿轮、蜗杆蜗轮，如图 3-88 所示。

配套动画　直齿圆柱齿轮传动

配套动画　直齿锥齿轮传动

配套动画　蜗杆传动

圆柱齿轮——用于两平行轴之间的传动［图 3-88（a）］；

圆锥齿轮———用于两相交轴之间的传动［图 3-88（b）］；

蜗杆蜗轮——用于两交叉轴之间的传动［图 3-88（c）］。

圆柱齿轮的轮齿有直齿、斜齿和人字齿三种，如图 3-89 所示。轮齿参数国家已标准化、系列化。由于直齿圆柱齿轮应用较广，下面着重介绍直齿圆柱齿轮的基本参数和规定画法。

(a) 圆柱齿轮　　(b) 锥齿轮　　(c) 蜗杆蜗轮

图 3-88　齿轮传动

(a) 直齿轮　　(b) 斜齿轮　　(c) 人字齿轮

图 3-89　圆柱齿轮

1. 直齿圆柱齿轮各部位的名称及有关参数（图 3-90）

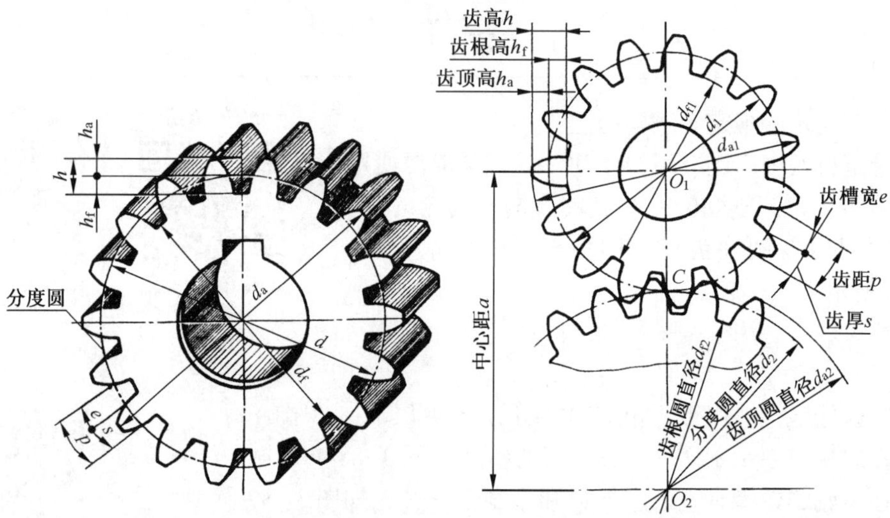

(a) 单个直齿圆柱齿轮立体图各部分名称及代号　　(b) 两啮合直齿圆柱齿轮各部分名称及代号

图 3-90　直齿圆柱齿轮各部位的名称及代号

① 齿数 z——齿轮上轮齿的个数。

② 齿顶圆直径 d_a——通过齿顶的圆柱面直径。

③ 齿根圆直径 d_f——通过齿根的圆柱面直径。

④ 分度圆直径 d——分度圆直径是齿轮设计和加工时的重要参数。分度圆是一个假想的圆，在该圆上齿厚 s 与槽宽 e 相等，它的直径称为分度圆直径。

⑤ 齿高 h——齿顶圆和齿根圆之间的径向距离。

⑥ 齿顶高 h_a——齿顶圆和分度圆之间的径向距离。

⑦ 齿根高 h_f——分度圆与齿根圆之间的径向距离。

⑧ 齿距 p——在分度圆上，相邻两齿对应齿廓之间的弧长。

⑨ 齿厚 s——在分度圆上，一个齿的两侧相应齿廓之间的弧长。

⑩ 槽宽 e——在分度圆上，一个齿槽的两侧相应齿廓之间的弧长。

⑪ 模数 m——由于分度圆的周长 $\pi d=p\cdot z$，所以 $d=\frac{p}{\pi}\cdot z$，$\frac{p}{\pi}$就称为齿轮的模数。模数以 mm 为单位，它是齿轮设计和制造的重要参数。为便于齿轮的设计和制造，减少齿轮成形刀具的规格及数量，国家标准对模数规定了标准值。渐开线齿轮的模数见表 3-5。

表 3-5　　标准模数系列（摘自 GB/T 1357—2008）　　单位：mm

第一系列	1,1.25,1.5,2,2.5,3,4,5,6,8,10,12,16,20,25,32,40,50
第二系列	1.75,2.25,2.75,3.5,4.5,5.5,(6.5),7,9,(11),14,18,22,28,36,45

注：① 选用模数应优先选用第一系列，其次选用第二系列，括号内的模数尽可能不用。
② 本表未摘录小于 1 的模数。

⑫ 啮合角 α——啮合两齿轮的轮齿齿廓在节点的公法线与两节圆的公切线所夹的锐角，也称压力角，用 α 表示，如图 3-91 所示。标准齿轮的啮合角为 20°，因此只要模数和啮合角相等的齿轮就能相互啮合。

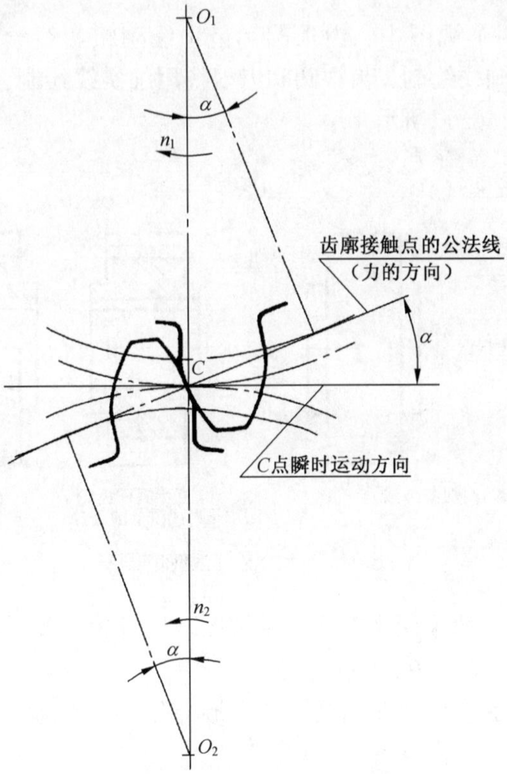

图 3-91　齿轮传动图

⑬ 中心距 a——两啮合齿轮轴线之间的距离。装配准确的标准齿轮的中心距为

$$a=(d_1+d_2)/2=m(z_1+z_2)/2$$

2. 标准直齿圆柱齿轮各基本尺寸的计算

在设计齿轮时，先要确定齿数和模数，其他各部位尺寸都可由齿数和模数计算出来，见表 3-6。

表 3-6　　标准直齿圆柱齿轮各部分尺寸的计算公式

基本参数：模数 m　齿数 z		
名称	符号	计算公式
模数	m	$m=d/z=p/\pi$
齿顶高	h_a	$h_a=m$
齿根高	h_f	$h_f=1.25m$
齿高	h	$h=2.25m$
分度圆直径	d	$d=mz$
齿顶圆直径	d_a	$d_a=m(z+2)$
齿根圆直径	d_f	$d_f=m(z-2.5)$
中心距	a	$a=m(z_1+z_2)/2$

配套视频
绘制齿轮

3. 直齿圆柱齿轮的规定画法

（1）单个齿轮的规定画法

① 在表示外形的两个视图中，齿顶圆和齿顶线用粗实线绘制，分度圆和分度线用细点画线绘制，齿根圆和齿根线用细实线绘制，也可省略不画，如图 3-92（a）所示。

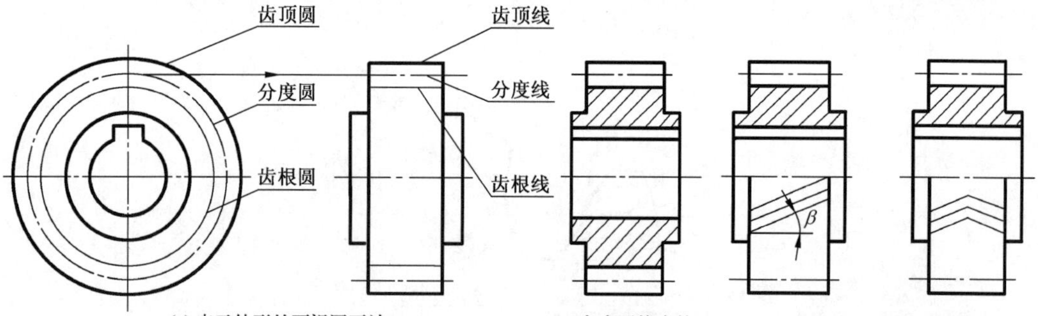

(a) 表示外形的两视图画法　　(b) 直齿圆柱齿轮非圆视图全剖画法　　(c) 斜齿、人字齿非圆视图剖视图画法

图 3-92　单个圆柱齿轮的画法

② 齿轮的非圆视图一般采用半剖或全剖视图。这时轮齿按不剖处理，齿根线用粗实线绘制，且不能省略，如图 3-92（b）所示。

③ 若为斜齿或人字齿，需在非圆视图的外形部分用三条与齿线方向一致的细实线表示齿向，如图 3-92（c）所示。

图 3-93 为圆柱直齿轮零件图。

（2）两齿轮啮合的规定画法

图 3-94 为圆柱齿轮啮合的画法。

① 两个相互啮合的圆柱齿轮，在圆视图中，齿顶圆均用粗实线绘制［图 3-94（b）］，啮合区内也可省略［图 3-94（c）］；两相切的分度圆用细点画线绘制；齿根圆用细实线绘制，也可省略。

② 在反映外形的非圆视图中，啮合区内的齿顶线不需画出，分度线用粗实线绘制

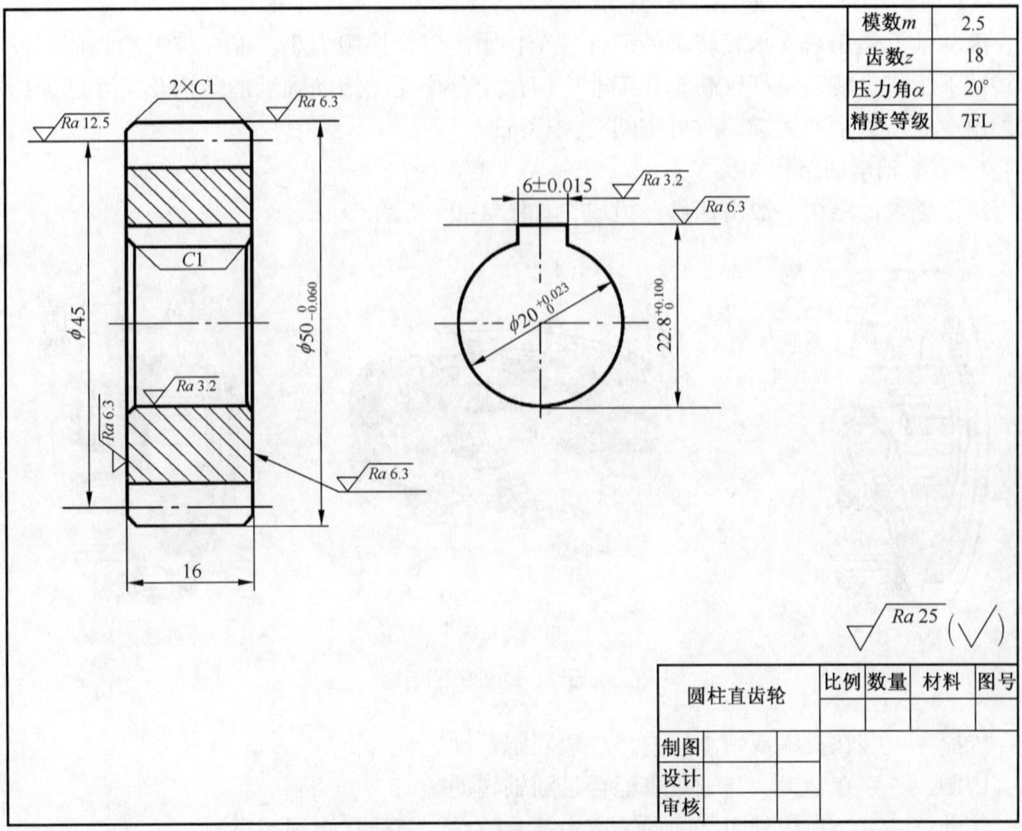

图 3-93　圆柱直齿轮零件图

［图 3-94（d）］。若取剖视，在啮合区，两齿轮的分度线重合为一条线，用细点画线绘制；一个齿轮的齿顶线用粗实线绘制，另一个齿轮的齿顶线用细虚线绘制（也可省略），［图 3-94（a）］。

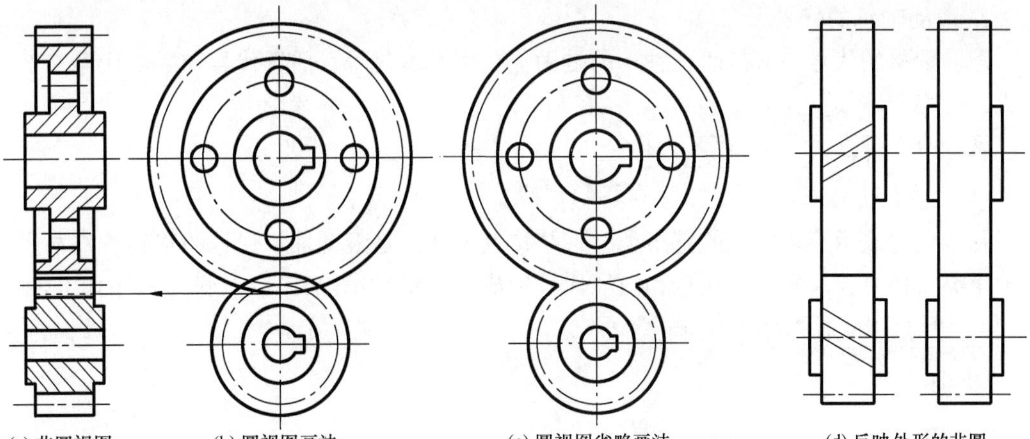

(a) 非圆视图剖视画法　(b) 圆视图画法　(c) 圆视图省略画法　(d) 反映外形的非圆视图画法

图 3-94　圆柱齿轮啮合的画法

（四）滚动轴承的规定画法与标记

滚动轴承是用来支承旋转轴的部件，结构紧凑，摩擦阻力小，能在较大的载荷、较高的转速下工作，转动精度较高，在工业中应用十分广泛。滚动轴承的结构及尺寸已经标准化，由专业厂家生产，选用时可查阅有关标准。

1. 滚动轴承的结构和类型

滚动轴承的结构一般由四部分组成，如图 3-95 所示。

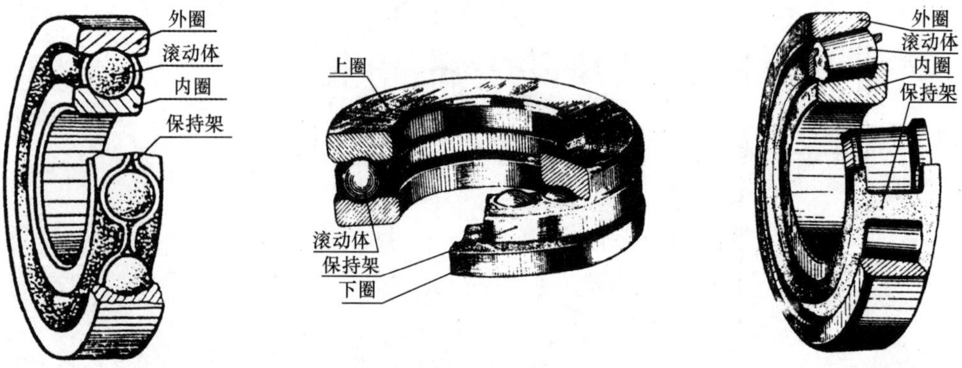

(a) 向心轴承　(b) 推力轴承　(c) 向心推力轴承

图 3-95　滚动轴承的结构

外圈——装在机体或轴承座内，一般固定不动。

内圈——装在轴上，与轴紧密配合且随轴转动。

滚动体——装在内外圈之间的滚道中，有滚珠、滚柱、滚锥等类型。

保持架——用来均匀分隔滚动体，防止滚动体之间相互摩擦与碰撞。

滚动轴承按承受载荷的方向可分为以下三种类型：

向心轴承——主要承受径向载荷，常用的向心轴承如深沟球轴承。

推力轴承——只承受轴向载荷，常用的推力轴承如推力球轴承。

向心推力轴承——同时承受轴向和径向载荷，常用的如圆锥滚子轴承。

2. 滚动轴承的代号

滚动轴承的代号一般打印在轴承的端面上，由基本代号、前置代号和后置代号三部分组成，排列顺序如下：

前置代号	基本代号	后置代号

（1）基本代号

基本代号表示滚动轴承的基本类型、结构及尺寸，是滚动轴承代号的基础。基本代号由轴承类型代号、尺寸系列代号和内径代号构成（滚针轴承除外），其排列顺序如下：

类型代号	尺寸系列代号	内径代号

例如：

6　2　08

08——内径代号（d=8×5=40mm）

2——尺寸系列代号（02）

6——类型代号（深沟球轴承）

N　21　10
- 10 —— 内径代号（d=10×5=50mm）
- 21 —— 尺寸系列代号
- N —— 类型代号（圆柱滚子轴承）

【类型代号】类型代号用阿拉伯数字或大写拉丁字母表示，如表 3-7 所示。

表 3-7　滚动轴承的类型代号

代号	轴承类型	代号	轴承类型
0	双列角接触球轴承	7	角接触球轴承
1	调心球轴承	8	推力圆柱滚子轴承
2	调心滚子轴承和推力调心滚子轴承	N	圆柱滚子轴承
3	圆锥滚子轴承	NN	双列或多列圆柱滚子轴承
4	双列深沟球轴承	U	外球面球轴承
5	推力球轴承	QJ	四点接触球轴承
6	深沟球轴承	C	长弧面滚子轴承(圆环轴承)

【尺寸系列代号】尺寸系列代号由两位数字组成，左边一位为滚动轴承的宽（高）度系列代号，右边一位为直径系列代号。尺寸系列代号决定了轴承的外径（D）和宽度（B）。

【内径代号】内径代号表示轴承的内径，对于内径在 20～480mm 的轴承（22mm、28mm、32mm 除外），其内径代号为内径除以 5 的商数，商数为个位数时，需在商数左边加 0。例如，内径为 40mm，则内径代号为 08。至于内径大于 480mm，或小于 20mm 的滚动轴承，其内径代号可查相关国家标准如表 3-8 所示。

表 3-8　滚动轴承的内径代号及其示例

轴承公称内径/mm		内径代号	示例
0.6 到 10(非整数)		用公称内径毫米数直接表示，在其与尺寸系列代号之间用“/”分开	深沟球轴承 618/2.5　d=2.5mm
1 到 9(整数)		用公称内径毫米数直接表示，对深沟及角接触球轴承直径系列 7,8,9，内径与尺寸系列代号之间用“/”分开	深沟球轴承 625　d=5mm
10 到 17	10	00	深沟球轴承 6200　d=10mm
	12	01	
	15	02	
	17	03	
20 到 480 (22,28,32 除外)		公称内径除以 5 的商数，商数为个位数时，需在商数左边加“0”，如 08	调心滚子轴承　23208　d=40mm
大于和等于 500 以及 22,28,32		用公称内径毫米数直接表示，但在与尺寸系列之间用“/”分开	调心滚子轴承 230/500　d=500mm 深沟球轴承 62/22　d=22mm

（2）前置代号和后置代号

前置和后置代号是轴承在结构形状、尺寸、公差、技术要求等有改进时，在其基本代号左、右添加的补充代号。具体内容可查阅有关的国家标准。

3. 滚动轴承的画法

表 3-9 为滚动轴承的规定画法、特征画法及装配画法。

表 3-9　　滚动轴承的规定画法、特征画法及装配画法

名称和标准号	查表主要数据	画法		
		规定画法	特征画法	装配画法
深沟球轴承 GB/T 276—2013	*D* *d* *B*	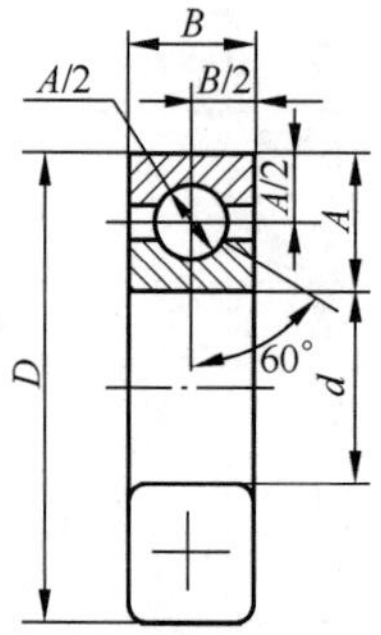	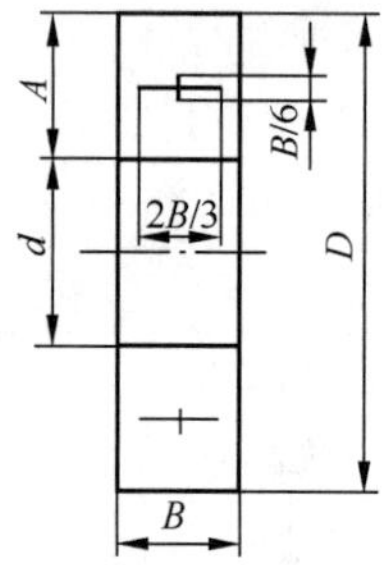	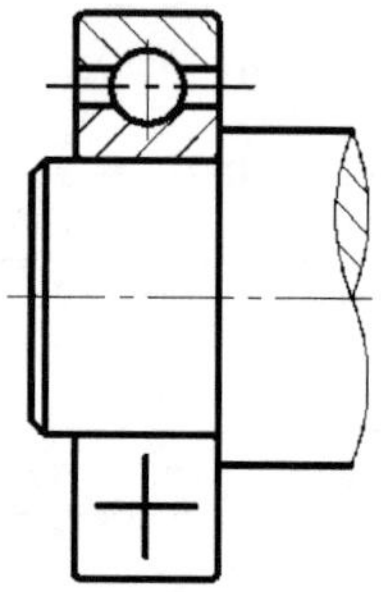
圆锥滚子轴承 GB/T 297—2015	*D* *d* *B* *T* *C*	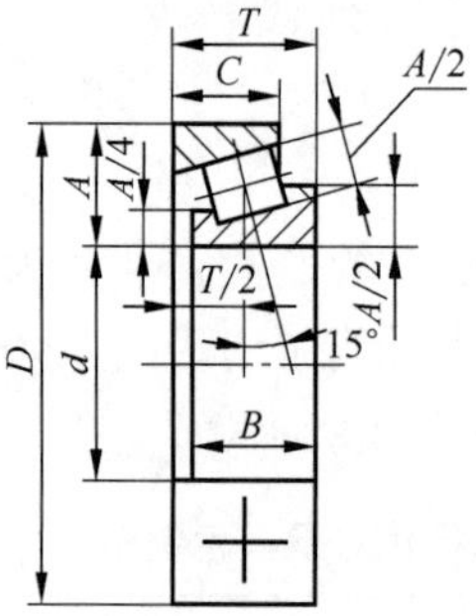	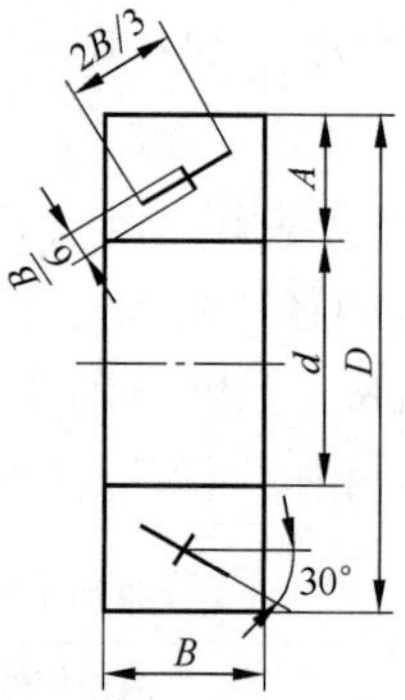	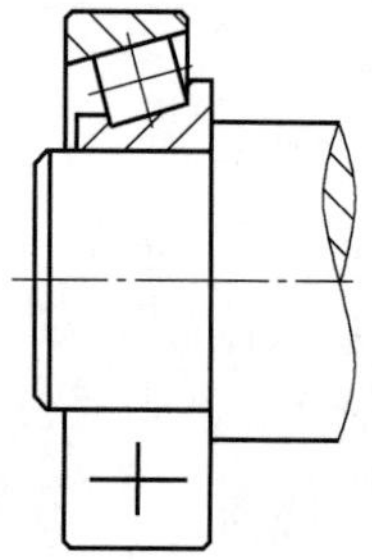
推力球轴承 GB/T 301—2015	*D* *d* *T*	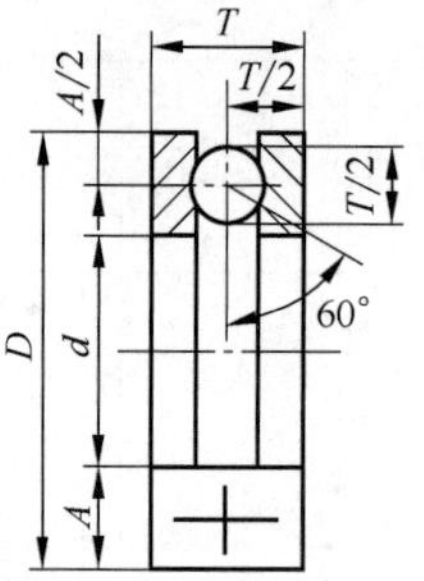	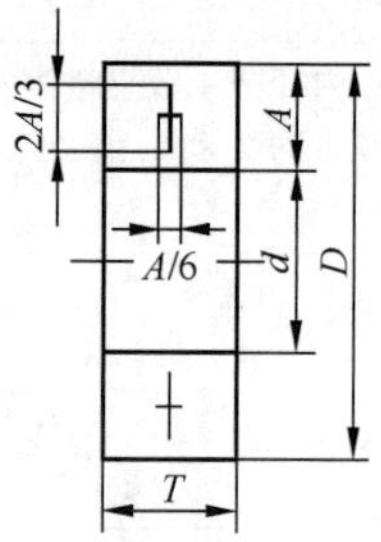	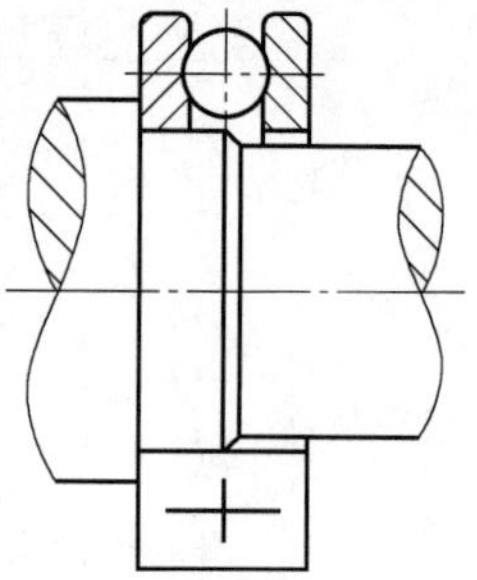

（五）弹簧的规定画法

弹簧是机械中常用的零件，具有功、能转换特性，可用来减震、夹紧、测力、储存能量等。弹簧种类很多，应用很广，最常见的是圆柱螺旋弹簧。圆柱螺旋弹簧根据用途可分为压缩弹簧、拉伸弹簧和扭转弹簧，如图 3-96 所示。本节主要介绍圆柱螺旋压缩弹簧的各部分名称及规定画法。

1. 圆柱螺旋压缩弹簧各部分的名称及尺寸计算（图 3-97）

(a) 压缩弹簧　(b) 拉伸弹簧　(c) 扭转弹簧

图 3-96　圆柱螺旋弹簧

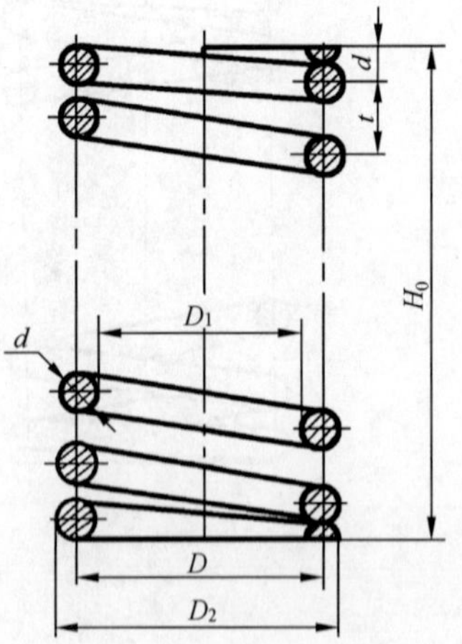

图 3-97　压缩弹簧的尺寸

① 线径 d。制造弹簧的钢丝直径。

② 弹簧直径。

弹簧外径 D_2——弹簧外圈直径。

弹簧内径 D_1——弹簧内圈直径，$D_1=D_2-2d$。

弹簧中径 D——弹簧的平均直径，$D=(D_2+D_1)/2=D_2-d=D_1+d$。

③ 节距 t。相邻两有效圈对应两点的轴向距离。

④ 有效圈数 n、支承圈数 n_z 和总圈数 n_1。为了使压缩弹簧工作时受力均匀，不致弯曲，在制造时两端节距要逐渐缩小，并将端面磨平，这部分只起支承作用，叫支承圈，两端磨平长度一般为 3/4 圈。支承圈的圈数（n_z）通常取 1.5、2、2.5。压缩弹簧除支承圈外，其余部分起弹张作用，保证相等的节距，这些圈数称有效圈数 n，支承圈数和有效圈数之和称总圈数 n_1，$n_1=n+n_z$。

⑤ 自由高度（长度）H_0。弹簧无负荷时的高度（长度），$H_0=nt+(n_z-0.5)d$。

⑥ 展开长度 L。制造时弹簧丝的长度，$L\approx\pi Dn_1$。

⑦ 旋向。弹簧绕线方向，分左右旋两种，没有专门规定时制成右旋。

2. 圆柱螺旋压缩弹簧的规定画法

圆柱螺旋压缩弹簧可画成视图、剖视图或示意图。如图 3-98 所示。

画图时应注意以下几点：

① 圆柱螺旋弹簧在平行于轴线的投影面上的视图中，各圈的轮廓形状应画成直线。

② 螺旋弹簧均可画成右旋，对于左旋螺旋弹簧，不论画成左旋还是右旋，一律要注出旋向“LH”字。

③ 螺旋压缩弹簧，如要求两端并紧且磨平时，无论支承圈的圈数多少和末端贴紧情况如何，均按图 3-99 绘制，必要时也可按支承圈的实际情况绘制。

④ 有效圈数在四圈以上的螺旋弹簧，其中间部分可省略不画。省略后，允许适当缩短图形的长度。

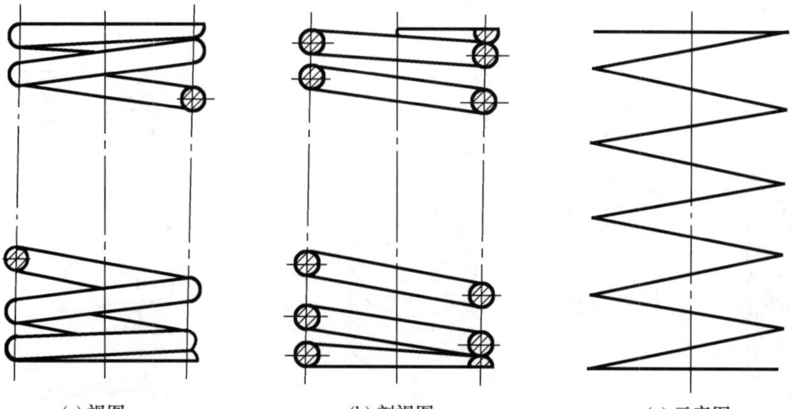

(a) 视图　　(b) 剖视图　　(c) 示意图

图 3-98　圆柱螺旋压缩弹簧的画法

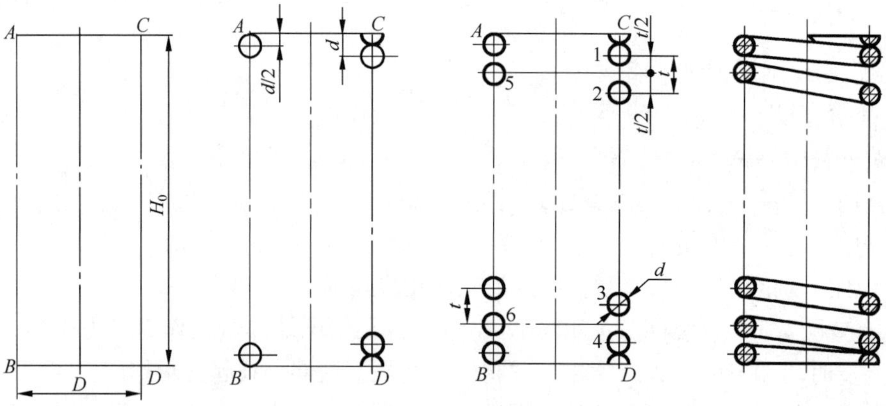

(a)　　(b)　　(c)　　(d)

图 3-99　圆柱螺旋压缩弹簧的画图步骤

二、任务实施

结合标准件螺栓、螺柱、螺钉、螺母、垫圈、键、销的规定画法，绘制螺栓、螺柱、螺钉、键、销的连接图，在绘图中查阅有关标准，练习比例画法画图，并会标记。

1. 螺栓连接

配套视频

绘制螺栓连接

螺栓用来连接两个不太厚并能钻成通孔的零件，将螺栓从一端穿入两个零件的光孔，另一端加上垫圈，然后旋紧螺母，即完成了螺栓连接，如图 3-100 所示。

为适应连接不同厚度的零件，螺栓有各种长度规格。螺栓公称长度可按下式估算：

$$l \geqslant \delta_1+\delta_2+h+m+a$$

式中 δ_1、δ_2 为被连接件的厚度，h 为垫圈厚度，m 为螺母厚度，a 为螺栓伸出螺母的长度，h、m 均以 d 为参数按比例或查表画出，$a \approx (0.2 \sim 0.3)d$。根据 l 从相应的螺栓公称长度系列中选取与它相近的标准值，螺栓连接的规定画法如图 3-101 所示。螺栓连接

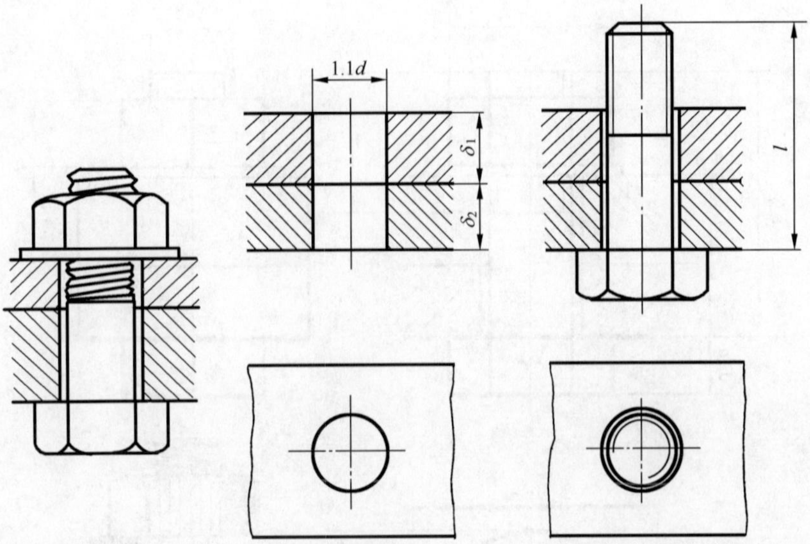

(a) 示意图　(b) 两个被连接件　(c) 螺栓拧入被连接件

图 3-100　螺栓连接

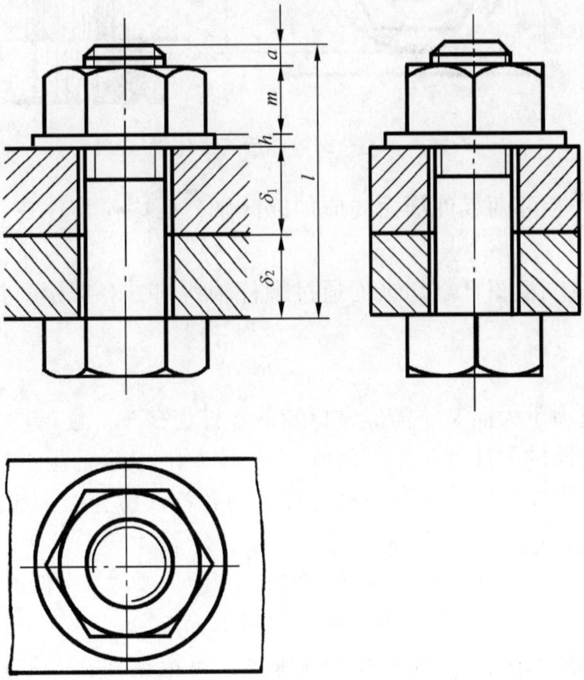

图 3-101　螺栓连接的规定画法

的简化画法如图 3-102 所示。

画螺栓连接时，应注意以下几点：

① 凡不接触的相邻表面，需画两条轮廓线（间隙过小者可夸大画出），两零件接触表面处只画一条轮廓线。

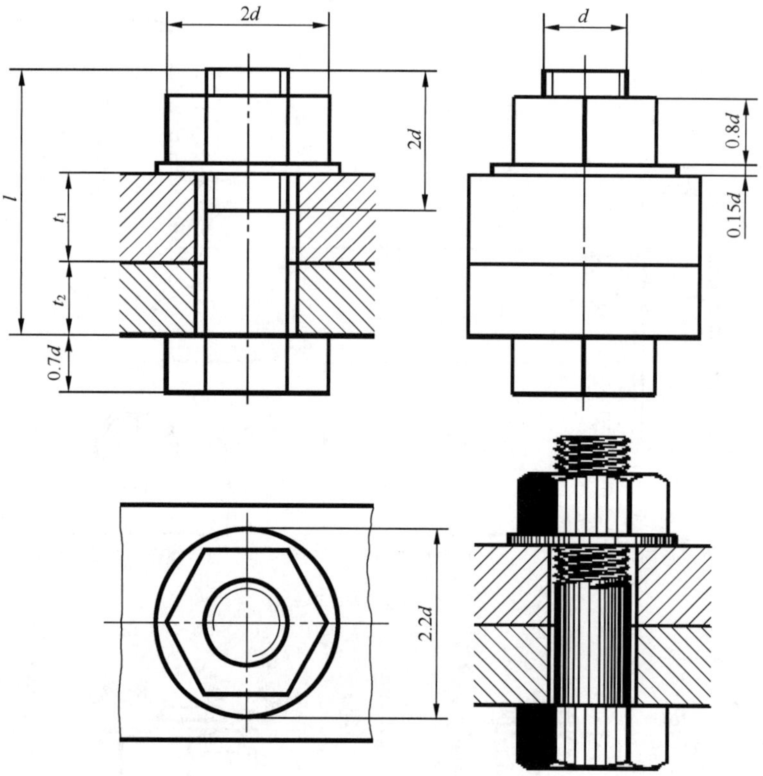

图 3-102　螺栓连接的简化画法

② 在剖视图中，相邻两零件剖面线应加以区别，而同一零件在各视图中的剖面线必须相同。

③ 当连接图画成剖视图且剖切平面通过螺杆轴线时，对螺栓、螺母、垫圈等均按不剖绘制。

2. 螺钉连接

螺钉一般用于受力不大而又不需经常拆装的零件连接中。它的两个被连接件，较厚的零件加工出螺孔，较薄的零件加工出带沉孔（或埋头孔）的通孔，沉孔（或埋头孔）直径稍大于螺钉头直径。连接时，直接将螺钉穿过通孔拧入螺孔中，如图 3-103 所示。

螺钉的公称长度 l 可用下式计算：

$$l \geqslant \delta + b_m \text{（没有沉孔）}$$

$$l \geqslant \delta + b_m - t \text{（有沉孔）}$$

式中 δ 为通孔零件厚度，b_m 为螺纹旋入深度，可根据被旋入零件的材料决定（同双头螺柱），t 为沉孔深度。计算出的 l 值应从相应的螺钉公称长度系列中选取与它相近的标准值。画连接螺钉连接时，应注意以下几点：

① 在近似画法中螺纹终止线应高于两零件的接触面，螺钉上螺纹部分的长度约 $2d$；

② 螺钉头部与沉孔间有间隙，画两条轮廓线；

③ 螺钉头部的一字槽，平行于轴线的视图放正，画在中间位置，垂直于轴线的视图，规定画成与中心线成 45°，也可用加粗的粗实线简化表示。

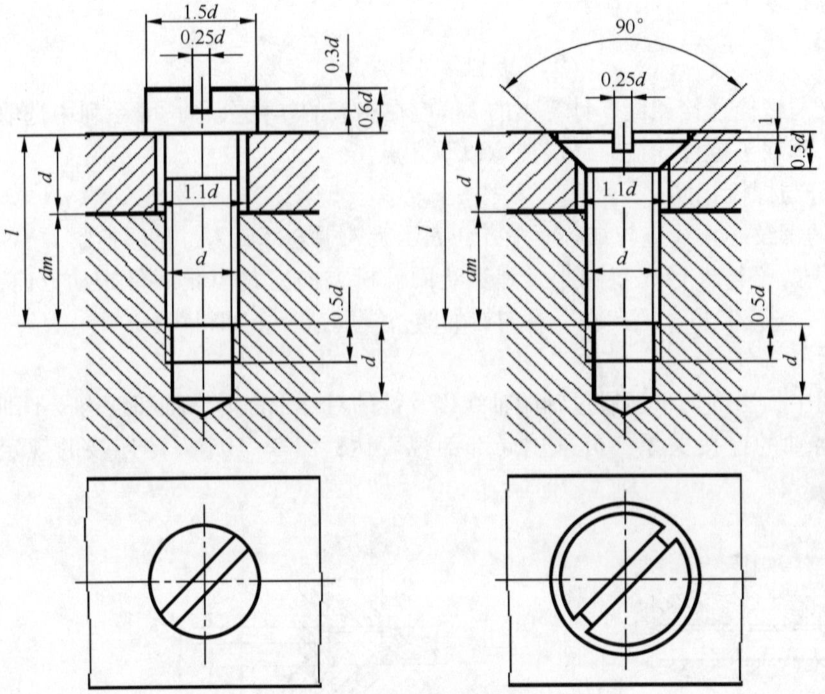

图 3-103　螺钉连接

配套视频
绘制螺钉连接

3. 螺柱连接

当被连接零件之一较厚，或因结构的限制不适宜用螺栓连接，或因拆卸频繁不宜采用螺钉连接时，可采用双头螺柱连接。双头螺柱的一端（旋入端）旋入较厚零件的螺孔中，另一端（紧固端）穿过另一零件上的通孔，套上垫圈，用螺母拧紧，即完成双头螺柱连接，如图 3-104 所示。

配套视频
绘制螺柱连接

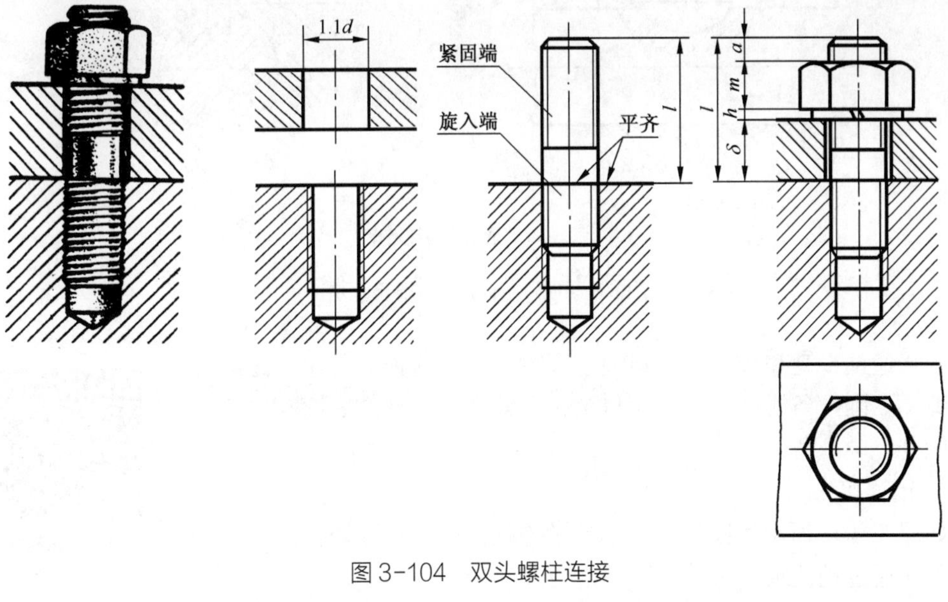

图 3-104　双头螺柱连接

图中螺柱的公称长度可用下式求出：

$$l \geqslant \delta + h + m + a$$

式中各参数含义与螺栓连接相同。计算出的 l 值应在相应的螺柱公称长度系列中选取与其相近的标准值。画双头螺柱连接时，应注意以下几点：

① 上部紧固部分与螺栓相同。

② 螺柱旋入端的螺纹终止线应与结合面平齐，表示旋入端全部旋入，足够拧紧。

③ 弹簧垫圈用作防松，外径比垫圈小，弹簧垫圈开槽方向应是阻止螺母松动方向，在图中应画成与水平线成60°角，上向左、下向右的两条线（或一条加粗线）。

4. 键连接

在键连接装配图中，当剖切平面通过轴的轴线以及键的对称平面时，轴和键均按不剖处理，为了表示键与轴的连接关系，可采用局部剖视表达，图 3-105 为键连接的规定画法。

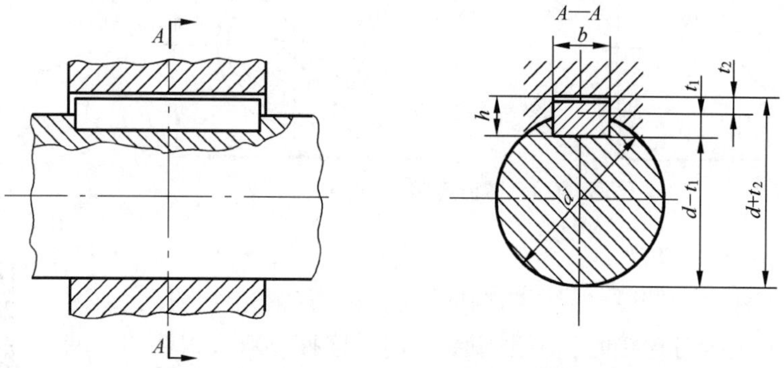

(a) 普通型平键连接

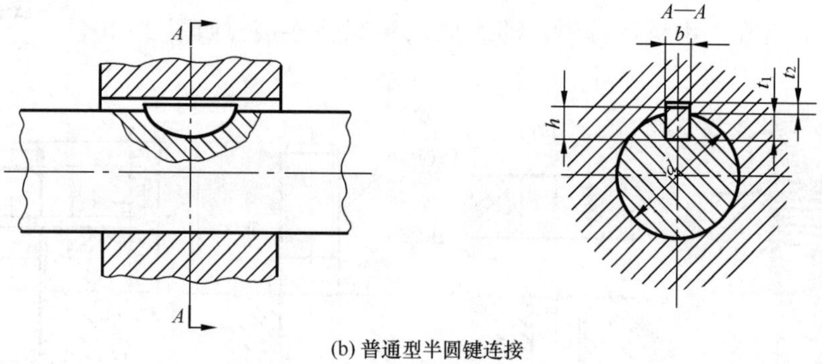

(b) 普通型半圆键连接

图 3-105　键连接的规定画法

画普通型平键和普通型半圆键连接图时，键的顶面与轮毂之间应有间隙，要画两条线；键的侧面与轮毂和轴之间、键的底面与轴之间都接触，只画一条线。

配套视频

绘制键连接和销连接

5. 销连接

如图 3-106 所示为圆柱销、圆锥销连接的画法。在连接图中，当剖切平面通过销孔轴线时，销按不剖处理。

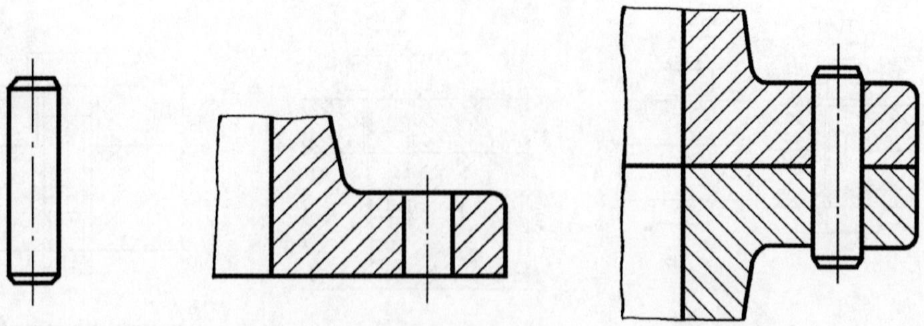

(a) 圆柱销连接

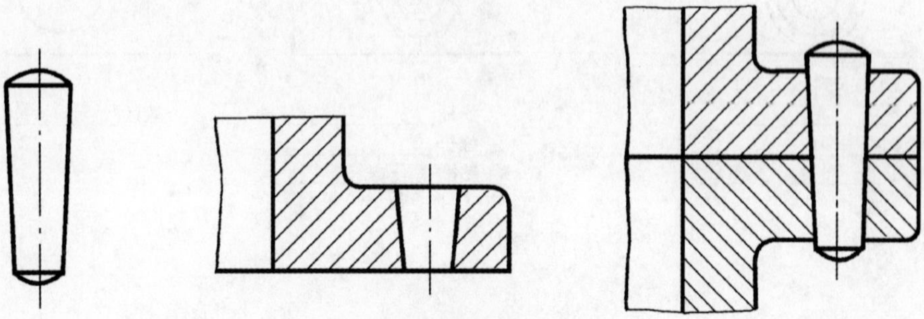

(b) 圆锥销连接

图 3-106　销连接的画法

三、任务拓展——紧定螺钉连接

紧定螺钉用来固定两个零件的相对位置，使它们不发生相对运动，图 3-107 为紧定螺钉连接的规定画法。

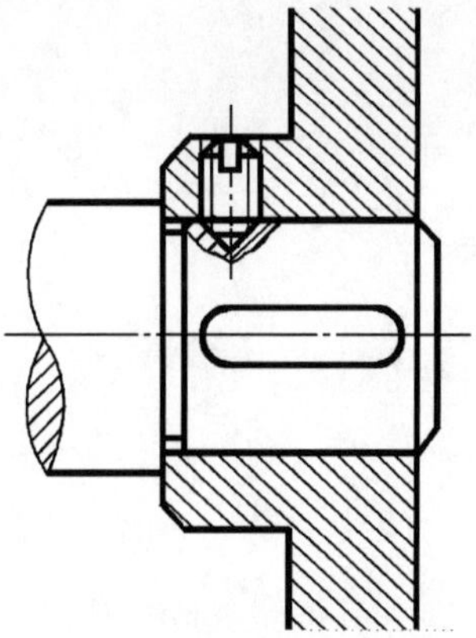

图 3-107　紧定螺钉连接的规定画法

用 A3 图纸 1∶1 抄画螺栓、双头螺柱、开槽螺钉连接画法，并计算螺栓、螺柱、螺钉的公称长度，填写标准件规格及国标代号。有螺孔的被连接件材料为 HT150。

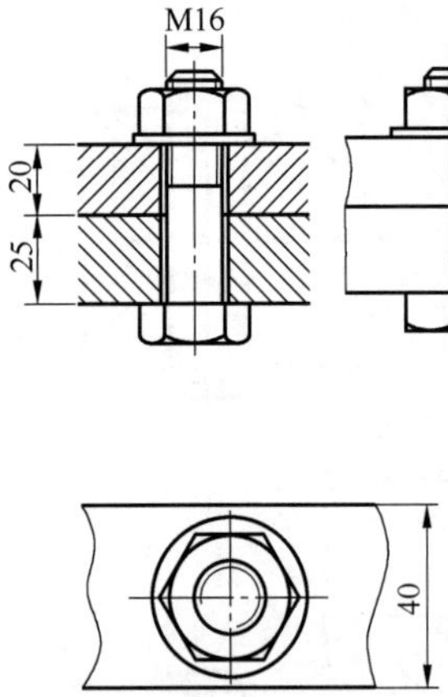

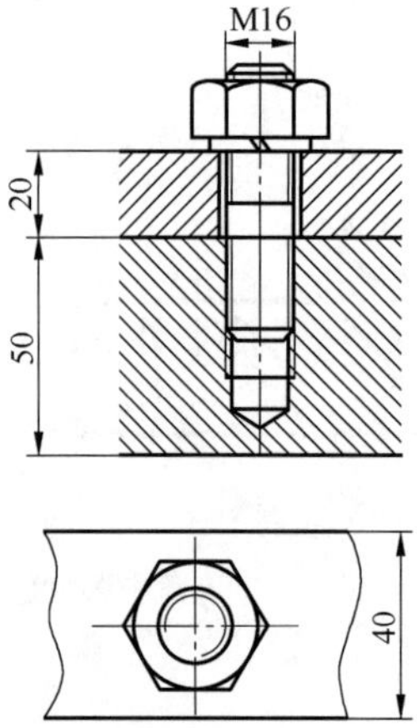

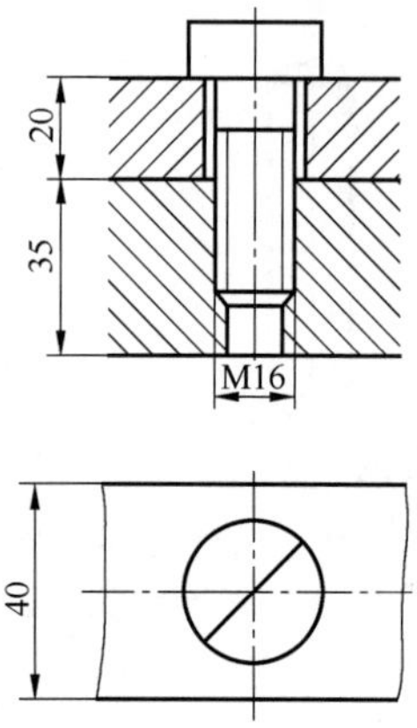

螺栓＿＿＿＿＿＿＿＿

螺母＿＿＿＿＿＿＿＿

垫圈＿＿＿＿＿＿＿＿

螺柱＿＿＿＿＿＿＿＿

螺母＿＿＿＿＿＿＿＿

垫圈＿＿＿＿＿＿＿＿

螺钉＿＿＿＿＿＿＿＿

任务三　零件图的绘制与识读

【学习目标】

① 熟悉零件图的作用和内容，掌握零件图的视图选择原则和典型零件的表示方法。

② 理解尺寸基准的概念，掌握典型零件的尺寸标注。

③ 了解零件上常见的工艺结构。

④ 能识别和注写已知的尺寸公差和配合及表面粗糙度代（符）号。

⑤ 掌握读零件图的方法与步骤；能绘制中等复杂程度的零件图。

【学习重点】

零件图的读图和绘制。

【学习难点】

零件图的读图。

配套课件

零件图的绘制与识读

［任务导入］

① 绘制轴的零件图［图 3-108（a）］。

② 读支架的零件图［图 3-108（b）］。

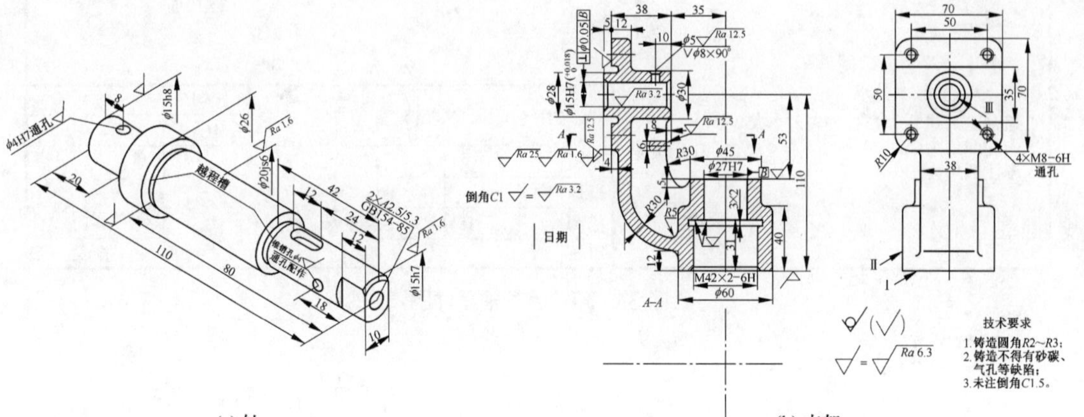

(a) 轴　　(b) 支架

图 3-108　零件图

一、知识链接

任何一台机器或设备，无论多么复杂，都是由一系列零部件装配而成。制造机器时必须先制造出全部的零件。零件图是指导零件生产和检验的技术文件，是完整地表达零件结构形状、大小和技术要求的图样。在生产过程中，要根据零件图进行生产准备、加工制造和检验。

（一）零件图的作用和内容

1. 零件图的作用

零件图不仅要将零件的内、外结构形状和大小表达清楚，还需要对零件的材料、加工、检验和测量等方面提出必要的技术要求。也就是说，一张完整的零件图应该包含制造和检验零件的全部技术资料。

2. 零件图的内容

一张完整的零件图应该包括一组图形、尺寸标注、技术要求和标题栏四个方面的内容，如图 3-109 所示为齿轮轴的零件图。

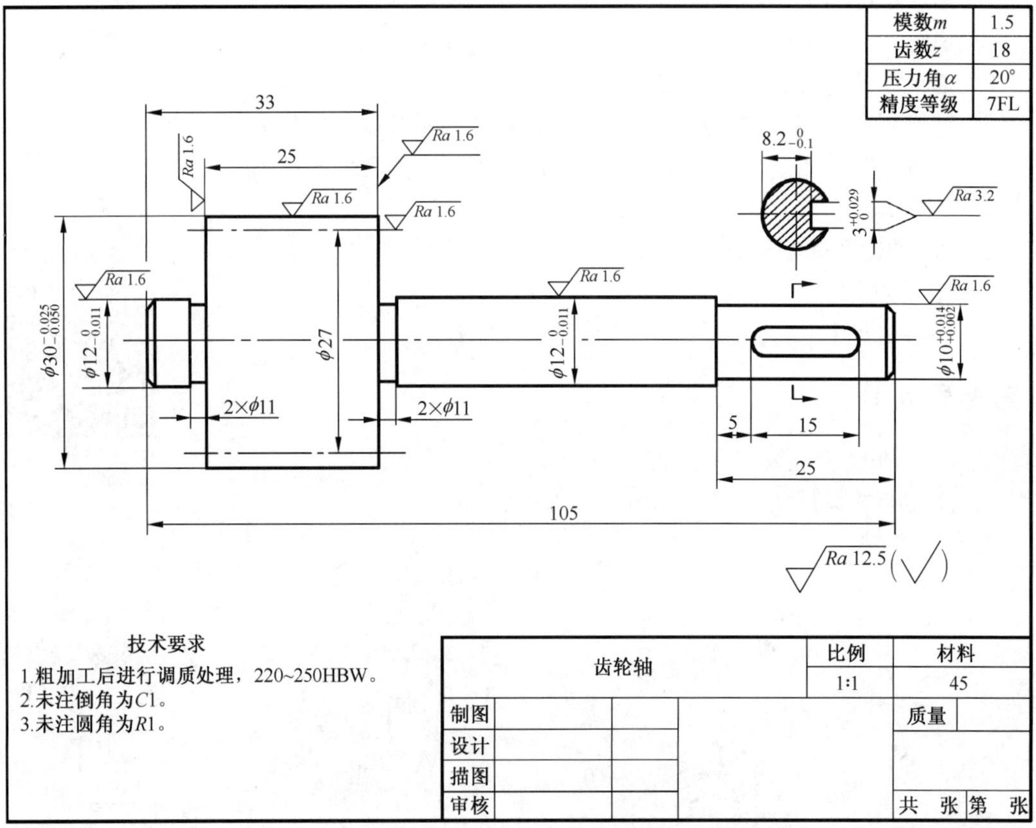

图 3-109 齿轮轴零件图

（1）一组图形

用适当的视图、剖视图、断面图等各种表达方法，正确、完整、清晰、简便地表示出零件的内外结构形状。

（2）尺寸标注

应正确、完整、清晰、合理地标注出制造和检验该零件所需的全部尺寸。

（3）技术要求

用国家标准中规定的符号、数字或文字（字母）等，说明零件在制造、检验、材料处理等过程中应达到的各项技术要求，如表面粗糙度、尺寸极限与配合、形位公差及热处理要求等。

（4）标题栏

标题栏绘制在图样的右下角，用于填写零件的名称、数量、材料、图样代号、绘图比例以及设计、制图、审核等人员签名和日期等。

（二）零件图的视图表达方法

配套视频

选择零件的表达方案

1. 零件的视图选择

绘制零件图之前，首先要根据零件的结构形状、加工方法和在机器中的位置确定零件合理的表达方案。内容包括主视图的选择、其他视图和表达方法的确定。

（1）主视图的选择原则和选择方法

主视图是一组视图的核心。无论是绘图还是识图，都应从主视图入手。在选择零件的主视图时，应考虑以下三个原则。

① 结构形状特征原则。主视图的选择应尽可能多地反映零件的各组成部分的结构形状特征和位置特征。如图 3-110 中的支座，由圆筒、连接板、底板、支承肋四部分组成，所选择的主视图方向 *K* 较其他方向（如 *Q*、*R* 向）更清楚地显示了该支座各部分形状、大小及层次位置关系。

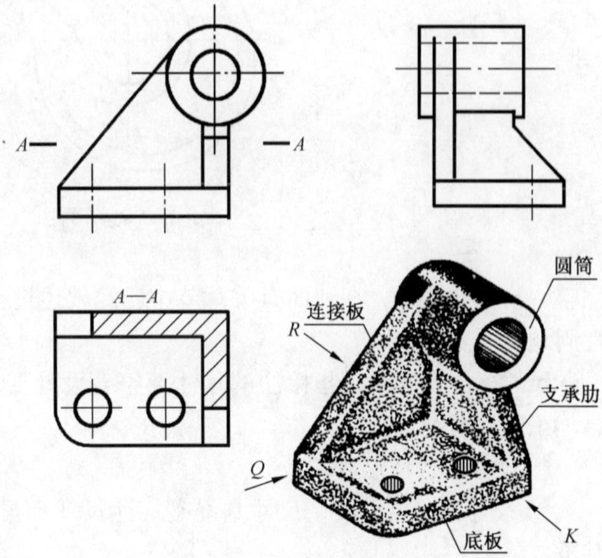

图 3-110　支座的主视图选择

② 加工位置原则。主视图投射方向，应尽量与零件主要加工位置一致。如图 3-111 所示，轴类零件的加工主要在车床上完成，因此，零件主视图应选择其轴线水平放置，以便于看图加工。对轴、套、轮、盘类等回转体零件，选择主视图时，一般应遵循这一原则。

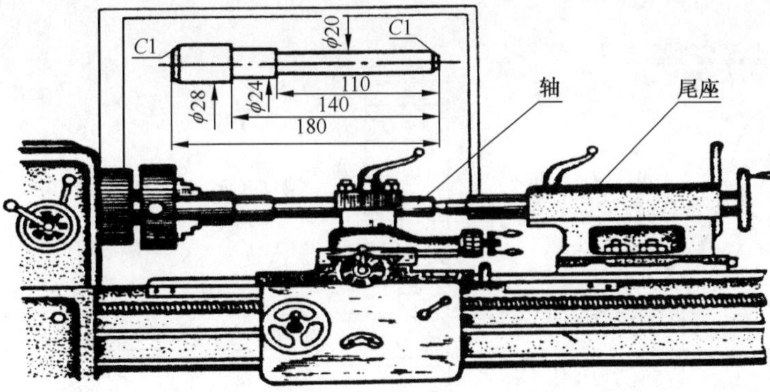

图 3-111　轴类零件的主视图选择

③ 工作位置原则。主视图的投射方向，应符合零件在机器中的工作位置。对支架、箱体等加工方法和加工位置多变的零件，主视图应选择工作位置，以便与装配图直接对照。如图 3-112 所示，吊钩主视图既显示了吊钩的形状特征，又反映了工作位置。又如图 3-110 所示支座，虽然 *K* 向和 *Q* 向都体现了它的工作位置，但 *K* 向又同时考虑到了结构特征，因此确定 *K* 向为主视图投射方向就更合理些。

（2）其他视图的选择

零件主视图确定后，要分析还有哪些形状结构没有表达清楚，考虑选择适当的其他视

配套视频
标注零件图的尺寸

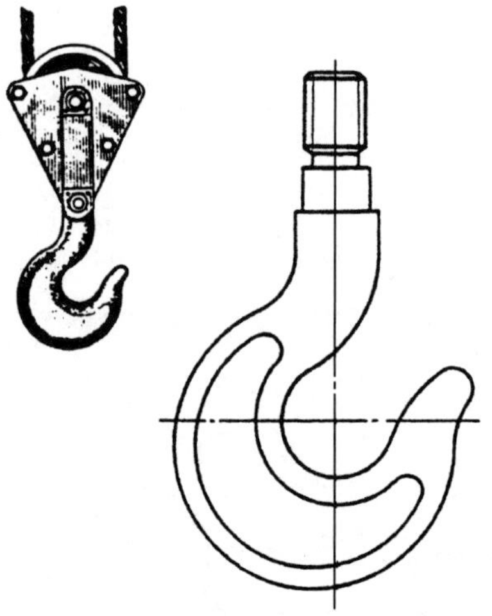

图 3-112　吊钩的工作位置

图，将主视图未表达清楚的零件结构表达清楚。其他视图的选择一般应遵循以下原则：

① 根据零件复杂程度和内外结构特点，综合考虑所需要的其他视图，使每一个视图都有表达的重点，从而使视图数量最少。

② 优先考虑采用基本视图，在基本视图上作剖视图，并尽可能按投射方向配置各视图。

③ 尽量避免使用细虚线。

2. 零件图的尺寸标注

零件图尺寸标注的要求是：正确、清晰、完整、合理。关于正确、完整、清晰的要求，在前面有关章节中已经叙述过，本节着重讨论零件图尺寸标注的合理性问题。

尺寸标注合理性是指标注的尺寸要符合设计要求（满足使用性能）和工艺要求（满足加工和检验要求）。

（1）合理选择尺寸基准

① 尺寸基准的分类。尺寸基准是标注尺寸和量取尺寸的起点，分为设计基准和工艺基准。

a. 设计基准：根据零件的结构和设计要求而确定的基准叫设计基准。如叉架类零件的底面为高度方向的设计基准图 3-113（a）；轴类零件的轴线为径向尺寸的设计基准［图 3-113（b）］。

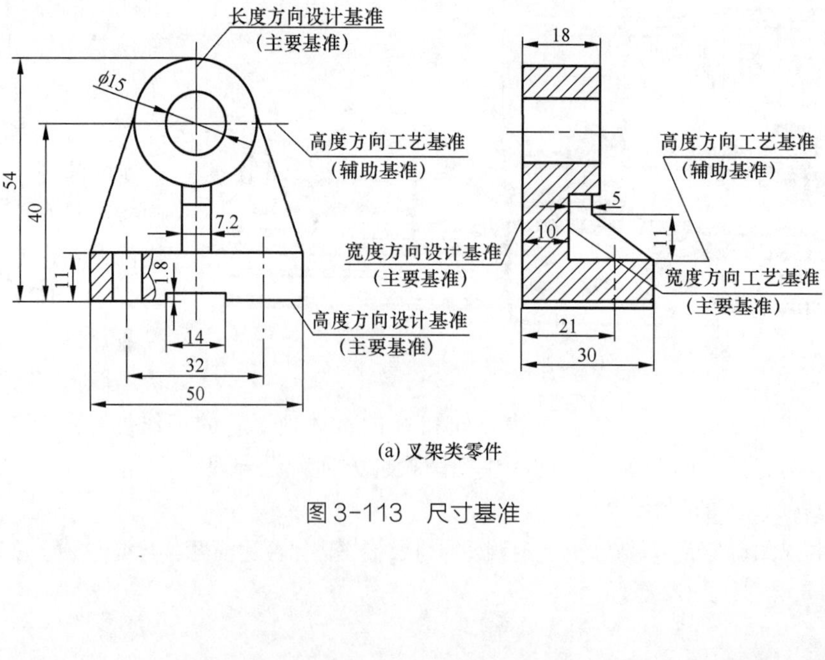

(a) 叉架类零件

图 3-113　尺寸基准

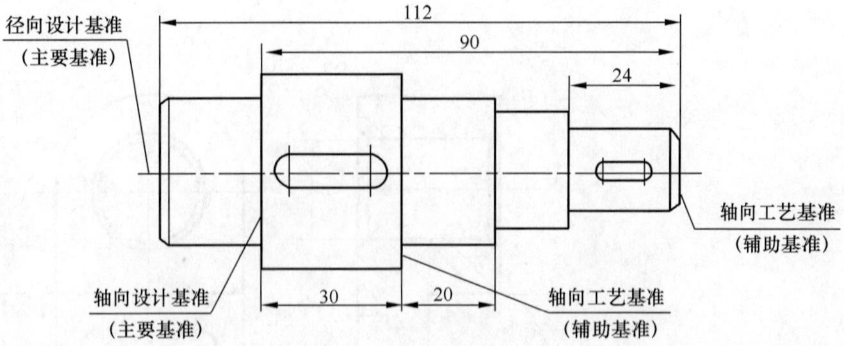

(b) 轴类零件

图 3-113　尺寸基准（续）

任何零件都有长、宽、高三个方向的尺寸，每个方向只能选择一个设计基准。常见的设计基准有：

- 零件上主要回转结构的轴线；
- 零件结构的对称面；
- 零件的重要支承面、装配面及两零件重要结合面；
- 零件主要加工面。

b. 工艺基准：在零件加工过程中，为满足加工和测量要求而确定的基准叫工艺基准。为了减小误差，保证零件的设计要求，在选择基准时，最好使设计基准和工艺基准重合。当零件较复杂时，一个方向只选一个基准往往不够用，还要附加一些基准，其中起主要作用的是主要基准，起辅助作用的为辅助基准。主要基准与辅助基准之间及两辅助基准之间应有尺寸直接联系。

② 选择尺寸基准的注意事项。

a. 相互关联的零件，在标注其相关的尺寸时，应以同一个平面或直线（如结合面、对称面、轴线等）作为尺寸基准，如图 3-114 所示。

b. 以加工面作为尺寸基准时，在同一方向内，同一个加工表面不能作为两个或两个以上的非加工面的基准，如图 3-115 所示。

c. 要保证轴线之间的距离时，应以轴线为基准注出轴线之间的距离。如图 3-116（a）所示，以零件底面为高度方向的主要尺寸基准注出尺寸 $87^{+0.1}_{0}$ 以后，又以上孔轴线为基准直接注出两孔中心距尺寸 $39^{+0.03}_{0}$；图 3-116（b）也是直接注出两孔中心距尺寸 72。

d. 要求对称的要素，应以对称面（或对称线）为基准注出对称尺寸，如图 3-117（a）的尺寸 26 和 52、图 3-117（b）的尺寸 $8^{+0.1}_{0}$。

（2）尺寸标注的注意事项

① 直接注出功能尺寸。零件的功能尺寸又称主要尺寸，是指影响机器规格性能、工作精度和零件在部件中的准确位置及有配合要求的尺寸，这些尺寸应该直接注出，而不应由计算得出。如图 3-118（a）所示的尺寸 $40\dfrac{H8}{f6}$。

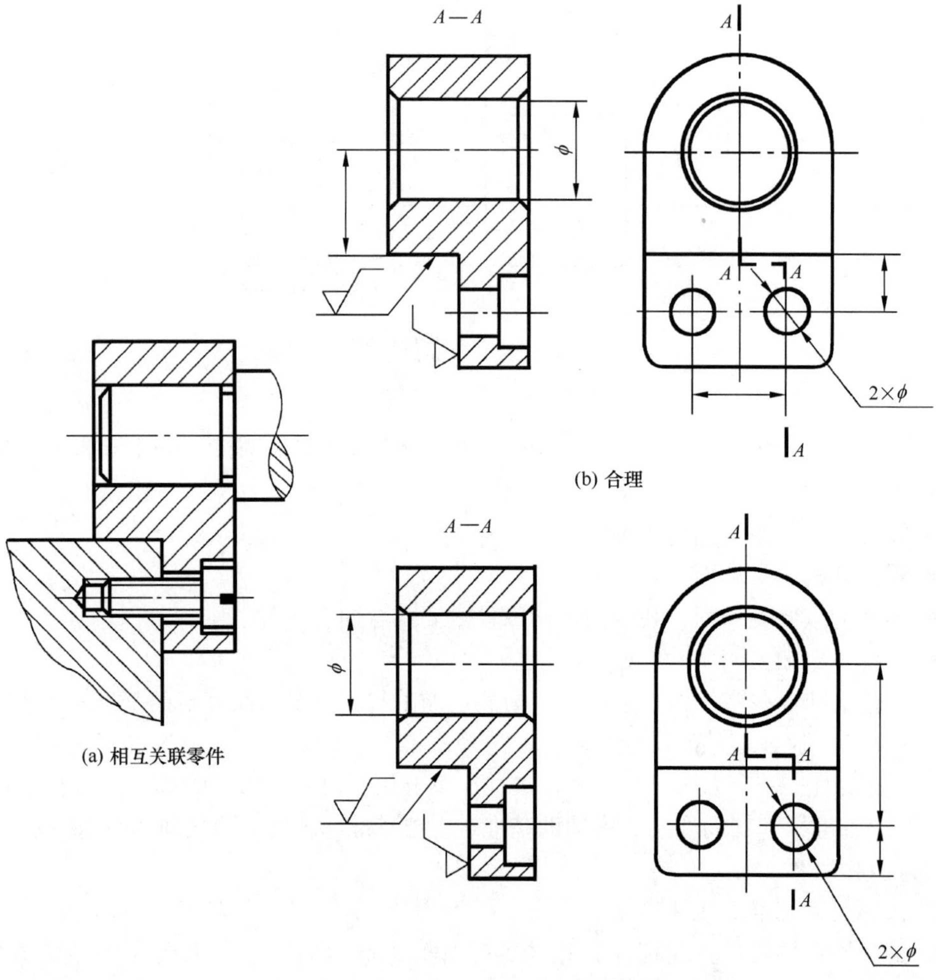

(a) 相互关联零件

(b) 合理

(c) 不合理

图 3-114　相互关联零件的尺寸基准的选择

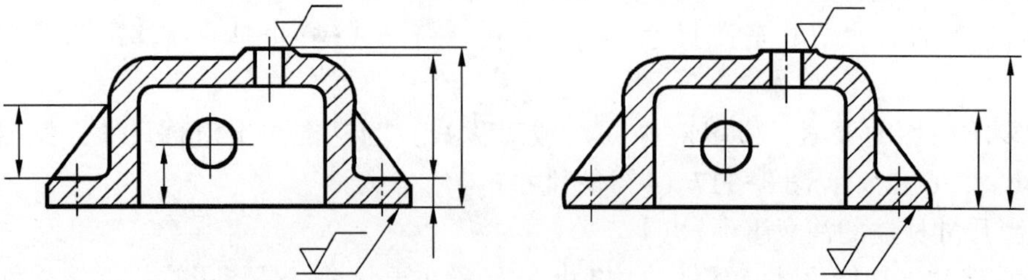

(a) 正确

(b) 错误

图 3-115　以加工面为基准

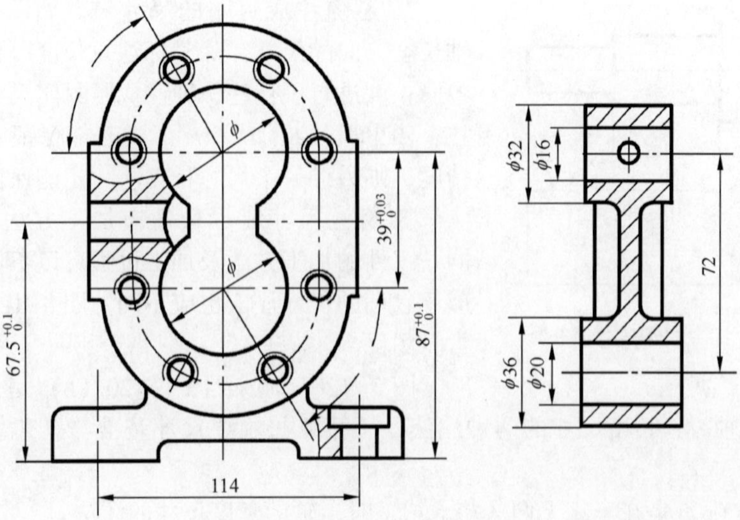

(a) 示例一　　(b) 示例二

图 3-116　以轴线为基准

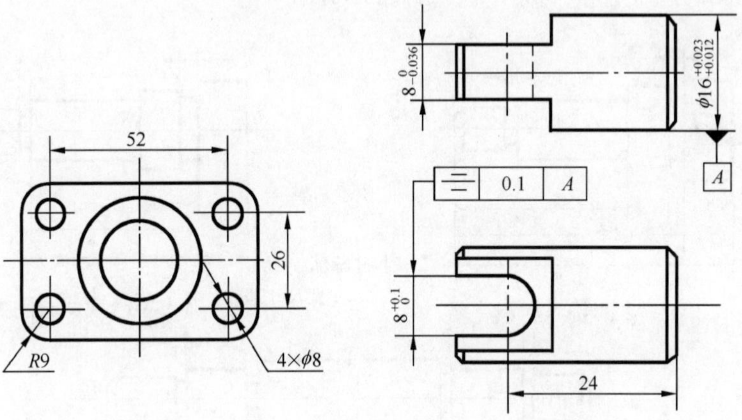

(a) 示例一　　(b) 示例二

图 3-117　以对称面为基准

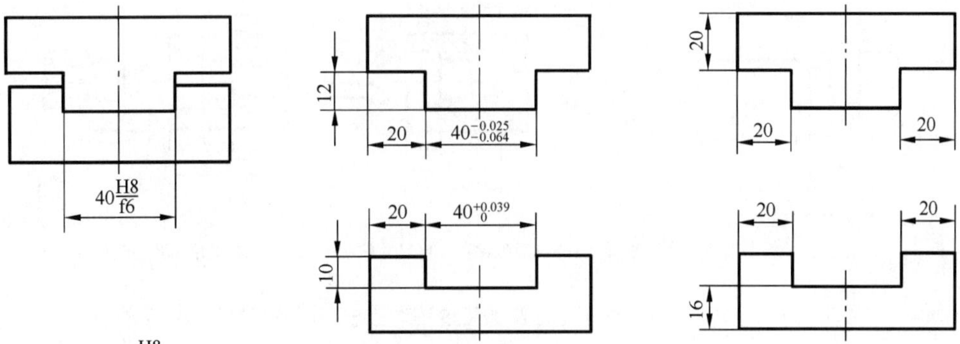

(a) 尺寸$40\frac{H8}{f6}$　　(b) 合理　　(c) 不合理

图 3-118　直接注出功能尺寸

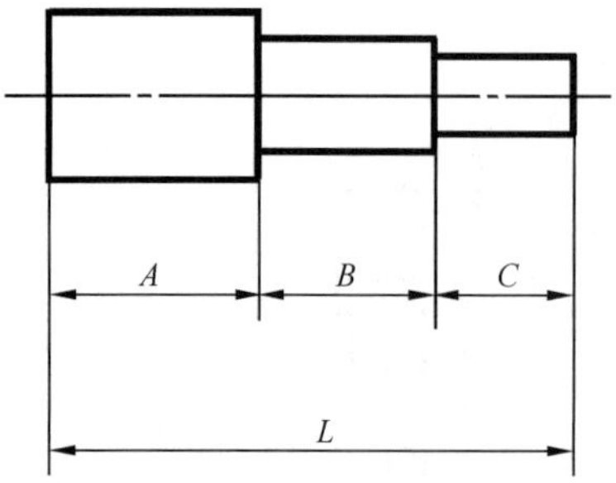

图 3-119　封闭尺寸链

② 避免注成封闭的尺寸链。如图 3-119 所示，轴长度方向的尺寸，除了标注总长度以外，又对轴的各段长度进行了标注，即注成了封闭尺寸链。这种标注，四个尺寸 *A*、*B*、*C*、*L* 中若能保证其中三个尺寸精度，则另外一个尺寸精度不一定能保证。

③ 标注尺寸要尽量适应加工方法及加工过程。同一零件的加工方法及加工过程可以不同，因此，适应于它们的尺寸注法也应不同。图 3-120 所示为一些常见图例。

图 3-120（a）及图 3-120（b）是在车床上一次装卡加工阶梯轴时，长度尺寸的两种注法。尺寸 *A* 将主要尺寸基准与工艺上的支承基准联系起来。

图 3-120（c）是在车床上两次装卡加工时，轴的长度尺寸的注法。

图 3-120（d）是用圆钢棒料车制轴时的尺寸注法。

图 3-120（e）是一般阶梯孔深度尺寸的注法。但若采用扩孔钻加工，其深度尺寸的注法需与扩孔钻的尺寸相符，如图 3-120（f）所示。

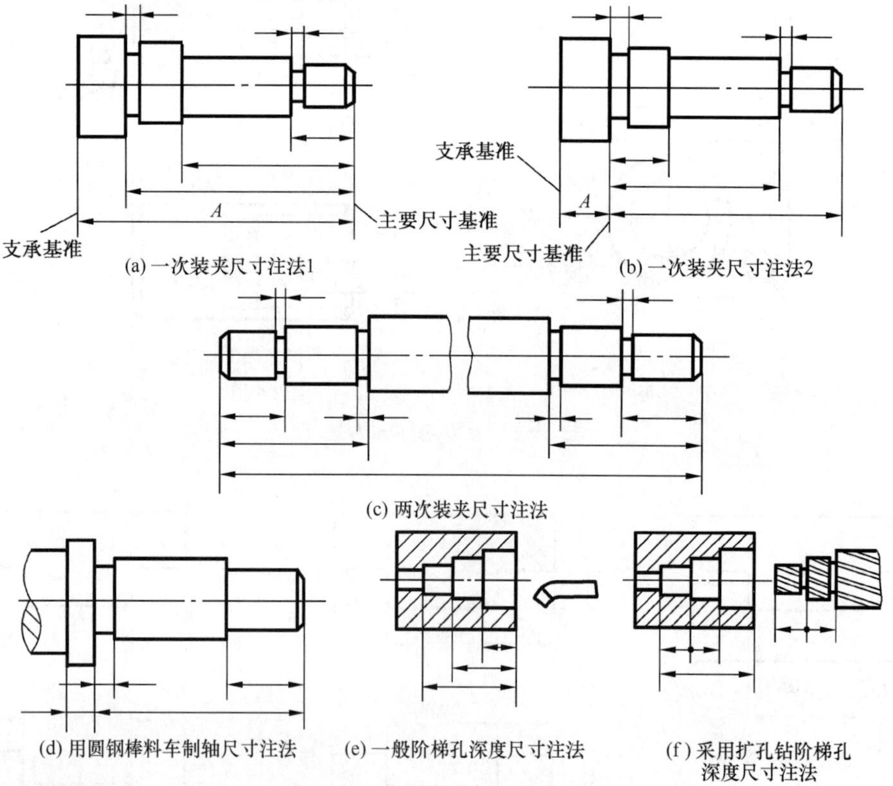

图 3-120　不同加工方法及加工过程对应于不同的尺寸注法

④ 标注尺寸应符合使用的工具。如图 3-121 所示，用圆盘铣刀铣制键槽，在主视图上应注出所用的铣刀直径，以便选定铣刀。

⑤ 标注尺寸应考虑加工的可能性。如图 3-122（b）所示，右图中所注斜孔的定位尺寸是错误的，因为无法按此尺寸由大孔内部确定斜孔的位置。

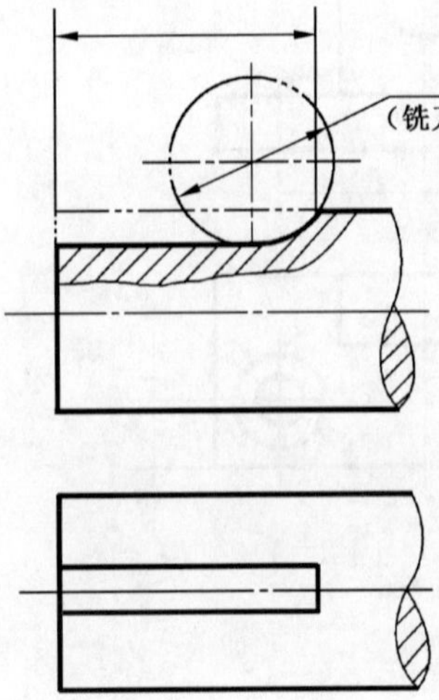

图 3-121 尺寸标注符合使用的工具

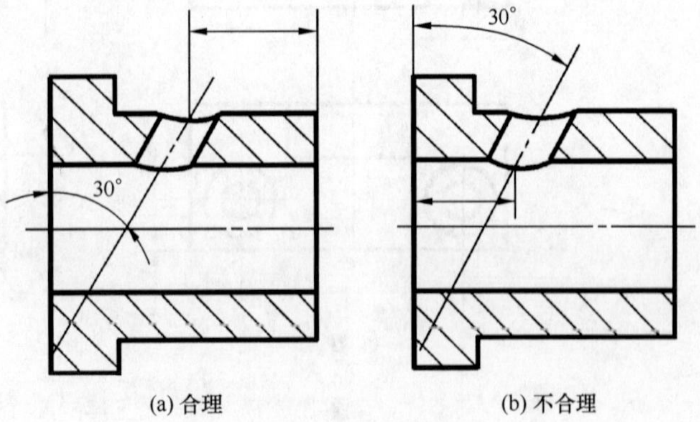

图 3-122 标注尺寸应考虑加工的可能性

⑥ 尽可能不标注不便于测量的尺寸。如图 3-123 所示，所注尺寸要便于测量。图 3-123（a）中标注的尺寸，测量时几何中心是无法实际测量的。图 3-123（d）中当台阶孔中小孔的直径较小时，这样标注将不利于孔深的测量，所以是错误的标注。

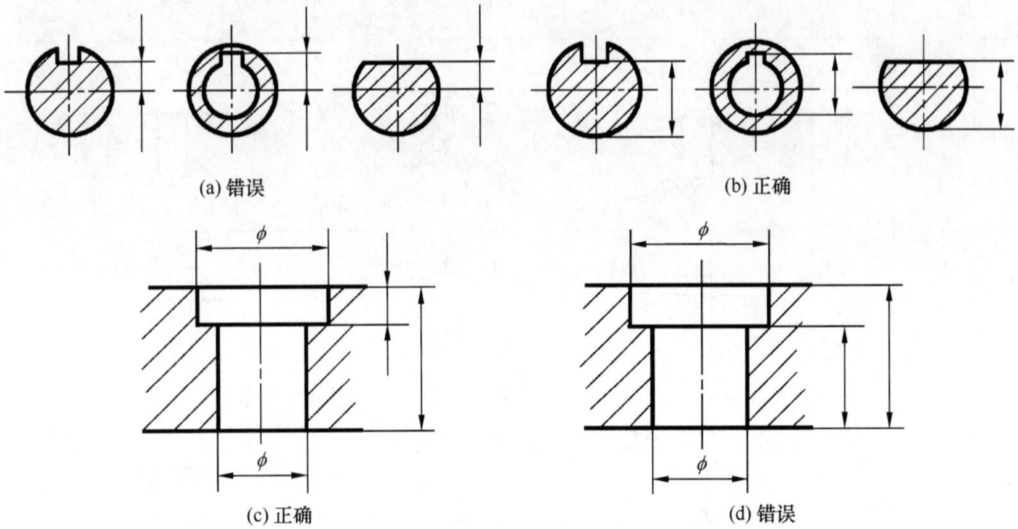

图 3-123 尽可能不标注不便于测量的尺寸

⑦ 同一个工序的尺寸应集中标注。如图 3-124 所示，两个安装孔的定位尺寸集中在俯视图中标注，定形尺寸集中在主视图中标注，这样使得看图方便。

（3）零件上常见结构的尺寸标注

零件上常见结构的尺寸标注如表 3-10 所示。

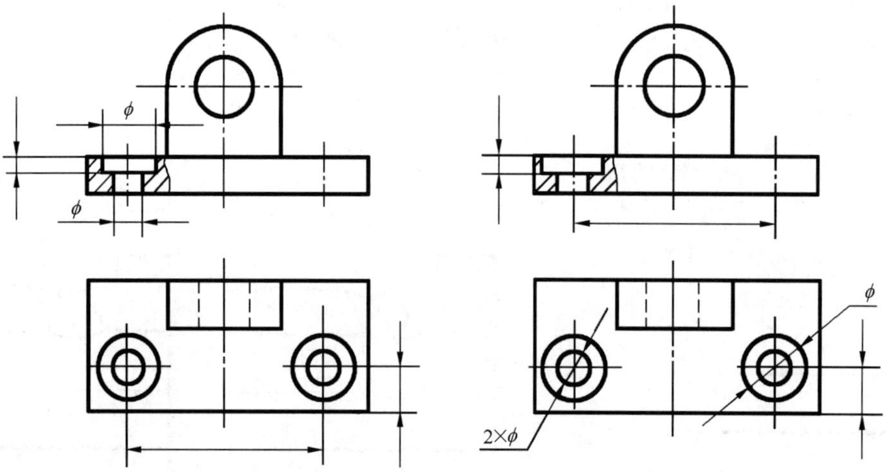

(a) 好　　　　(b) 不好

图 3-124　同一个工序的尺寸应集中标注

表 3-10　　零件上常见结构的尺寸标注

序号	类型		旁注方法		普通标注方法
1	光孔	一般孔	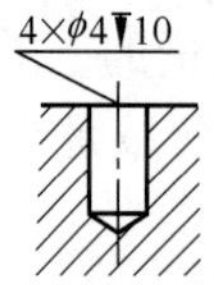	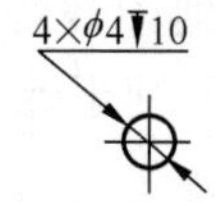	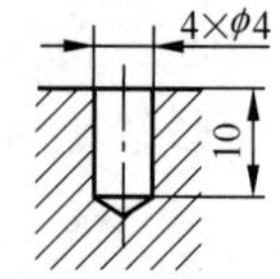
2		精加工孔		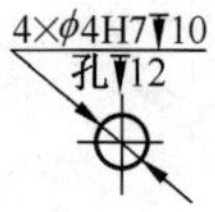	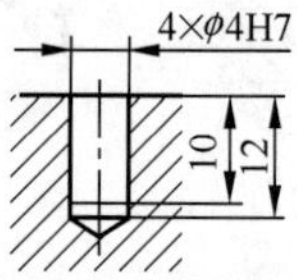
3	螺孔	通孔	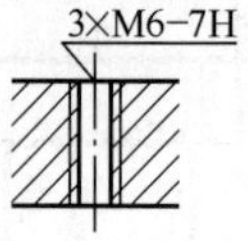		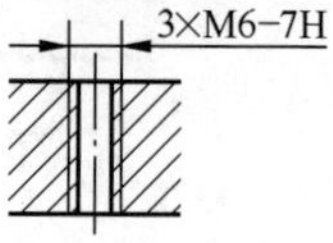
4		不通孔	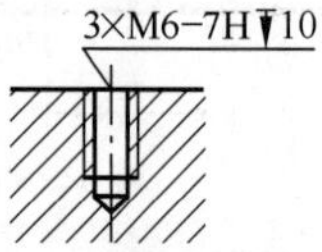	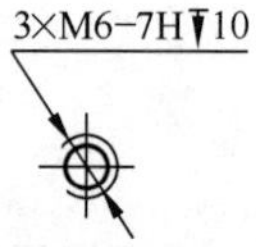	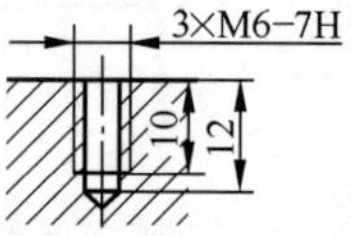
5			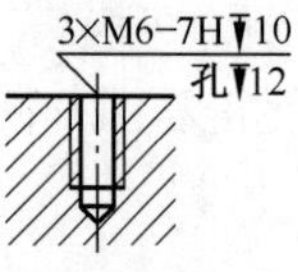	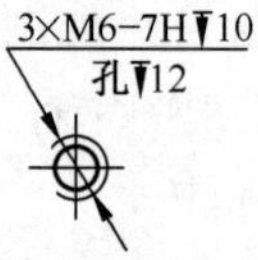	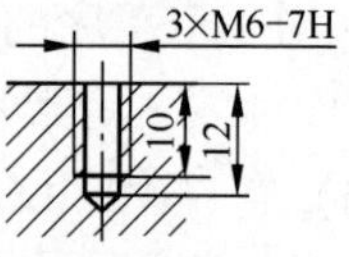

续表

序号	类型		旁注方法		普通标注方法
6		埋头孔	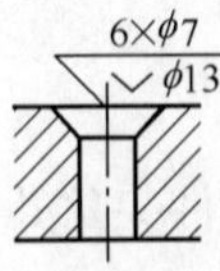	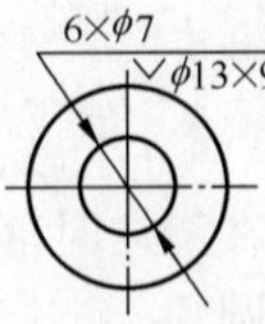	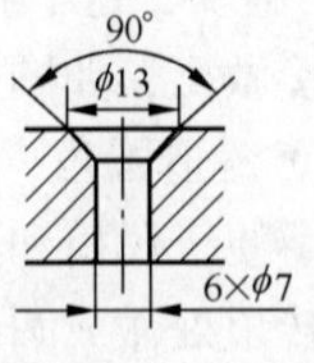
7	沉孔	沉孔	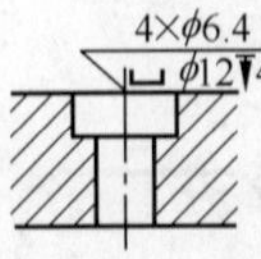	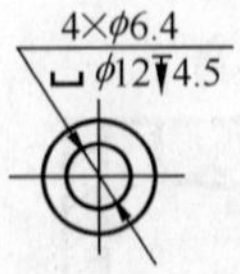	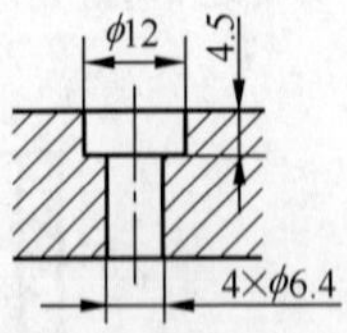
8		锪平孔	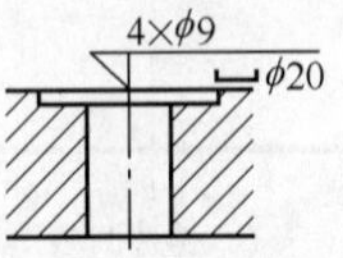	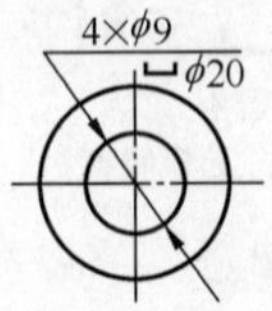	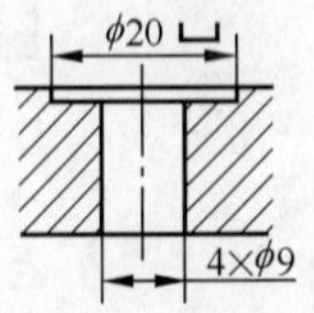

（三）常见零件图上的工艺结构

配套视频

零件上的工艺结构

零件的结构形状主要是根据它在机器（或部件）中的作用、位置及与其他零件之间的关系确定的，同时，还要考虑零件的结构形状必须便于加工制造和装配。零件上一些为满足加工制造、装配和测量等工艺需要而设计的结构称为零件的工艺结构。

1. 铸造工艺结构

（1）铸件壁厚

铸件壁厚设计是否合理，对铸件质量有很大的影响。铸件的壁越厚，浇注成型时冷却越慢，就越容易产生缩孔；壁厚变化不均匀，在突变处易产生裂隙纹、缩孔，如图 3-125 所示，图 3-125（a）、图 3-125（c）结构合理，图 3-125（b）、图 3-125（d）结构不合理，即铸壁厚要均匀，避免突然变厚和局部肥大。

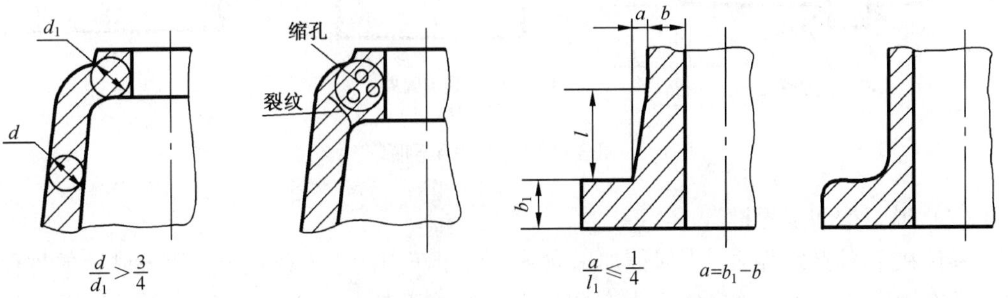

(a) 壁厚均匀　(b) 壁厚不均匀　(c) 壁厚过渡变化　(d) 壁厚突变

图 3-125　铸件壁厚

（2）起模斜度

在铸造生产中，为了从砂型中顺利取出木模而不破坏砂型，常沿模型的起模方向做成3°~6°的斜度，这个斜度称为起模斜度。起模斜度在图样上可以不必画出，不加标注，由木模直接做出，如图3-126（a）所示。

（3）铸造圆角

为了便于脱模和避免砂型尖角在浇注时落砂，避免铸件尖角处产生裂纹和缩孔，在铸件表面转角处做成圆角，称为铸造圆角。

一般铸造圆角半径为$R3$~$R5$，如图3-126（b）所示。

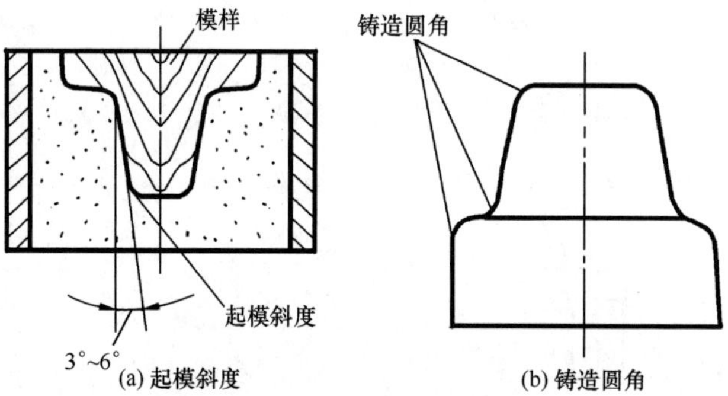

图3-126　起模斜度、铸造圆角

2. 机械加工工艺结构

（1）倒角和倒圆

为了去除零件在机械加工后的锐边和毛刺，便于装配，常在轴孔的端部加工成45°或30°、60°倒角；为避免应力集中而产生裂纹，在轴肩处常采用圆角过渡，称为倒圆，如图3-127所示。当倒角、倒圆尺寸很小时，在图样上可不画出，但必须注明尺寸或在“技术要求”中加以说明。

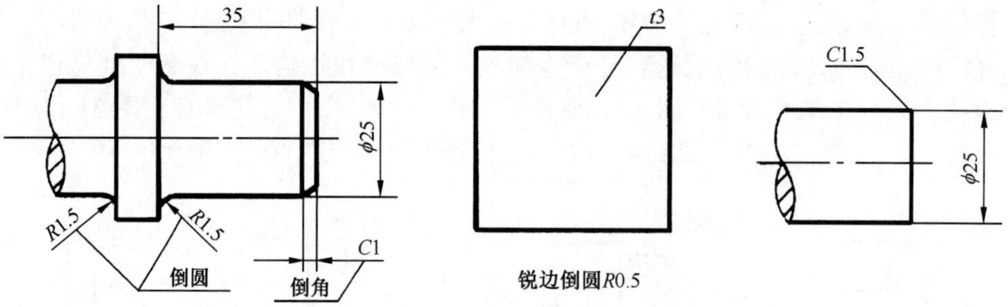

图3-127　倒角和倒圆

（2）退刀槽和越程槽

零件在车削或磨削时，为保证加工质量，便于车刀的进入或退出，以及砂轮的越程需要，常在轴肩处、孔的台肩处预先车削出退刀槽或砂轮越程槽，如图3-128所示。具体尺寸与结构可查阅有关标准和设计手册。

图3-129给出了退刀槽和越程槽的三种常见的尺寸标注方法。

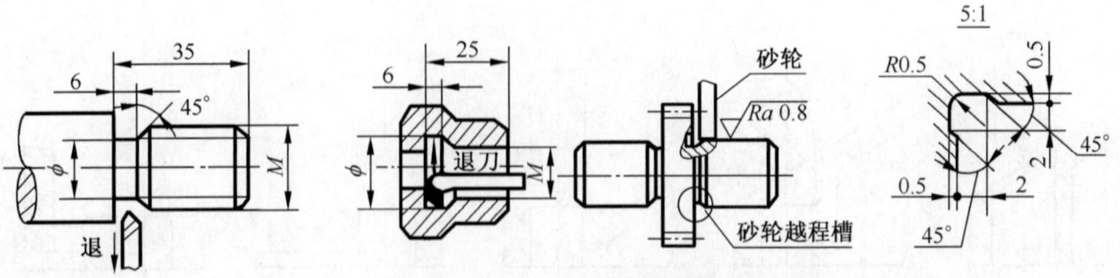

图 3-128　退刀槽和越程槽

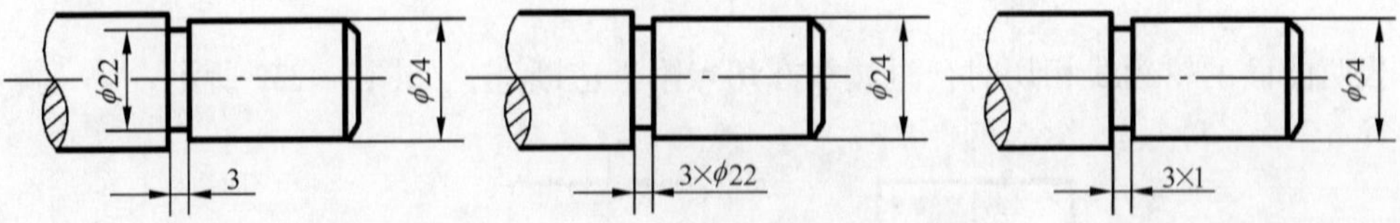

图 3-129　退刀槽和越程槽的尺寸注法

（3）凸台和凹坑

两零件的接触面一般都要进行机械加工，为减少加工面积，并保证良好接触，常在零件的接触部位设置凸台或凹坑，如图 3-130 所示。

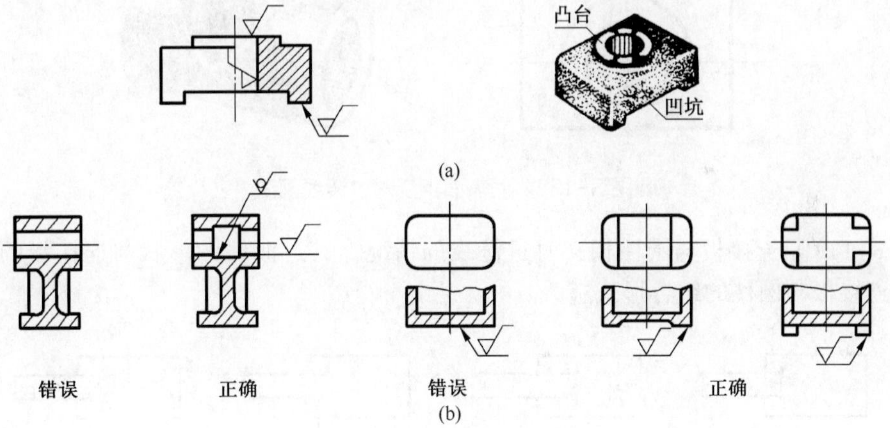

图 3-130　凸台和凹坑

（4）钻孔结构

钻孔时，钻头的轴线应与被加工表面垂直，否则会使钻头弯曲，甚至折断。当被加工面倾斜时，可设置凸台或凹坑；钻头钻透时的结构，要考虑到不使钻头单边受力，否则钻头也容易折断，如图 3-131 所示。

3. 过渡线

在铸造零件上，两表面相交处一般都有小圆角光滑过渡，因而两表面之间的交线就不像加工面之间的交线那么明显。为了看图时能分清不同表面的界限，在投影图中仍应画出这种交线，即过渡线。

过渡线的画法和相贯线的画法相同，但为了区别于相贯线，过渡线用细实线绘制，在过渡线的两端与圆角的轮廓线之间应留有间隙，如图 3-132 所示。

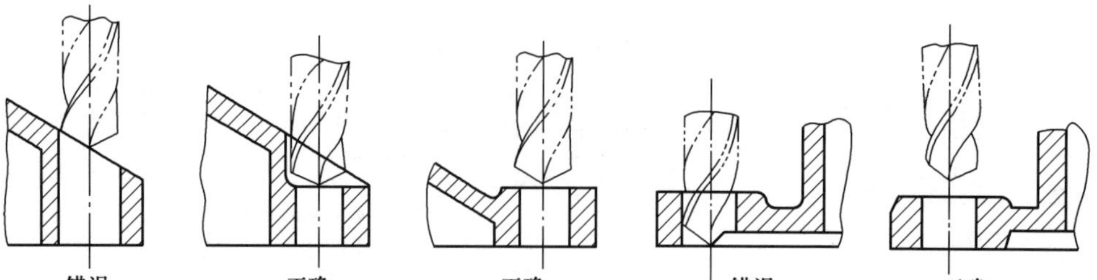

图 3-131　钻孔结构

当两曲面的轮廓线相切时，过渡线在切点附近应断开，如图 3-132 所示。

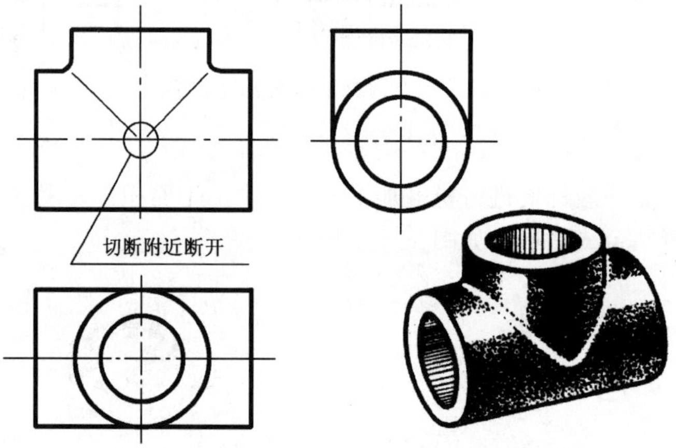

图 3-132　两表面相切时过渡线画法

图 3-133 是连接板与圆柱相交时过渡线的情况，其过渡线的形状与连接板的截断面形状、连接板与圆柱的组合形式有关。

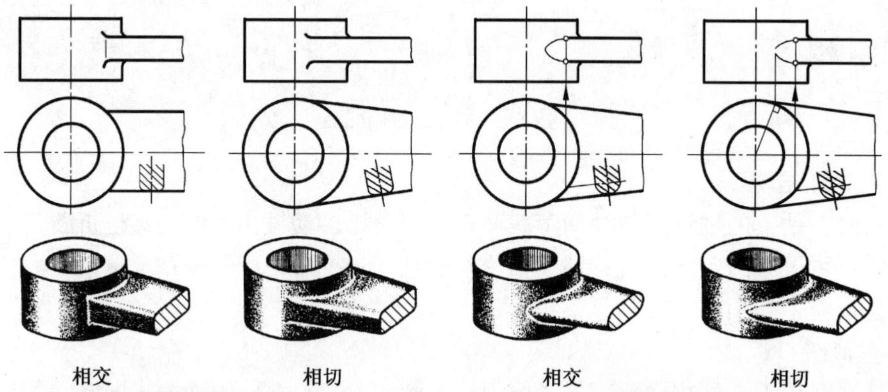

图 3-133　连接板与圆柱相交时过渡线的画法

（四）零件图的技术要求

零件图上的技术要求主要是指零件几何精度方面的要求，如零件表面结构、极限与配合、形状和位置公差等。技术要求还包括物理、化学性能方面的要求，如对材料热处理和表面处理等方面的要求。

1. 表面结构的图样表示法

表面结构是表面粗糙度、表面波纹度、表面缺陷、表面纹理和几何形状的总称。表面结构的各项要求在图样上的表示方法在 GB/T 131—2006 中均有规定。本节主要介绍常用的表面粗糙度表示法。

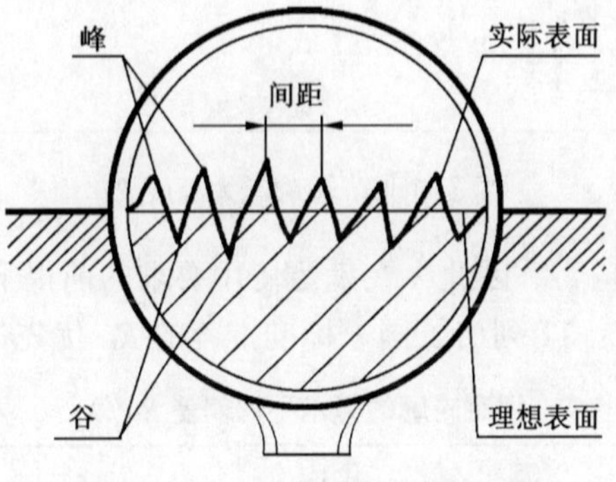

配套视频

零件图上的技术要求——表面粗糙度

图 3-134　零件表面结构示意图

（1）表面粗糙度的概念

在零件加工时，由于切削变形和机床振动等因素，使得零件的实际加工表面存在着微观的高低不平的凸峰和凹谷，这种微观的几何形状特征称为表面粗糙度，如图 3-134 所示。

（2）表面粗糙度的评定参数

对于零件表面结构的状况，可以由三个参数加以评定：轮廓参数（GB/T 3505—2009）、图形参数（GB/T 18618—2009）、支承率曲线参数（GB/T 18778. 2—2003、GB/T 18778. 3—2006）。

其中，表面结构常用的评定参数是轮廓算术平均偏差 Ra 和轮廓最大高度 Rz。

① 轮廓算术平均偏差 Ra 是指在一个取样长度内，纵坐标值 $Z(x)$ 绝对值的算术平均值：如图 3-135 所示。

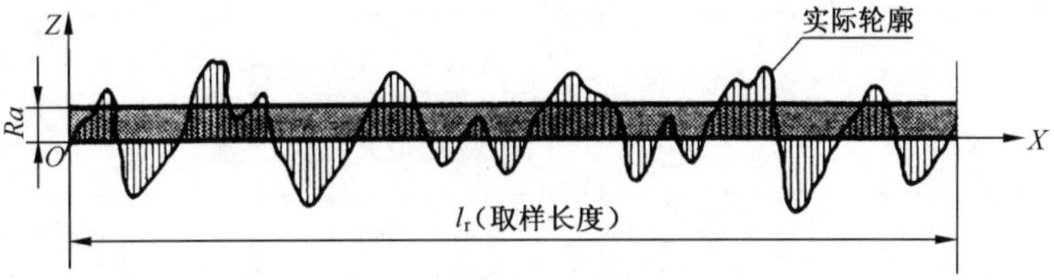

图 3-135　轮廓算术平均偏差（Ra）

② 轮廓最大高度 Rz 是指在一个取样长度内，最大轮廓峰高 Z_p 和最大轮廓谷深 Z_v 之和为轮廓最大高度，如图 3-136 所示。

表面粗糙度的选用应该既满足零件表面的功能要求，又要考虑经济合理。一般情况下，凡是零件上有配合要求或有相对运动的表面，粗糙度参数值要小。参数值越小，表面

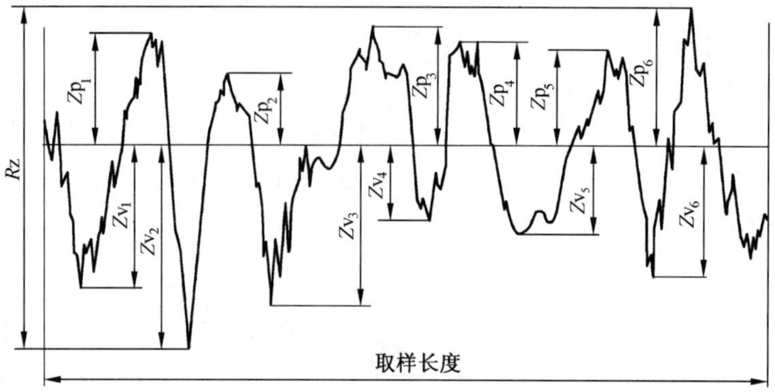

图 3-136　轮廓最大高度 *Rz*

质量越高，但加工成本也越高。因此，在满足使用要求的前提下，应尽量选用较大的粗糙度参数，以降低成本。表 3-11 列出了国家标准推荐的 *Ra* 优先选用条列。

表 3-11　　**评定轮廓的算术平均偏差 *Ra* 值**　　单位：μm

0.012	0.025	0.05	0.1	0.2	0.4	0.8
1.6	3.2	6.3	12.5	25	50	100

（3）表面粗糙度符号

标注表面结构要求时的图形符号及尺寸见表 3-12 和表 3-13。

表 3-12　　**表面粗糙度的符号和画法**

符号	说明
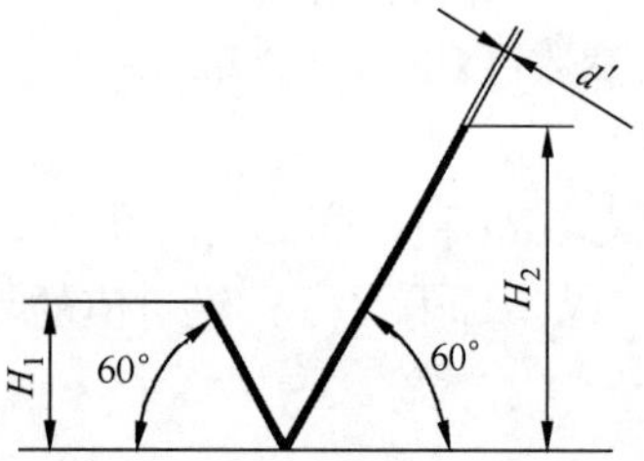	基本图形符号。仅用于简化代号标注，没有补充说明时不能单独使用
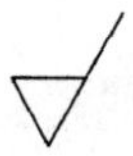	扩展图形符号。在基本符号上面加一横线，表明指定表面是用去除材料的方法获得，如通过车、铣、刨、磨、钻、抛光、腐蚀、电火花等机械加工方法获得的表面
	扩展图形符号。在基本符号上面加一个圆圈，表明指定表面是用不去除材料的方法获得，如通过铸、锻、冲压变形、热轧、冷轧、粉末冶金等方法获得的表面
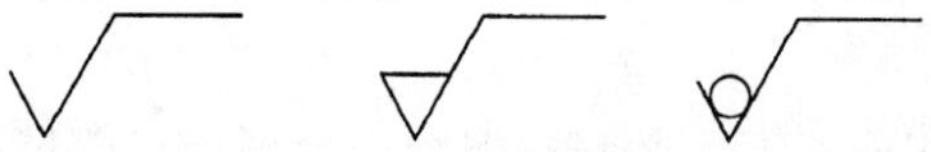	完整图形符号。当要求标注表面结构特征的补充信息时，在基本图形符号和扩展图形符号的长边上加一横线

表 3-13　　　**表面粗糙度的符号的尺寸**　　　单位：mm

数字和字母的高度 h	2.5	3.5	5	7	10	14	20
符号线宽 d'、字母线宽 d	0.25	0.35	0.5	0.7	1	1.4	2
高度 H_1	3.5	5	7	10	14	20	28
高度 H_2(最小值)	7.5	10.5	15	21	30	42	60

(4) 表面粗糙度代号

表面粗糙度代号由表面粗糙度符号和其他特征要求（如取样长度、加工工艺、表面纹理加工余量等）组成，这些要求在图形符号中的注写位置分别标注在如图 3-137 所示的 a、b、c、d、e 处。一般在图样上，只标记粗糙度值。

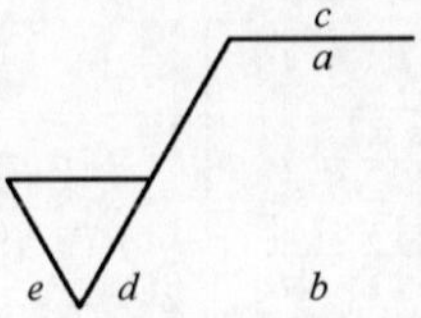

位置 a：注写第一或单一表面结构要求

位置 b：注写第二个表面结构要求

位置 c：注写加工方法，如车、磨、镀等

位置 d：注写表面纹理和方向，如 =、X、M 等

位置 e：注写加工余量

图 3-137　补充要求的注写位置

(5) 表面粗糙度代号的标注方法

表面粗糙度代号对每个表面一般只标注一次，并尽可能标注在相应的尺寸及其公差的同一视图上。除非另有说明，否则所标注的表面粗糙度代号均是对完工零件表面的要求。

① 表面粗糙度代号的注写和读取方向应与尺寸的注写和读取方向一致，如图 3-138 所示。

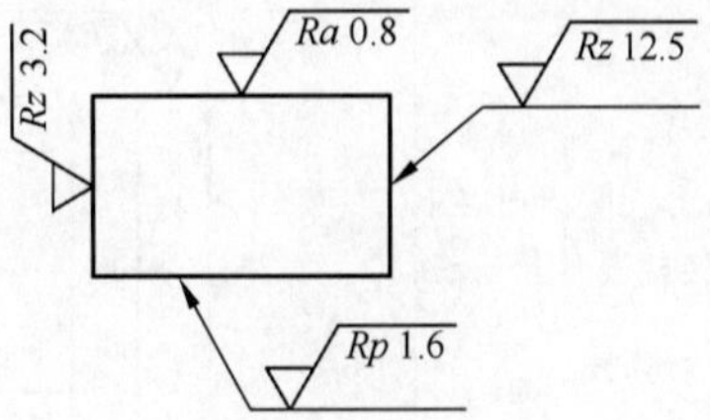

图 3-138　表面粗糙度代号的注写方向

② 表面粗糙度代号在图样中的标注位置和方向如表 3-14 所示。

表 3-14　　　**表面粗糙度代号在图样中的标注位置和方向**

标注位置	标注图例	说明
标注在轮廓线或其延长线上	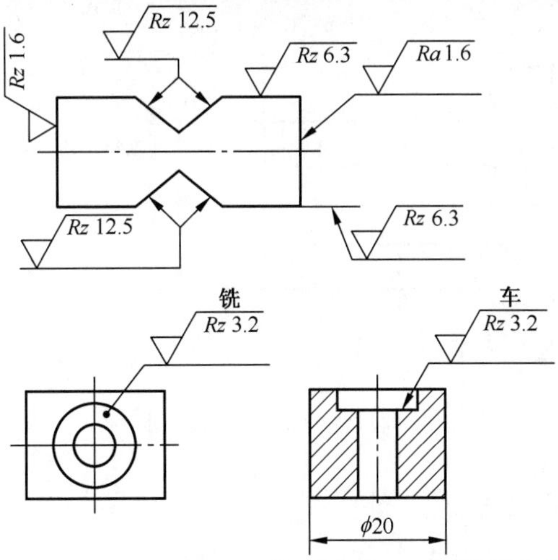	其符号应从材料外指向并接触表面或其延长线，或用箭头指向表面或其延长线。必要时可以用黑点或箭头引出标注

续表

标注位置	标注图例	说明
标注在特征尺寸的尺寸线上	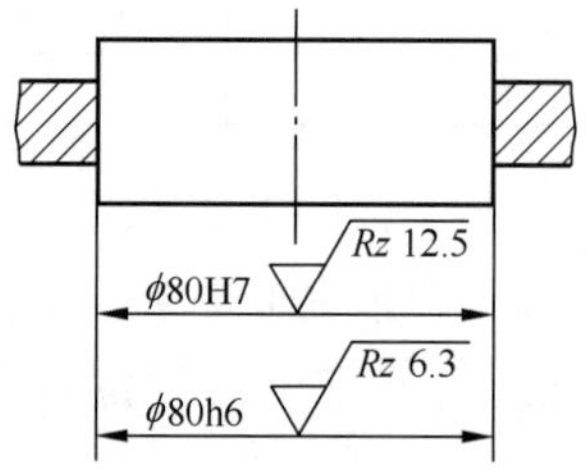	在不至于引起误解时，表面结构要求可以标注在给定的尺寸线上
标注在形位公差框格的上方	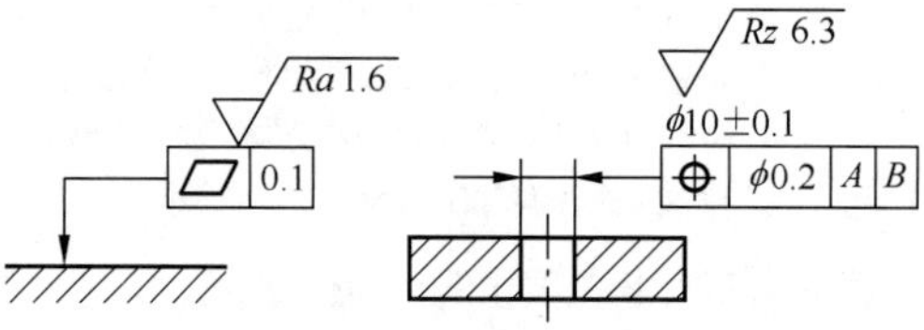	表面结构要求可以标注在形位公差框格的上方
标注在圆柱和棱柱表面上	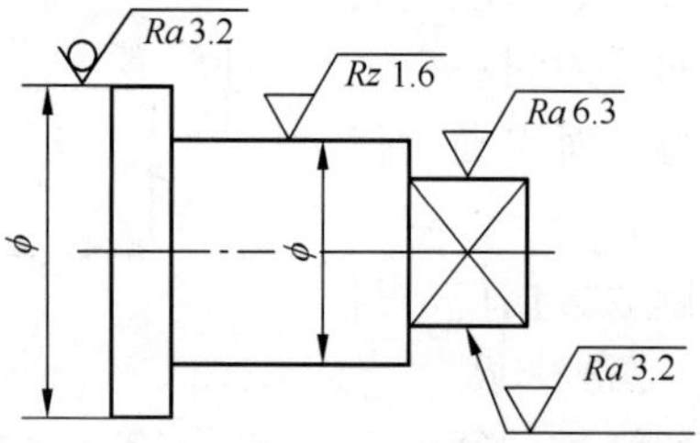	圆柱和棱柱表面的结构要求只标注一次，如果每个表面有不同的表面结构要求，则应分别单独标注

③ 由几种不同的工艺方法获得的同一表面，当需要明确每种工艺方法的表面粗糙度代号时，可按图 3-139 所示的方法标注，Fe/Ep · Cr25b 表示钢件，镀铬。

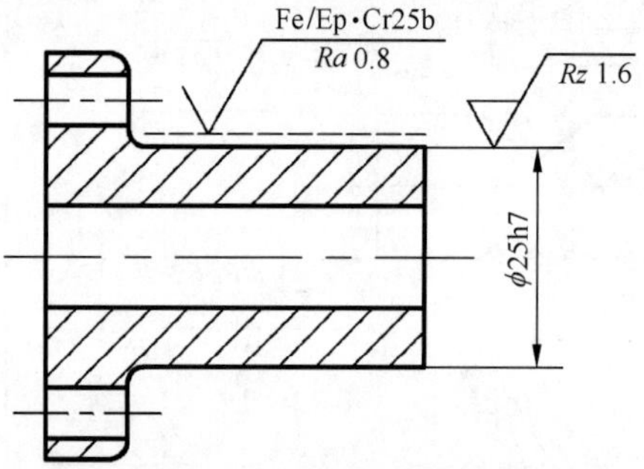

图 3-139　不同工艺获得同一表面的表面粗糙度的注法

（6）表面粗糙度代号的简化注法

表面粗糙度代号的简化注法见表 3-15。

表 3-15　表面粗糙度代号的简化注法

项目		标注图例	说明
有相同表面结构要求的简化注法		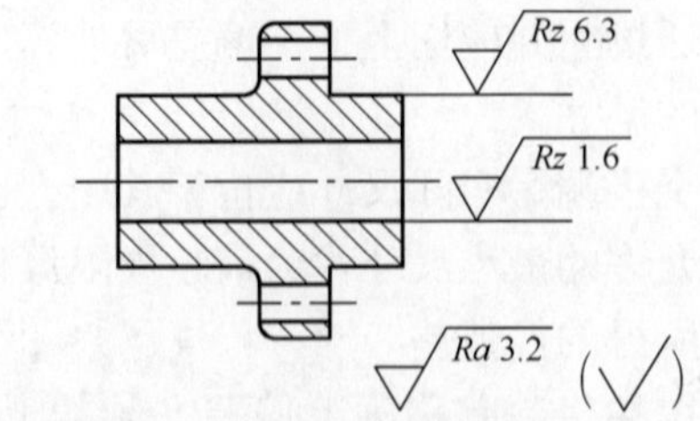 注：在圆括号内给出无任何其他标注的基本符号 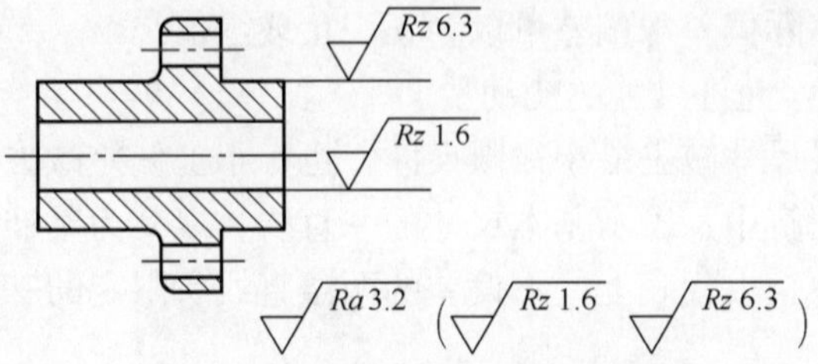 注：在圆括号内给出不同的表面结构要求	如果在工件的多数(包括全部)表面有相同的表面结构要求可统一标注在图样的标题栏附近。此时(除全部表面有相同要求的情况外)，表面结构符号的后面应有表示无任何其他标注的基本符号或不同的表面结构要求
多个表面有共同要求的注法	用带字母的完整符号的简化注法	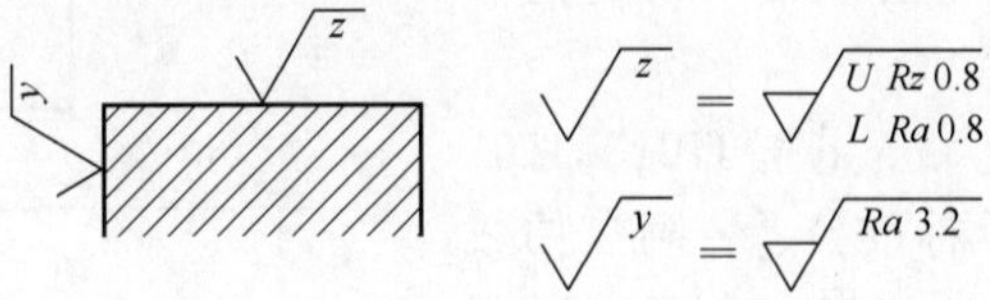	当多个表面具有相同的表面结构要求或图纸空间有限时，可以采用简化注法
	只用表面结构符号的简化注法	 注：未批定工艺方法的多个表面结构要求的简化注法　注：要求去除材料的多个表面结构要求的简化注法  注：不允许去除材料的多个表面结构要求的简化注法	可以用表 3-12 所示的表面结构图形符号，以等式的形式给出对多个表面共同的表面结构要求

2. 极限与配合

（1）基本概念

① 零件的互换性。在成批或大量生产中，要求零件具有互换性。互换性是指从加工完的一批规格相同的零件中任取一件，不经修配就能立即装配到机器或部件上，并能保证使用要求。零件的这种性质称为互换性。零件具有互换性，不仅给机器的装配、维修带来方便，而且满足生产各部门广泛的协作要求，为大批量的生产、流水作业提供条件，从而缩短生产周期，提高劳动效率和经济效益。

配套视频

零件图上的技术要求——尺寸公差与几何公差

② 尺寸公差。零件在制造的过程中，由于加工或测量等因素的影响，因此加工后一批零件的实际尺寸总存在一定的误差。为了保证零件的互换性，必须将零件的实际尺寸控制在允许的变动范围内，这个允许的尺寸变动范围称为尺寸公差。

基本尺寸：设计给定的尺寸。通过它并应用上、下偏差可计算出极限尺寸。

实际尺寸：通过实际测量所得的尺寸。

极限尺寸：允许尺寸变化的两个极端。实际尺寸应位于其中，也可达到极限尺寸。允许的最大尺寸称为最大极限尺寸；允许的最小尺寸称为最小极限尺寸。

偏差：某一尺寸减去基本尺寸所得的代数差。

最大极限尺寸减去基本尺寸所得的代数差称为上偏差（轴的上偏差用 es 表示，孔的上偏差用 ES 表示）；最小极限尺寸减去基本尺寸所得的代数差称为下偏差（轴的下偏差用 ei 表示，孔的下偏差用 EI 表示）。上偏差与下偏差统称为极限偏差。实际尺寸减去基本尺寸所得的代数差称为实际偏差。偏差可以为正、负或零值。

尺寸公差（简称公差）：允许尺寸的变动量。

尺寸公差等于最大极限尺寸减去最小极限尺寸，也等于上偏差减去下偏差。

零线：在极限与配合图解中，表示基本尺寸的一直线，以其为基准确定偏差和公差。

公差带：在公差带图中，由代表上、下偏差的两条直线所限定的一个区域。公差带图如图 3-140 所示。

标准公差：国家标准（GB/T 1800.2—2020）表列的、用于确定公差带大小的任一公差。

标准公差分为 20 级，即：IT01、IT0、IT1…IT18。其中 IT 表示标准公差，阿拉伯数字表示公差等级，从 IT01 到 IT18 等级依次降低。各级标准公差的数值见附表 1。

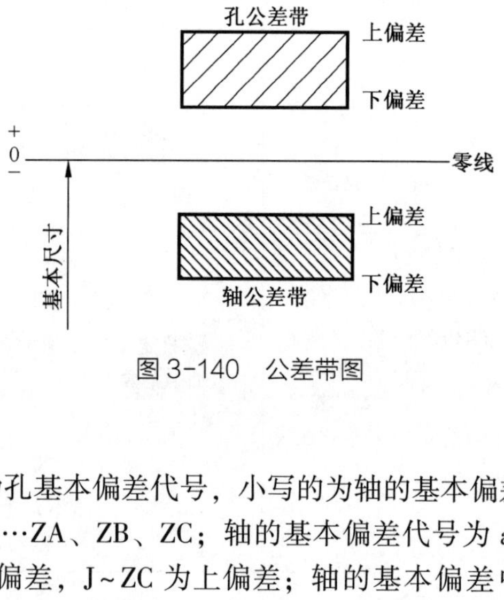

图 3-140　公差带图

基本偏差：国家标准（GB/T 1800.1—2020）所定的，用于确定公差带相对于零线位置的上偏差或下偏差，一般为靠近零线的那个偏差。

基本偏差的代号用拉丁字母表示，大写的为孔基本偏差代号，小写的为轴的基本偏差代号，各 28 个。孔的基本偏差代号为 A、B、C…ZA、ZB、ZC；轴的基本偏差代号为 a、b、c…za、zb、zc。孔的基本偏差中 A～H 为下偏差，J～ZC 为上偏差；轴的基本偏差中 a～h 为上偏差，j～zc 为下偏差；JS 和 js 的公差带均匀地分布在零线两边，孔和轴的上、下偏差分别为+IT/2 和−IT/2。基本偏差只表示公差带在公差带图中的位置，而不表示公差带大小，因此，公差带一端是开口的，开口的一端由标准公差限定。基本偏差系列如图 3-141 所示。轴的基本偏差数值见附表 2，孔的基本偏差数值见附表 3。

③ 配合。基本尺寸相同的、相互结合的孔和轴公差带之间的关系称为配合。

间隙或过盈：孔的尺寸减去相配合的轴的尺寸所得的代数差。此差值为正时是间隙，为负时是过盈。

间隙配合：具有间隙（包括最小间隙等于零）的配合。此时，孔的公差带在轴的公

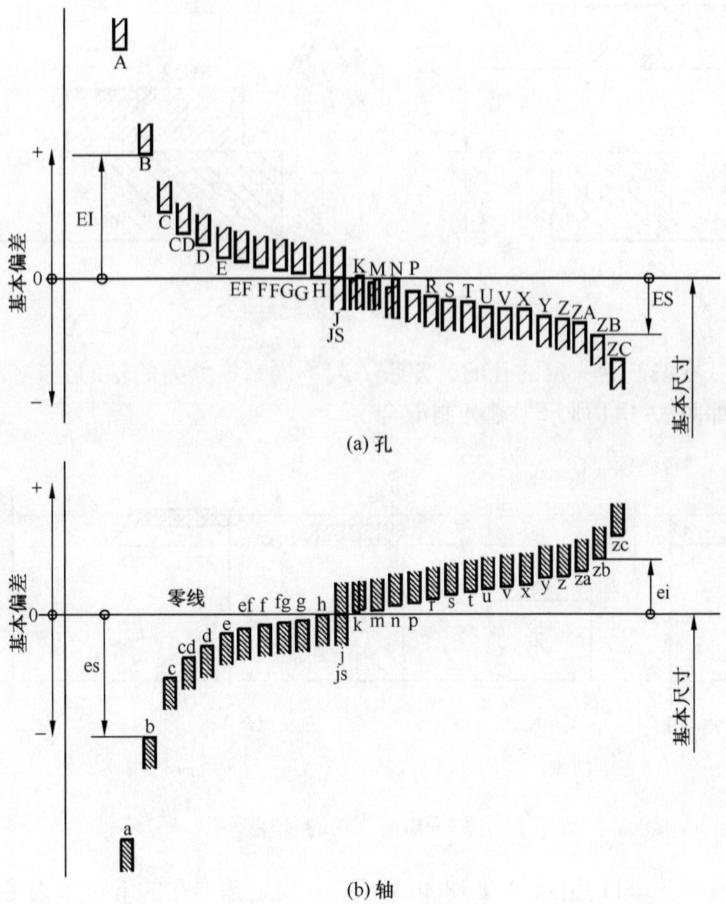

图 3-141　基本偏差系列

差带之上，如图 3-142 所示。

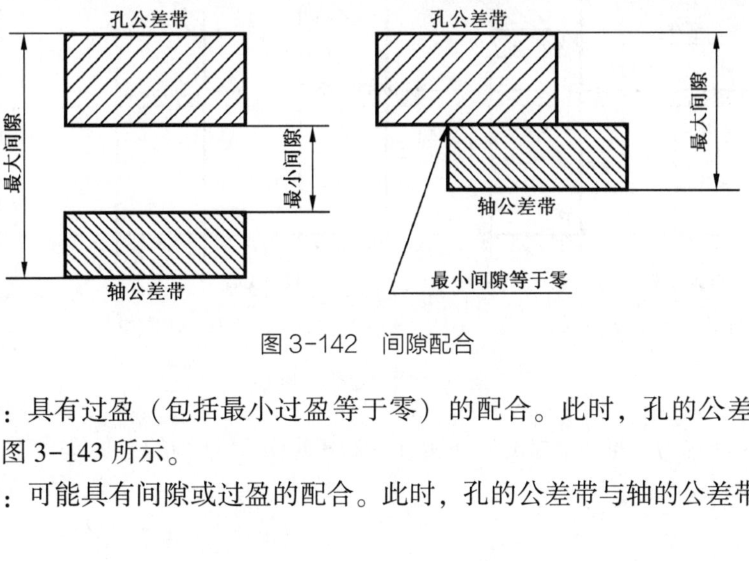

图 3-142　间隙配合

过盈配合：具有过盈（包括最小过盈等于零）的配合。此时，孔的公差带在轴的公差带之下，如图 3-143 所示。

过渡配合：可能具有间隙或过盈的配合。此时，孔的公差带与轴的公差带相互交叠。

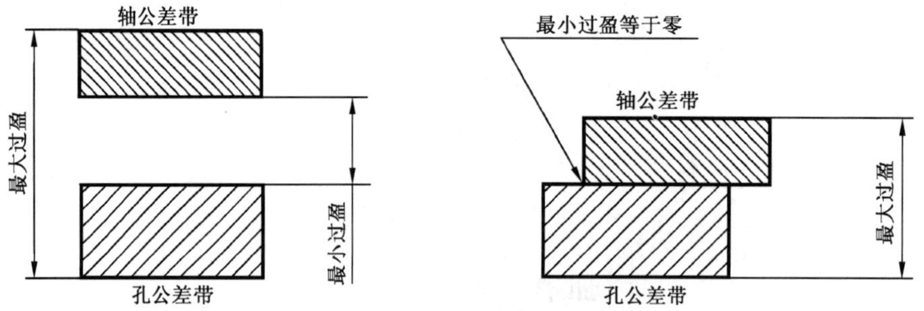

图 3-143　过盈配合

基孔制：基本偏差为一定的孔的公差带，与不同基本偏差的轴的公差带形成各种配合的一种制度，如图 3-144 所示为基孔制配合。

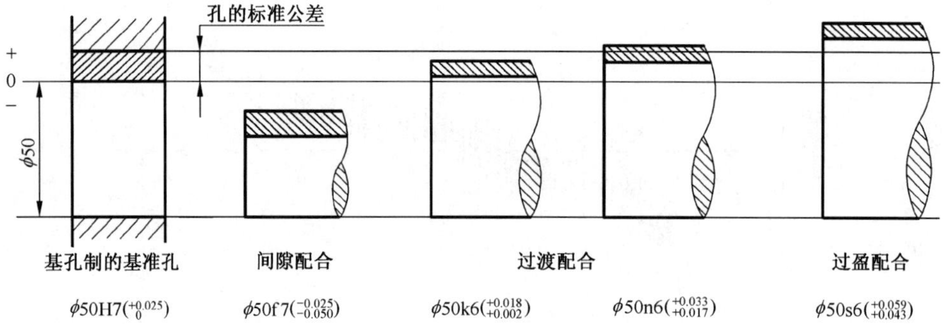

图 3-144　基孔制配合

基孔制的孔称为基准孔，GB/T 1800. 1—2020 规定基准孔的下偏差为零，基本偏差代号为 H。

基轴制：基本偏差为一定的轴的公差带，与不同基本偏差的孔的公差带形成各种配合的一种制度，如图 3-145 所示。

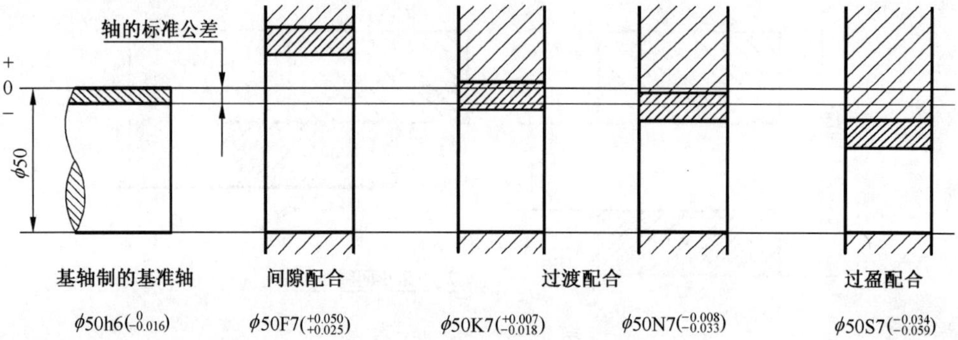

图 3-145　基轴制配合

基轴制的轴称为基准轴，GB/T 1800. 1—2020 规定基准轴的上偏差为零，基本偏差代号为 h。

表 3-16 是基孔制优先、常用的配合，表 3-17 是基轴制优先、常用的配合。

表 3-16　　基孔制优先、常用的配合

基准孔	轴																				
	a	b	c	d	e	f	g	h	js	k	m	n	p	r	s	t	u	v	x	y	z
	间隙配合								过渡配合				过盈配合								
H6						$\frac{H6}{f5}$	$\frac{H6}{g5}$	$\frac{H6}{h5}$	$\frac{H6}{js5}$	$\frac{H6}{k5}$	$\frac{H6}{m5}$	$\frac{H6}{n5}$	$\frac{H6}{p5}$	$\frac{H6}{r5}$	$\frac{H6}{s5}$	$\frac{H6}{t5}$					
H7						$\frac{H7}{f6}$	▼ $\frac{H7}{g6}$	▼ $\frac{H7}{h6}$	$\frac{H7}{js6}$	▼ $\frac{H7}{k6}$	$\frac{H7}{m6}$	▼ $\frac{H7}{n6}$	▼ $\frac{H7}{p6}$	$\frac{H7}{r6}$	▼ $\frac{H7}{s6}$	$\frac{H7}{t6}$	▼ $\frac{H7}{u6}$	$\frac{H7}{v6}$	$\frac{H7}{x6}$	$\frac{H7}{y6}$	$\frac{H7}{z6}$
H8				$\frac{H8}{d8}$	$\frac{H8}{e7}$ $\frac{H8}{e8}$	▼ $\frac{H8}{f7}$ $\frac{H8}{f8}$	$\frac{H8}{g7}$	▼ $\frac{H8}{h7}$ $\frac{H8}{h8}$	$\frac{H8}{js7}$	$\frac{H8}{k7}$	$\frac{H8}{m7}$	$\frac{H8}{n7}$	$\frac{H8}{p7}$	$\frac{H8}{r7}$	$\frac{H8}{s7}$	$\frac{H8}{t7}$	$\frac{H8}{u7}$				
H9			$\frac{H9}{c9}$	▼ $\frac{H9}{d9}$	$\frac{H9}{e9}$	$\frac{H9}{f9}$		▼ $\frac{H9}{h9}$													
H10			$\frac{H10}{c10}$	$\frac{H10}{d10}$				$\frac{H10}{h10}$													
H11	$\frac{H11}{a11}$	$\frac{H11}{b11}$	▼ $\frac{H11}{c11}$	$\frac{H11}{d11}$				▼ $\frac{H11}{h11}$													
H12		$\frac{H12}{b12}$						$\frac{H12}{h12}$													

注：① $\frac{H6}{n5}$、$\frac{H7}{p6}$在基本尺寸小于或等于 3mm 和$\frac{H8}{r7}$在小于或等于 100mm 时，为过渡配合。

② 注有▼的配合为优先配合。表中总共 59 种，其中优先配合 13 种。

表 3-17　　基轴制优先、常用的配合

基准轴	孔																				
	A	B	C	D	E	F	G	H	JS	K	M	N	P	R	S	T	U	V	X	Y	Z
	间隙配合								过渡配合			过盈配合									
h5						$\frac{F6}{h5}$	$\frac{G6}{h5}$	$\frac{H6}{h5}$	$\frac{JS6}{h5}$	$\frac{K6}{h5}$	$\frac{M6}{h5}$	$\frac{N6}{h5}$	$\frac{P6}{h5}$	$\frac{R6}{h5}$	$\frac{S6}{h5}$	$\frac{T6}{h5}$					
h6						$\frac{F7}{h6}$	▼ $\frac{G7}{h6}$	▼ $\frac{H7}{h6}$	$\frac{JS7}{h6}$	▼ $\frac{K7}{h6}$	$\frac{M7}{h6}$	▼ $\frac{N7}{h6}$	▼ $\frac{P7}{h6}$	$\frac{R7}{h6}$	▼ $\frac{S7}{h6}$	$\frac{T7}{h6}$	▼ $\frac{U7}{h6}$				
h7					$\frac{E8}{h7}$	▼ $\frac{F8}{h7}$		▼ $\frac{H8}{h7}$	$\frac{JS8}{h7}$	$\frac{K8}{h7}$	$\frac{M8}{h7}$	$\frac{N8}{h7}$									
h8				$\frac{D8}{h8}$	$\frac{E8}{h8}$	$\frac{F8}{h8}$		$\frac{H8}{h8}$													
h9				▼ $\frac{D9}{h9}$	$\frac{E9}{h9}$	$\frac{F9}{h9}$		▼ $\frac{H9}{h9}$													

续表

基准轴	孔																				
	A	B	C	D	E	F	G	H	JS	K	M	N	P	R	S	T	U	V	X	Y	Z
	间隙配合								过渡配合			过盈配合									
h10				$\frac{D10}{h10}$				$\frac{H10}{h10}$													
h11	$\frac{A11}{h11}$	$\frac{B11}{h11}$	▼ $\frac{C11}{h11}$	$\frac{D11}{h11}$				▼ $\frac{H11}{h11}$													
h12		$\frac{B12}{h12}$						$\frac{H12}{h12}$													

注：注有▼的配合为优先配合。表中总共 47 种，其中优先配合 13 种。

（2）极限与配合在图样中的标注

① 在零件图中的标注。极限与配合在零件图中标注有三种形式，如图 3-146 所示。

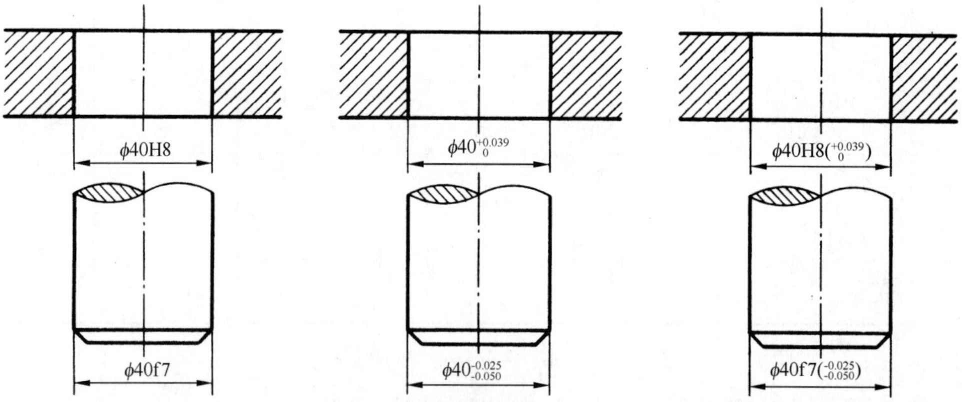

(a) 标注公差带代号　(b) 标注极限偏差　(c) 同时标公差带代号和极限偏差

图 3-146　极限与配合在零件图中的标注

a. 标注公差带代号［图 3-146（a）］。公差带代号由基本偏差代号及标准公差等级代号组成，注在基本尺寸的右边，代号字体与尺寸数字字体的高度相同。这种注法一般用于大批量生产，由专用量具检验零件的尺寸。

b. 标注极限偏差［图 3-146（b）］。上偏差标注在基本尺寸的右上方，下偏差与基本尺寸注在同一底线上，偏差数字的字体比尺寸数字字体小一号，小数点必须对齐，小数点后的位数也必须相同。当某一偏差为“零”时，用数字“0”标出，并与上偏差或下偏差的小数点前的个位数对齐。这种注法用于少量或单件生产。

当上、下偏差值相同时，偏差值只需要注一次，并在偏差值与基本尺寸之间注出“±”符号，偏差数值的字体高度与基本尺寸数字的字体相同。

注意：所注的上、下偏差的单位为 mm。

c. 公差带代号与极限偏差一起标注［图 3-146（c）］。偏差数值注在尺寸公差带代号之后，并加圆括号。这种注法在设计过程中因便于审图，故使用较多。

② 在装配图中的注法。在装配图上标注极限与配合时，其代号必须在基本尺寸的右边，用分数形式注出，分子为孔公差带代号，分母为轴的公差带代号。其注写形式有三种，如图 3-147（a）、（b）、（c）所示。当标注标准件、外购件与零件的配合关系时，可仅标注相配零件的公差带代号，如图 3-147（d）所示滚动轴承与轴和孔的配合尺寸 ϕ62JS7 和 ϕ30k6。

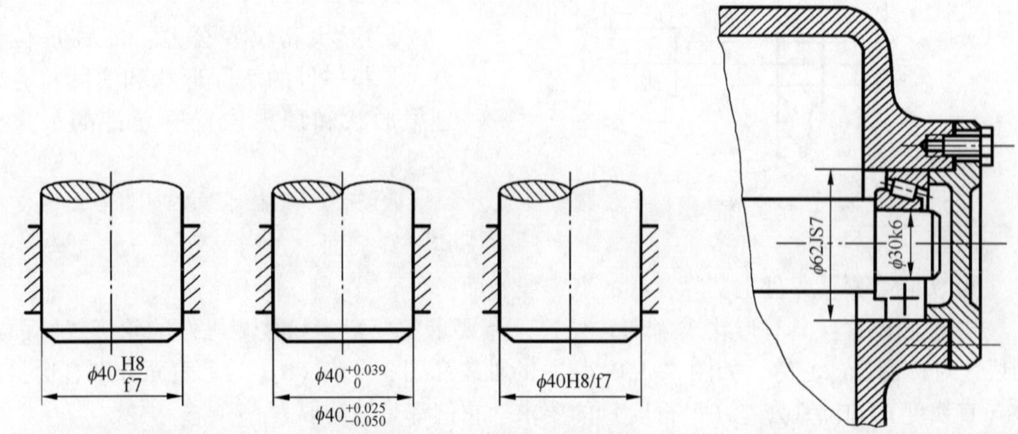

(a) 标注公差带代号(横线)　(b) 标注极限偏差　(c) 标注公差带代号(斜线)　(d) 滚动轴承与轴和孔的配合尺寸

图 3-147　极限与配合在装配图中的标注

一般在大型企业有这样的规定：零件图上应标注实际的公差值，这样便于零件的加工与检测；而在装配图中应标注公差代号，这样便于了解设计师的设计意图。

3. 形状和位置公差

（1）形状和位置公差的基本概念

在生产实践中，经过加工的零件，不但会产生尺寸误差，而且会产生形状和位置误差。例如图 3-148（b）所示的为一理想形状的销轴，加工后虽然各处的直径尺寸合乎要求，但实际形状却是轴线变弯了［图 3-148（c）］，因而产生了直线度误差，实际起作用的尺寸为 ϕ20.023mm，当把它与图 3-148（a）所示的孔配合的时候，则达不到装配要求，甚至不能装配。又如，图 3-149 所示的箱体上两个安装锥齿轮轴的孔，要求两孔的轴线相互垂直，但加工后，如果两孔的轴线歪斜太大，势必影响一对锥齿轮的啮合传动。为了保证一对齿轮的啮合传动，必须标注出位置公差——垂直度。图中代号的含义是：水平孔的轴线必须位于距离 0.05 且垂直于竖直孔轴线的两平行平面内。

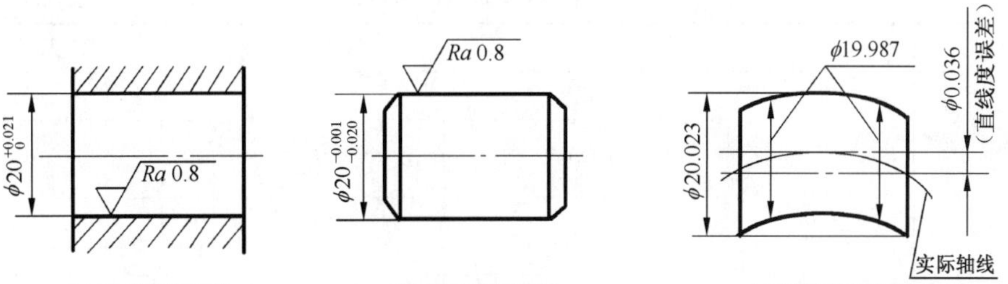

(a) 孔的理想形状　(b) 轴的理想形状　(c) 轴的实际形状

图 3-148　形状公差

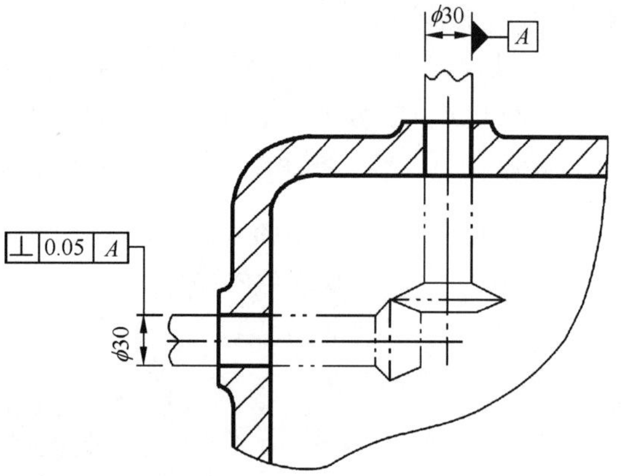

图 3-149　位置公差

由于零件的表面形状和相对位置的误差过大会影响机器的性能，因此对精度要求高的零件，除了尺寸精度外，还应控制其形状和位置的误差。对形状和位置误差的控制是通过形状和位置公差来实现的。

① 形状和位置公差：简称形位公差，是指零件的实际形状和实际位置对理想形状和理想位置所允许的最大变动量。

② 理想要素：具有几何学意义的点、线、面。

③ 实际要素：零件上实际存在的点、线、面。

④ 被测要素：具有形状或（和）位置公差要求的要素，如被测机件的轮廓线、面或轴线、对称面及球心等。如图 3-150（a）的轴线和图 3-150（b）的上表面分别有形状公差（直线度）和位置公差（平行度）的要求，它们都是被测要素。

⑤ 基准要素：用来确定被测要素的方向或（和）位置的理想要素，如图 3-149φ30 的轴线，图 3-150（b）的下表面。

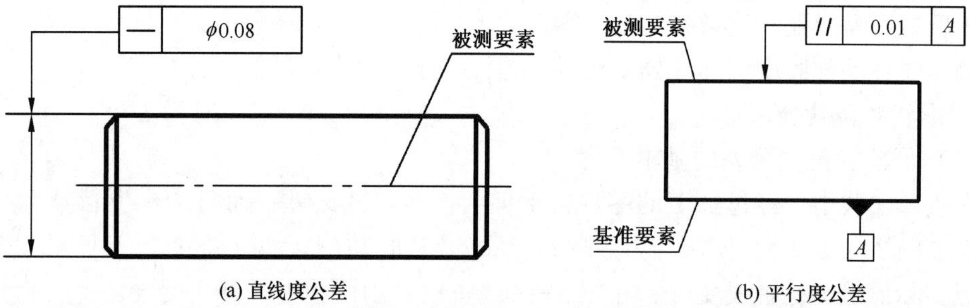

图 3-150　直线度、平行度公差

（2）形位公差的代号及注法。GB/T 1182—2018 和 GB/T 13319—2020 对形位公差的特征项目、名词、术语、代号、数值、标注方法等都作了明确规定。形位公差的特征项目及符号如表 3-18 所示。

表 3-18　　形位公差的特征项目及符号

公差	特征项目		符号	有或无基准要求
形状	形状	直线度	—	无
		平面度	▱	无
		圆度	○	无
		圆柱度	⌭	无

续表

公差	特征项目		符号	有或无基准要求
形状或位置	轮廓	线轮廓度	⌒	无或有
		面轮廓度	⌓	无或有
位置	定向	平行度	//	有
		垂直度	⊥	有
		倾斜度	∠	有
	定位	位置度	⌖	有或无
		同轴(同心)度	◎	有
		对称度	⌯	有
	跳动	圆跳动	↗	有
		全跳动	⌰	有

形位公差代号包括：形位公差框格及指引线、形位公差特征项目符号、形位公差数值和其他有关符号、基准符号等，如图 3-151 所示。

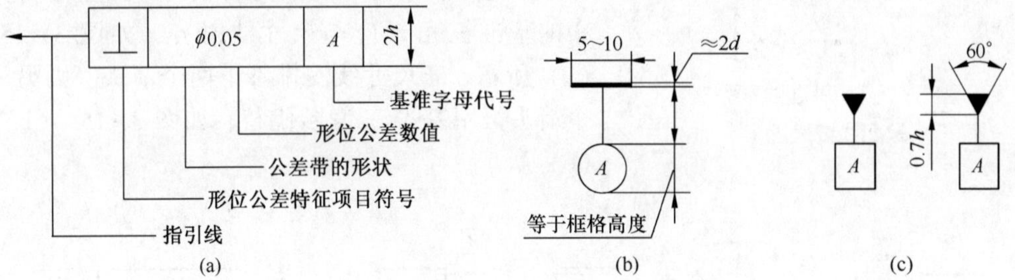

图 3-151　形位公差代号及基准代号

形位公差特征项目符号大小与框格中的字体同高，形位公差框格应水平或竖直放置，框格内的字高（h）与图样中的尺寸数字等高，框格的高度为字高的二倍，长度可根据需要画出。框格的内容如图 3-151（a）所示。形位公差符号、公差数字、框格线的宽均为字高的 1/10。

基准代号由基准符号、圆圈、连线和字母组成，画法如图 3-151（b）所示。目前国际上用的最多的基准代号如图 3-151（c）所示。

（3）形位公差代号标注示例

① 用带箭头的指引线将框格与被测要素相连，按以下方式标注：

a. 当被测要素为轮廓线或表面时，如图 3-152 所示，将箭头置于被测要素的轮廓线或轮廓线的延长线上，但必须与尺寸线明显地错开。

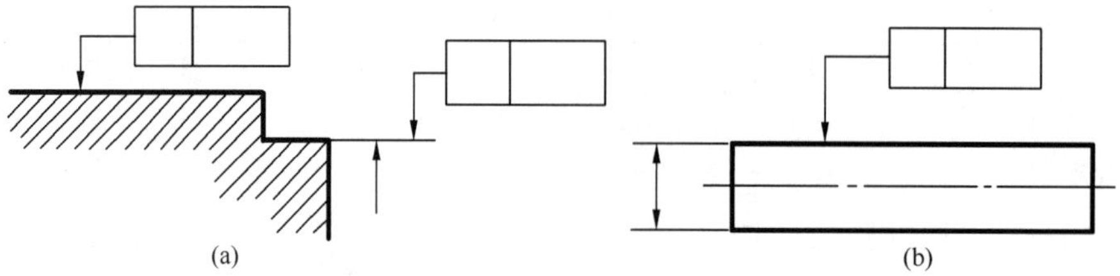

图 3-152　被测要素为轮廓线或表面

b. 当被测要素为轴线、对称面时，则带箭头的指引线应与尺寸线对齐，如图 3-153 所示。

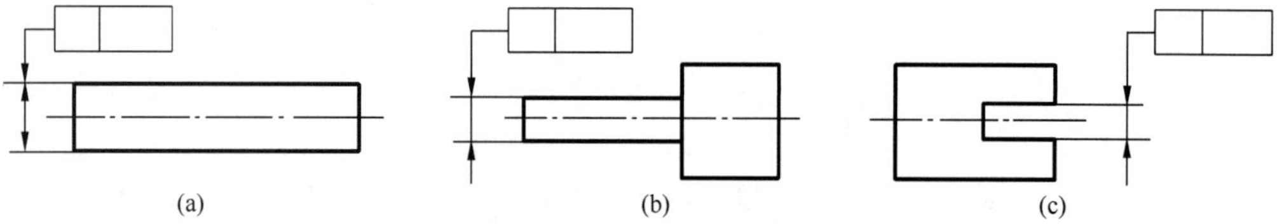

图 3-153　被测要素为轴线或对称面

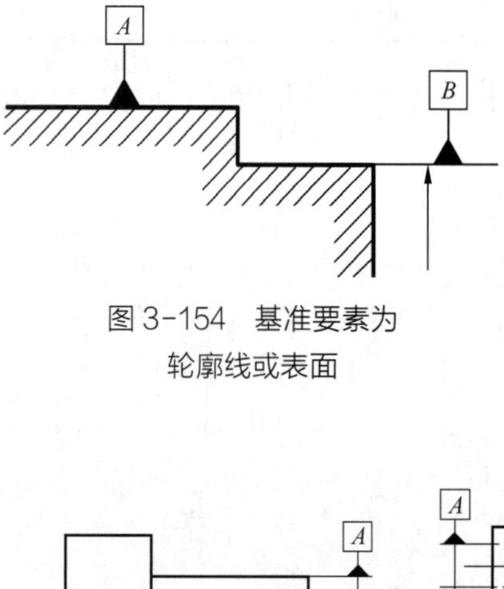

图 3-154　基准要素为轮廓线或表面

② 带有基准字母的粗短横线应放置的位置。当基准要素是轮廓线或表面时，如图 3-154 所示，基准符号置于要素的外轮廓线上或它的延长线上，但应与尺寸线明显地错开。

当基准要素是轴线或对称面时，则基准符号中的基准三角形应与尺寸线对齐，如图 3-155（a）所示。若尺寸线安排不下两个箭头，则另一个箭头可用基准三角形代替，如图 3-155（b）、（c）所示。

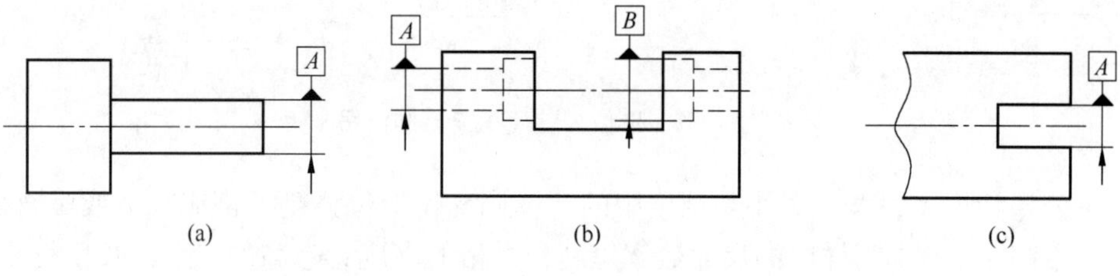

图 3-155　基准要素是轴线或对称面

③ 对于多个被测的要素有相同的形位公差要求时，可以从一个框格内的同一端引出多个指示箭头，如图 3-156（a）所示；对于同一个被测要素有多项形位公差要求时，可在一个指引线上画出多个公差框格，如图 3-156（b）所示。

④ 对于两个或两个以上的被测要素组成的基准称为公共基准，如图 3-157（a）的公共轴线、图 3-157（b）的公共对称面。公共基准的字母应将各个字母用横线连接起来，并书写在公差框格的同一个格子内。

（4）形位公差带的定义。各形位公差带的定义、标注和解释见表 3-19。

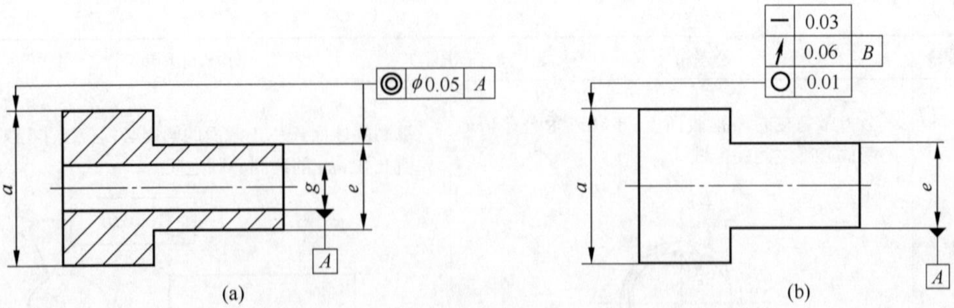

图 3-156　多个被测的要素有相同的形位公差

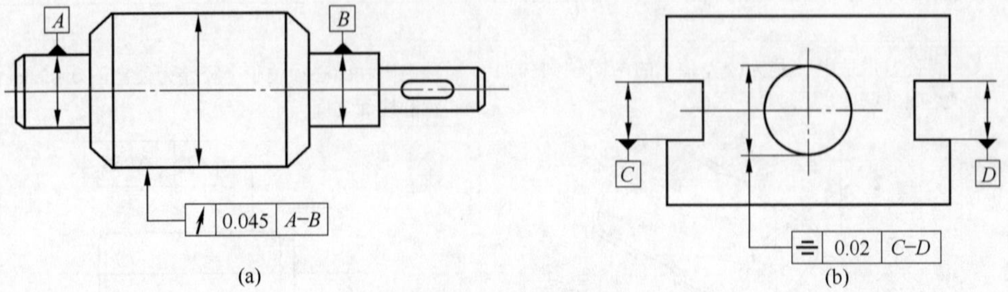

图 3-157　公共基准

表 3-19　　形位公差带定义、标注和解释

特征	公差带定义	标注和解释
直线度	在给定平面内,公差带是距离为公差值 t 的两条直线之间的区域 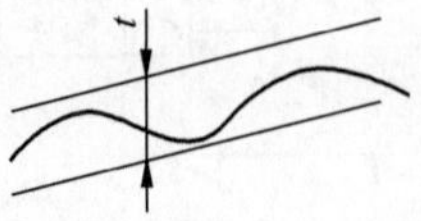	被测表面的素线必须位于平行于图样所示投影而且距离为公差值 0.1mm 的两平行直线内 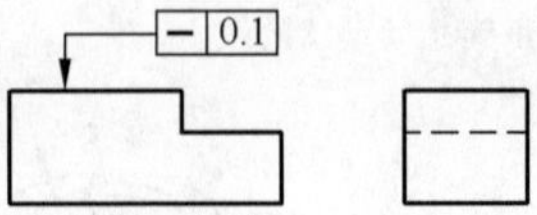
	如在公差值前加注 ϕ,则公差带是直径为 t 的圆柱面内的区域 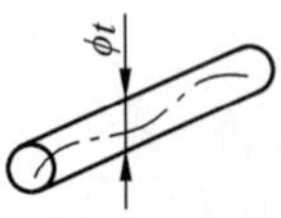	被测圆柱体的轴线必须位于直径为 ϕ0.08mm 的圆柱面内 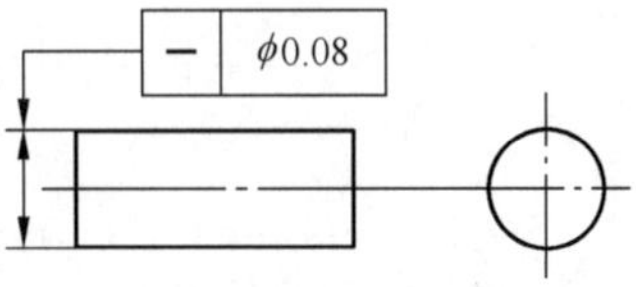
平面度	公差带是距离为公差值 t 的两平行平面之间的区域 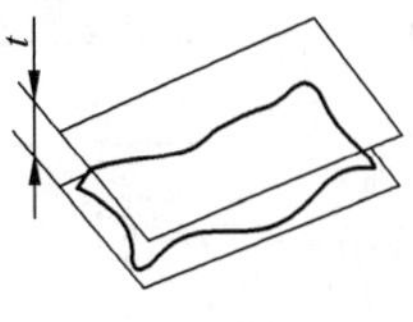	被测表面必须位于距离为公差值 0.06mm 的两平行平面内 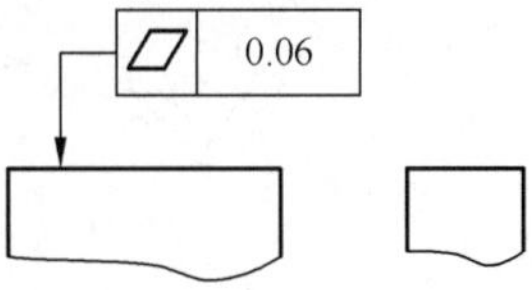

续表

特征	公差带定义	标注和解释
圆度	公差带是在同一正截面上，半径差为公差值 t 的两同心圆之间的区域 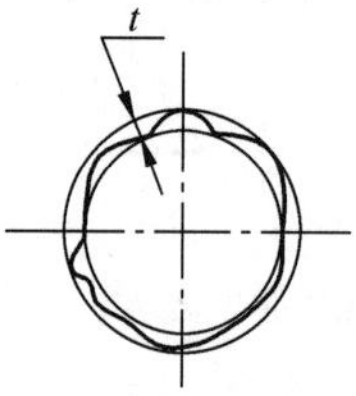	被测圆柱面任一正截面的圆周必须位于半径差为公差值 0.02mm 的两同心圆之间 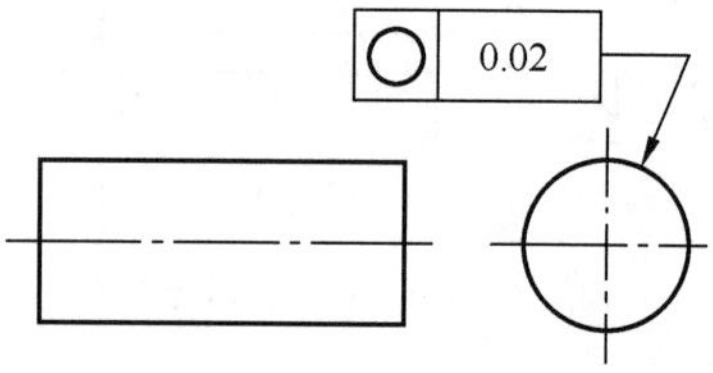
圆柱度	公差带是半径差为公差值 t 的两同轴圆柱面之间的区域 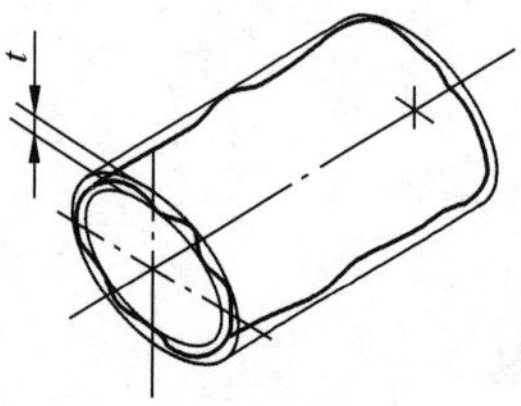	被测圆柱面必须位于半径差为公差值 0.05mm 的两同轴圆柱面之间 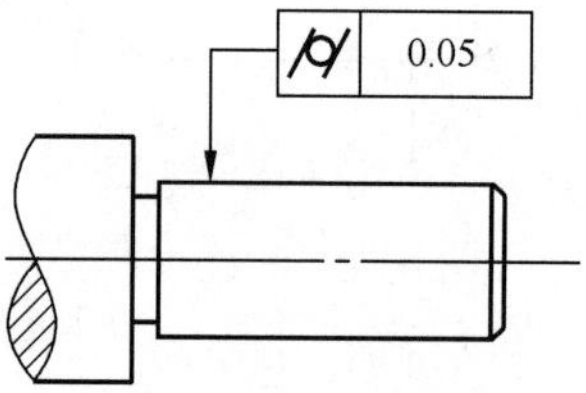
线轮廓度	公差带是包括一系列直径为公差值 t 的圆的两包络线之间的区域，诸圆的圆心位于具有理论正确几何形状的线上 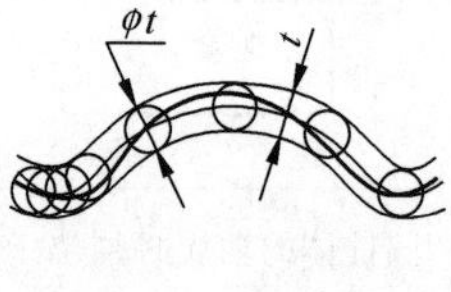	在平行于图样所示投影面的任一截面上，被测轮廓线必须位于包络一系列直径为公差值 0.04mm，且圆心位于具有理论正确几何形状的线上的两包络线 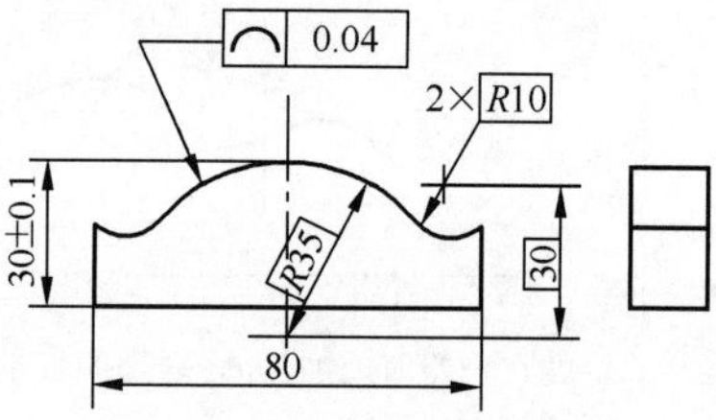
轮廓度	公差带是包络一系列直径为公差值 t 的球的两包络面之间的区域，诸球的球心位于具有理论正确几何形状的面上 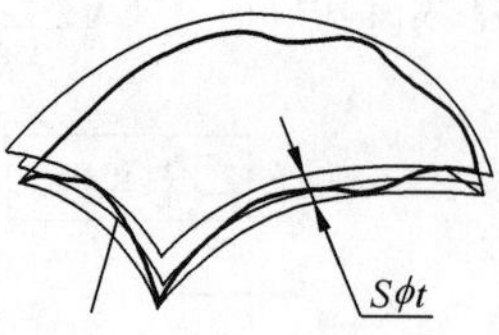	被测轮廓面必须位于包络一系列球的两包络面之间，诸球的直径为公差值 0.02mm，且球心位于具有理论正确几何形状的面上 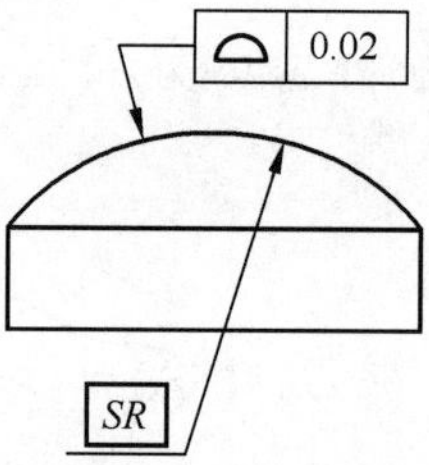

续表

特征	公差带定义	标注和解释
平行度	公差带是距离为公差值 t，且平行于基准面的两平行平面之间的区域 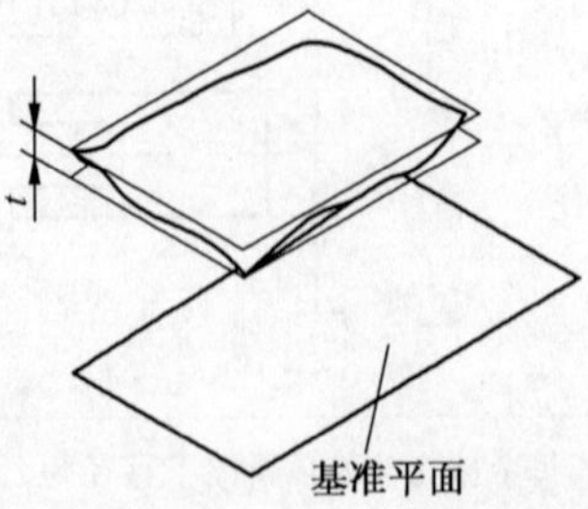	被测表面必须位于距离为公差值 0.05mm，且平行于基准表面 A（基准平面）的两平行平面之间 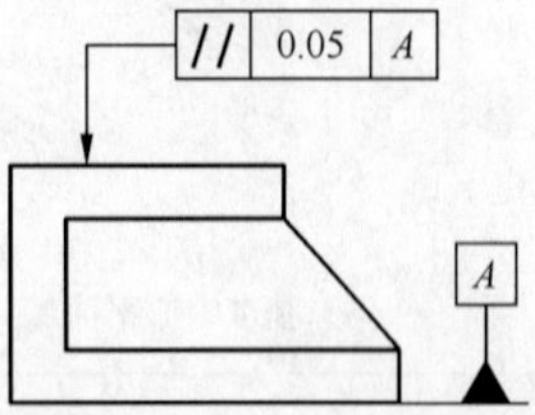
垂直度	公差带是距离为公差值 t，且垂直于基准平面的两平行平面之间的区域 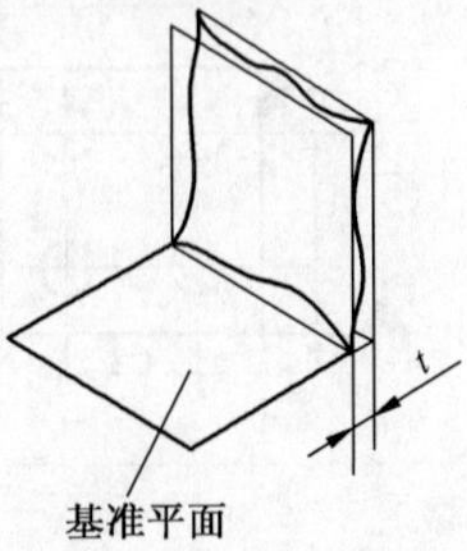	被测面必须位于距离为公差值 0.05mm，且垂直于基准平面 C 的两平行平面之间 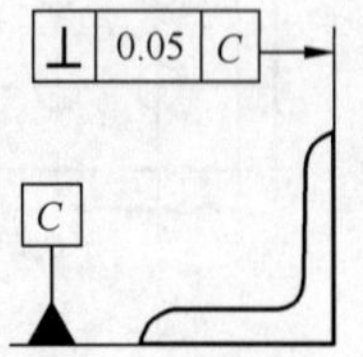
倾斜度	公差带是距离为公差值 t，且与基准线成一给定角度 α 的两平行平面之间的区域 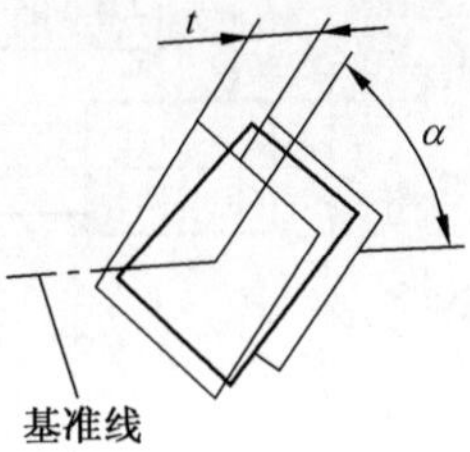	被测表面必须位于距离为公差值 0.1mm，且与基准线 D（基准轴线）成理论正确角度 75° 的两平行平面之间 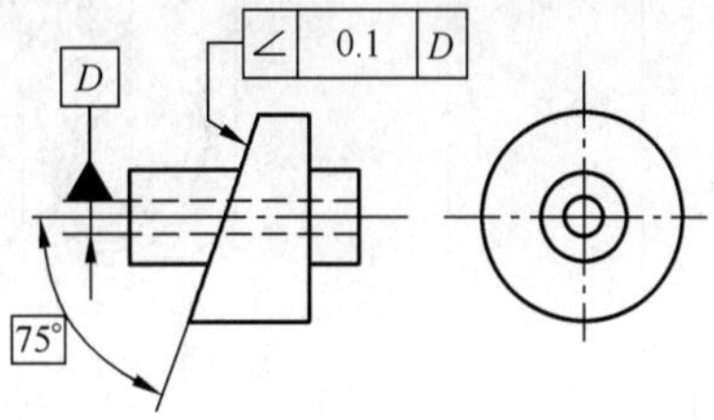
同轴度	公差带是公差值 t 的圆柱面的区域，该圆柱面的轴线与基准轴线同轴 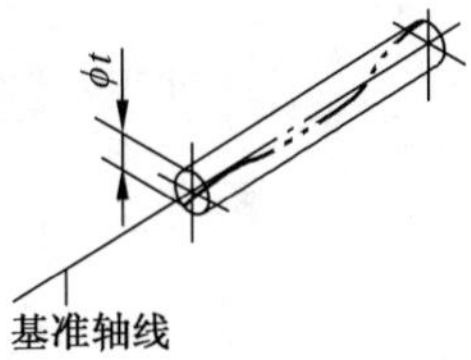	大圆柱的轴线必须位于公差值 0.1mm，且与公共基准线 A—B（公共基准轴线）同轴的圆柱面内 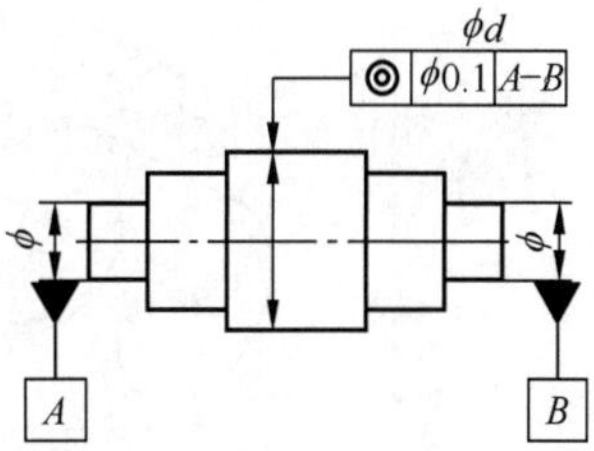

续表

<table>
<tr><th colspan="2">特征</th><th>公差带定义</th><th>标注和解释</th></tr>
<tr><td colspan="2">对称度</td><td>公差带是距离为公差值 t，且相对基准的中心平面对称配置的两平行平面之间的区域
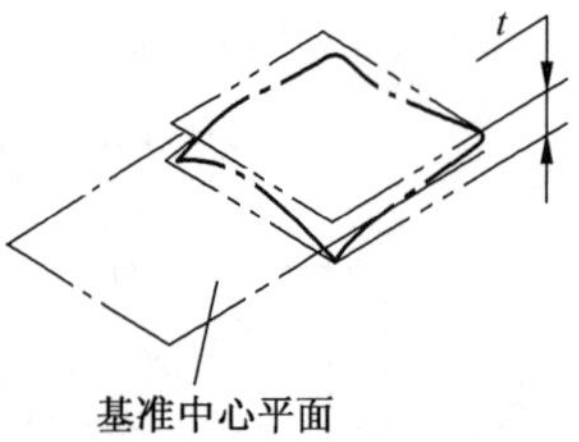
</td><td>被测中心平面必须位于距离为公差值 0.08mm，且相对基准中心平面 A 对称配置的两平行平面之间
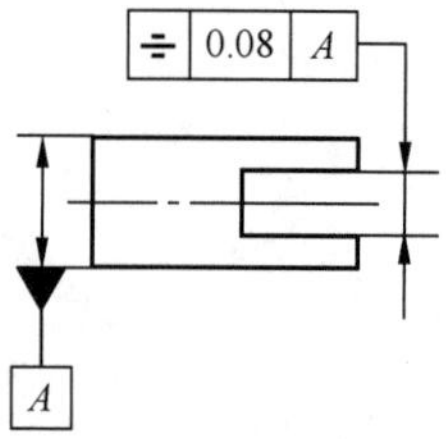
</td></tr>
<tr><td colspan="2">位置度</td><td>如在公差值前加注，则公差带是直径为 t 的圆柱面内的区域，公差带的轴线的位置由相对于三基面体系的理论正确尺寸确定
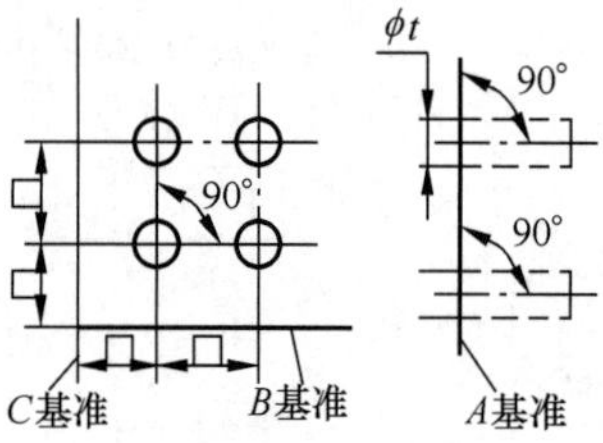
</td><td>每个被测轴线必须位于直径为公差值 0.1mm，且以相对于 A、B、C 基准表面（基准平面）所确定的理想位置为轴线的圆柱内
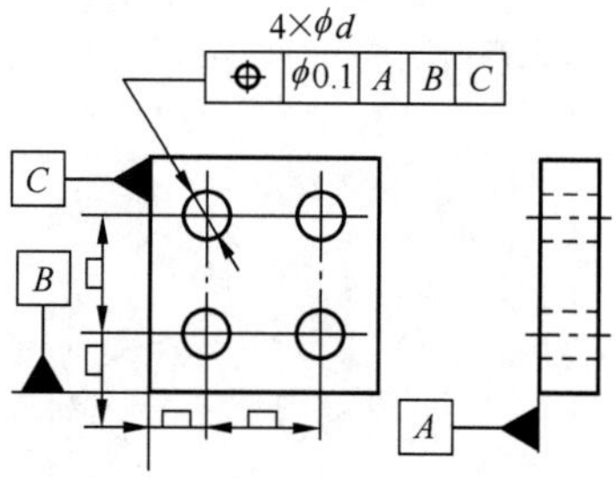
</td></tr>
<tr><td rowspan="2">圆跳动</td><td>径向圆跳动</td><td>公差带是在垂直于基准轴线的任一测量平面内半径差为公差值 t，且圆心在基准轴线上的两个同心圆之间的区域
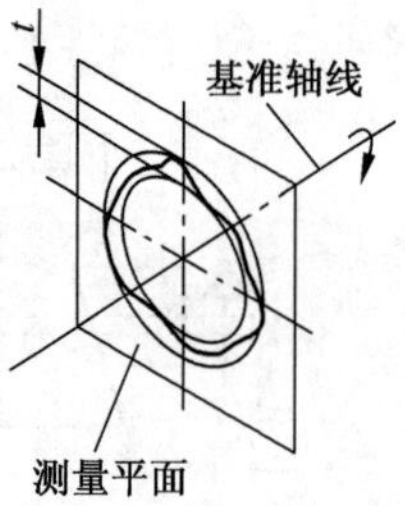
</td><td>当被测要素围绕基准线 A（基准轴线）作无轴向移动旋转一周时，在任一测量平面内的径向圆跳动量均不大于 0.05mm
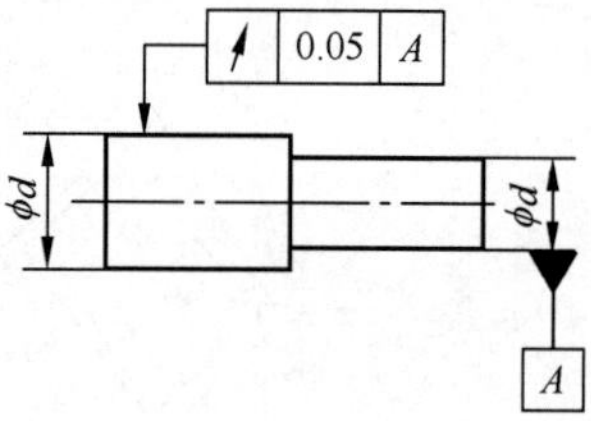
</td></tr>
<tr><td>端面圆跳动</td><td>公差带是在与基准同轴的任一半径位置的测量圆柱面上距离为 t 的圆柱面区域
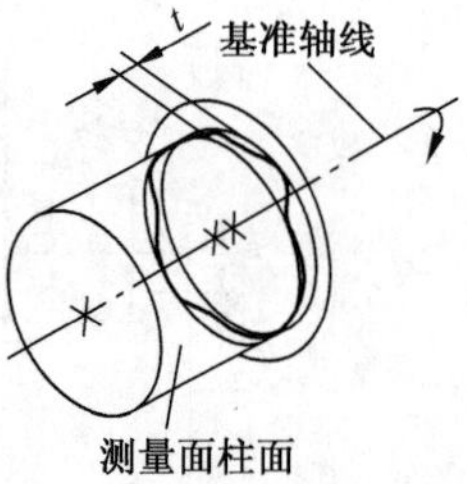
</td><td>被测面绕基准线 A（基准轴线）作无轴向移动旋转一周时，在任一测量圆柱面内的轴向跳动量均不得大于 0.06mm
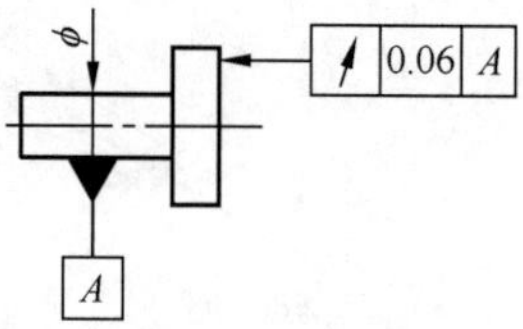
</td></tr>
</table>

续表

特征	公差带定义		标注和解释
全跳动	径向全跳动	公差带是半径差为公差值 t，且与基准同轴的两圆柱面之间的区域 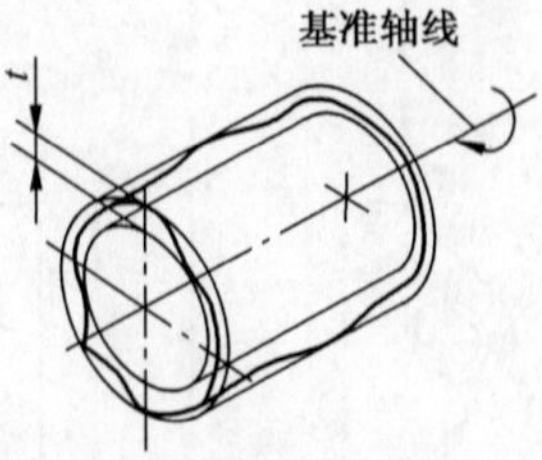 	被测要素围绕基准线 $A—B$ 作若干次旋转，并在测量仪器与工件间同时作轴向移动，此时在被测要素上各点间的示值差均不得大于 0.2mm，测量仪器或工件必须沿着基准轴线方向并相对于公共基准轴线 $A—B$ 移动 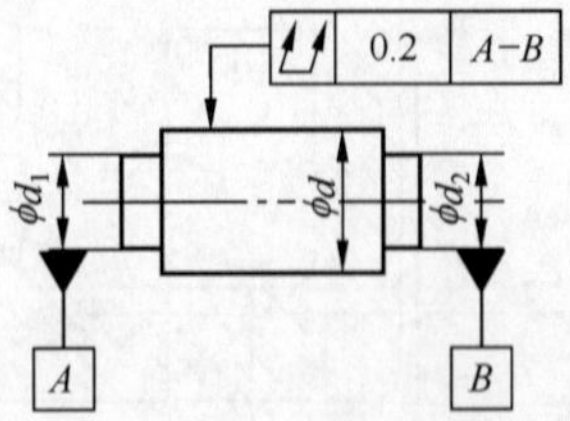
	端面全跳动	公差带是距离为公差值 t，且与基准垂直的两平行平面之间的区域 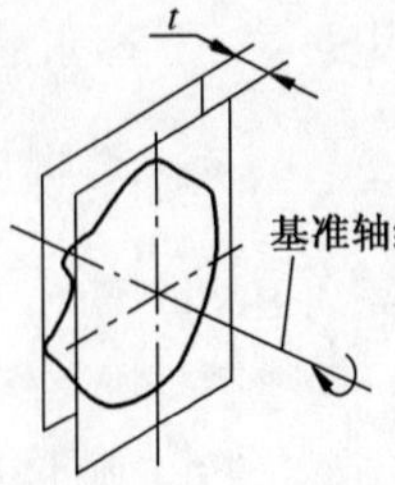 	被测要素绕基准轴线 A 作若干次旋转，并在测量仪器与工件间作径向移动，此时，在被测要素上各点间的示值差不得大于 0.05mm，测量仪器或工件必须沿着轮廓具有理想正确形状的线和相对基准轴线 A 的正确方向移动 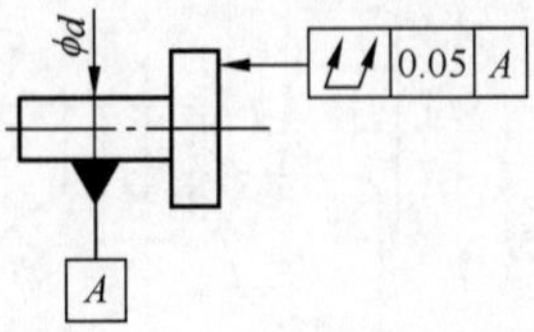

（五）读零件图的基本方法和步骤

配套视频

识读零件图

1. 读零件图的方法和步骤

（1）读标题栏

了解零件的名称、材料、绘图比例等内容。

从图 3-158 标题栏可知：零件名称为泵体。材料是铸铁。绘图比例 1∶2。

（2）分析视图

找出主视图，分析各视图之间的投影关系及所采用的表达方法。

主视图是全剖视图，俯视图取了局部剖，左视图是外形图。从三个视图看，泵体由三部分组成：

① U 形柱的壳体，其圆柱形的内腔，用于容纳其他零件。

② 两块三角形的安装板。

③ 两个圆柱形的螺纹进出油口，分别位于泵体的右边和后边。

综合分析后，想象出泵体的形状，如图 3-159 所示。

（3）分析尺寸和技术要求。首先按图 3-158 找出长、宽、高三个方向的尺寸基准，然后找出主要尺寸。

长度方向是安装板的端面。

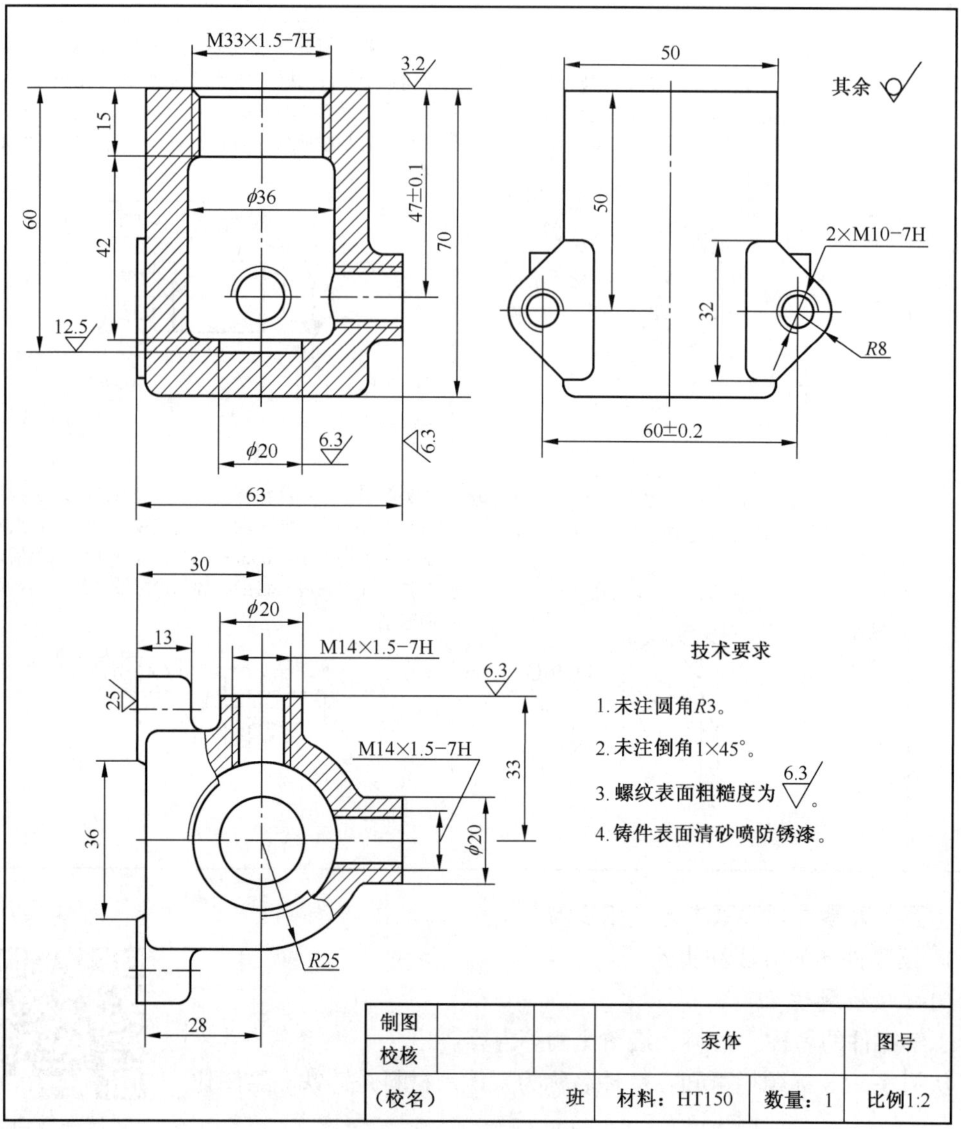

图 3-158　泵体零件图

宽度方向是泵体前后对称面。

高度方向是泵体的上端面。

47±0. 1、60±0. 2 是主要尺寸，加工时必须保证。

进出油口及顶面尺寸：M14×1. 5−7H、M33×1. 5−7H 都是细牙普通螺纹。

端面粗糙度 *Ra* 值分别为 3. 2μm，6. 3μm，要求较高，以便对外连接紧密，防止漏油。

（4）归纳总结

通过对上述过程的分析，对泵体零件的结构形状、大小有比较细致的了解和认识，对制造该零件所使用的材料以及所有的技术要求也有了全面的了解，综合归纳总结就可以得出泵体零件的总体概念，并且可以进一步分析零件结构和工艺的合理性，表达方案是否恰

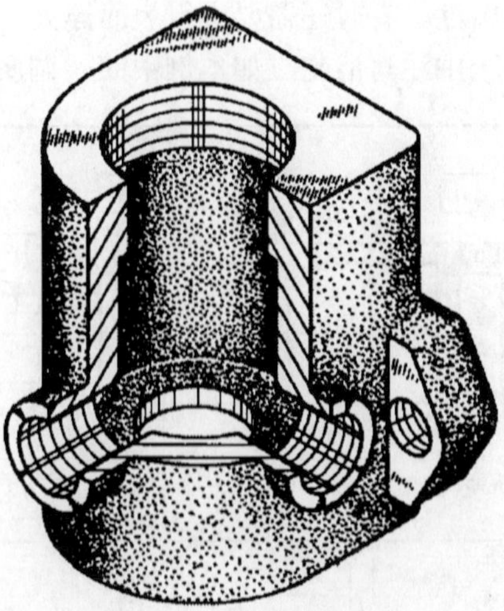

图 3-159　泵体形状

当，尺寸标注是否合理，以及读图过程中有无读错的地方，以便进一步弄懂。

2. 几种典型零件的分析

零件的结构形状虽然多种多样，但根据它们在机器（或部件）中的作用和形状特征，通过比较、分析和归纳，可以将它们分为四种类型。下面，以几张零件图为例，来讨论常见典型零件的结构、表达方法、尺寸标注、技术要求等特点，以便从中找出一些规律，为绘制和识读同类零件图时提供参考。

案例一、轴套类零件

轴套类零件主要有轴、套筒和衬套等。轴在机器中起着支承和传动的作用，套类零件通常是安装在轴上，起定向定位、传动或连接等作用。

（1）结构特点

如图 3-160 所示是一张轴的零件图。从图中可以看出常用轴所具有的结构：轴一般由若干段同轴回转体构成，根据工作的需要，轴上常加工有键槽、螺纹、挡圈槽、倒角、倒圆、中心孔等结构。

（2）图样画法

轴套类零件多在车床和磨床上加工。为了加工时看图方便，轴套类零件的主视图按其加工位置选择，一般将轴线水平放置，用一个主视图，结合尺寸标注（直径 ϕ），就能清楚地反映出阶梯轴的各段形状、相对位置以及轴上各种局部结构的轴向位置。轴上的局部结构，一般采用断面图、局部剖视图、局部放大图、局部视图来表达，如图 3-160 所示。

（3）尺寸标注

轴套类零件有径向尺寸和轴向尺寸。径向尺寸的尺寸基准为回转轴线，轴向尺寸的尺寸基准一般选取重要的定位面（即轴肩，如图 3-160 中 ϕ40k6 处的轴承定位面）或端面。

（4）技术要求

① 有配合要求或有相对运动的轴段，其表面粗糙度、尺寸公差和形位公差比其他轴段要求严格。如图 3-160 的两段 ϕ40k6 轴段的各项技术要求都是比较高的。

② 为了提高强度和韧性，往往需对轴类零件进行调质处理；对轴上和其他零件有相

对运动的表面，为增加其耐磨性，有时还需要进行表面淬火、渗碳、渗氮等热处理。对热处理方法和要求应在技术要求中注写清楚。如本例中的“调质 220~250HBW”。

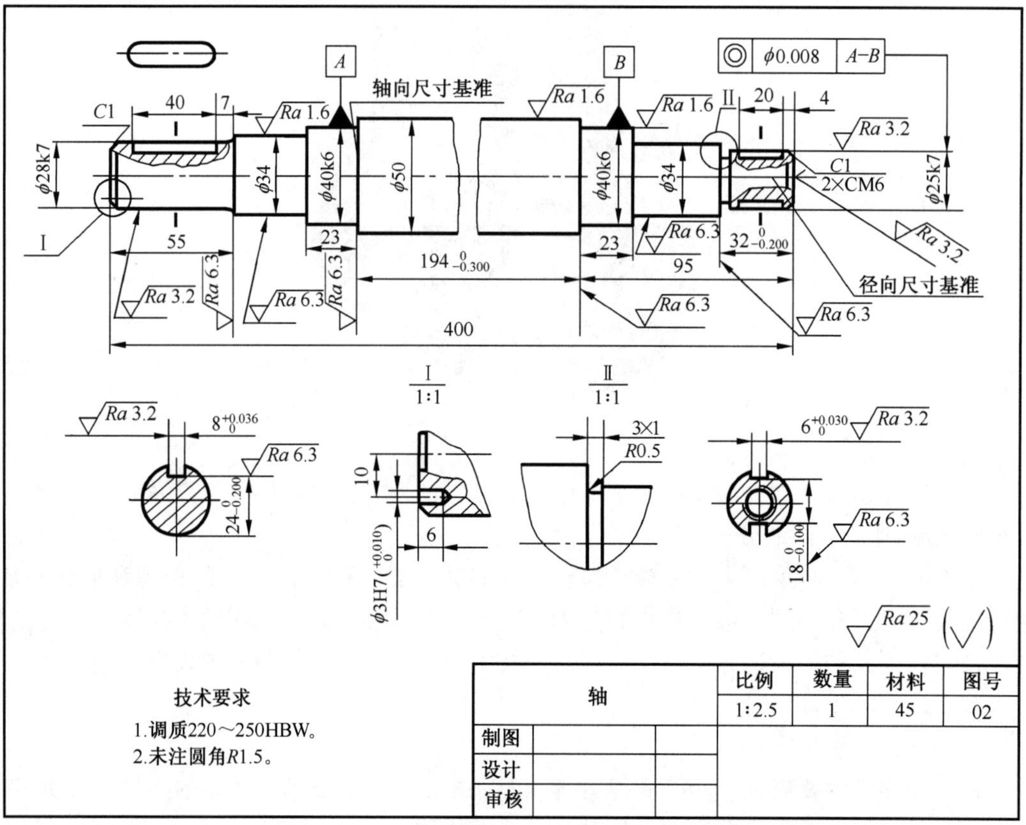

图 3-160 轴零件图

案例二、盘盖类零件

盘盖类零件主要有齿轮、带轮、手轮、法兰盘和端盖等。这类零件在机器中主要起传动、支承、轴向定位或密封等作用（图 3-161）。

（1）结构特点

如图 3-161 所示为一法兰盘的零件图。从图中可以看出，盘盖类零件的基本形状为扁平的盘板状，多为同轴回转体的外形和内孔，其轴向尺寸往往比其他两个方向的尺寸小，零件上常见有肋、孔、槽、轮辐等结构。

（2）图样画法

盘盖类零件主要是在车床上加工，有的表面则需在磨床上加工，所以按其形体特征和加工位置选择主视图，轴线水平放置。

盘盖类零件一般常用主视图、左视图（或右视图）两个视图来表达。主视图采用全剖视（由单一剖切面或几个相交的剖切面剖切获得），左视图则多用视图表示其轴向外形和盘上孔和槽的分布情况。零件上的其他细小结构常采用局部放大图和简化画法进行表达。

（3）尺寸标注

盘盖类零件主要有两个方向的尺寸，即径向尺寸和轴向尺寸。径向尺寸往往以轴线或

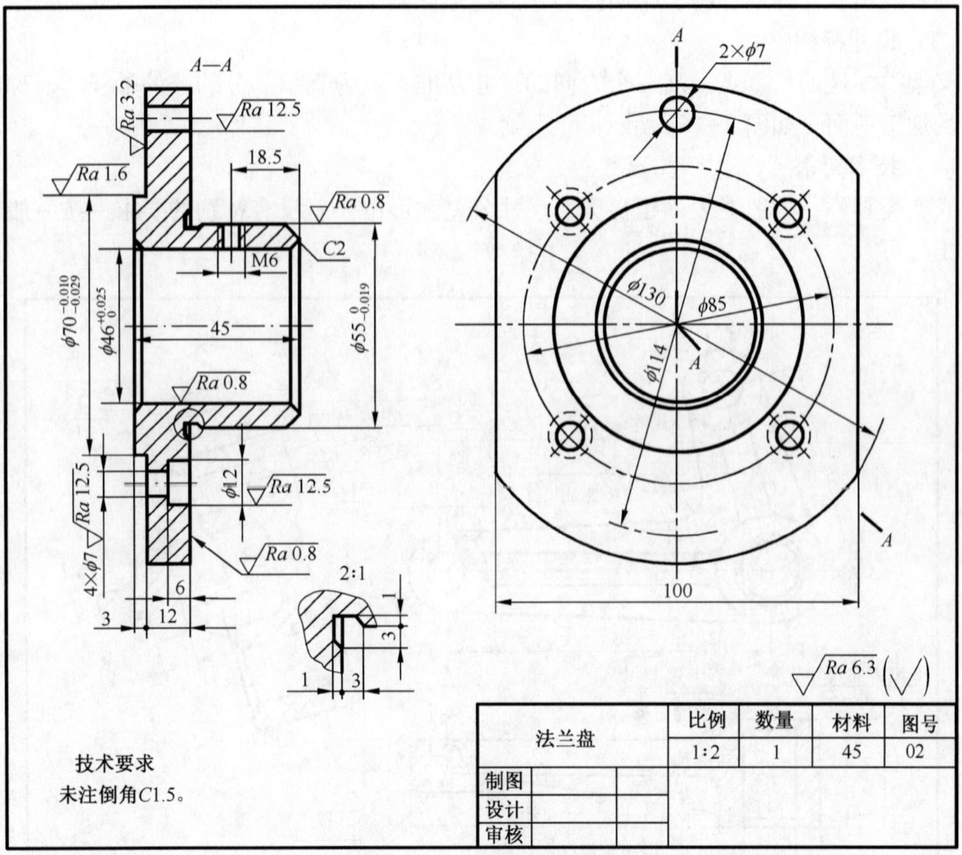

图 3-161　法兰盘零件图

对称面为基准，轴向尺寸以经过机械加工并与其他零件表面相接触的较大的端面为基准。

（4）技术要求

盘盖类零件有配合关系的内、外表面及起轴向定位作用的端面，其粗糙度值要小。

有配合关系的孔、轴的尺寸应给出恰当的尺寸公差；与其他零件表面相接触的表面，尤其是与运动零件相接触的表面应有平行度或垂直度要求。

案例三、叉架类零件

叉架类零件主要有拨叉、连杆和各种支架等。拨叉主要用在各种机器的操纵机构上，起操纵、调速作用；连杆起传动作用；支架主要起支承和连接作用。

（1）结构特点

叉架类零件形式多样，结构形状比较复杂，常带有倾斜结构和弯曲部分，毛坯多为铸件和锻件，这类零件一般由三部分构成，即支承部分、工作部分和连接部分。连接部分多为肋板结构，且形状弯曲、扭斜的较多。支承部分和工作部分，细部结构也较多，如圆孔、螺孔、油槽、油孔、凸台、凹坑等，如图 3-162 所示的杠杆。

（2）图样画法

叉架类零件的加工位置难以分出主次，工作位置也多变化，其主视图主要按工作位置或安装时平放的位置选择，并选择最能体现结构形状和位置特征的方向。此外还需要斜视图、局部视图、局部剖视图、断面图等才能将零件表达清楚。

（3）尺寸标注

叉架类零件的长、宽、高三个方向的尺寸基准一般为支承部分的孔的轴线、对称面和较大的加工平面，如图 3-162 所示。

（4）技术要求

叉架类零件，一般对表面粗糙度、尺寸公差和形位公差没有特别的要求，按一般的规律给出即可。

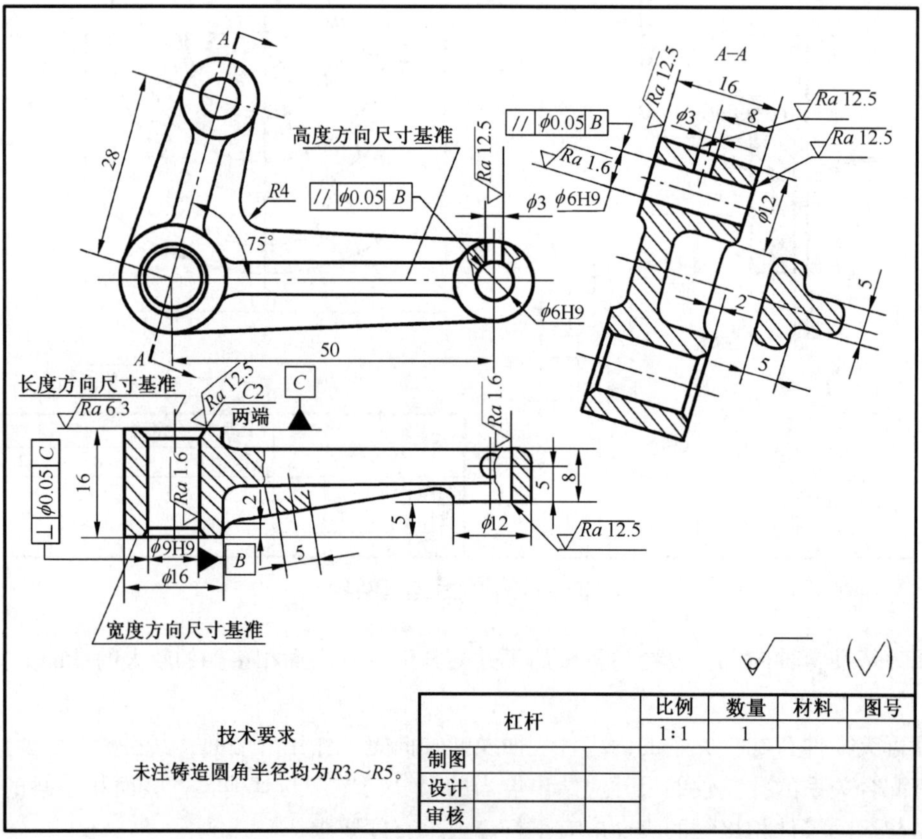

图 3-162　杠杆零件图

案例四、箱体类零件

箱体类零件主要有泵体、阀体、变速箱体、机座等。在机器或部件中用于容纳和支承其他零件。

（1）结构特点

箱体类零件多为铸件，结构形状比较复杂，且加工工序多。它们通常都有一个由薄壁所围成的较大空腔和与其相连供安装用的底板；在箱壁上有多个形状和大小各异的圆孔，为了起加固作用，往往有肋板结构。此外，箱体类零件还有许多细小结构，如凸台、凹坑、起模斜度、铸造圆角、螺孔、销孔和倒角等。

（2）图样画法

选择箱体类零件主视图时主要考虑主视图是否能反映形状特征和工作位置，一般需用几个基本视图再配以其他辅助视图，才能将零件表达清楚。如图 3-163 所示的泵体的表达方案：共用四个视图，即主视图和左视图，*C* 局部视图及 *B*—*B* 局部剖视图来表达，主视图采用全剖，左视图上有两处局部剖。

（3）尺寸标注

箱体的结构比较复杂，尺寸较多。这里以图 3-163 为例来分析它的尺寸基准，轴孔的定位尺寸和主要尺寸。

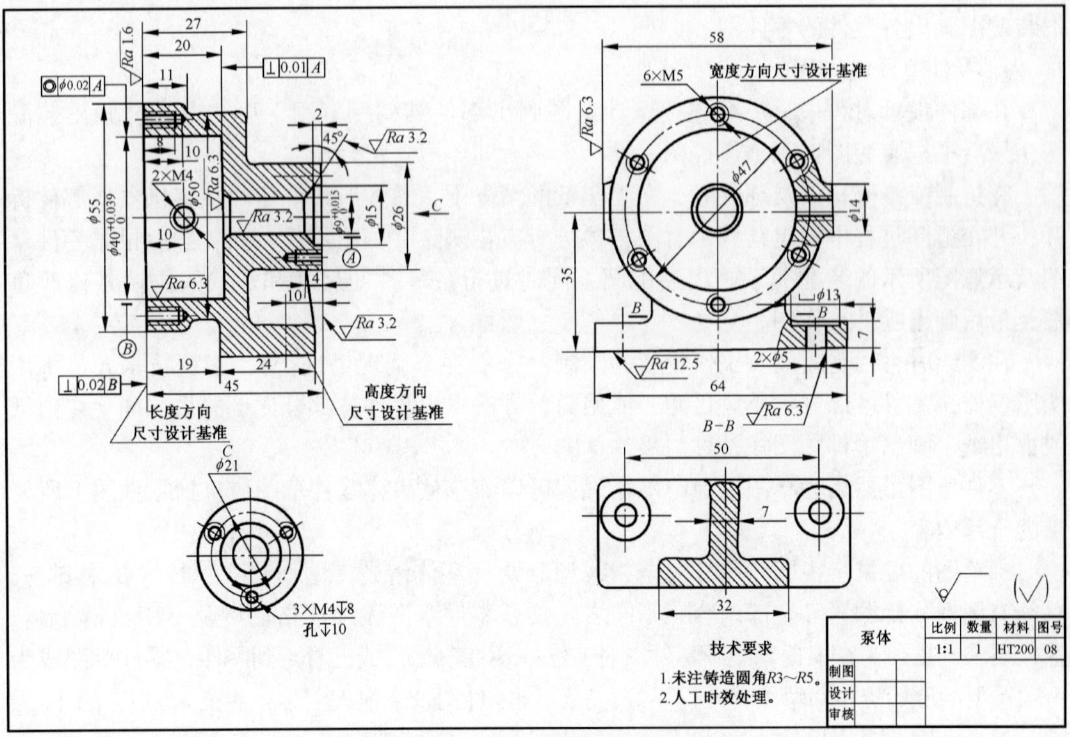

图 3-163　泵体零件图

① 尺寸基准。如图 3-163 所示的泵体，底面为安装基面，因此泵体底面为高度方向尺寸的设计基准。此外，泵体在机械加工时首先加工底面，然后以底面为基准加工各轴孔，因此底面又是工艺基准。宽度方向以泵体的前后对称平面为基准，长度方向尺寸以泵体的左端面为基准。

② 轴孔的位置尺寸。箱体类零件的尺寸标注应特别注意各轴孔的位置尺寸以及轴孔之间的位置尺寸，因为这些尺寸的正确与否，将直接影响传动轴的位置和传动的准确性，如本例中轴孔中心至底面的尺寸为 35。

（4）技术要求

① 重要的箱体孔和重要的表面，其粗糙度的值要低。如孔 $\phi9^{+0.015}_{0}$ 的表面粗糙度 *Ra* 为 3.2μm，左端面的表面粗糙度 *Ra* 的值为 1.6μm，右端面的表面粗糙度 *Ra* 的值为 3.2μm。箱体上重要的轴孔应根据要求注出尺寸公差，如箱体零件图中的尺寸 $\phi9^{+0.015}_{0}$、$\phi40^{+0.039}_{0}$。

② 对箱体上某些重要的表面和重要的轴孔中心线应给出形位公差要求。如本例中箱体上孔 $\phi40^{+0.039}_{0}$ 轴线相对于 $\phi9^{+0.015}_{0}$ 轴线的同轴度为 $\phi0.02$；$\phi40^{+0.039}_{0}$ 孔的右端面相对于

$\phi 9^{+0.015}_{0}$ 轴线的垂直度为0.01；箱体的左端相对于 $\phi 40^{+0.039}_{0}$ 轴线的垂直度为0.02。

（六）画零件图的基本方法和步骤

在实际工作中绘制零件图，可分为测绘和拆图两种途径。

测绘：根据已有的零件实物画出零件图。多在无图样又需要仿制已有机器或修配损坏的零件时进行。

拆图：在设计新机器时，先要画出机器的装配图，定出机器的主要结构和尺寸，再根据装配图画出各零件的零件图。

1. 零件草图的作用

在部件设计过程中，一般先按设计意图画出部件结构示意图，再结合计算画出装配图，最后根据装配图拆画出零件图。

在仿制或维修机器及部件时，在无图纸的情况下，首先应按一定顺序将机器或部件拆开，并在拆卸过程中画出结构示意图，再进行实物测绘，画出零件草图，然后根据零件草图及示意图所示的装配关系画出装配图，同时进行各零件间尺寸和形状的协调并修改草图，最后画出零件工作图。

在测绘时，因受时间及工作场所的限制（一般在车间现场进行），工程技术人员不用绘图仪器，零件各部分大小凭目测，或用简单方法得出零件各部分比例关系，徒手在白纸或方格纸上画出零件的图样，称为零件草图。

零件草图虽然名为草图，但绝不是说就可以潦草从事，零件草图应包括零件图上所要求的全部内容。

画草图的要求：视图和尺寸完全、线型分明、字体清楚、图面整齐、技术要求齐备，必须有图框、标题栏等全部内容，不同之处仅是零件草图无须严格比例及不用仪器绘制。这样要求，是因为在根据草图画零件图时，往往不在现场，或已看不到零件，零件草图成为一项重要的原始资料，草图若画得不好，就给画零件图带来很大困难，甚至无法进行工作。

2. 绘制零件草图的一般步骤

（1）测绘前的准备工作

在着手画零件草图前，应该对零件和有关资料进行详细分析，分析的内容如下。

① 了解该零件的名称、作用和用途。

② 鉴定该零件的材料。分析毛坯来源及加工情况，识别零件毛坯或机械加工的缺陷及使用过程中的磨损和损坏，以免将其反映到图样中去。

③ 分析形体。根据零件在部件中的作用，明确各组成部分的几何形状和相对位置，了解工艺要求，为选择视图方案和标注尺寸作准备。

④ 拟定该零件的表达方案。根据视图的选择原则和各种表达方法，结合被测零件的具体情况，选择恰当的视图表达方案。同时即可确定图纸幅面的大小，并画出图框和标题栏。

（2）徒手绘制零件草图

① 布置视图。在布置视图时，首先目测零件长、宽、高之间的尺寸比例，估计出各视图应占的幅面，同时应考虑各视图之间留有适当的距离，以备标注尺寸，然后画出各视图的基准线、中心线。

② 绘制草图底稿。用细实线详细画出表示内、外形状和细部结构的视图、剖视和剖面。应注意，各几何形体的投影在基本视图上应尽量同时绘制，以保证正确的投影关系。

③ 标注尺寸及表面粗糙度符号。

a. 绘制尺寸线、尺寸界线和尺寸箭头等。首先选定尺寸基准，画出尺寸线、尺寸界线及尺寸箭头，并加注直径、半径符号“ϕ”“R”，并同时画出剖面线。

b. 测量尺寸。在画零件草图时，应避免一面画图，一面进行尺寸数字的测量与注写，应在视图和尺寸线画完后，集中测量各尺寸数字，依次进行书写。

测量尺寸时，应力求准确，并注意下列几点：

• 两零件相互配合的尺寸，测量其中一个尺寸即可，如相互配合的轴和轴孔的直径，相互旋合的内外螺纹的外径等。

• 对于重要尺寸，有的要通过计算，如齿轮啮合的中心距等；有些测得的尺寸，应取标准数值；对于不重要的尺寸，如为小数时，可取整数。

• 零件上已标准化的结构尺寸，例如倒角、圆角、键槽、螺纹退刀槽等结构尺寸，可查阅有关标准确定。零件上与标准部件如滚动轴承相配合的轴或孔的尺寸，可通过标准部件的型号查表确定。

c. 标注表面粗糙度符号代号及其他技术要求。完成零件草图，按零件各表面的作用和加工情况，标注各表面粗糙度代号。根据零件的设计要求和作用，注写合理的公差配合代号等。初学者可以参考同类型的或用途相近的零件图及有关资料来制定，若以文字形式说明有关技术要求，可注写在标题栏的上方。

d. 检查加深。检查有无遗漏的投影线和尺寸，并按标准线型徒手加深。注意草图上的线型虽不按比例严格要求，但必须粗细分明，草图上的字体，也应书写工整、清楚。

3. 根据草图绘制零件工作图

这里主要讨论根据测绘的零件草图来整理零件工作图的方法和步骤。

一般零件草图是现场测绘的，测绘的时间不允许太长，有些问题只要表达清楚就可以了，不一定是最完善的，因此，在画零件工作图之前，需要对零件草图再次进行审核。

(1) 零件草图的审核

① 表达方案是否完整、清晰和简便。

② 尺寸标注是否齐全、清晰和合理，特别应注意尺寸间是否协调。

③ 技术条件是否满足零件的性能要求，又比较经济。

④ 图中各项内容是否符合标准，必要时进行调整。

对上述四项内容审核时发现问题，在绘制零件工作图时应予以修改、订正。一般除视图表达在草图上可以不作修正外，其余有关尺寸、技术要求等项内容，在画零件工作图前必须在草图上作相应的修正、订正，以便日后查对。

(2) 零件工作图的绘制步骤

零件工作图的绘制步骤与零件草图的绘制步骤基本相同，其不同之处是：

① 零件草图是根据实物现场测绘的图样，而零件工作图是根据零件草图绘制的图样。因此，画零件草图的第一步即实物测绘前的准备工作就不需要了。如图 3-164 所示为绘制阀盖草图的步骤图。

② 零件工作图是严格地按比例绘制的正式工作图。因此，应考虑按零件结构的复杂程度、视图的多少，选择恰当的比例、图纸幅面，再画出图框、标题栏和标题框。如图 3-165 所示为阀盖的零件工作图。

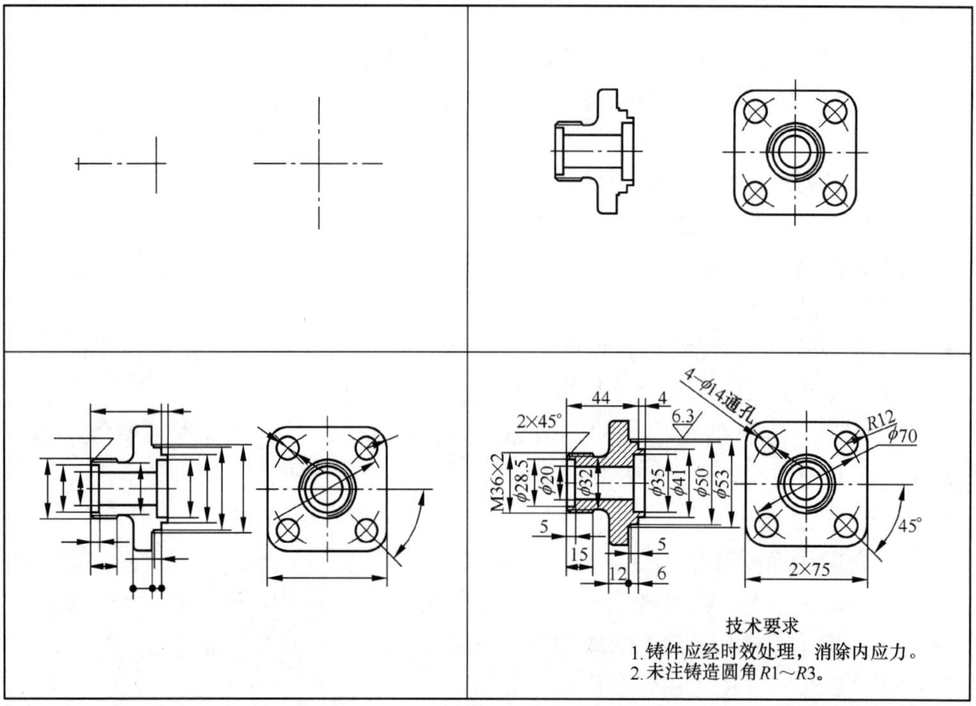

图 3-164　绘制阀盖草图的步骤图

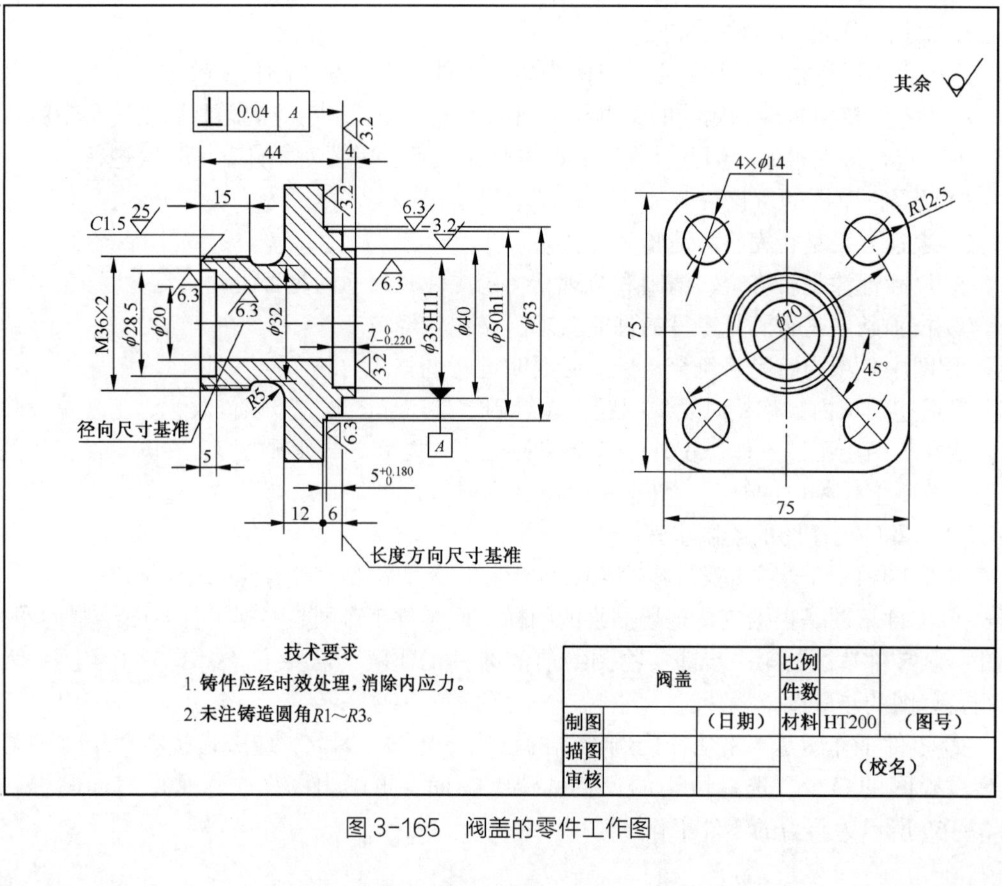

图 3-165　阀盖的零件工作图

二、任务实施

结合轴、轮盘、支架、箱体等典型零件，观察零件结构特点，分析零件的工艺结构，讨论零件的表达方法，绘制工作图，再给出标准的典型零件图对比，分析表达的优劣，读典型零件图的尺寸标注和技术要求。

子任务一、根据轴测图（图 3-166）绘制零件图

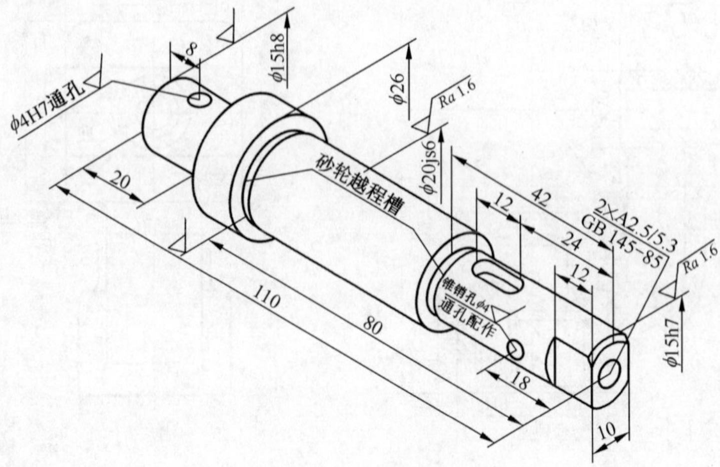

图 3-166　轴的轴测图

① 该零件的名称是轴，轴在机器中起着支承和传动的作用。

② 该零件的材料为 45 号钢。

③ 形体分析：轴上各组成部分由若干段同轴回转体构成，有键槽、砂轮越程槽、倒角、倒圆、中心孔等结构。

④ 拟定该零件的表达方案。轴类零件的主视图将轴线水平放置，用一个主视图，结合轴上各种局部结构，采用断面图、局部剖视图、局部放大图、局部视图来表达。根据视图数量和实物大小确定适当的比例，并选择合适的标准图幅。

⑤ 画出图框和标题栏。

⑥ 画出各视图的中心线、轴线、基准线，把各视图的位置定下来，各视图之间要注意留有充分的注尺寸的余地。

⑦ 画出各视图上的细节，如键槽、砂轮越程槽、孔、倒角等。

⑧ 仔细检查草稿后，描粗并画剖面线。

⑨ 画出全部尺寸线，注写尺寸数字。轴套类零件有径向尺寸和轴向尺寸。径向尺寸的尺寸基准为回转轴线，轴向尺寸的尺寸基准一般选取重要的定位面或端面。键槽、越程槽、中心孔等结构查表决定尺寸。

⑩ 注出公差及表面粗糙度符号等。

有配合要求的两段 ϕ20js6，ϕ15h7 轴段 $Ra=1.6\mu m$，砂轮越程槽和通孔处的 $Ra=3.2\mu m$，其余 $Ra=25\mu m$。

⑪ 填写技术要求和标题栏。

调质处理：220~250HBW。轴两端未注倒角：C1。

⑫ 最后进行检查，没有错误以后，在标题栏内签字。

子任务二、读支架的零件图

读图要求：支架零件图见图 3-167。

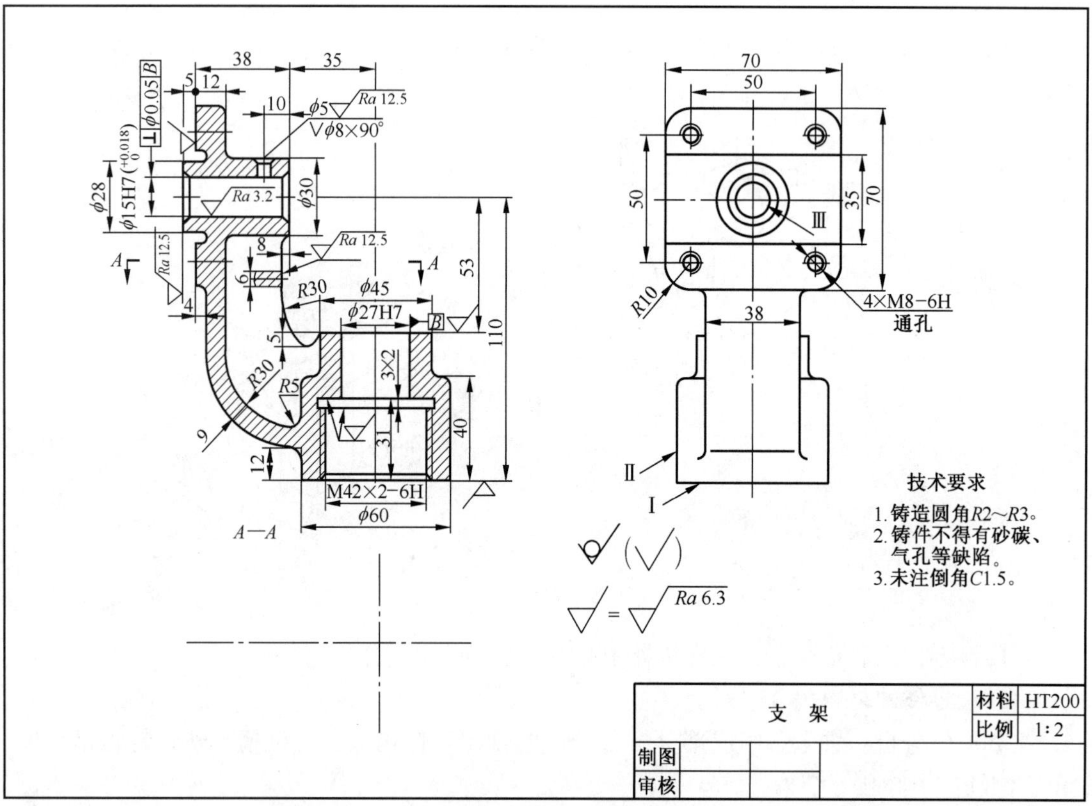

图 3-167　支架零件图

① 在图中标出长、宽、高方向的主要基准。

② 分析 4×M8-6H 表示的含义和其定位尺寸。

③ 分析 ϕ15H7 的含义。

④ 查表 ϕ27H7 的极限偏差。

⑤ M42×2-6H 的含义。

⑥ 指出肋板的厚度。

⑦ 分析退刀槽 3×2 的含义。

⑧ 指出Ⅰ、Ⅱ、Ⅲ三个表面的结构代号。

⑨ 解释 | ⊥ | ϕ0.05 | B | 的含义。

⑩ 作 A—A 剖视图。

三、任务拓展——读模具的零件图

读型芯零件图（图 3-168）。

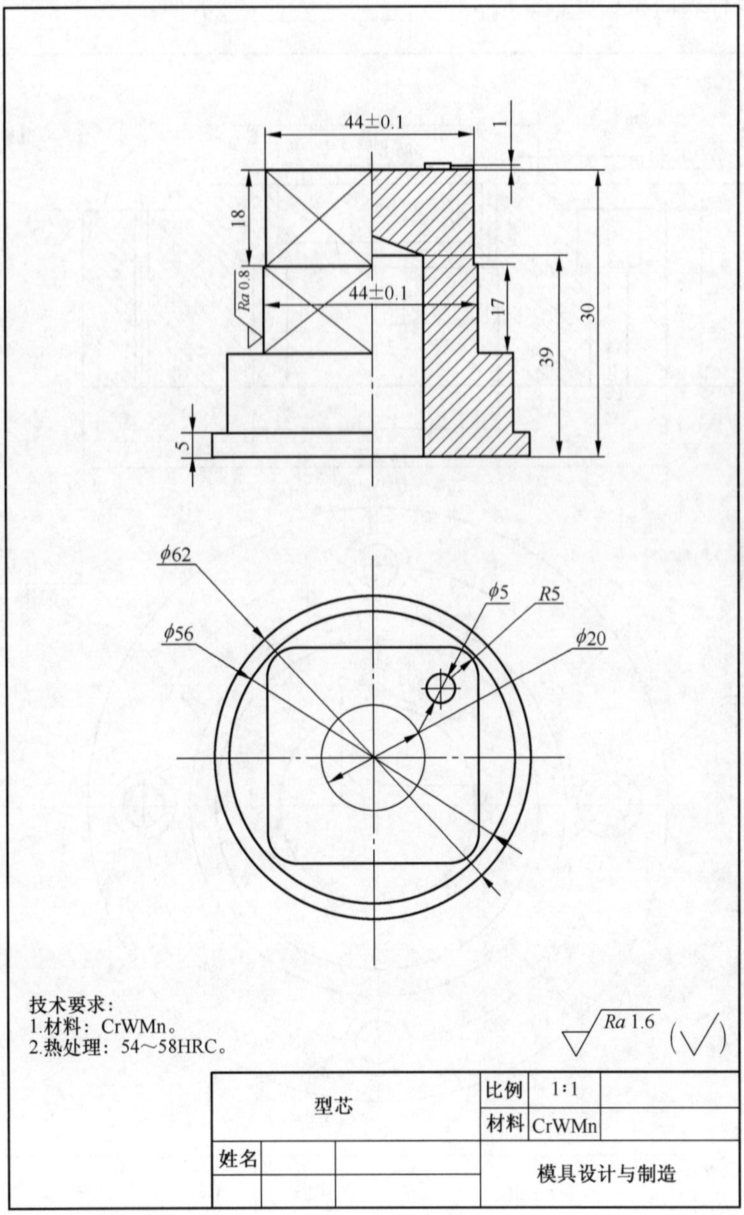

图 3-168　型芯零件图

读冲孔凹模零件图（图 3-169），并回答下列问题：

（1）用指引线和文字在图中注明该零件的尺寸基准。

（2）解释$\dfrac{4\times\phi 18}{\sqcup\,\phi 28\ \overline{\downarrow}\,24}$的含义。

（3）孔 $\phi 85.8^{+0.035}_{0}$ 的上偏差为______，下偏差为______，公差为______。

（4）图中哪些尺寸属于定形尺寸？哪些尺寸属于定位尺寸？

定形尺寸有：________________________________；

定位尺寸有：________________________________。

（5）该零件表面粗糙度最高的是__________________表面。

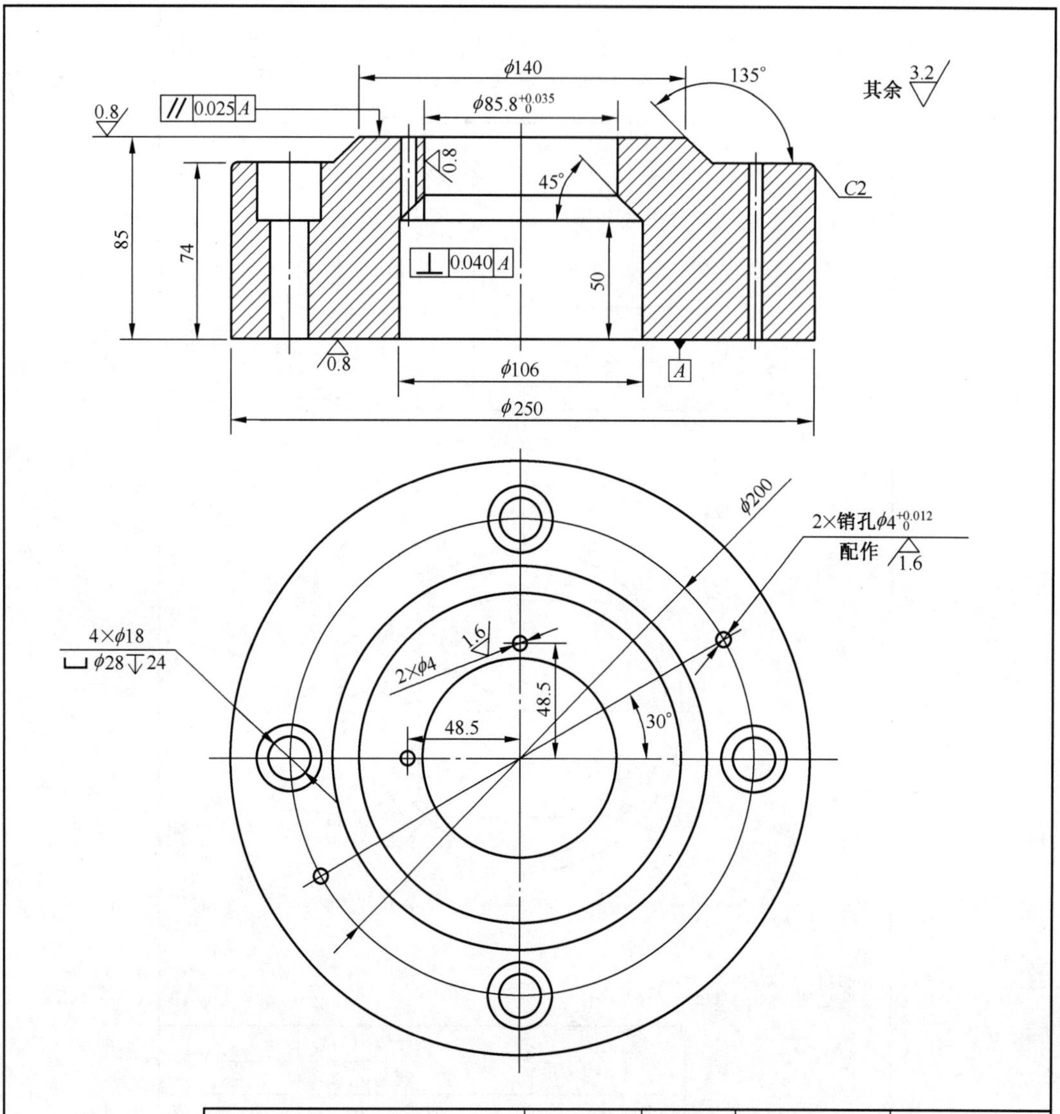

冲孔凹模			比例	数量	材料	
制图					Cr12MoV	

图 3-169　冲孔凹模零件图

任务四　装配图的绘制与识读

【学习目标】

① 了解装配图的作用和内容。熟悉简单装配体的视图选择，掌握装配图的规定画法、特殊表示方法和简化画法。

② 基本掌握简单装配图的尺寸标注。熟悉配合代号等技术要求的标注与识读。掌握装配图中零部件序号的编排方法。掌握明细栏和标题栏的填写方法。

③ 了解常见的装配工艺结构。

④ 能正确绘制和阅读中等复杂程度的装配图，并能拆画其中主要的零件图。

【学习重点】

装配图视图选择原则和装配图的识读。

【学习难点】

装配图的识读。

配套课件

装配图的绘制与识读

[任务导入]

识读机用平口虎钳装配图（图 3-170）。

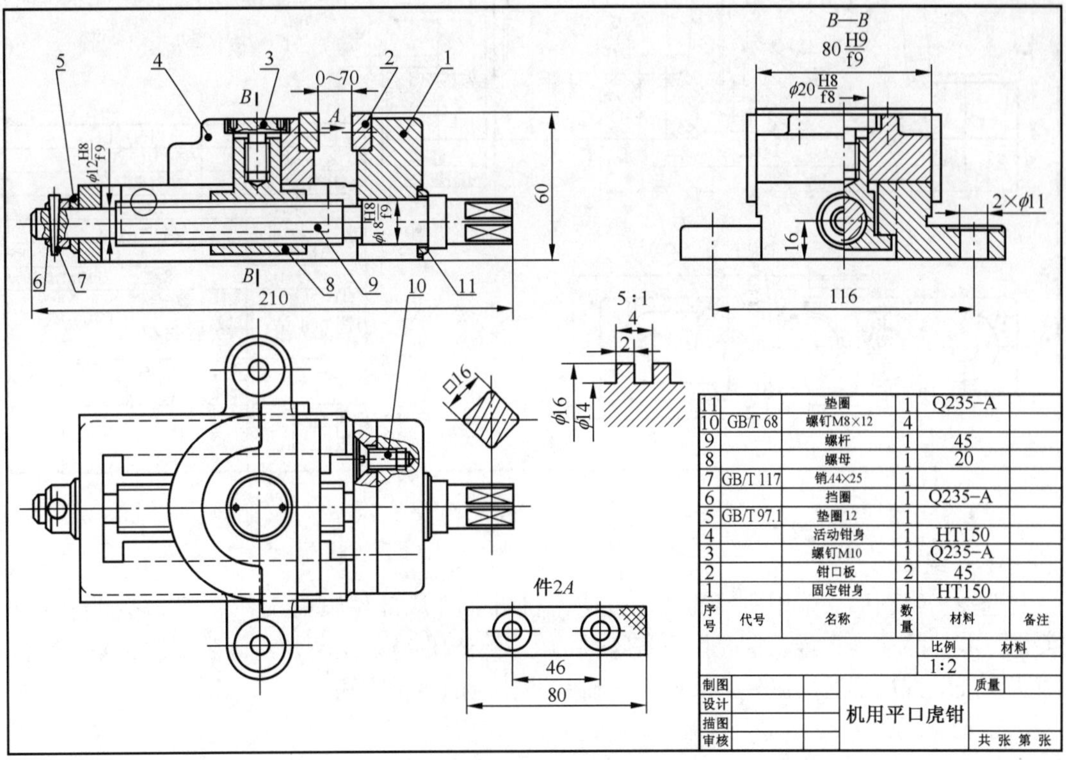

图 3-170　平口虎钳装配图

一、知识链接

（一）装配图的内容

配套视频
装配图的内容和画法

装配图是表达机器（或部件）的工作原理、结构性能和各零部件之间的装配、连接关系等内容的图样。在设计机器时，首先根据设计意图绘制装配图，然后再拆画出零件图。在生产过程中，先根据零件图加工出零件，然后再根据装配图将零件装配成部件或机器。因此，装配图既是进行零件设计、制定装配工艺规程的依据，也是进行装配、调试、检验及维修的必备资料，是表达设计思想和指导生产的重要技术文件。

装配图不仅要表示机器（或部件）的结构，同时也要表达机器（或部件）的工作原理和装配关系。图 3-171 是滑动轴承装配图，由图可以看出，一张完整的装配应具备如下的内容：

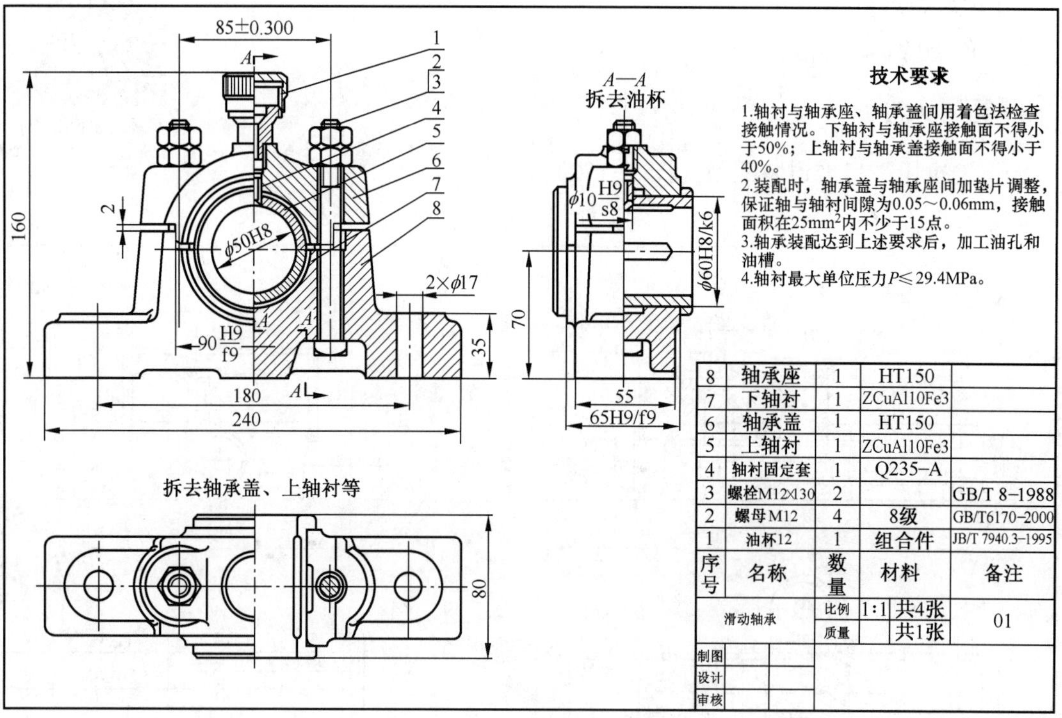

序号	名称	数量	材料	备注
8	轴承座	1	HT150	
7	下轴衬	1	ZCuAl10Fe3	
6	轴承盖	1	HT150	
5	上轴衬	1	ZCuAl10Fe3	
4	轴衬固定套	1	Q235-A	
3	螺栓M12×130	2		GB/T 8-1988
2	螺母M12	4	8级	GB/T6170-2000
1	油杯12	1	组合件	JB/T 7940.3-1995

滑动轴承	比例	1:1	共4张	01
	质量		共1张	
制图				
设计				
审核				

图 3-171　滑动轴承装配图

1. 一组图形

选择一组图形，采用适当的表达方法，将机器（或部件）的工作原理、零件的装配关系、零件的连接和传动情况以及各零件的主要结构形状表达清楚。画装配图，除了零件图所有表示方法都适用以外，装配图还有一些特定的表示方法。

2. 必要的尺寸

装配图上应标注机器（或部件）的规格（性能）、外形、安装和各零件间的配合关系等方面的尺寸。

3. 技术要求

用文字说明或标记代号指明机器（或部件）在装配、检验、调试、运输和安装等方面所需达到的技术要求。

4. 标题栏和明细栏

在图纸的右下角处画出标题栏［图 3-172（a）］，表明装配图的名称、图号、比例和责任者签字等。各零件必须标注序号并编入明细栏。明细栏［图 3-172（b）］直接在标题栏之上画出，填写组成装配体的零件序号、名称、材料、数量、标准件代号等。

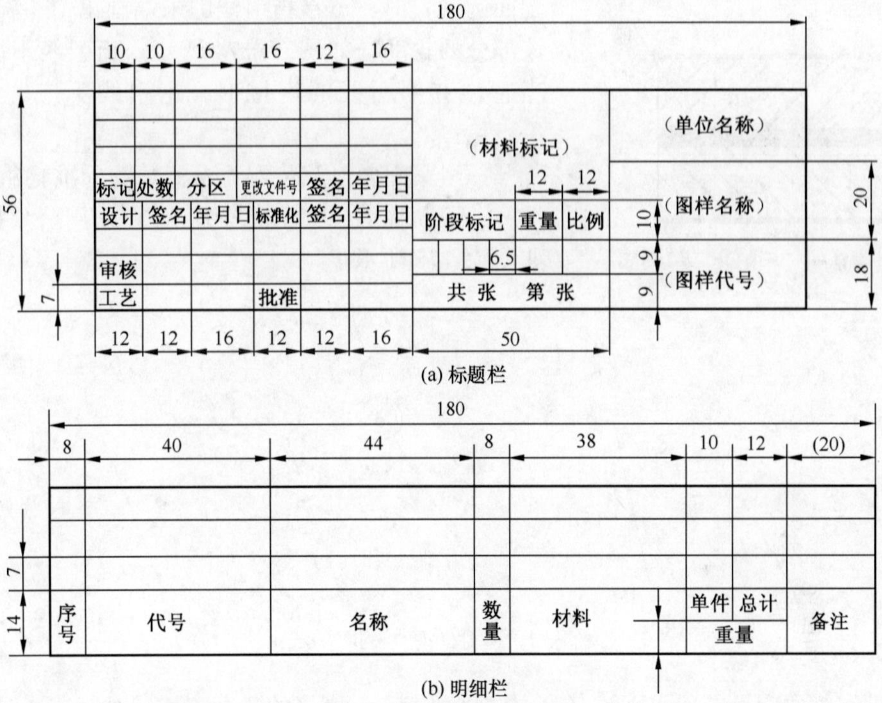

图 3-172　标题与明细栏

5. 零（部）件编号

为了便于看图、管理图样和组织生产，装配图上需对每种不同的零、部件进行编号，这种编号称为零件序号。对于较复杂、较大的部件来说，所编序号应包括所属较小部件及直属较大部件的零件的序号。

装配图中零、部件序号的通用编写方法有以下两种：

① 在指引线末的基准线（细实线）上或圆（细实线）内注写序号，序号字高比装配图中所注尺寸数字高度大一号或两号，如图 3-173（a）、（b）所示。

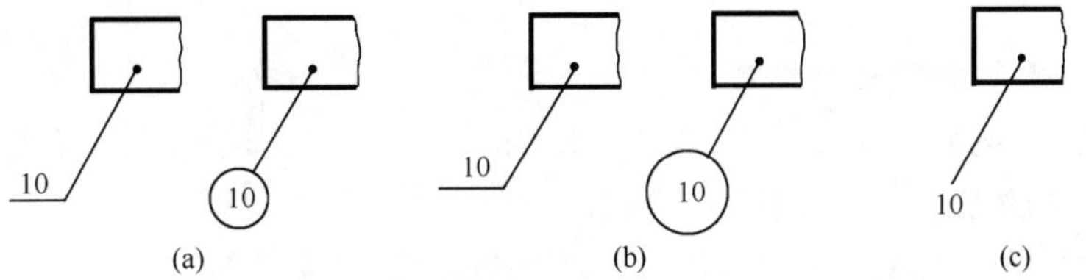

图 3-173　零、部件序号的表示方法

② 在指引线附近注写序号，序号字高比该装配图中所注尺寸数字高度大两号，如图 3-173（c）所示。

同一装配图中编注序号的形式应一致。

相同的零、部件用一个序号，一般只标注一次。对多处出现的相同的零、部件，必要时也可重复标注。

指引线应自所指零件投影的可见轮廓内引出，并在末端画一圆点，如图 3-173 所示。若所指零件的投影内不便画圆点（零件太薄或涂黑的剖面区域）时，可在指引线的末端画出箭头，并指向该部分的轮廓，如图 3-174 所示。指引线不能相交。当通过有剖面线的区域时，指引线不应与剖面线平行。

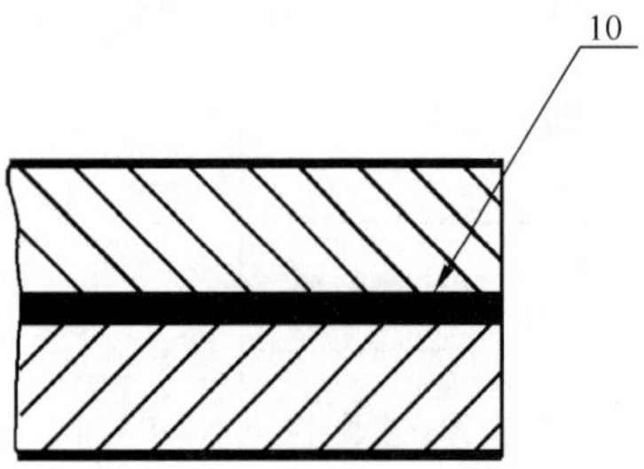

图 3-174　用箭头代替圆点

一组紧固件以及装配关系清楚的标准化组件（如油杯、滚动轴承、电动机等），可以采用公共指引线，如图 3-175 所示。

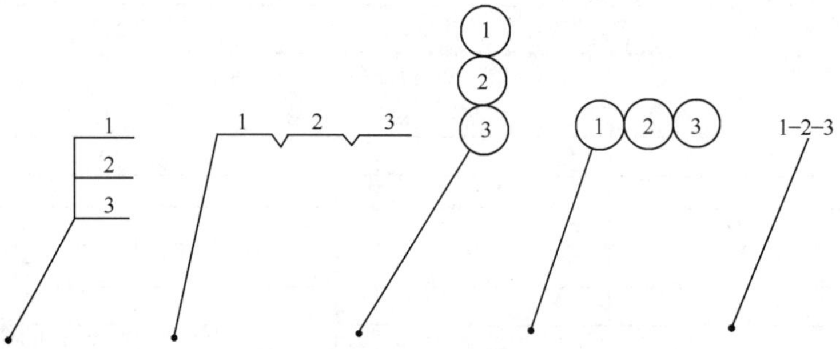

图 3-175　组件序号的表示法

装配图中的序号应按水平或竖直方向排列整齐。序号的顺序应按顺时针或逆时针方向顺次排列，当在整个图上无法连续时，可只在每个水平或竖直方向顺次排列，如图 3-175 所示。

（二）装配图的视图表达方案

1. 装配图表达方案的确定

在按规定画法画装配图前，必须先确定表达方案。

装配图同零件图一样，要以主视图的选择为中心来确定部件的表达方案。表达方案确定的依据是以表达清楚装配体的工作原理和零件之间的装配、连接关系为原则。现以如图 3-177 所示的铣床尾架装配图为例（图 3-176 是其轴测图），介绍装配图表达方案的选择原则。

（1）主视图的选择原则

应选择能反映装配体的工作位置和总体结构特征的方向作为主视图投射方向；应选择能反映该装配体的工作原理和主要装配线的方向作为主视图投射方向；应选择能尽量多地反映该装配体零件间的相对位置关系的方向作为主视图投射方向。

如图 3-176 所示，铣床尾架根据上述原则选择主视图投射方向“*A*”，尾架的四条装

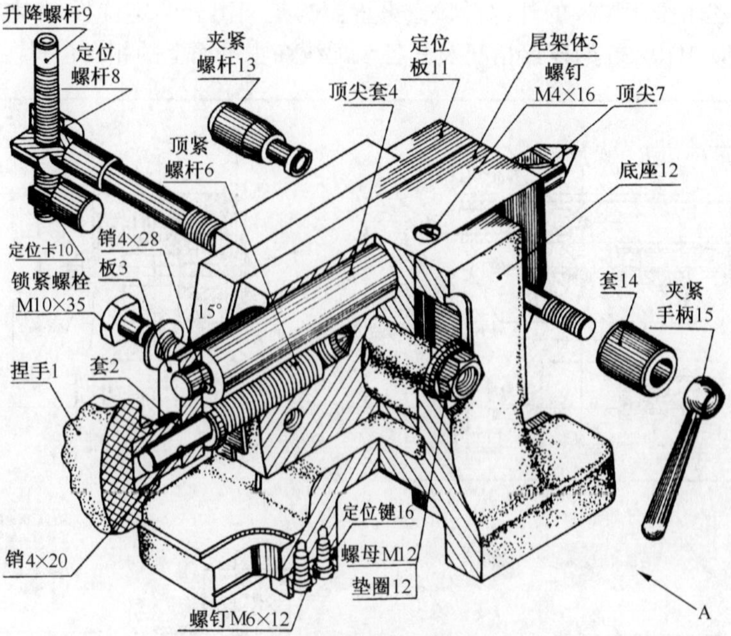

(a) 铣床尾架轴测图

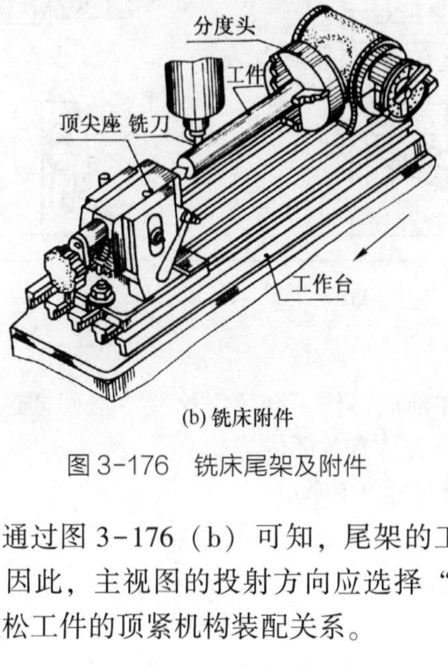

(b) 铣床附件

图 3-176　铣床尾架及附件

配干线都不在同一平面内。通过图 3-176（b）可知，尾架的工作原理主要是顶紧工件，主要装配干线为顶紧机构。因此，主视图的投射方向应选择“*A*”向。从图 3-177 中可知，主视图可表达夹紧、放松工件的顶紧机构装配关系。

（2）其他视图的选择

为补充主视图上没有表达清楚而又必须表达的内容，应再选择其他视图进行表达。所选择的视图要重点突出，相互配合，避免重复。

如图 3-177 中左视图是通过定位螺杆 8 的轴线作的全剖视图，配合主视图突出表达升降结构的工作原理和各零件的装配关系。

B—B 断面突出表达了夹紧机构零件组的装配关系和夹紧原理。*C—C* 剖视图将顶尖在正平面内转动角度表示清楚。

K 向局部视图表明了锁紧螺栓 GB/T 5782 M10×35 活动的角度范围。

俯视图表达了铣床尾架的外部形状，更重要的是突出表明定位板 11 与尾架体 5 通过螺栓 GB/T 5782 M10×35 的连接情况及其各装配线在水平面上的相对位置。

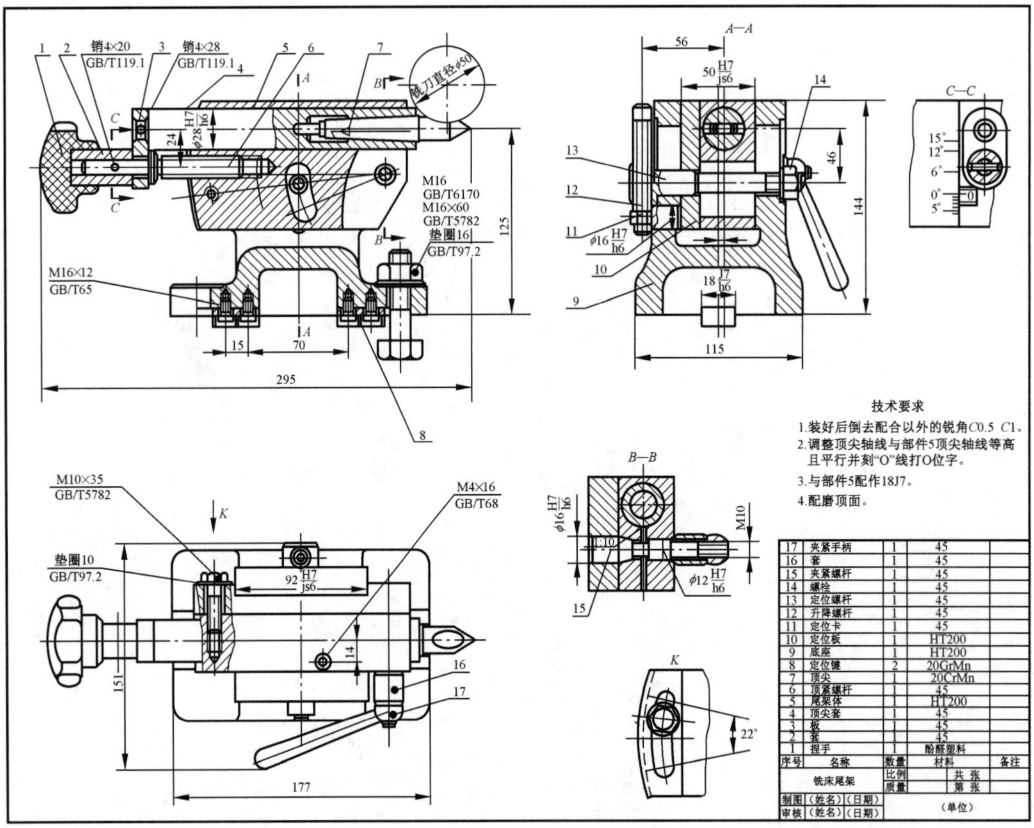

图 3-177 铣床尾架装配图

2. 装配图的规定画法

配套视频

绘制装配图

图样画法的主要内容在前面已作了介绍，这些方法同样适用于装配图，本节仅说明与装配图表达有关的内容。

（1）零件间接触面、配合面的画法

两相邻零件的接触面或配合面只用一条轮廓线表示，如图 3-178 中的①处所示。而对于未接触的两表面、非配合面（基本尺寸不同），用两条轮廓线表示，如图 3-178 中③处所示。若间隙很小或狭小剖面区域，可以夸大表示，如图 3-178 中的⑦处所示。

（2）剖面线的画法

相邻的两个金属零件，剖面线的倾斜方向应相反，或者方向一致而间隔不等以示区别，如图 3-178 中④处所示。同一零件在不同视图中的剖面线方向和间隔必须一致。剖面区域厚度小于 2mm 的图形可以以涂黑来代替剖面符号，如图 3-178 中的⑦处所示。

（3）实心零件的画法

在装配图中，对于紧固件以及轴、连杆、球、键、销等实心零件，若按纵向剖切，且剖切平面通过其对称平面或轴线时，则这些零件均按不剖绘制，如图 3-178 中的⑤处所示。如果需要特别表明这些零件上的局部结构，如凹槽、键槽、销孔等，可用局部剖视表示，如图 3-178 中的②处所示。

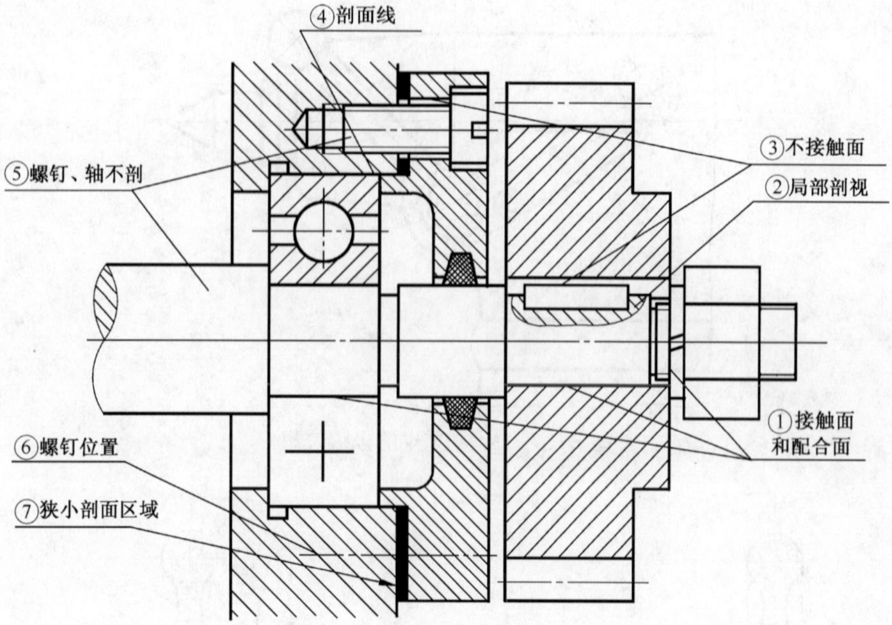

图 3-178　装配图画法的基本规定

3. 装配图的特殊表达方法

(1) 拆卸画法

在装配图中，可假想沿某些零件的结合面剖切，即将剖切平面与观察者之间的零件拆掉后再进行投射，此时在零件结合面上不画剖面线。但被切部分（如螺杆、螺钉等）必须画出剖面线。如图 3-170 中的俯视图，为了表示轴瓦与轴承座的装配情况，图的右半部就是沿轴承盖与轴承座的结合面剖开画出的。

当装配体上某些零件，其位置和基本连接关系等在某个视图上已经表达清楚时，为了避免遮盖某些零件的投影，在其他视图上可假想将这些零件拆去不画。如图 3-171 的左视图就是拆去油杯之后的投影。当需要说明时，可在所得视图上方注出“拆去×××”字样。

(2) 假想画法

部件中某些零件的运动范围和极限位置，可用细双点画线画出其轮廓。如图 3-179 所示，用细双点画线画出了车床尾座上手柄的另一个极限位置。

对于与本部件有关但不属于本部件的相邻零、部件，可用细双点画线表示其与本部件的连接关系，如图 3-180 的床头箱。

(3) 夸大画法

凡装配图中直径、斜度、锥度或厚度小于 2mm 的结构，如垫片、细小弹簧、金属丝等，可以不按实际尺寸画，允许在原来的尺寸上稍加夸大画出。实际尺寸大小应在该零件的零件图上给出。

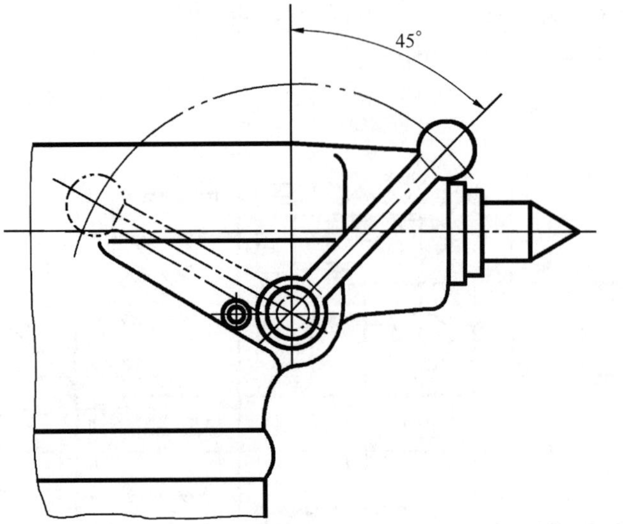

图 3-179　运动零件的极限位置

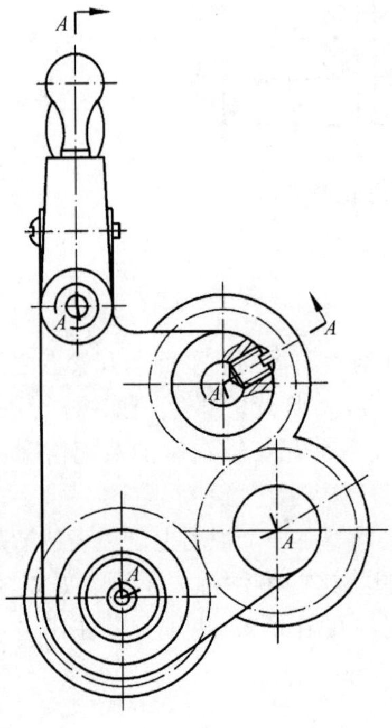

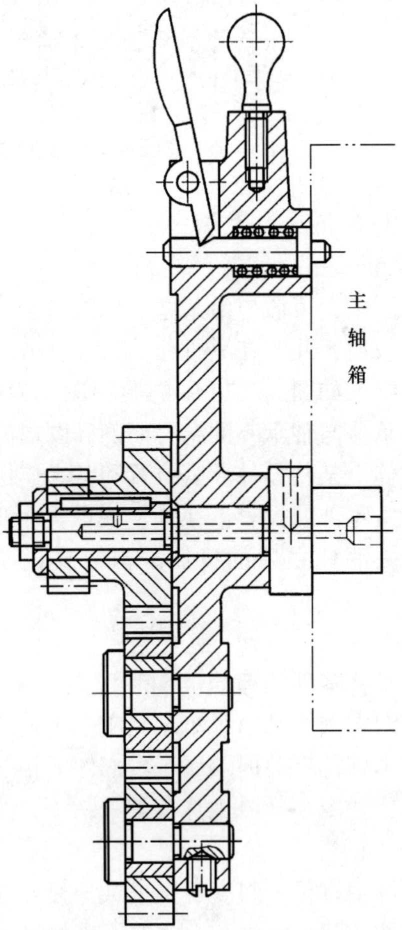

图 3-180　展开画法

（4）展开画法

当轮系的各轴线不在同一平面内时，为了表示传动关系及各轴的装配关系，可假想用剖切平面按传动顺序沿它们的轴线剖开，然后将其展开画出图形，这种表达方法称展开画法，如图 3-180 所示。这种展开画法，在表达机床的主轴箱、进给箱以及汽车的变速器等较复杂的变速装置时经常使用。

（5）简化画法

对于重复出现且有规律分布的螺纹连接零件组、键连接等，可仅详细地画出一组或几组，其余只需用细点画线表示其位置即可，如图 3-181（a）所示。

零件的某些工艺结构，如圆角、倒角、退刀槽等在装配图中允许不画。螺栓头部和螺母也允许按简化画法画出，如图 3-181（b）所示。

在装配图中，可用粗实线表示带传动中的带，如图 3-181（c）所示；用细点画线表示链传动中的链，如图 3-181（d）所示。

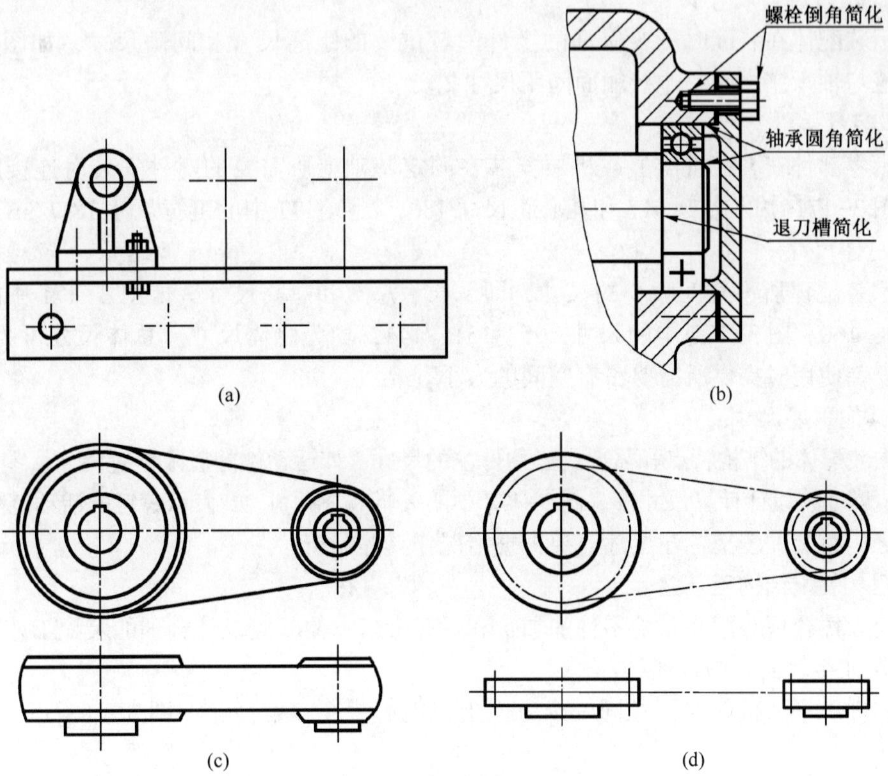

图 3-181　简化画法

（6）单独表达某零件

在装配图上，如果需要将某一个零件的某个方向投影表达出来，可以单独画出某一零件的视图，但必须在所画视图上方注出该零件的视图名称，在相应视图附近用箭头指明投射方向，并注上同样的字母。

配套视频
装配图的尺寸标注及零部件编号

（三）装配图的尺寸注法

装配图与零件图的作用不同，对尺寸标注的要求也不相同。装配图是设计和装配机器（或部件）时用的图样，因此不必把零件制造时所需要的全部尺寸都标注出来。装配图一般应标注下面几类尺寸。

1. 性能（规格）尺寸

表示装配体的工作性能或产品规格的尺寸。这类尺寸是设计产品的依据，如图 3-171 所示滑动轴承的轴孔尺寸 ϕ50H8。图 3-177 铣床尾架上顶尖轴线到底面的高度 125，它表明该尾架允许的加工工件的最大回转半径为 125mm，即限定了固定在尾架上的被加工工件的直径尺寸。

2. 装配尺寸

用以保证机器（或部件）装配性能的尺寸。装配尺寸有两种：

（1）配合尺寸

零件间有配合要求的尺寸，如图 3-171 中配合尺寸 ϕ60H8/k6，图 3-177 中配合尺寸 ϕ28H7/h6 等。

（2）相对位置尺寸

表示装配体在装配时需要保证的零件间较重要的距离尺寸和间隙尺寸，如图 3-171 中轴承盖与轴承座之间的非接触面间距尺寸 2。

3. 安装尺寸

表示零部件安装在机器上或机器安装在固定基础上所需要的对外安装时连接用的尺寸，如图 3-171 中的孔 2×ϕ17 和孔心距尺寸 180，图 3-177 中的键宽尺寸 18J7/h6 等。

4. 总体尺寸

表示装配体所占空间大小的尺寸，即总长、总宽和总高尺寸，如图 3-171 中的尺寸 240、80、160，图 3-177 中的尺寸 295、151、144，均为总体尺寸。总体尺寸可为包装、运输和安装使用时提供所需要占有空间的大小。

5. 其他重要尺寸

根据装配体的结构特点和需要，必须标注的尺寸，如运动件的极限位置尺寸、零件间的主要定位尺寸、设计计算尺寸等。图 3-177 中的 *K* 向视图尺寸 22°表示螺钉的活动范围。

总之，在装配图上标注尺寸时要根据情况作具体分析。

（四）装配结构工艺性

为使零件合理装配，并给零件的加工和拆卸带来方便，应设计合理的装配工艺结构。

1. 保证接触面结构合理

两零件以平面接触时，在同一个方向上只能有一个接触面，如图 3-182（a）、（b）所示。

两零件以圆柱面接触时，接触面转折处必须加工有倒角、倒圆或退刀槽，以保证良好的接触，如图 3-182（c）、（d）所示。

两锥面配合时，两配合件的端面必须留有间隙，如图 3-182（e）所示。

为使螺栓或螺钉连接可靠，应有沉孔或凸台，如图 3-182（f）、（g）所示。

较长的接触平面或圆柱面应制出凹槽，以减少加工面积，如图 3-182（h）、（i）所示。

2. 保证装拆结构合理

（1）螺纹连接

为保证螺纹拧紧，螺杆上螺纹终止处应制出退刀槽，如图 3-183（a）所示，或在螺

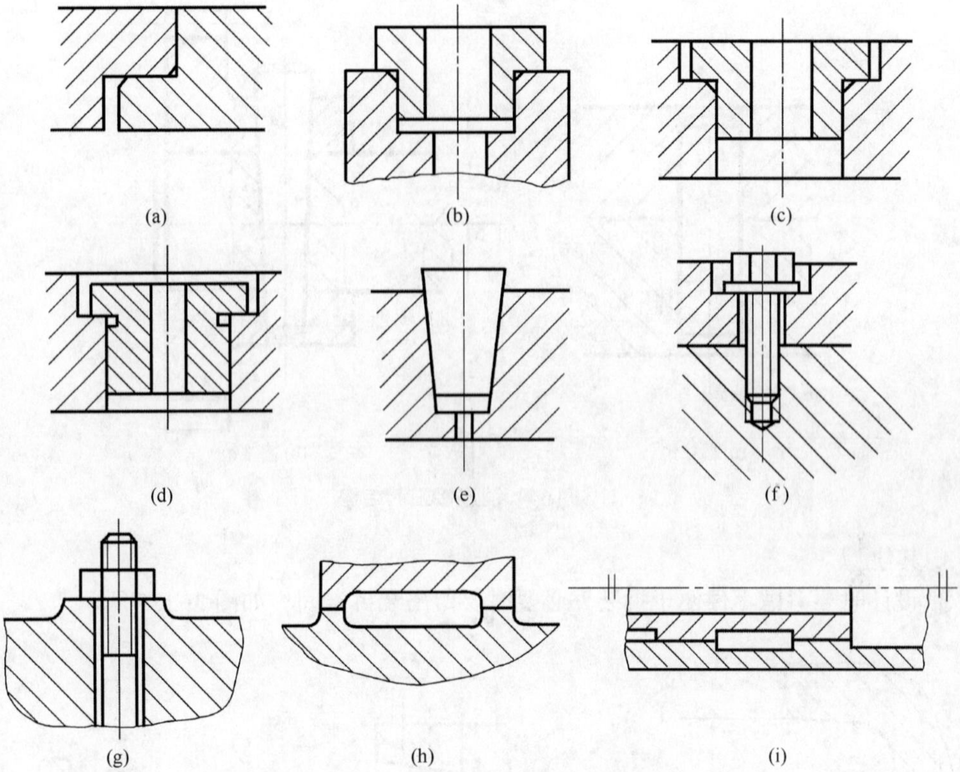

图 3-182　接触面及配合面工艺结构

孔上制出凹坑或倒角，图 3-183（b）、（c）所示。

螺纹的大径应小于定位柱面的直径，如图 3-183（d）所示。

螺钉头与沉孔之间的间隙应大于螺杆与螺孔之间的间隙，如图 3-183（e）所示。

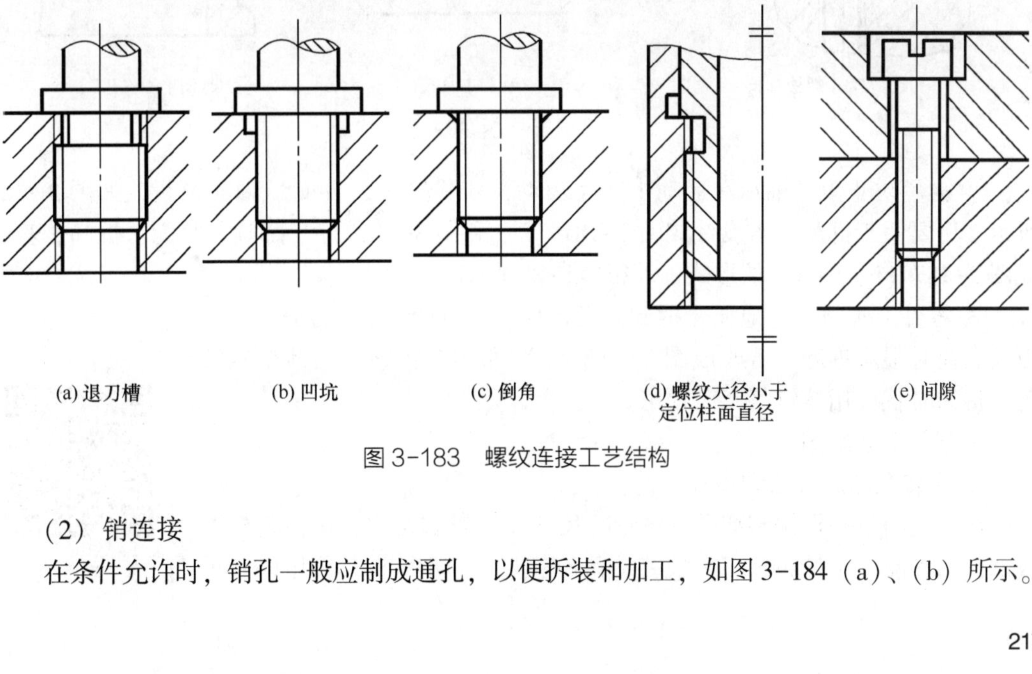

图 3-183　螺纹连接工艺结构

（2）销连接

在条件允许时，销孔一般应制成通孔，以便拆装和加工，如图 3-184（a）、（b）所示。

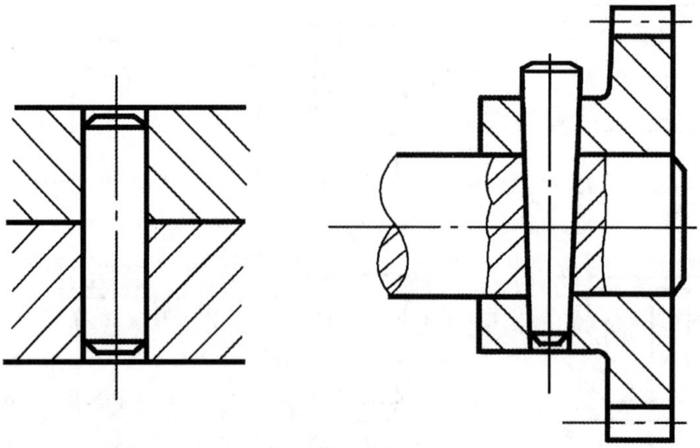

(a) 圆柱销　　(b) 圆锥销

图 3-184　销连接工艺结构

3. 其他

① 设计时要考虑零件便于拆装，必要时要留出装拆空间，如图 3-185 所示。

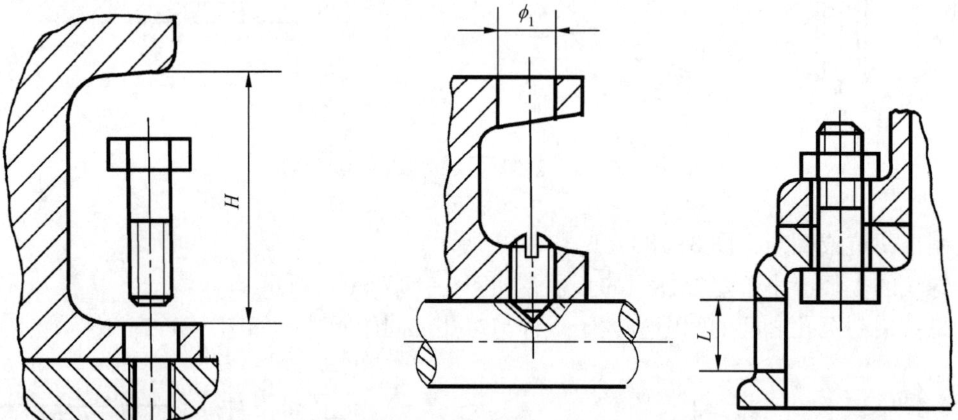

(a) 尺寸H大于螺栓总长　　(b) 制工具孔ϕ_1　　(c) 制手操作孔L

图 3-185　拆装空间

② 为了防止滚动轴承在运动中产生窜动，应将其内、外圈沿轴向顶紧，如图 3-186 所示。但要便于拆装，若设计成图 3-187（a）和图 3-187（c）那样，将无法拆卸，若改成图 3-187（b）、（d）的形式，就很容易将轴承顶出。

③ 零件上加衬套，应便于拆卸，设计成图 3-188（a）的形式，在更换套筒时很难拆卸。若改成图 3-188（b）那样在箱壁上钻几个螺纹孔，拆卸时就可用螺钉将套筒顶出。

配套视频

识读装配图

（五）读装配图

1. 读装配图的方法和步骤

读装配图就是根据装配图的图形、尺寸、符号和文字，搞清楚机器或部件的性能、工作原理、装配关系和各零件的主要结构、作用以及拆

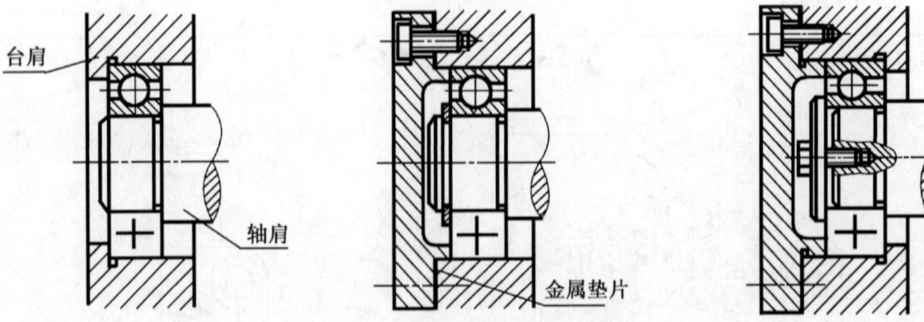

图 3-186　滚动轴承的紧固

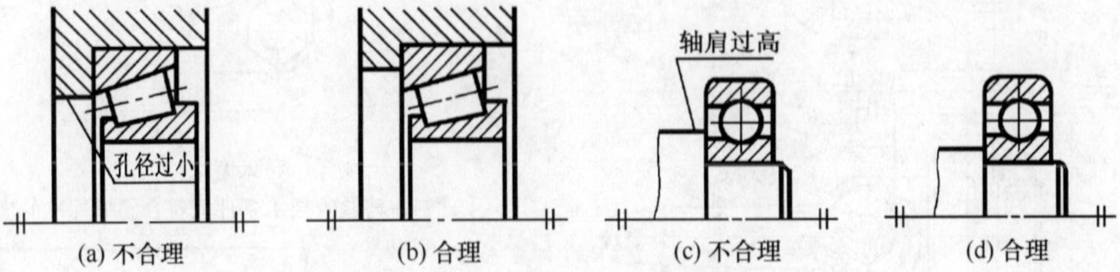

图 3-187　滚动轴承应便于拆装

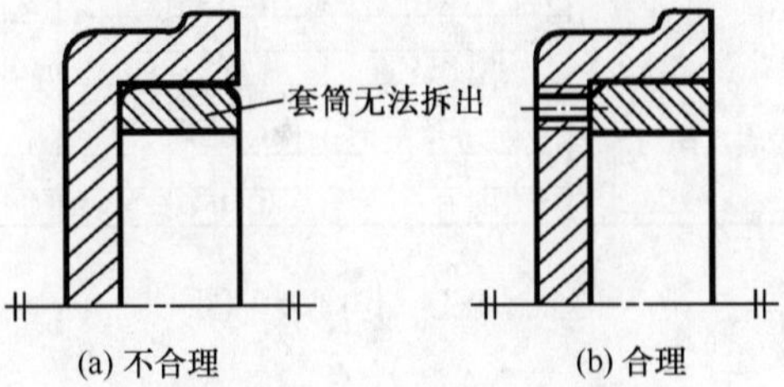

图 3-188　衬套应便于拆卸

装顺序等。工程技术人员必须具备熟练地识读装配图的能力。

下面以图 3-189 的球阀为例，说明读装配图的一般方法和步骤。

（1）概括了解

由标题栏、明细栏了解部件的名称、用途以及各组成零件的名称、数量、材料等，对于有些复杂的部件或机器还需查看说明书和有关技术资料，以便对部件或机器的工作原理和零件间的装配关系做深入的分析了解。

由图 3-189 的标题栏、明细栏可知，该图所表达的是管路附件——球阀，该阀共由 12 种零件组成。球阀的主要作用是控制管路中流体的流通量。从其作用及技术要求可知，密封结构是该阀的关键部位。

（2）分析各视图及其所表达的内容

如图 3-189 所示的球阀，共采用三个基本视图。主视图采用局部剖视图，主要反映该阀的组成、结构和工作原理。俯视图采用局部剖视图，主要反映阀盖和阀体以及扳手和阀杆的连接关系。左视图采用半剖视图，主要反映阀盖和阀体等零件的形状及阀盖和阀体间连接孔的位置和尺寸等。

（3）弄懂工作原理和零件间的装配关系

如图 3-189 所示的球阀，有两条装配线。从主视图看，一条是水平方向，另一条是

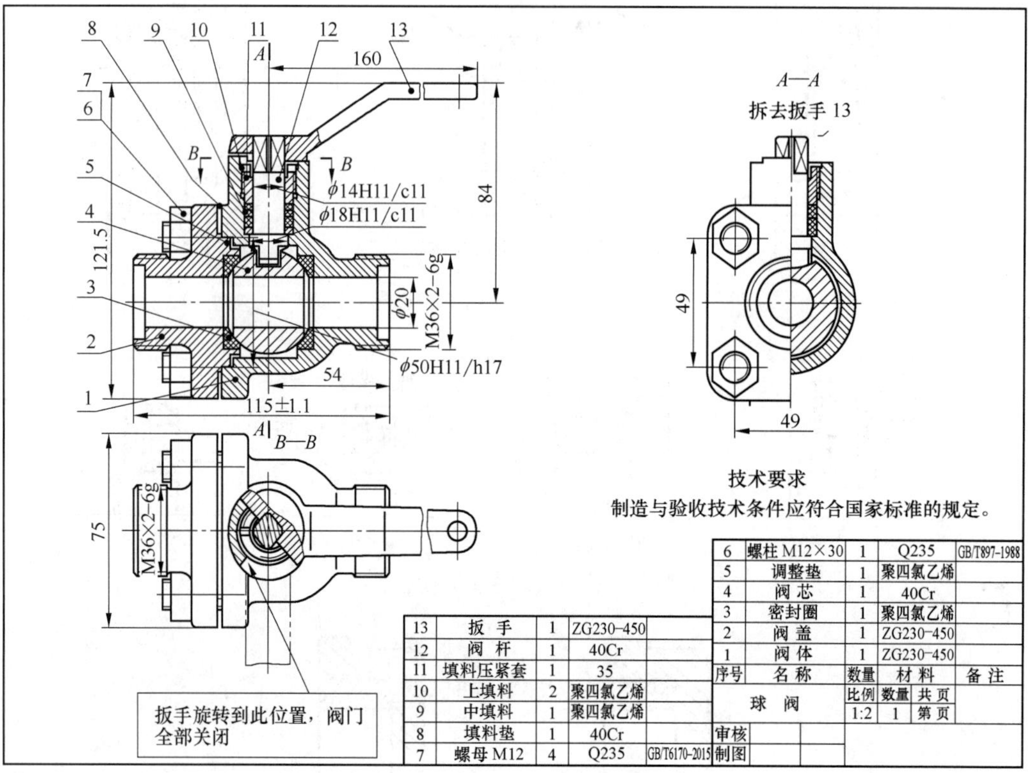

图 3-189　球阀装配图

垂直方向。其装配关系是：阀盖和阀体用四个双头螺柱和螺母连接，并用合适的调整垫调节阀芯与密封圈之间的松紧程度。阀体垂直方向上装配有阀杆，阀杆下部的凸块嵌入到阀芯上的凹槽内。为防止流体泄漏，在此处装有填料垫、填料、并旋入填料压紧套将填料压紧。

球阀的工作原理：扳手在主视图中的位置时，阀门为全部开启，管路中流体的流通量最大。当扳手顺时针旋转到俯视图指示位置时，阀门全部关闭，管路中流体的流通量为零。当扳手处在这两个极限位置之间时，管路中流体的流通量随扳手的位置而改变。

（4）分析零件的结构形状

在弄懂部件工作原理和零件间的装配关系后，分析零件的结构形状，可有助于进一步了解部件结构特点。

分析某一零件的结构形状时，首先要在装配图中找出反映该零件形状特征的投影轮廓。接着可按视图间的投影关系、同一零件在各剖视图中的剖面线方向、间隔必须一致的画法规定，将该零件的相应投影从装配图中分离出来。然后根据分离出的投影，按形体分析和结构分析的方法，弄清零件的结构形状。

2. 由装配图拆画零件图

在设计过程中，需要由装配图拆画零件图，简称拆图。拆图应在全面读懂装配图的基础上进行。

（1）拆画零件图时要注意的三个问题

① 由于装配图与零件图的表达要求不同，在装配图上往往不能把每个零件的结构形状完全表达清楚，有的零件在装配图中的表达方案也不符合该零件的结构特点。因此，在拆画零件图时，对那些未能表达完全的结构形状，应根据零件的作用、装配关系和工艺要求予以确定并表达清楚。此外对所画零件的视图表达方案一般不应简单地按装配图照抄。

② 由于装配图上对零件的尺寸标注不完全，因此在拆画零件图时，除装配图上已有的与该零件有关的尺寸要直接照搬外，其余尺寸可按比例从装配图上量取。标准结构和工艺结构，可查阅相关国家标准来确定。

③ 标注表面粗糙度、尺寸公差、形位公差等技术要求时，应根据零件在装配体中的作用，参考同类产品及有关资料确定。

（2）拆图实例

以图 3-189 所示球阀中的阀盖为例，介绍拆画零件图的一般步骤。

① 确定表达方案。由装配图上分离出阀盖的轮廓，如图 3-190 所示。

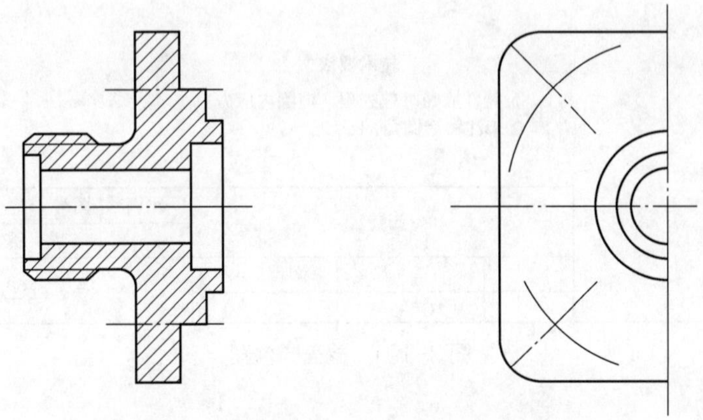

图 3-190　由装配图上分离出阀盖的轮廓

根据端盖类零件的表达特点，决定主视图采用沿对称面的全剖，侧视图采用一般视图。

② 尺寸标注。对于装配图上已有的与该零件有关的尺寸要直接照搬，其余尺寸可按比例从装配图上量取。标准结构和工艺结构，可查阅相关国家标准确定，标注阀盖的尺寸。

③ 技术要求标注。根据阀盖在装配体中的作用，参考同类产品的有关资料，标注表面粗糙度、尺寸公差、形位公差等，并注写技术要求。

④ 填写标题栏，核对检查，完成后的全图如图 3-191 所示。

二、任务实施

（一）识读机用平口虎钳装配图

1. 概括了解

机用平口虎钳是安装在机床工作台上用于夹紧工件，以便进行切削加工的一种通用

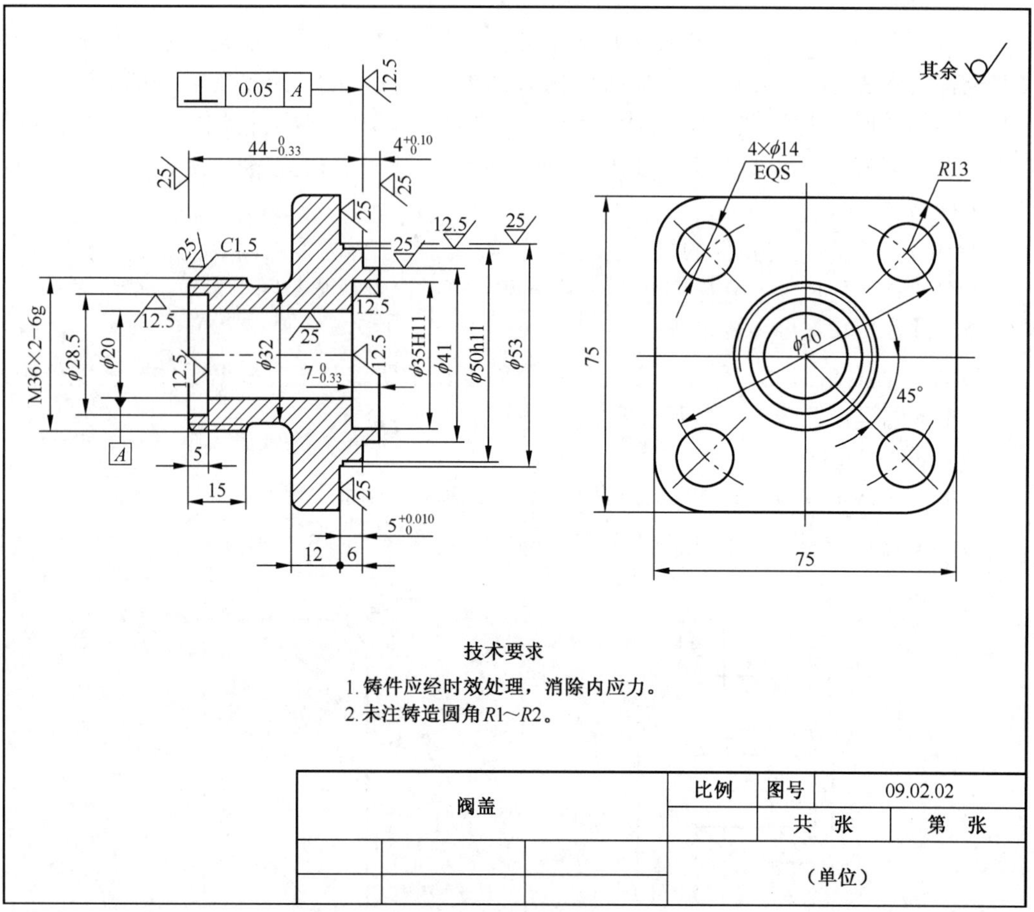

图 3-191 阀盖零件图

工具。

从图 3-192 机用平口虎钳装配图看出，共有 11 种零件，其中垫圈 5、圆锥销 7、螺钉 10 是标准件，其他为非标准件。绘图比例为 1 : 2。

2. 分析视图

主视图采用全剖视图，主要反映机用平口虎钳的工作原理和零件的装配关系。

俯视图主要表达机用平口虎钳的外形，并通过局部剖视表达钳口板与固定钳身连接的局部结构。

左视图用 *B—B* 半剖视表达固定钳身、活动钳身和螺母三个零件之间的装配关系。

用局部视图、移出断面图、单件画法进行完善。

3. 工作原理

旋转螺杆 9，使螺母 8 带动活动钳身 4 在水平向右、左移动，进而夹紧或旋松工件。机用平口虎钳的最大夹持厚度为 70。

螺母 8 从固定钳身 1 下方的空腔装入工字槽内，再装入螺杆 9，用垫圈 11、垫圈 5 及挡圈 6 和圆锥销 7，将螺杆轴向固定；螺钉 3 将活动钳身 4 与螺母 8 连接，最后用螺钉 10 将两块钳口板 2，分别与固定钳身 1、活动钳身 4 连接。

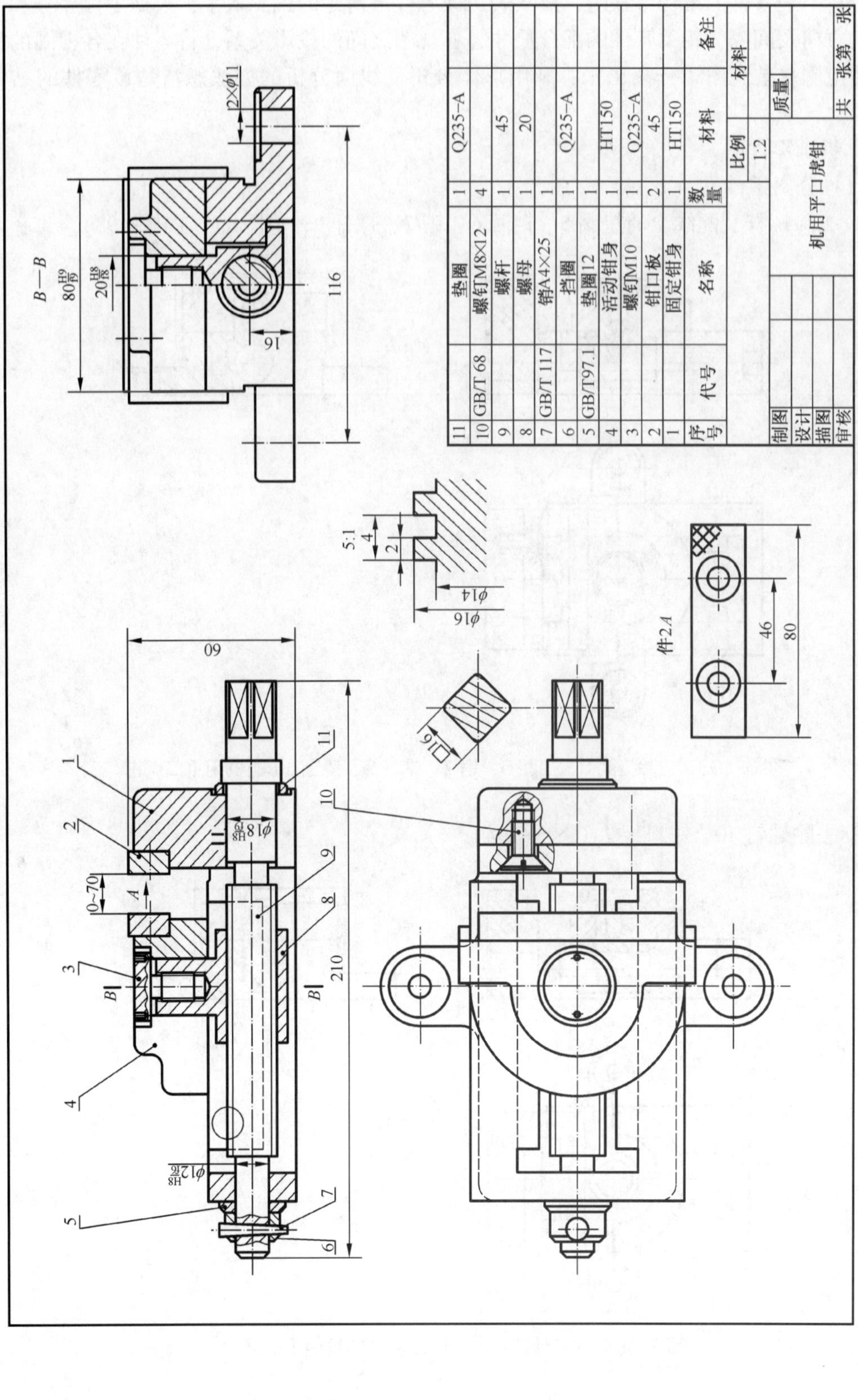

序号	代号	名称	数量	材料	备注
11		垫圈	1	Q235-A	
10	GB/T 68	螺钉M8×12	4		
9		螺杆	1	45	
8		螺母	1	20	
7	GB/T 117	销A4×25	1		
6		挡圈	1	Q235-A	
5	GB/T97.1	垫圈12	1		
4		活动钳身	1	HT150	
3		螺钉M10	1	Q235-A	
2		钳口板	2	45	
1		固定钳身	1	HT150	

机用平口虎钳	比例	材料	
	1:2		质量
制图			
设计			
描图			
审核		共　张第　张	

图 3-192　机用平口虎钳装配图

4. 分析零件

分析一般零件的结构形状时，应从表达该零件最清楚的视图入手，根据零件序号和剖面线的方向及间隔、相关零件的配合尺寸、各视图之间的投影关系，将零件在各视图的投影轮廓范围从装配图中分离出来，利用形体分析、线面分析的方法想清楚该零件的结构形状。

5. 拆画零件图

（1）分离零件

① 去除螺杆装配线上的垫圈 5、挡圈 6、销 7、螺杆 9、垫圈 11（图 3-193）。

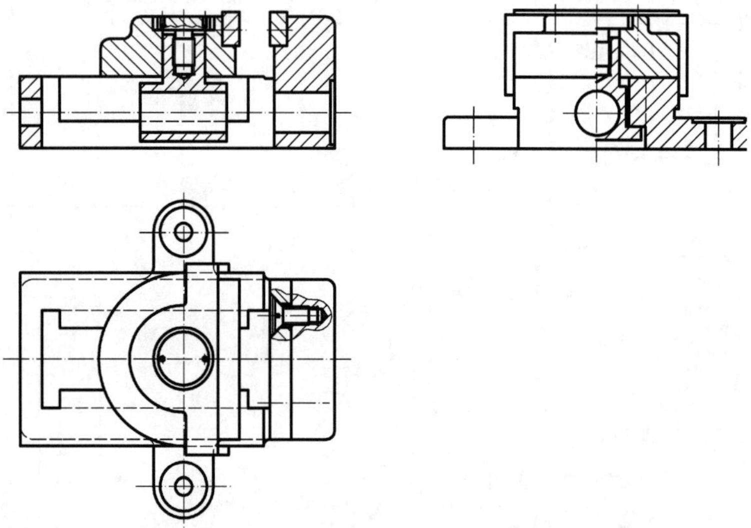

图 3-193 去除垫圈 5、挡圈 6、销 7、螺杆 9、垫圈 11 的机用平口虎钳

② 去除螺钉 10、钳口板 2（图 3-194）。

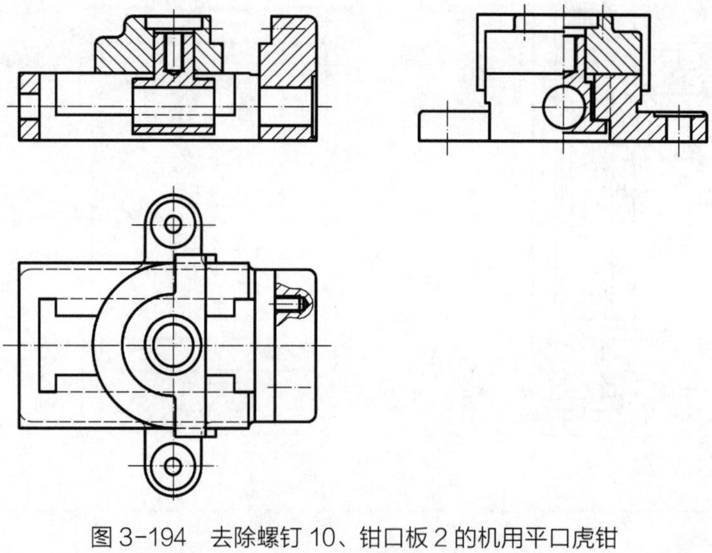

图 3-194 去除螺钉 10、钳口板 2 的机用平口虎钳

③ 去除螺母 8（图 3-195）。

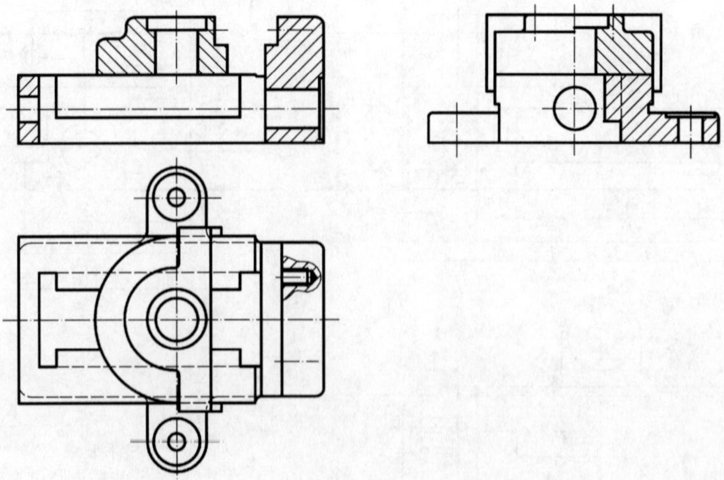

图 3-195　去除螺母 8 的机用平口虎钳

④ 去除活动钳身 4，余下的即为固定钳身（图 3-196）。

（2）绘制零件

① 确定表达方案。

② 零件结构形状的完善。

③ 零件尺寸的确定。

④ 零件技术要求的确定。

⑤ 填写标题栏。

⑥ 检查校对，完成固定钳身零件图（图 3-197）。

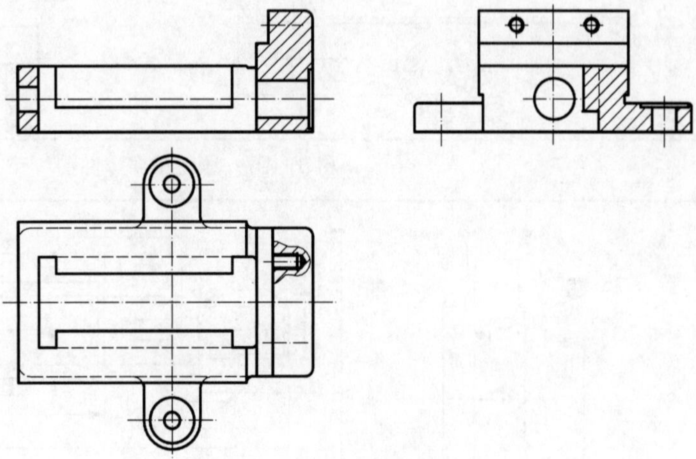

图 3-196　固定钳身

（二）绘制轴承架的装配图

① 根据装配示意图（图 3-198）了解装配关系及工作原理。

② 分析零件图（图 3-198 和图 3-199）。

③ 选择装配图的表达方案。

④ 按照绘制轴、轴衬、轴架、带轮、键、垫圈、螺母的顺序绘制。

⑤ 装配图序号的标注。

⑥ 装配尺寸的确定。

⑦ 技术要求的确定。

⑧ 填写标题栏及明细栏。

⑨ 检查校对，完成轴承架装配图（图 3-200）。

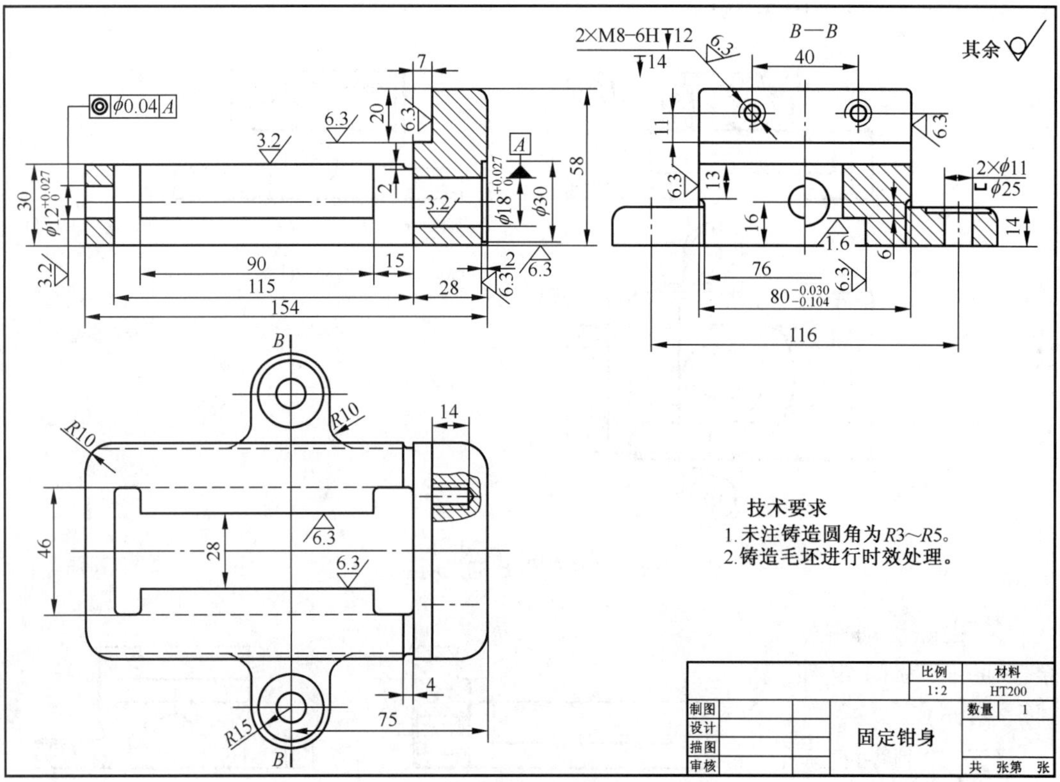

图 3-197 固定钳身零件图

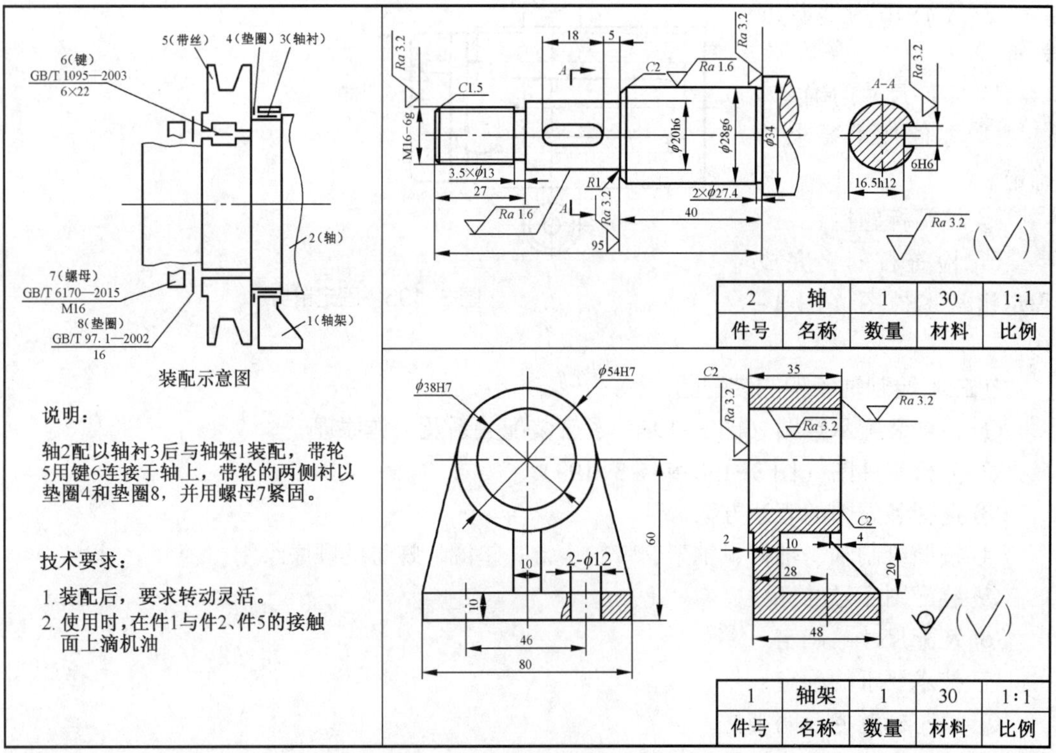

图 3-198 轴承架零件图（一）

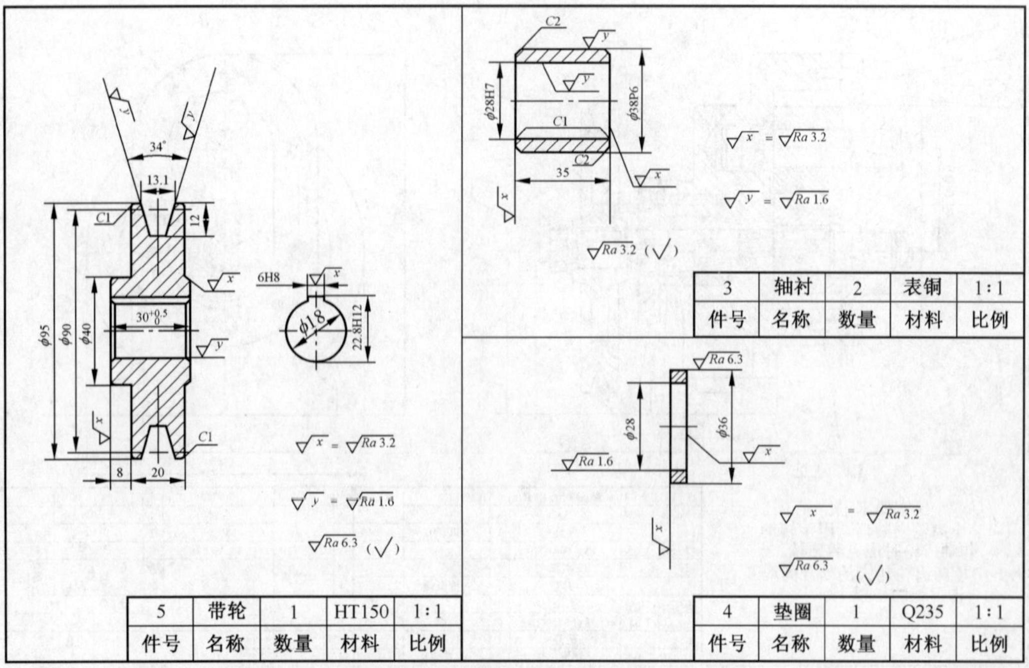

5	带轮	1	HT150	1∶1
件号	名称	数量	材料	比例

3	轴衬	2	表铜	1∶1
件号	名称	数量	材料	比例

4	垫圈	1	Q235	1∶1
件号	名称	数量	材料	比例

图 3-199 轴承架零件图（二）

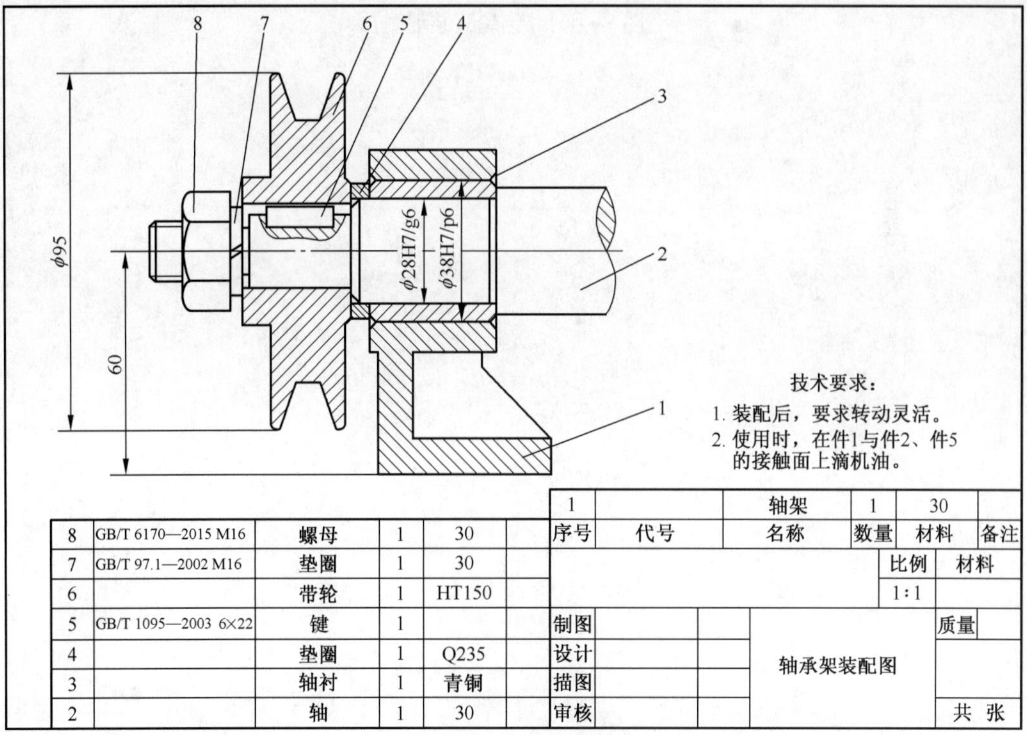

序号	代号	名称	数量	材料	备注
8	GB/T 6170—2015 M16	螺母	1	30	
7	GB/T 97.1—2002 M16	垫圈	1	30	
6		带轮	1	HT150	
5	GB/T 1095—2003 6×22	键	1		
4		垫圈	1	Q235	
3		轴衬	1	青铜	
2		轴	1	30	
1		轴架	1	30	

图 3-200 轴承架装配图

三、任务拓展——识读装配图

识读齿轮泵装配图（图 3-201）。

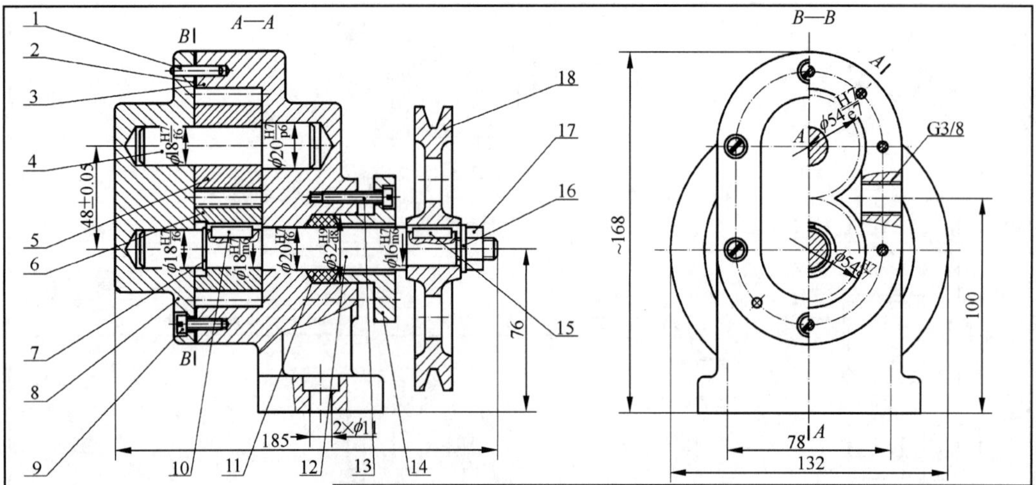

技术要求

1.齿轮安装后，用手转动传动齿轮时应灵活旋转。

2.两齿轮轮齿的啮合面应占齿长的3/4以上。

序号	代号	名称	数量	材料	备注
18		带轮	1	HT200	
17	GB/T6170	螺母 M12	1		
16	GB/T 97.1	垫圈 10-140HV	1		
15	GB/T 1096	键 5×20	1		
14		压盖	1	HT150	
13	GB/T 65	螺钉 M6×25	2		
12		主动轴	1	45	
11		填料	1	棉麻绳	
10	GB/T 1096	键 6×5	1		
9	GB/T 65	螺钉 M6×16	6		
8		泵盖	1	HT200	
7	GB/T 895	挡圈 18	1	弹簧钢丝	
6		主动齿轮	1	45	
5		从动齿轮	1	45	
4		从动轴	1	45	
3		泵体	1	HT200	
2		垫片	1	纸板	
1	GB/T119	销 A6×20	2		

齿轮泵		比例	材料
		1:2	
制图		质量	
设计			
描图			
审核		共 张第 张	

图 3-201 齿轮泵装配图

配套课件

计算机绘图

项目四　计算机绘图

【知识目标】

掌握其常用的基本命令、基本方法、绘图技巧，能根据行业具体需要熟练绘制二维平面图和三维立体图。

【能力目标】

具备二维绘图、三维建模等能力，能独立完成工程图纸设计、优化及技术表达，具备解决复杂工程问题的实践素养。

【素质目标】

具备信息素养、创新思维和团队协作的职业素养；能适应职业发展需求。

任务一　计算机绘图基础

【学习目标】

了解计算机绘图基础，掌握绘图辅助命令，能利用图层管理图形。

【学习重点】

掌握绘图辅助命令，能利用图层管理图形。

【学习难点】

掌握实际情况，能设置绘图环境。

配套视频

AutoCAD工作界面简介

一、知识链接

（一） AutoCAD 2021 工作界面

AutoCAD 2021 的工作界面是标题栏、功能区、命令行窗口、状态栏以及可以调出的工具栏和菜单栏的集合。AutoCAD 2021 提供了草图与注释、三维基础和三维建模 3 种工作空间，不同的工作空间，其界面所显示的工具、功能区选项卡及其面板也不同，在默认打开的“草图与注释”工作空间中主要显示二维绘图特有的工具；在“三维基础”工作空间主要显示特定于三维建模的基础工具，用于初学者进行三维实体建模；在“三维建模”工作空间中则显示的是三维建模特有的修改、渲染等工具，用于三维实体、曲面及网络建模。

（二） AutoCAD 2021 工作空间的切换

方法一：单击状态栏中的“切换工作空间”按钮，在弹出的如图 4-1（a）所示的菜单中选择对应的工作界面。

方法二：单击【工具】→【工作空间】子菜单中对应的工作界面，如图 4-1（b）所示。

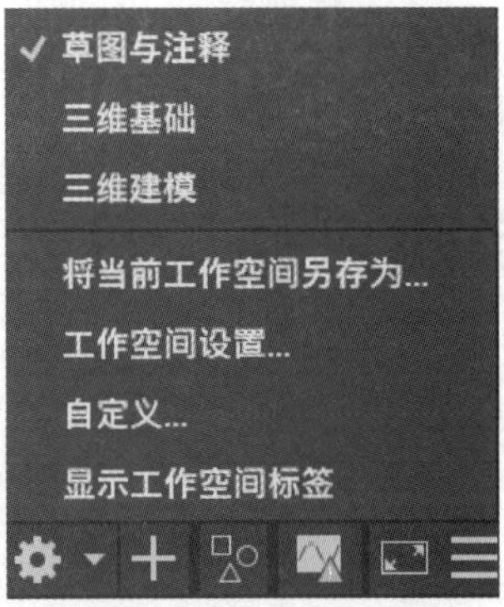

(a) 状态栏“切换工作空间”

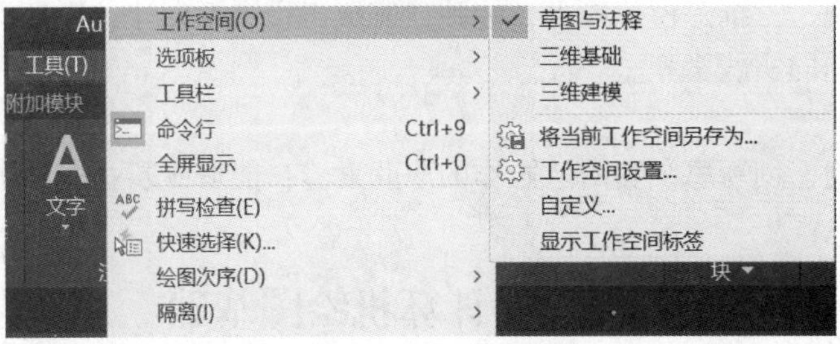

(b) 菜单栏“切换工作空间”

图 4-1 “工作空间”的切换方法

（三） AutoCAD 2021 工作界面的组成

AutoCAD 2021 简体中文版的默认工作空间为“草图与注释”，其界面由标题栏、功能区、绘图区、命令行窗口、状态栏等组成，如图 4-2 所示。

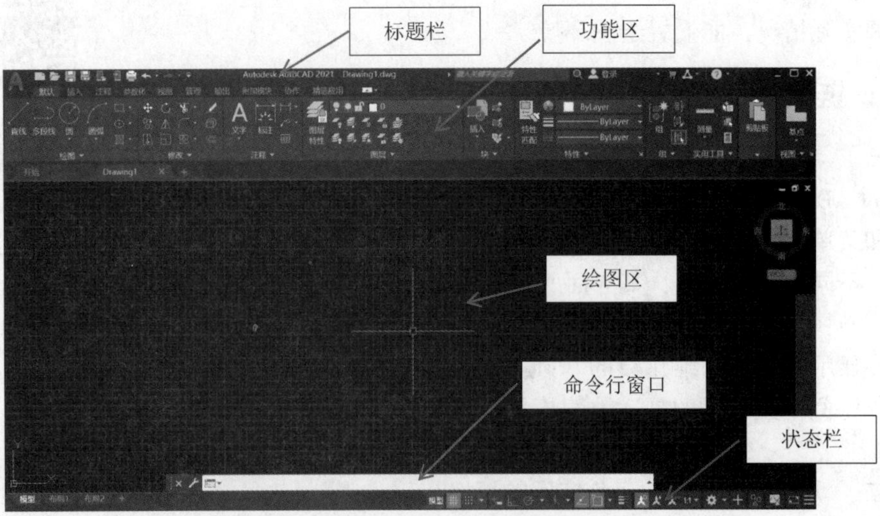

图 4-2 “草图与注释”工作界面默认组成

1. 标题栏

标题栏位于工作界面的顶部，包括“应用程序”按钮、“快速访问”工具栏、程序名称显示区和窗口控制按钮等内容，如图 4-3 所示。

图 4-3　标题栏

“应用程序”按钮：位于工作界面的左上角，是选择及搜索命令的工具，单击该按钮，展开如图 4-4 所示的下拉菜单，可进行新建、打开、保存、输出和打印文件及查找命令等操作。

“快速访问”工具栏：默认情况下，位于“应用程序”的右侧，有使用频率较高的“新建”“打开”“保存”“另存为”“打印”“放弃”“重做”等命令按钮。需要在该工具栏中显示或隐藏命令按钮，只要单击右侧的“自定义”按钮，在弹出的下拉菜单中选择或者取消相应的命令选项即可。

程序名称显示区：位于标题栏的中间位置，用于显示当前正在运行的 AutoCAD 2021 应用程序名称和文件名等信息，默认新建的文件名是 Drawing1. dwg。

窗口控制按钮：位于标题栏的最右端，可以分别控制 AutoCAD 窗口的最小化、最大化和关闭。

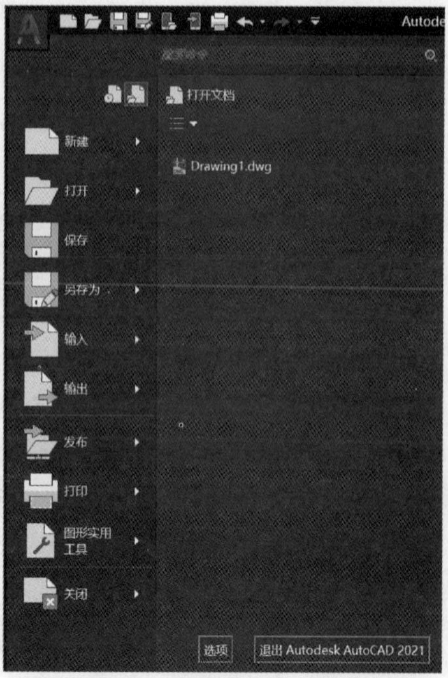

图 4-4　“应用程序”下拉菜单

2. 功能区

功能区位于绘图区的上方，它由选项卡、面板和命令按钮组成。单击某个选项卡标签，可切换到该选项卡。每个选项卡中包含若干个面板，每个面板中又包含许多由图标表示的命令按钮，如图 4-5 所示。利用这些命令按钮可以完成绘图过程中的大部分工作。

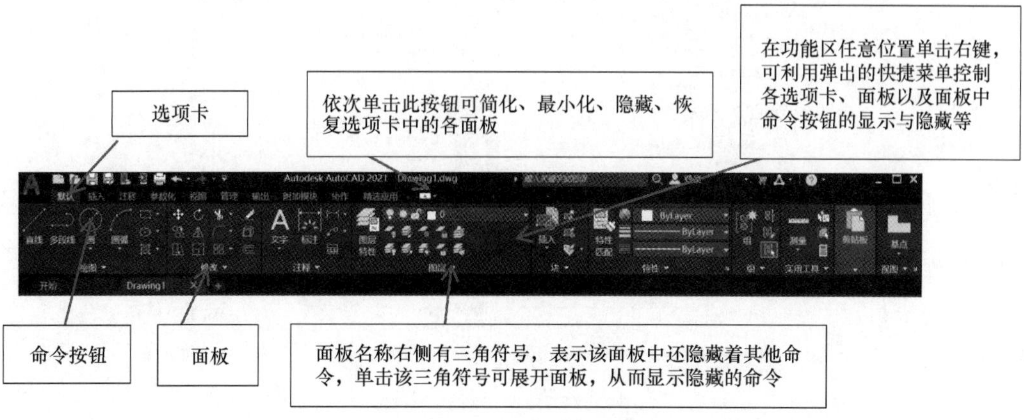

图 4-5　功能区组成及其功能说明

打开功能区的方法有两种：一是单击【工具】→【选项版】→【功能区】；二是在命令行输入“menu”命令，弹出如图 4-6 所示的“选择自定义文件”对话框，从中选择“acad. CUIX”文件，然后单击【打开】按钮，即可显示功能区。使用第一种方法也可关闭功能区。

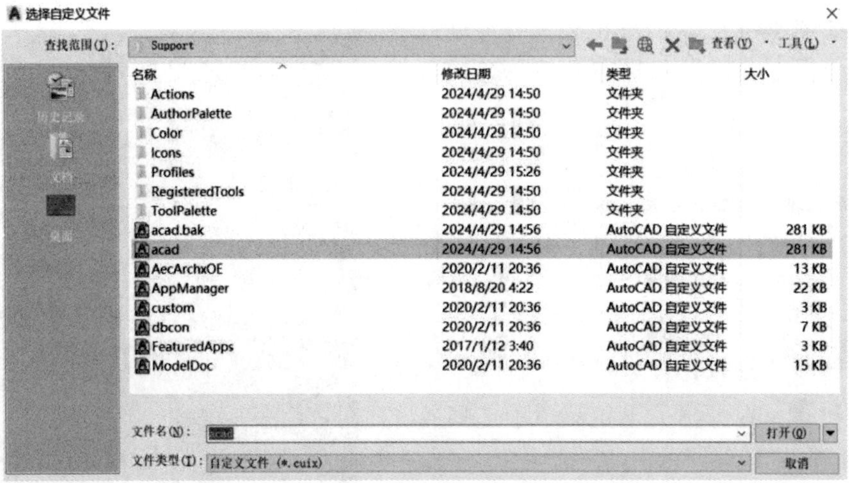

图 4-6 “选择自定义文件”对话框

3. 绘图区

绘图区是用户绘制和编辑图形的工作区域，默认情况下，AutoCAD 2021 的绘图区是黑色的。如果想调整背景颜色，如白色，可依次单击→【选项】或【工具】→【选项】或【绘图区的快捷菜单】→【选项】，打开如图 4-7 所示的“选项”对话框，在“显示”选项卡中单击【颜色】按钮，打开如图 4-8 所示的“图形窗口颜色”对话框，再单击右上角的“颜色”选项框，从弹出的下拉列表中选择适当的颜色，如白色，单击【应用并关闭】按钮后绘图区域变成了白色，如图 4-9 所示，再单击【确定】按钮关闭“选项”

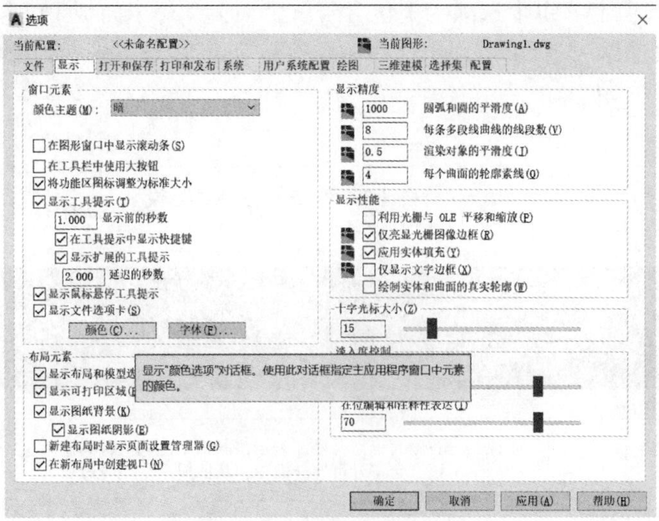

图 4-7 “选项”对话框

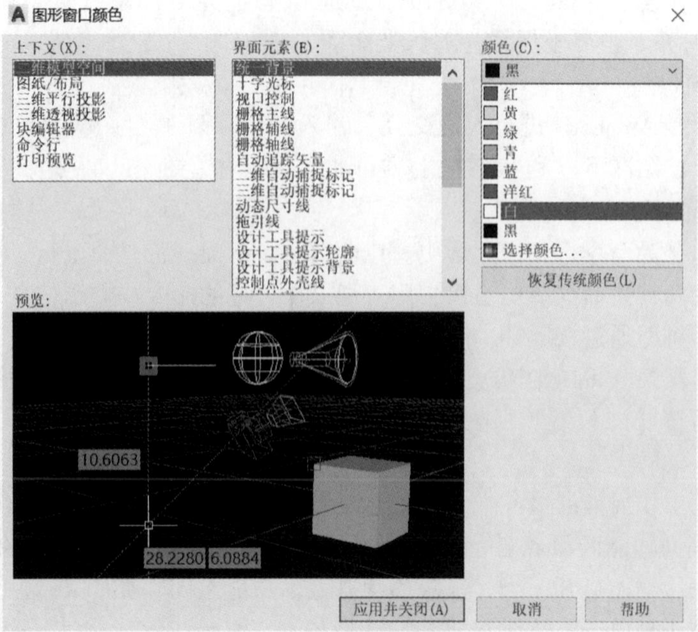

图 4-8　“图形窗口颜色”对话框

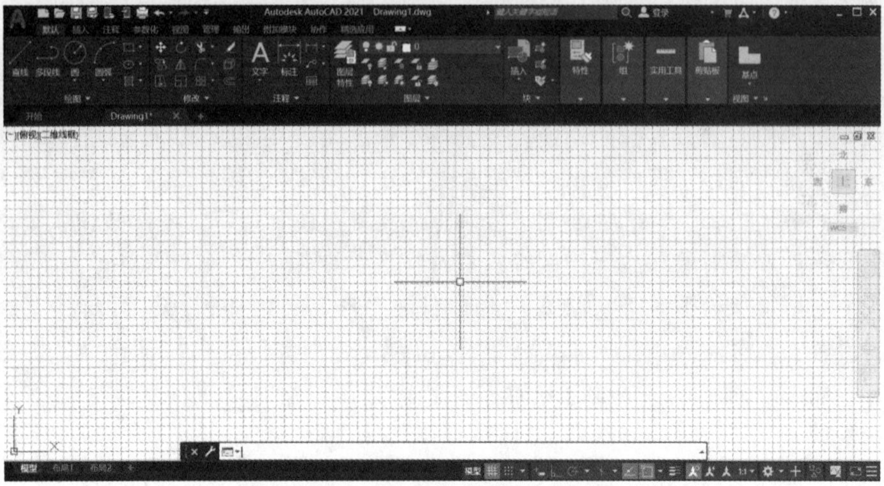

图 4-9　绘图区域颜色改变为白色

对话框即可。

在状态栏上单击“全屏显示”按钮或者按组合键“Ctrl+0”，可以使工作界面全屏显示，此时绘图区将最大化显示。

绘图区除了显示图形外，通常还会显示十字光标、坐标系图标、视口控件、视图方位显示工具（ViewCub）、导航栏等。

光标：当光标位于 AutoCAD 的绘图区时为十字形状，十字线的交点为光标的当前位置。AutoCAD 的光标用于绘图、选择对象等操作。

坐标系图标：坐标系图标通常位于绘图区的左下角，表示当前绘图所使用的坐标系的形式以及坐标方向等。AutoCAD 2021 中文版提供有世界坐标系（WCS）和用户坐标系（UCS）两种坐标系，世界坐标系为默认坐标系。

4. 命令行窗口

命令行窗口是 AutoCAD 进行人机交互、输入命令和显示相关信息与提示的区域。在默认情况下位于绘图区下方和状态栏上方，通过拖动命令行窗口左边的“移动控制柄”▌，可将其移至绘图区的任意位置。

命令行窗口分为命令行和命令历史窗口两部分。下面一行是命令行，用于输入命令或命令选项；上面两行是命令历史窗口，用于记录执行过的命令或提示信息。

命令行窗口可以通过按“Ctrl+9”组合键或单击【工具】→【命令行】打开或关闭。

文本窗口是记录 AutoCAD 历史命令的窗口，是放大的命令行窗口。按【F2】键可显示文本窗口，再按【F2】键，则关闭文本窗口。

5. 状态栏

状态栏位于工作界面的最底端，默认情况下，它由“模型/布局”选项卡、“模型/图纸”选项卡、辅助功能区和“自定义”按钮组成。辅助功能区的左端和中部的按钮颜色呈天蓝色状态表示功能打开，当其呈灰色状态表示功能关闭，如图 4-10 所示，打开和关闭按钮功能的方法是单击该按钮。

图 4-10　状态栏

状态栏上位于左侧的“模型”“布局 1”“布局 2”及中部的“模型/图纸”选项卡，用于实现模型界面与图纸界面的切换；辅助功能区的左端按钮是辅助绘图工具，从左到右分别表示当前是否启用了栅格显示、捕捉模式、正交模式、极轴追踪、等轴测草图、对象捕捉追踪、对象捕捉等，它们主要用于控制点的精确定位和追踪。中部按钮主要是注释工具，用于显示注释性对象和注释比例等；右端按钮主要用于切换工作空间、注释监视器、隔离对象、全屏显示绘图区等；状态栏最右端是“自定义”按钮☰，可对状态栏显示的内容进行设置，其方法是单击“自定义”按钮☰，弹出如图 4-11 所示的“状态栏自定义”菜单，带有“✓”的选项表示已在状态栏中显示，这时可以根据需要单击选择显示或隐藏的选项。

（四）经典工作界面的设置

默认情况下，AutoCAD 2021 没有经典工作界面，习惯使用经典工作界面的用户可以采用下述的步骤与方法设置。

1. 显示菜单栏

默认情况下，AutoCAD 2021 的工作界面不显示菜单栏。如果让其显示，则单击“快速访问”工具栏右侧的“自定义”按钮▼，打开如图 4-12 所示的“自定义快速访问工具栏”菜单，从中单击【显示菜单栏】，即可将菜单栏显示在标题栏下方、功能区上方，如图 4-13 所示；如果要隐藏菜单栏，同样单击“自定义”按钮，在打开的菜单中单击【隐藏菜单栏】，或右击菜单栏，再单击弹出的“显示菜单栏”选项，取消其前面的勾选标记。

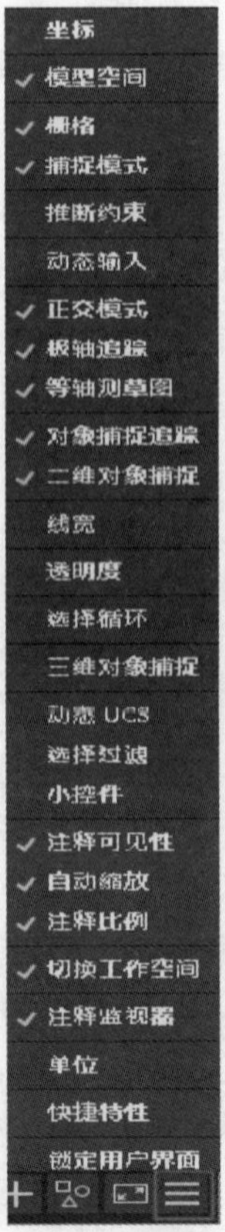

图 4-11　默认的“状态栏自定义”菜单

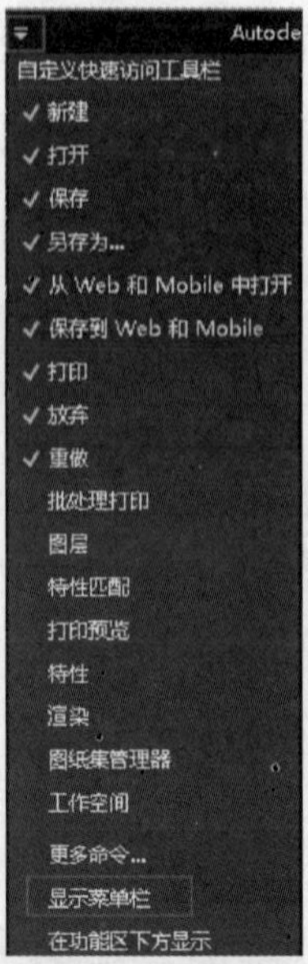

图 4-12　“自定义快速访问工具栏”菜单

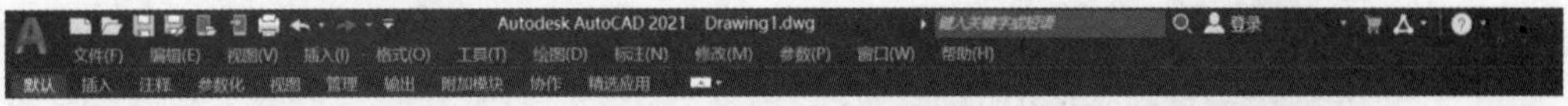

图 4-13　显示出的菜单栏

2. 关闭功能区

方法是单击菜单栏中的【工具】→【选项版】→【功能区】，如图 4-14 所示。

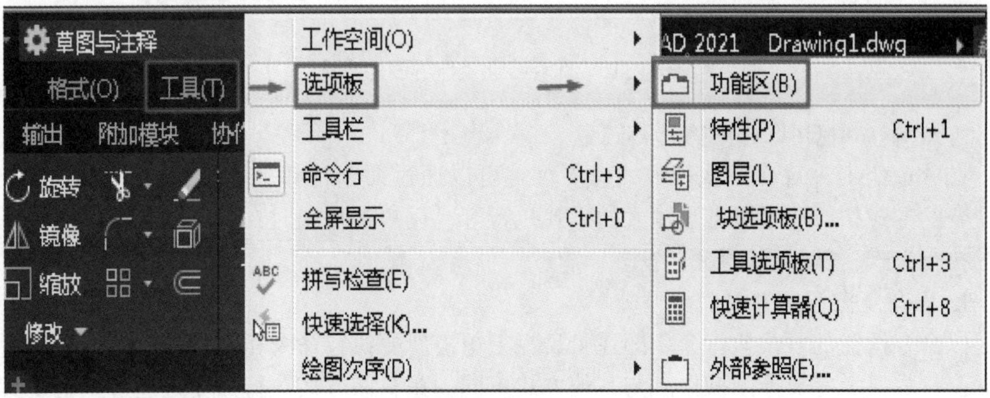

图 4-14　关闭功能区的方法

3. 调出工具栏

方法是依次单击菜单栏中的【工具】→【工具栏】→【AutoCAD】→【修改】【图层】【标准】【样式】【特性】【绘图】等命令，如图 4-15 所示。

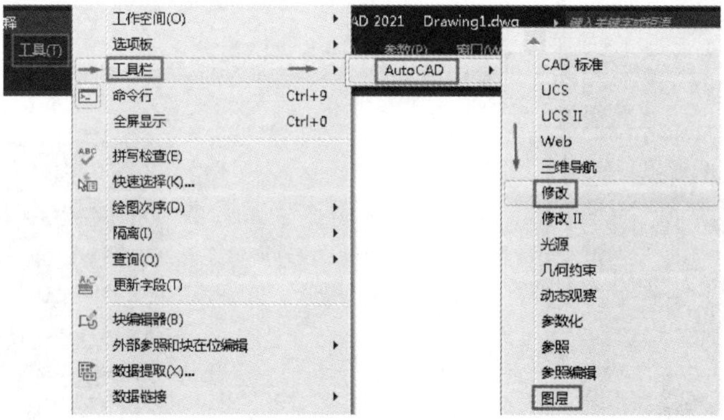

图 4-15 调出工具栏的方法

4. 保存为 AutoCAD 经典模式

方法是单击状态栏中的“切换工作空间”按钮，打开如图 4-16（a）所示的菜单，再单击“将当前工作空间另存为”命令，这时弹出如图 4-16（b）所示的“保存工作空间”对话框，在“名称”文本框中输入“AutoCAD 经典模式”后单击【保存】按钮，即可完成经典工作界面的设置，之后，喜欢经典工作界面的用户就可切换使用了。

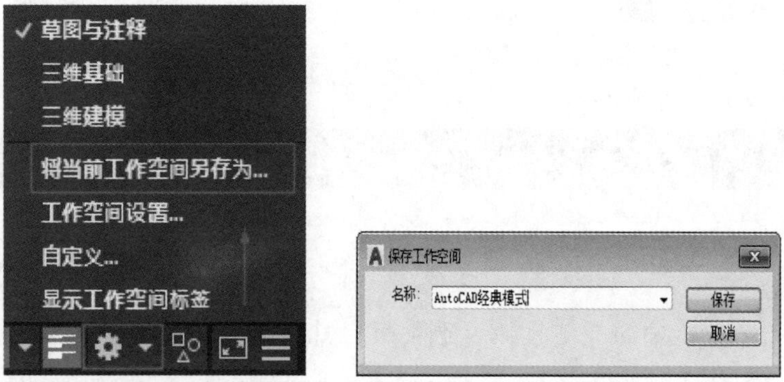

(a) (b)

图 4-16 保存经典工作界面的方法

（五） AutoCAD 命令执行方式

在 AutoCAD 中命令的执行方式有多种，可以通过命令按钮的方式执行、通过下拉菜单命令的方式执行或通过键盘输入的方式执行等。用户在作图时，应根据实际情况选择最佳的执行方式，从而提高作图效率。

1. 以命令按钮的方式执行

以命令按钮的方式执行命令即在工具栏上单击所要执行命令相应的工具按钮，然后根据命令行的提示完成绘图操作。与其他方式不同的是，该方式执行命令是通过单击工具栏中的按钮来完成的。例如，要绘制直线，只需在“绘图”工具栏中单击 “直线”工具按钮，然后根据命令行提示完成直线的绘制即可。

2. 以菜单命令的方式执行

以菜单命令的方式执行命令即通过选择下拉菜单或快捷菜单中相应的命令选项来绘制图形，当用户不知道某个命令的命令形式，也不知道该命令的工具按钮属于哪个工具栏时，就可通过该方式来绘制图形。

以菜单命令的方式执行命令应视其命令的形式来快速选择相应的菜单。如要使用某个绘图命令，则可在“绘图”菜单中选择相应的绘图命令。如要对文字样式进行设置，因为样式的设置与格式有关，因此可在“格式”菜单下进行选择。

3. 以键盘方式执行

通过键盘方式执行命令是最常用的一种绘图方法。当要使用某个命令进行绘图时，只需在命令行中输入该命令，然后根据系统提示即可完成绘图。

例如要绘制圆，只需在命令行提示的“命令：状态下输入 CIRCLE 命令，然后按回车键即可，”如图 4-17 所示。

```
命令: c
CIRCLE 指定圆的圆心或 [三点(3P)/两点(2P)/相切、相切、半径(T)]:
```

图 4-17　当前命令行

在执行命令过程中，应注意以下两点：

① 在执行某些命令过程中，有时会出现尖括号“〈　〉”，其中的值是当前系统的默认值。此时直接按回车键，系统将采用默认值。

② 命令行中的方括号［　］以“/”隔开的内容表示各种选项，若要选择某个选项，只需输入圆括号中的字母，该字母可以是大写或小写形式。例如，在执行“圆”命令过程中，只需在出现命令提示后输入“3P”然后按回车键即可，表示使用“三点”绘制圆。

4. 取消已执行的命令

在绘图过程中，难免会出现错误，比如多绘了一条线段、误删除了某个对象等。这时不必重新绘制整个对象，只需通过如下几种方式即可快速修正错误：

① 紧接着前一次误操作，在命令行中执行 U（或 UNDO）命令可取消前一次或前几次执行的命令。

② 在命令行中执行 OOPS 命令，可恢复前一次删除的对象。使用 OOPS 命令只能恢复前一次被删除的对象而不会影响前面所进行的其他操作。

③ 在命令提示过程中也可取消前一步执行的操作，而有的命令在其命令提示中提供了“放弃”选项，可在该提示下选择“放弃”选项取消上一步执行的操作，连续选择“放弃”选项可连续取消前一步执行的操作。

④ 单击“标准”工具栏中（放弃）按钮，可连续取消前面所执行的各个操作。

5. 恢复已撤销的命令

当撤销了前几步的操作后，若又想恢复上一个已撤销的操作，可通过如下两种方法来完成：

① 在使用了 U（或 UNDO）命令后，紧接着使用 REDO 命令即可恢复已撤销的上一步操作。

② 单击“标准”工具栏中的按钮。

6. 退出正在执行的命令

在 AutoCAD 中可以随时退出正在执行的操作命令。当在执行某个命令时，可随时按“Esc”键退出该命令，也可按回车键来结束某些操作命令，有的操作命令需按两次“Esc”键或多次回车键才能退出。

7. 重复执行上一次操作命令

当结束了某个操作命令后，若要再一次执行前一次使用的命令，可以通过 AutoCAD 提供的快捷方式来进行，从而提高绘图效率。在此，介绍如下 3 种快捷方式来重复执行前一操作命令：

① 在前一个命令执行完成后，紧接着按回车键即可执行前一命令。

② 若用户设置了禁用右键快捷菜单，可在前一个命令执行完成后，紧接着按鼠标右键继续执行前一个操作命令。

③ 按键盘上“↑”方向键，可依次向上翻阅在命令行中输入的数值或命令，当出现需要重复执行的命令后，按回车键即可。

8. 透明命令

在绘图时经常遇到这样一种情况，在执行某个命令过程中需要用到其他命令，而又不希望退出当前执行的命令时，通常情况下，我们会觉得无从下手，这时，就需要用到透明命令。如在使用 RECTANG 命令绘制一个长 2000、宽 1500 的矩形时，由于其长度已超过了屏幕界面的显示区域，而又不想中断绘图操作，这时可以使用 ZOOM 命令来缩放屏幕的显示区域，缩放操作完成后，系统又自动回到 RECTANG 命令的提示状态，继续执行绘制矩形操作。在这个例子中，用到的 ZOOM 命令即透明命令。

（六）AutoCAD 坐标系

AutoCAD 中的坐标系按定制对象的不同，可分为世界坐标系（WCS）和用户坐标系（UCS）。

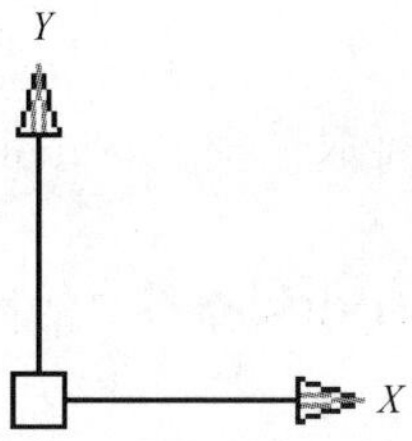

图 4-18　世界坐标系

1. 世界坐标系（WCS）

AutoCAD 默认的坐标系为世界坐标系（WCS），如图 4-18 所示。根据笛卡儿坐标系的习惯，沿 X 轴正方向向右为水平距离增加的方向，沿 Y 轴正方向向上为竖直距离增加的方向，垂直于 XY 平面，沿 Z 轴正方向从所视方向向外为 Z 轴距离增加的方向。这一套坐标轴确定了世界坐标系，简称 WCS。该坐标系的特点是：它总是存在于一个设计图形之中，并且不可更改。

2. 用户坐标系（UCS）

相对于世界坐标系 WCS，可以创建无限多的坐标系，这些坐标系通常称为用户坐标系（UCS），并且可以通过调用 UCS 命令来创建用户坐标系。尽管世界坐标系 WCS 是固定不变的，但可以从任意角度、任意方向来观察或旋转世界坐标系 WCS，而不用改变其他坐标系。AutoCAD 提供的坐标系图标，可以在同一图纸不同坐标系中保持同样的视觉效果。这种图标将通过指定 X、Y 轴的正方向来显示当前 UCS 的方位。

3. 坐标输入方式

任何物体在空间中的位置都是通过一个坐标系定位的。同样，这些物体反映到 Auto-

CAD 的图形文件中，也是通过坐标系来确定相应实体对象的位置，坐标系是确定对象位置最基本的手段。掌握各种坐标系的概念，掌握坐标系的创建以及正确坐标数据输入法，对于正确、高效地绘图是非常重要的。

AutoCAD 采用笛卡儿坐标系来定位实体。在进入 AutoCAD 绘图区时，系统自动进入笛卡儿坐标系（世界坐标系 WCS）第一象限，其左下角点为（0，0）。AutoCAD 就是采用这个坐标系来确定矢量图形的。

通常在调用一条 AutoCAD 命令时，还需要用户提供某些附加信息与参数，以便指定该命令所要完成的工作或动作执行的方式、位置等。在系统提示用户输入信息时就要输入相关数据来响应提示。鼠标虽然使作图方便了许多，但当要精确地定位一个点时，仍然要采用坐标输入方式。

坐标输入方式有：绝对直角坐标、相对直角坐标、相对极坐标。

（1）绝对直角坐标

以坐标原点（0，0，0）为基点定位所有的点。用户可以通过输入（X，Y，Z）坐标的方式来定义一个点的位置。

（2）相对直角坐标

以某点相对于另一特定点的相对位置定义该点的位置。相对特定坐标点（X，Y，Z）增量为（ΔX，ΔY，ΔZ）的坐标点的输入格式为@ ΔX，ΔY，ΔZ。

相对坐标输入格式为“@ X，Y”，“@”字符表示使用相对坐标输入。

（3）相对极坐标

以某一特定点为参考极点，输入相对于参考极点的距离和角度来定义一个点的位置。其使用格式为@ 距离<角度。相对极坐标输入格式为“@ A<角度”，“A”指定与特定点的距离。

在绘图中，多种坐标输入方式配合使用会使绘图更灵活，再配合目标捕捉、夹点编辑等方式，则使绘图更精确和快捷。

（七）图层

图层可以用来管理和控制复杂的图形，不同属性的实体可建立在不同的图层上，若要对实体属性进行修改，通过图层即可快速、准确地达到目的。

1. 图层设置

选择下拉菜单【格式】|【图层】命令或单击“图层”工具栏上的按钮或在命令行中输入 LAYER 命令，出现如图 4-19 所示“图层特性管理器”对话框。该对话框各选项含义如下。

① □反转过滤器(I)（反转过滤器）：选中该复选框，根据相反条件在命名图层过滤器中显示图层，不符合条件的图层在图层列表中显示。

② □应用到图层工具栏(T)（应用到图层工具栏）：在对象特性工具栏中显示当前过滤器匹配的图层。

③ （新建图层）：创建新图层，系统默认新创建的图层名为“图层 1”。

④ （置为当前）：将所选图层设为当前图层。

⑤ （删除图层）：删除所选图层。

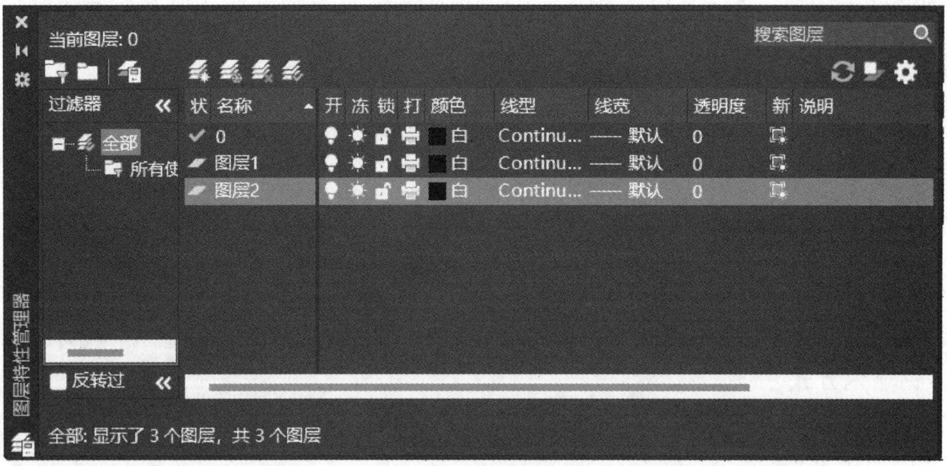

图 4-19 “图层特性管理器”对话框

2. 图层属性

使用图层绘制图形不但可以提高绘图效率，而且还便于管理图形的线型、颜色等特性。

（1）新建及删除图层

在绘图过程中，用户可根据需要建立新的图层，在“图层特性管理器”对话框中单击“新建”按钮，在图层列表中将自动生成名为“图层 1”的新图层。

图层名最多可采用 31 个字符，可以是数字、字母和 $（美元符号）、-(连字符)、_（下划线）等，但不能出现，(逗号)、<>（小于、大于号）、/\ （斜杠）、“”（引号）、?（问号）、*（星号）、|（竖线）及=（等号）等。同时 AutoCAD 支持中文图层名称。

在绘图过程中也可以删除不需要的图层，在“图层特性管理器”对话框中选定要删除的图层，单击“删除”按钮即可。但在删除图层时，0 层是默认层、当前层、含有实体的层和外部引用依赖层不能被删除。

（2）设置当前层

用户只能在当前层上绘制图形，并且所绘制的实体将继承当前层的属性，当前图层的状态信息都显示在“对象特性”工具栏中，可通过以下几种方法来设置当前图层：

① 在“图层特性管理器”对话框中选择所需的图层，单击“置为当前”按钮。

② 在“对象特性”工具栏的“图层控制”下拉列表框中单击需置为当前层的图层。

③ 单击“图层”工具栏中的按钮，然后选择某个实体，则该实体所在图层被设置为当前层。

（3）图层属性

AutoCAD 2021 为图层设置了多种属性，包括状态、颜色、线型、线宽、打印样式等，主要属性介绍如下：

① （状态控制）：AutoCAD 提供了状态开关，用以控制图层开关状态。

② ■白色（颜色控制）：为了区分不同图层上的实体，可以为图层设置颜色属性，所绘制的实体将继承图层的颜色属性。

③ Continuous（线型控制）：AutoCAD 可以根据需要为每个图层分配不同的线型，在默认情况下，各图层线型均为（实线）。

④ 默认（线宽控制）：可以为直线设置不同的宽度。

⑤ 普通（打印样式控制）：在 AutoCAD 2021 中能为不同的层设置不同的打印样式，也可以控制该图层是否打印。

（4）颜色设置

选择下拉菜单【格式】→【颜色】命令或在命令行中输入 COLOR 命令，出现如图 4-20 所示的“选择颜色”对话框。若需绘制带颜色属性的图形对象，必须选择相应颜色并将其设为当前值，使所有新创建的对象以当前颜色绘出。在“选择颜色”对话框中包含了 3 个调色板框，从中拾取一种颜色即可为新对象设置颜色。

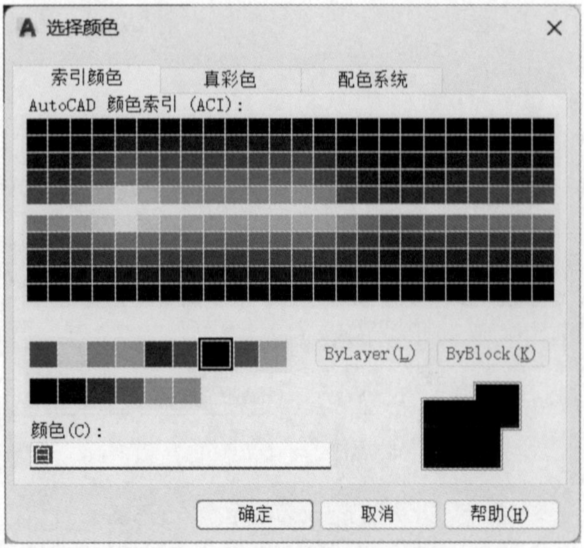

图 4-20　“选择颜色”对话框

3. 图层的对象特性

在 AutoCAD 的“对象特性”工具栏中，可以查看和修改选定实体的颜色、线型、线宽、图层等特性。“对象特性”工具栏通常位于绘图区上方，具有强大的对象特性处理功能，如图 4-21 所示，其中各按钮及下拉列表框含义如下：

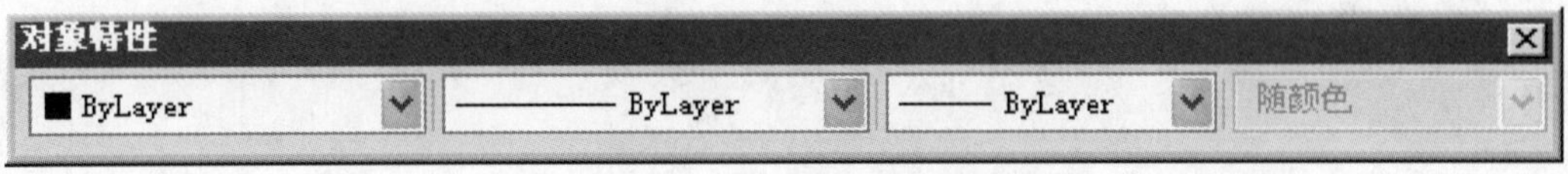

图 4-21　对象特性工具栏

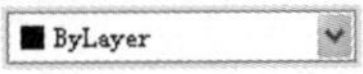

（颜色控制）：该列表中列出了图形可用的颜色。

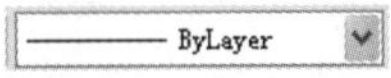

（线型控制）：该列表中列出了图形中可用的线型。

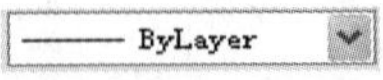

（线宽控制）：该列表中列出了当前图形中可用的线宽。

图层特性只能通过“图层控制”列表框和“图层特性管理器”对话框来改变，而不能由“颜色控制”“线型控制”和“线宽控制”列表框来改变。

（八）设置图形的线型

在机械设计中，常常要用不同的线型来表示不同的零件，除了固有的连续实线以外，AutoCAD 2021 还提供了多达 45 种特殊线型。

选择下拉菜单【格式】→【线型】命令或在命令行中输入 LINETYPE 命令，出现如图 4-22 所示“线型管理器”对话框，该对话框中各项含义如下。

1. 

（加载）

单击该按钮，出现如图 4-23 所示“加载或重载线型”对话框，可在该对话框中的

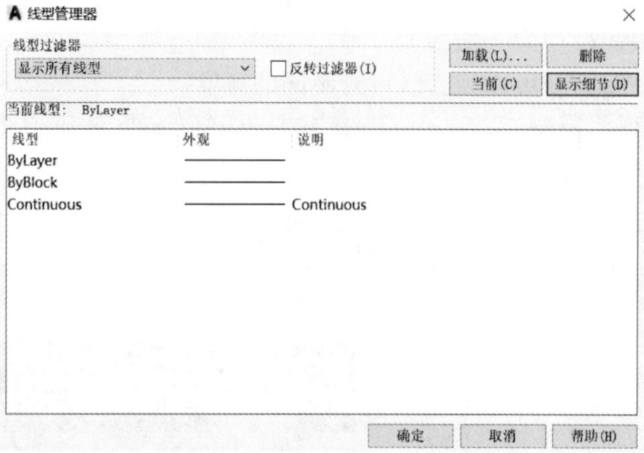

图 4-22　“线型管理器”对话框

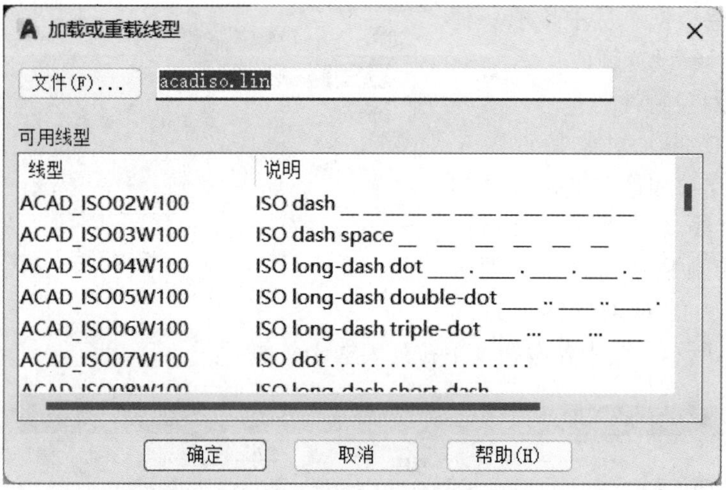

图 4-23　“加载或重载线型”对话框

“可用线型”列表框中选取所需的线型。

2. 当前(C)（当前）

单击该按钮可以为图层或对象设置当前线型。新创建对象的默认线型是当前线型（包括“ByLayer”或“ByBLock 线型值）。依赖于外部参照的线型不能被设置为当前线型。要设置当前线型，在线型列表中选定需置为当前层的线型，单击 当前(C) 按钮即可。

3. 删除（删除）

单击该按钮可删除选定的线型。在“线型管理器”对话框中删除的线型只是从当前图形中被删去，而不是从线型库文件中删去，被删除的线型还存在于线型库文件中。

4. 显示细节(D) 隐藏细节(D)（显示细节/隐藏细节）

控制是否显示“线型管理器”对话框的“详细信息”栏，该栏如图 4-24 所示。该栏中包含了线型的属性和设置。该栏中的各选项含义如下：

图 4-24 显示细节列表

① 名称：显示所选定线型的名称。

② 说明：显示线型的描述说明，输入新的字符可修改选定线型的名称及其形状描述。

③ 缩放时使用图纸空间单位：控制图纸空间和模型空间是否用相同线型比例因子。

④ 全局比例因子：控制所有线型的比例因子。

⑤ 当前对象缩放比例：设置新创建对象的线型比例。

在可用线型列表栏中显示了所使用的线型名称、外观及描述说明。在绘图过程中，可随时更改线型名称，所更改的线型名称并未改变线型库文件中的线型。

（九）设置图形的线宽

选择下拉菜单【格式】→【线宽】命令或在命令行中输入 LWEIGHT 命令，出现如图 4-25 所示的“线宽设置”对话框，可在该对话框中设置线宽单位和线宽。对话框中各项含义如下。

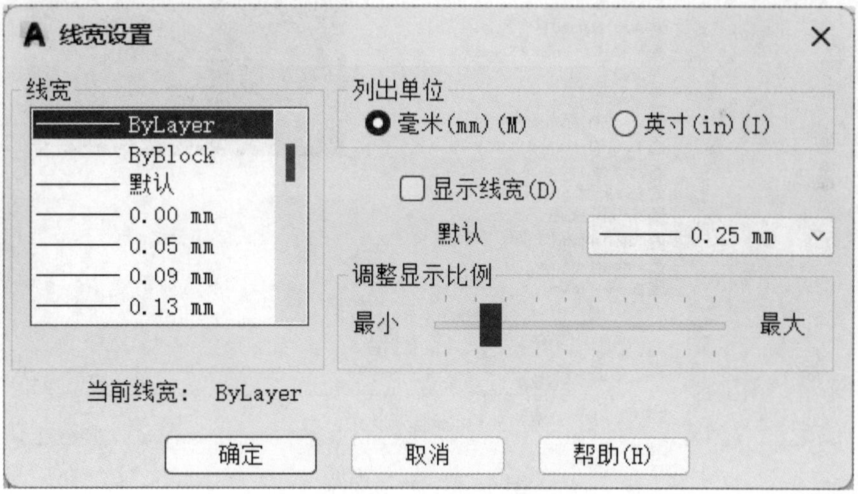

图 4-25 “线宽设置”对话框

1. 线宽

在该栏中可为对象设置当前线宽值，也可改变图形中已存在对象的线宽值。

2. 默认

在该下拉列表框中指定默认的线宽值，使用默认线宽值可以节省内存空间，提高工作效率。

3. 显示线宽

在模型空间和图纸空间线宽的显示不同。在图纸空间布局中，线宽以精确的出图绘制宽度显示；在模型空间，线宽以像素点显示。在模型空间中，可通过单击“显示线宽”按钮来显示线宽。

（十）图形文件操作

利用 AutoCAD 2021 进行绘图时，将对文件进行管理操作，如为图形文件命名、打开图形文件、对图形文件进行保存或退出图形文件等。因此，在绘图之前，学会常用的文件管理方法也是很有必要的。

1. 建立图形文件

选择下拉菜单【文件】→【新建】命令或在命令行中输入“NEW”命令，出现“选择样板”对话框，如图 4-26 所示为新建文件，用户在该对话框中任意选择一个样板文件后，单击 打开(O) ▼

2. 打开图形文件

选择下拉菜单【文件】→【打开】命令或在命令行中输入 OPEN 命令，出现如图 4-27 所示的“选择文件”对话框。在该对话框中选择要打开的图形文件，也可以根据关键字查找图形文件，或者通过 Internet 选择或查找 Web 上的文件。

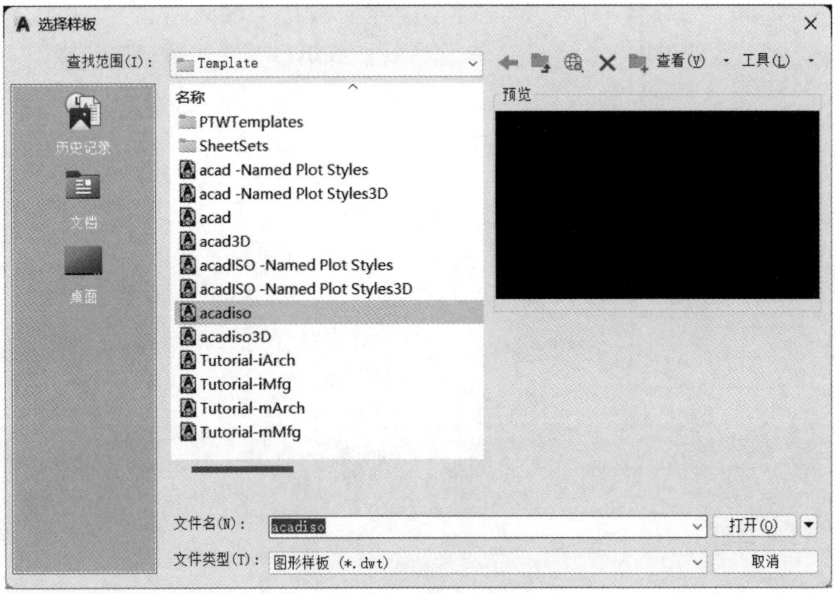

图 4-26　新建文件

单击 打开(O) ▼ 右侧 ▼ 按钮，将出现如图 4-28 所示的下拉菜单，该菜单中各选项含义如下：

① 打开：直接打开所选的图形文件。

② 以只读方式打开：单击该选项表明文件以只读方式打开，以此方式打开的文件可以进行编辑操作，但表编辑后不能直接以原文件名存盘。

③ 局部打开：单击该选项，如果图样中除了轮廓线、中心线外，还有尺寸、文字等内容，分别属于不同的图层，这时，采用“局部打开”方式，可只选择其中某些图层打开图样。图样文件较大的情况下可以采用此方式进行打开，从而提高绘图效率。

图 4-27　“选择文件”对话框

④ 以只读方式局部打开：以只读方式打开图样的部分图层图样。

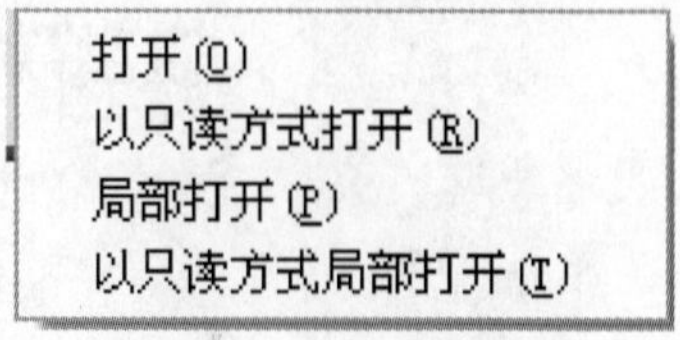

图 4-28　下拉菜单

3. 保存图形文件

在绘制图形过程中，应注意随时对文件进行存盘。选择【文件】→【保存】命令或在命令行中输入 SAVE 命令，出现如图 4-29 所示的“图形另存为”对话框。在该对话框中指定图形的文件名及要保存的位置后，单击 保存(S) 按钮即可。

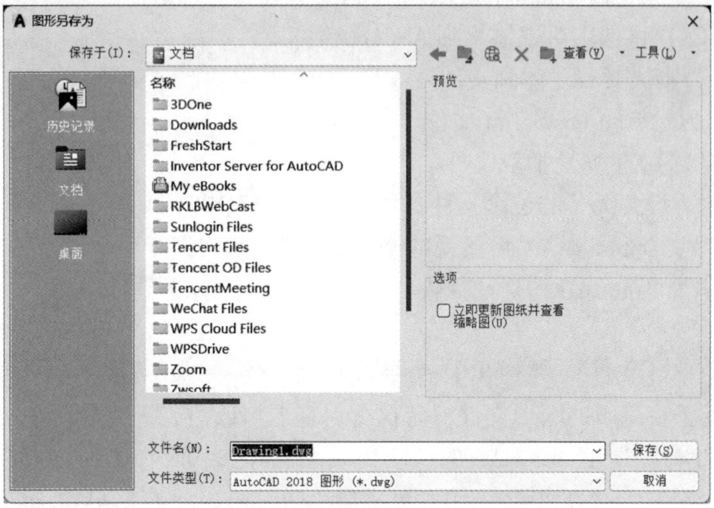

图 4-29　“图形另存为”对话框

在保存文件之前，为了使得 AutoCAD 的低版本也能打开，在文件类型中选择“AutoCAD2007/LT2007 图形（*.dwg）”。

4. 输出图形文件

用户要将 AutoCAD 图形对象保存为其他需要的文件格式以供其他软件调用，只需将对象以指定的文件格式输出即可。

选择下拉菜单【文件】→【输出】命令或在命令行中输入 EXPORT 命令，出现如图 4-30 所示“图形输出”对话框。在该对话框中确定输出文件名和文件类型后，单击 保存(S) 按钮即可将 AutoCAD 图形对象保存为用户需要的文件格式和文件名。

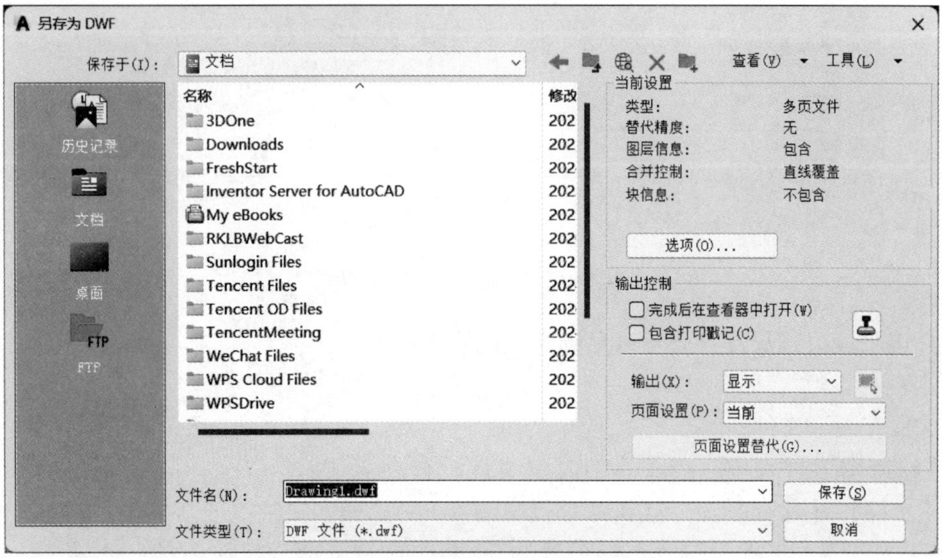

图 4-30 “图形输出”对话框

AutoCAD 支持以下输出格式。

WMF：选定对象将以 Windows 图元文件格式保存到文件。

SAT：AutoCAD 将选定对象输出到 ASCII 文件。

STL：输出为实体对象立体画文件。

EPS：输出为封装的 PostScript 文件。

DXX：输出为 DXX 属性抽取文件。

BMP：输出为设备无关的位图文件，可供图像处理软件调用。

3DS：输出为 3DStudioMAX 可接受的格式文件。

DWG：输出为 AutoCAD 图形块文件，可供不同版本 CAD 软件调用。

5. 退出图形文件

选择下拉菜单【文件】→【退出】命令或在命令行中输入 QUIT 命令即可退出 AutoCAD。如果当前正在编辑的图形文件没有执行保存或修改后未进行最后一次保存操作，使用 QUIT 或 EXIT 命令退出 AutoCAD 时，将出现如图 4-31 所示对话框，询问用户是否对所绘制或编辑的图形进行存盘，单击 是(Y) 按钮，出现“图形另存为”对话框，用户可以确定合适的路径和文件名保存图形文件，单击 否(N) 按钮则不存盘退出。

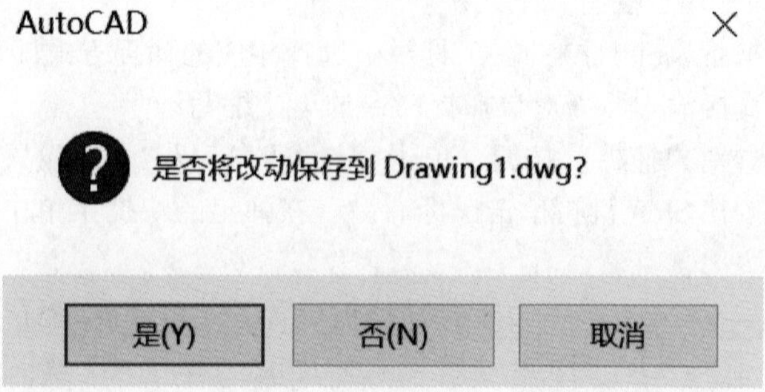

图 4-31　“保存提示”对话框

（十一）对象捕捉功能

AutoCAD 提供了多种对象捕捉类型，使用对象捕捉方式，可以快速准确地捕捉到实体，从而提高工作效率。

对象捕捉是一种特殊点的输入方法，该操作不能单独进行，只有在执行某个命令需要指定点时才能调用。在 AutoCAD 中，系统提供的对象捕捉类型见表 4-1。

表 4-1　　AutoCAD 对象捕捉方式

捕捉类型	表示方式	命令方式
端点捕捉	□	ENDP
中点捕捉	△	MID
圆点捕捉	○	CEN
节点捕捉	⊗	NOD
象限点捕捉	◇	QUA
交点捕捉	×	INT
延伸捕捉	---	EXT
插入点捕捉	⧉	INS
垂足捕捉	⊾	PER
切点捕捉	ō	TAN
最近点捕捉	⧖	NEA
外观交点捕捉	⊠	APPINT
平行捕捉	//	PAR

用户可通过如图 4-32 所示“对象捕捉”工具栏快速选择对象捕捉的类型。

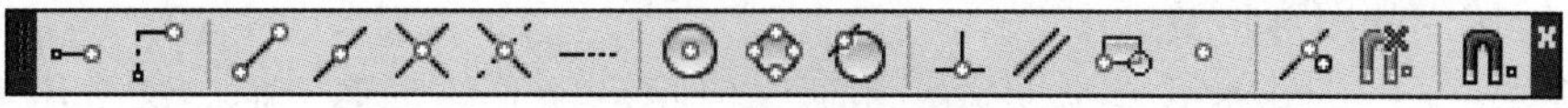

图 4-32　对象捕捉工具栏

启用捕捉方式的常用方法有如下几种：

① 打开“对象捕捉”工具栏，在工具栏中选择相应的捕捉方式即可。

② 在命令行中直接输入所需对象捕捉命令的英文缩写。

③ 右击状态栏“对象捕捉”按钮，单击“设置”打开“草图设置”对话框。

④ 在绘图区中按住 Shift 键再单击鼠标右键，在弹出的快捷菜单中选择相应的捕捉方式，如图 4-33 所示。

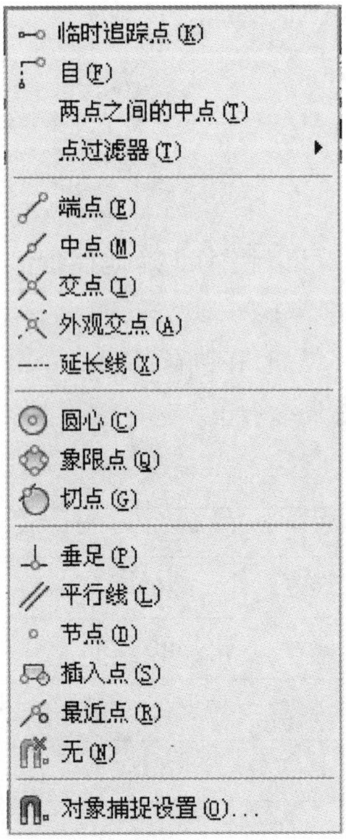

图 4-33　快捷菜单

以下自动捕捉设置方式可同时设置一种以上捕捉模式，当不止一种模式启用时，AutoCAD 会根据其对象类型来选用模式。如在捕捉框中不止一个对象，且它们相交，则“交点”模式优先。圆心、交点、端点模式是绘图中最有用的组合，该组合可找到用户所需的大多数捕捉点。

（十二）快速选择对象

对图形进行编辑、修改或查询时，命令行提示“选择对象：”光标由十字形变为方框形，此时可以直接在此提示后输入一种选择方式进行选择，如输入“W”以窗口方式进行选择。如果对各种选择方式不熟悉，可以在“选择对象：”提示后直接输入问号“?”并按回车键，系统在命令行显示 AutoCAD 的各种选择方式如下：

“需要点或窗口（W）/上一个（L）/窗交（C）/框（BOX）/全部（ALL）/栏选（F）/圈围（WP）/圈交（CP）/编组（G）/添加（A）/删除（R）/多个（M）/前一个（P）/放弃（U）/自动（AU）/单个（SI）”其各项功能说明如下：

① 窗口（W）：该方式用两个点确定一个矩形窗口，该矩形窗口内所有的对象就是被选中的对象。

② 上一个（L）：此方式是将用户最后绘制的图形作为编辑的对象。

③ 窗交（C）：此选项的操作方法和窗口选项几乎完全相同，不同的是在此窗口内或与此窗口四边相交的图形都将被选中。

④ 框（BOX）：该选择方式相当于窗口和窗交方式的综合应用。当所绘制的矩形框第一角点位于第二角点左侧时，此方式与窗口方式相同；当所绘制的矩形第一角点位于第二角点右侧时，此方式与窗交方式相同。

⑤ 全部（ALL）：该方式将选取当前窗口中的所有实体。但是锁定、关闭或冻结图层上的目标不能被选择。

⑥ 栏选（F）：用户可用此选项构造任意折线，凡是与该折线相交的实体均被选中。该方式对于选择不连续的长串目标非常有用。

⑦ 圈围（WP）：该选项与窗口方式相似，但它可构造任意形状的多边形区域，包含在多边形区域内的图形将被选中。

⑧ 圈交（CP）：该方式与窗交方式相似，但它可构造任意多边形，该多边形区域内的目标以及与多边形边界相交的所有目标均被选中。

⑨ 编组（G）：输入已定义的选择集。命令行提示“输入编组名:”，此时用户可输入已用 Select 或 Group 命令设定并命名的选择集名称。如果要选取的图形属于不同的选择集，可以用 Ctrl+A 组合键来关闭选择集，以便在不打散选择集的情况下选择所需目标。需要重新打开选择集功能时，再次按下 Ctrl+A 键即可。

⑩ 添加（A）：当用户完成目标选择的过程中，有少数对象没有被选中，这时可以使用此命令进行选择，也可以使用窗口、窗交、框、圈交、圈围或栏选方式进行选择。

⑪ 删除（R）：该选项用于从已被选中的目标中除去一个或多个目标。当用户选择一些目标后，执行此方式，命令行将提示“删除对象:”，这时用户可以使用窗口、窗交、框、圈交、圈围或栏选方式选择需要从前面的选择集中去掉的目标。

⑫ 多个（M）：多项选择。选择此方式后，按照单点选择的方法逐个单击所要选择的目标即可。该方式在未按回车键前选定目标不会变为虚线，按回车键后选定目标才会变为虚线，并提示选择和找到的目标数。

⑬ 前一个（P）：此方式用于选择前一次操作所选择的选择集，适用于对同一组目标进行的连续编辑操作。

⑭ 放弃（U）：取消上一步所选择的目标。

⑮ 自动（AU）：等效于单点选择、窗口方式或交叉方式。若拾取点处正好有一实体则选择该实体，否则，要求确定另一角点。

⑯ 单个（SI）：选择一个实体后，即退出实体选择状态。常与其他选择方式联合使用。

（十三）界面设置

第一次启动 AutoCAD 2010 进入的界面是系统默认的，也可根据自己的使用习惯和个人爱好来设置界面。

（十四）调整视窗

系统默认的绘图窗口颜色为黑色，命令行的字体为“Courier”，用户可以根据自己的喜好将窗口颜色和命令行的字体进行重新设置，调整窗口颜色的操作步骤如下：

① 单击【工具】→【选项】菜单命令，打开【选项】对话框。

② 单击【显示】→【颜色】按钮，打开【颜色选项】对话框。

③ 在【窗口元素】下拉列表中选择“模型空间背景”。

④ 在【颜色】下拉列表框中单击，弹出颜色列表。

⑤ 在列表中选择需要的颜色。

⑥ 单击【应用并关闭】按钮返回【选项】对话框。

⑦ 单击【确定】按钮确认所设置的背景颜色。

（十五）设置绘图单位

UNITS 命令用于设置绘图单位。默认情况下 AutoCAD 使用十进制单位进行数据显示或数据输入，可以根据具体情况设置绘图的单位类型和数据精度。

执行方式

下拉菜单：【格式】→【单位】

命令行：UNITS

（十六）设置绘图边界

执行方式

下拉菜单：【格式】→【图形界限】

命令行：LIMITS

绘图边界即是设置图形绘制完成后输出的图纸大小。常用图纸规格有 A4～A0，一般称为 0~4 号图纸。绘图界限的设置应与选定图纸的大小相对应。在模型空间中，绘图极限用来规定一个范围，使所建立的模型始终处于这一范围内，避免在绘图时出错。利用 LIMITS 命令可以定义绘图边界，相当于手工绘图时确定图纸的大小。绘图界限是代表绘图极限范围的两个二维点的 WCS 坐标，这两个二维点分别是绘图范围的左下角和右上角，它们确定的矩形就是当前定义的绘图范围，在 *Z* 方向上没有绘图极限限制。

注意：在设定图形界限时必须选择<ON>命令，取消设定图形界限时必须选择<OFF>命令。

二、任务实施

（一）初始环境设置 1

1. 要求

① 建立新文件

运行 AutoCAD 软件，建立新模板文件，模板的图形范围是4200×2900，设置单位为毫米，长度、角度单位精确度为小数点后 3 位。

② 保存

将完成的模板图形以 KSCAD1-1. dwt 为文件名保存在学生文件夹中。

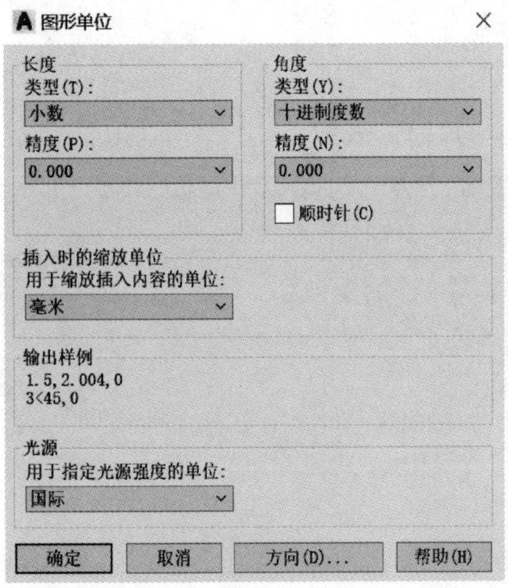

图 4-34 “图形单位”对话框

2. 操作步骤

① 单击“快速访问”工具栏上的【新建】，系统弹出如图 4-26 所示的“选择样板”对话框，选择“acadiso. dwt”样板文件，单击【打开】按钮。

② 单击菜单栏【格式】→【图形界限】，左下角点默认（0，0），右上角点在命令行输入“4200，2900”，注意此处逗号为英文状态下输入。

③ 单击菜单栏【格式】→【单位】，系统弹出如图 4-34 所示的“图形单位”对话框，设置长度、角度为小数点后 3 位。

④ 在 D 盘新建文件夹，命名为学生姓名。单击菜单栏【文件】→【另存为】，弹出 4-35 所示的“图形另存为”对话框，保存路径选择 D 盘学生姓名文件夹，文件名为“KSCAD1-1”，文件类型选择“AutoCAD 图形样板（ ∗. dwt）”。

注意：本书操作过程中执行命令的方式采用单击功能区面板上的命令按钮或菜单栏中的命令按钮，其他方式在此不进行展开讲解。

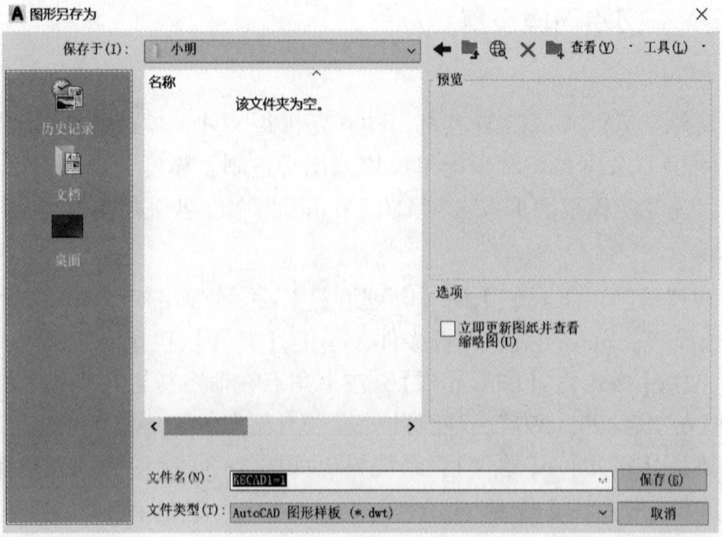

图 4-35 “图形另存为”对话框

（二）初始环境设置 2

1. 要求

① 建立新文件：运行 AutoCAD 软件，建立新模板文件，模板的图形范围是 4200×2900，打开正交模式，打开 Osanp 捕捉模式，并设置端点、平行、垂直捕捉。

② 保存：将完成的模板图形以 KSCAD1-2. dwt 为文件名保存在学生文件夹中。

2. 操作步骤

① 单击“快速访问”工具栏上的【新建】，系统弹出如图 4-26 所示的“选择样板”对话框，选择“acadiso. dwt”样板文件，单击【打开】按钮。

② 单击菜单栏【格式】→【图形界限】，左下角点默认（0，0），右上角点在命令行输入“4200，2900”，注意此处逗号为英文状态下输入。

③ 点击状态栏中图标，设置正交模式，呈天蓝色为打开状态。打开对象捕捉设置端点，平行，垂直捕捉，如图 4-36 所示。

④ 单击菜单栏【文件】→【另存为】，弹出 4-35 所示的“图形另存为”对话框，保存路径选择 D 盘学生姓名文件夹，文件名为“KSCAD1-2”，文件类型选择“AutoCAD 图形样板（*. dwt）”。

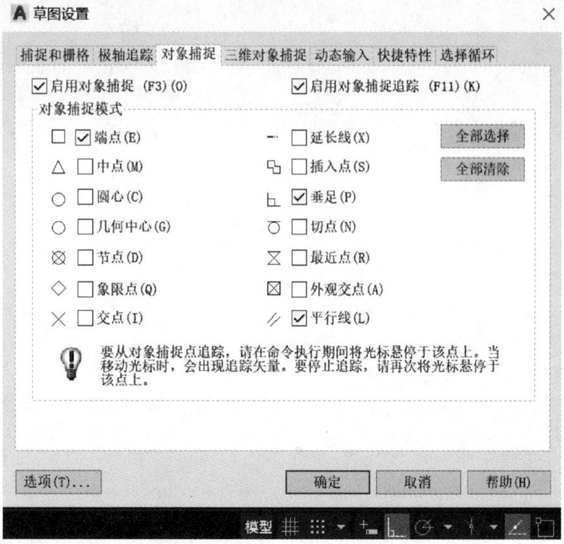

图 4-36 对象捕捉设置

三、任务拓展——初始环境设置

1. 要求

① 建立新文件：运行 AutoCAD 软件，建立新模板文件，模板的图形范围是 420×297，左下角为（10，50），长度单位和角度单位均采用十进制，精度为小数点后 2 位。

② 保存：将完成的模板图形以 KSCAD1-3. dwt 为文件名保存在学生文件夹中。

2. 操作步骤

① 单击“快速访问”工具栏上的【新建】，系统弹出如图 4-26 所示的“选择样板”对话框，选择“acadiso. dwt”样板文件，单击【打开】按钮。

② 单击菜单栏【格式】→【图形界限】，左下角点在命令行输入坐标“10，50”，右上角点在命令行输入“@420，297”，注意此处逗号为英文状态下输入。

③ 单击菜单栏【格式】→【单位】，系统弹出如图 4-34 所示的“图形单位”对话框，设置长度、角度为小数点后 2 位。

④ 单击菜单栏【文件】→【另存为】，弹出 4-35 所示的“图形另存为”对话框，保存路径选择 D 盘学生姓名文件夹，文件名为“KSCAD1-3”，文件类型选择“AutoCAD 图形样板（*. dwt）”。

知识小结

通过任务一我们主要学习了以下内容：

① AutoCAD 绘图环境的设置，命令输入方式，CAD 坐标系。

② 图形的缩放、平移、图元选择，绘图辅助中定位及对象捕捉。

③ 线型及线型比例的设置、线宽和颜色的设置。

④ 图形界限、单位、图层管理、工具的调用。

任务二 简单图形的绘制

【学习目标】

掌握平面图形的绘制命令。

【学习重点】

绘制二维图形。

【学习难点】

灵活运用绘图命令高效绘制二维图形。

一、知识链接

“绘图”工具栏中的按钮主要用于绘制各种常用图形，如图 4-37 所示。“绘图”菜单，如图 4-38 所示。

图 4-37 绘图工具栏

（直线）：LINE 命令用于绘制两点之间的线段，可以通过鼠标或键盘来决定线段的起点和终点。当绘制了一条线段后，可以以该线段的终点为起点，然后指定另一终点来绘制另一条线段。当按回车键或 Esc 键时才能终止此命令。

（构造线）：XLINE 命令可以绘制无限长的直线，通常称为参照线，这类线经常在作为辅助线时使用。在绘制机械的三视图中，常用该命令绘制长对正、宽相等和高平齐的辅助作图线。

（多段线）：PLINE 命令可以绘制由若干直线和圆弧连接而成的不同宽度的曲线或折线，而且无论该多段线中含有多少条直线或圆弧，它们都是一个实体，可以用 PEDIT（多段线编辑）命令对其进行编辑。

（正多边形）：POLYGON 命令绘制 3~1024 条边的正多边形。在机械设计中常用该命令来绘制螺母等机械零件。

（矩形）：RECTANG 命令可以绘制矩形，若所指定矩形的长度和宽度相等则生成正方形，可以将矩形设置为倒角、圆角等效果，还可为其设定具有一定宽度的矩形。

（圆弧）：ARC 命令绘制圆弧。绘制圆弧的方法有十一种，这些方法都是通过起点、方向、中点、包含角、终点、半径、弦长等参数来确定的。

（圆）：CIRCLE 命令可以绘制没有宽度的圆，在机械设计中常用该命令绘制圆弧连接。系统默认的绘圆方法是通过圆心和半径的方式来进行。

（修订云线）：REVCLOUD 创建由连续圆弧组成的多段线以构成云线形状线。

（样条曲线）：SPLINE 命令可绘制二次或三次样条曲线，它由起点、终点、控制点及偏差来控制曲线。SPLINE 命令在机械设计中用于绘制波浪线及断裂线。

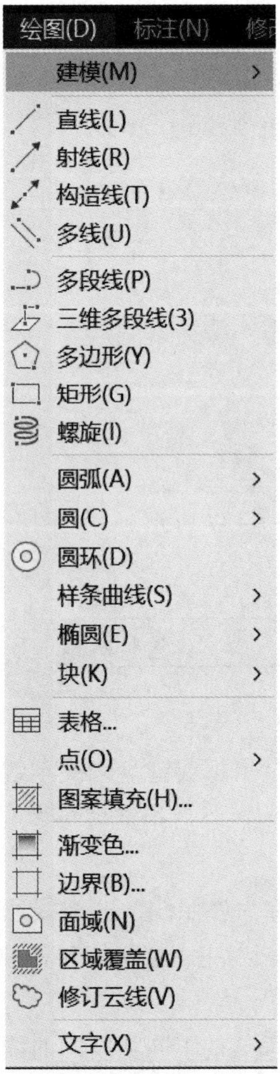

图 4-38　绘图菜单

（椭圆）：ELLIPSE 命令可以绘制椭圆或椭圆弧。

（插入块）：INSERT 命令是当需要使用图块时，可用 INSERT 命令在当前图形中插入已定义好的图块，并做适当编辑，使之满足绘图的需要。

（创建块）：BLOCK 命令是用于创建内部块，通过“块定义”对话框完成。此类图块只能在当前图形文件中调用，而不能在其他图形中调用。

（点）：POINT 命令是可以绘制单个点和等分点或等距点。

（图案填充）：BHATCH 或 HATCH 命令可以在指定的填充边界内填充一定样式的图案。在进行填充时，可对填充图案的样式、比例、旋转角度等选项进行设置。

（面域）：REGION 面域是用闭合的形状或环创建的二维区域。闭合多段线、直线和曲线都是有效的选择对象。

A（多行文字）：MTEXT 命令用于在图形中写多行文本、表格文本和下划线文本等特殊文字。

（表格）：TABLE 在图形中插入空白表格。在要从中创建表格的当前图形中选择表格样式，或通过单击下拉列表旁边的按钮，用户可以创建新的表格样式。

二、任务实施

（一）简单图形的绘制 1

1. 要求

① 绘制三角形，三顶点坐标分别是（95，210）、（45，125）、（145，125）。

② 绘出该三角形的内切圆和外接圆，完成后的图形如图 4-39 所示。

③ 保存：将完成的图形以 KSCAD2-1. DWG 为文件名保存在学生文件夹中。

2. 操作步骤

① 在“默认”选项卡下单击功能区【绘图】面板中的【直线】命令按钮，在命令行输入绝对坐标（95，210），回车，确认；输入绝对坐标（45，125），回车，确认；输入绝对坐标（145，125）、回车，确认，然后命令行输入 C 闭合。

② 单击功能区【绘图】面板中的【圆】的三角符号，选择“三点”方式，分别拾取三角形的三个顶点，绘制外接圆。

③ 单击功能区【绘图】面板中的【圆】三角符号，选择“相切、相切、相切”方式，分别拾取三角形的三条边，绘制内切圆。

④ 单击菜单栏【文件】→【另存为】，弹出 4-35 所示的“图形另存为”对话框，保存路径选择 D 盘学生姓名文件夹，文件名为“KSCAD2 - 1”，文件类型选择“AutoCAD2007/LT2007 图形（＊. dwg）”。

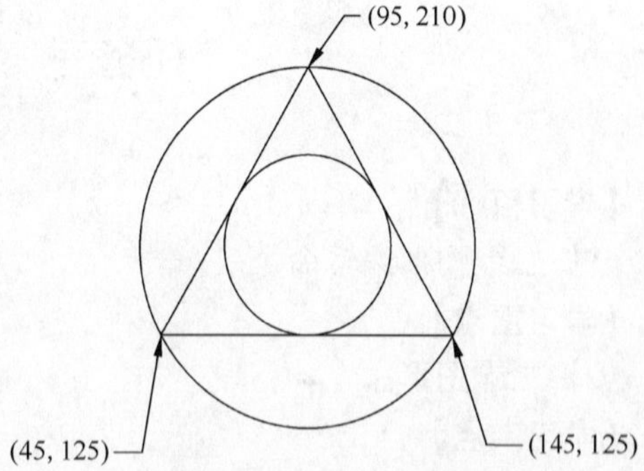

图 4-39　绘制三角形

（二）简单图形的绘制 2

1. 要求

① 绘制一个边长为 20、AB 边与水平线夹角为 30°的正七边形；绘制一个半径为 10 的圆，且圆心与正七边形同心；再绘制正七边形的外接圆。

② 绘制一个与正七边形相距 10 的外围正七边形，完成后的图形如图 4-40 所示。

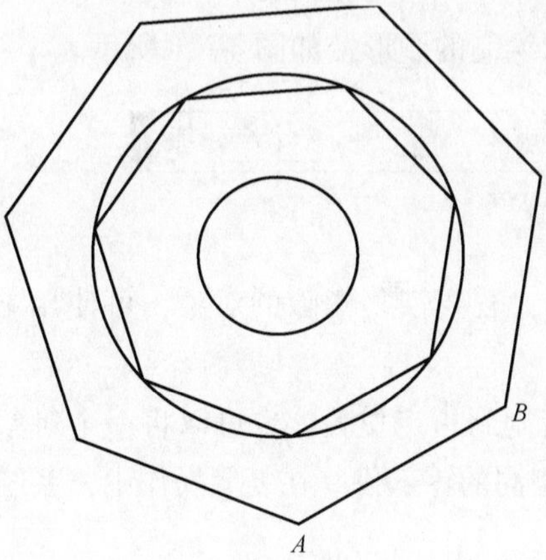

图 4-40　绘制正七边形

③ 保存：将完成的图形以 KSCAD2-2. DWG 为文件名保存在学生文件夹中。

2. 操作步骤

① 在“默认”选项卡下单击功能区【绘图】面板中的【矩形】三角符号，选择“多边形”，在命令行输入 7，回车。输入边“E”，任意指定第一端点，第二点输入“@ 20<30”。

② 单击功能区【绘图】面板中的【圆】的三角符号，选择“三点”方式，分别拾取七边形的任意三个顶点，绘制外接圆。

③ 单击功能区【绘图】面板中的【圆】三角符号，选择“圆心，半径”方式，半径输入 10，回车确认。

④ 单击功能区【修改】面板中的【偏移】命令按钮，命令行输入偏移距离 10，单击七边形，向外，单击左键，回车确认。

⑤ 单击菜单栏【文件】→【另存为】，弹出图 4-35 所示的“图形另存为”对话框，保存路径选择 D 盘学生姓名文件夹，文件名为“KSCAD2 - 2”，文件类型选择“AutoCAD2007/LT2007 图形（＊. dwg）”。

知识小结

通过任务二我们主要学习了以下内容：

① 直线、二维多义线、圆、圆弧、矩形、正多边形等命令的使用方法。

② 点、椭圆、平面圆环、徒手画图等命令的使用方法。

③ 图案填充、多线等命令的使用方法。

任务三　图形的编辑

【学习目标】

掌握二维图形编辑命令。

【学习重点】

编辑二维图形。

【学习难点】

灵活运用编辑命令，高效编辑二维图形。

一、知识链接

（一）修改工具栏

“修改”工具栏中的各命令按钮主要用于修改已绘制的图形，如图 4-41 所示。

图 4-41　修改工具栏

（删除）：ERASE 命令可将选中的实体删除，若要恢复删除的对象，可使用 UNDO 或 OOPS 命令来进行。

（复制）：COPY 命令可将一个或多个对象复制到指定位置，也可以将一个对象进行多次复制，该命令常用在机械制图中要绘制多个相同的零部件。在复制操作中，系统会提示用户指定复制对象的基点及位移距离。

（镜像）；MIRROR 命令可以复制完全或部分具有对称性的图样，将指定的对象按指定的镜像线进行镜像处理。

（偏移）：OFFSET 命令可以将直线、圆、多段线等对象作同心复制，如果要进行偏移的对象是封闭的图形，则偏移后的对象将被放大或缩小，而源对象保持不变。

（阵列）：ARRAY 命令可将指定目标对象进行“矩形”或“环形”阵列复制，且阵列的每个对象都可单独对其进行处理。

（移动）：MOVE 命令用于把单个对象或多个对象从它们的当前位置移至新位置，这种移动并不改变对象的尺寸和方位。移动的方法主要有基点法和相对位移法两种。

（旋转）：ROTATE 命令可以旋转单个或一组对象，并改变对象的位置。使用该命令旋转对象需要先确定一个基点，然后将所选实体绕基点转动。

（缩放）：SCALE 命令可以改变实体的尺寸大小。该命令可以把整个对象或者对象的一部分沿 X、Y、Z 方向以相同的比例放大或缩小，由于 3 个方向的缩放率相同，保证了缩放实体的形状不变。

（拉伸）：STRETCH 命令主要用于按规定的方向和角度拉长或缩短实体。可以被拉伸的对象有直线、圆弧、椭圆弧、多段线和样条曲线等，而圆、文本和图块则不能被拉

伸。在对实体进行拉伸时，实体的选择只能用交叉窗口方式，与窗口相交的实体将被拉伸，窗口内的实体将随之移动。

（修剪）：TRIM 命令用于修剪指定修剪边界中的某一部分，被修剪的对象可以是直线、圆、弧、多段线、样条线和射线等。使用时首先要选择剪切边，然后空回车，再选择要剪切的对象。

（延伸）：EXTEND 命令可把直线、弧和多段线的端点延长到指定的边界，这些边界可以是直线、圆弧或多段线等。在进行延伸操作时，系统会提示用户选择延伸边界，然后根据延伸边来延伸用户所选线段。

（打断）：BREAK 命令可将直线、弧、圆、多段线、椭圆、样条曲线、射线分成两个实体或删除某一部分。

（合并）合并相似对象形成完整对象。

（倒角）：CHAMFER 命令用于将两条非平行的直线或多段线作出有斜度倒角。使用时应先设定倒角距离，然后再指定需要进行倒角的线段。

（圆角）：FILLET 命令可以对两个对象用圆弧进行连接，而且还能对多段线的多个顶点进行一次性圆角。使用此命令应先设定圆弧半径，再进行圆角。

（分解）：EXPLODE 命令用于将被选定的图形分解成单个的实体，分解后可以对其进行单个实体的编辑。“修改”菜单，如图 4-42 所示。

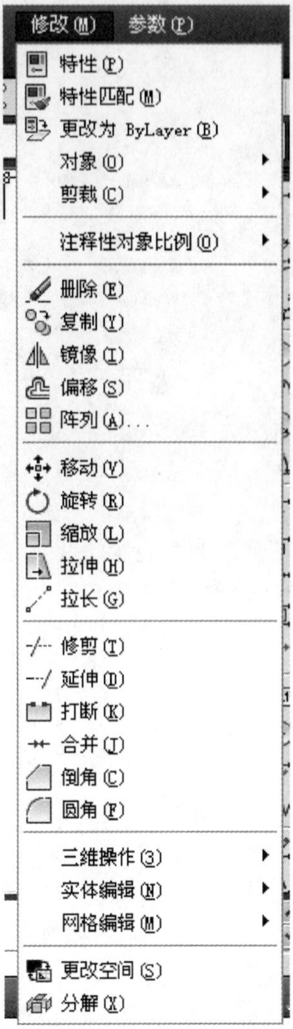

图 4-42　“修改”菜单

（二）夹点操作

默认情况下，AutoCAD 的夹点编辑方式是开启的，当用户在无命令状态下选择实体后，实体上将出现若干蓝色方框，这些方框被称为“夹点”。将十字光标靠近方框并单击鼠标左键，夹点编辑模式被激活变成红色，此时，AutoCAD 自动进入“拉伸”编辑方式，连续按回车键，就可以在所有编辑方式间切换。

1. 设置夹点

选择下拉菜单【工具】→【选项】命令或在命令行中输入 DDGRIPS 命令，在出现的“选项”对话框中单击“选择集”选项卡如图 4-43 所示，即可对夹点进行设置。

该选项卡的右侧各选项含义如下：

① 夹点尺寸（Z）：该项用于控制夹点框的大小，可以通过拖动其按钮改变夹点框大小，在左边方框内动态显示夹点的颜色及大小。

② 夹点颜色：点击“夹点颜色”弹出如图 4-44 所示对话框，可以对“未选中夹点颜色”“选中夹点颜色”“悬停夹点颜色”“夹点轮廓颜色”进行设置。

③ 显示夹点（R）：控制夹点在对象上的显示，包含五

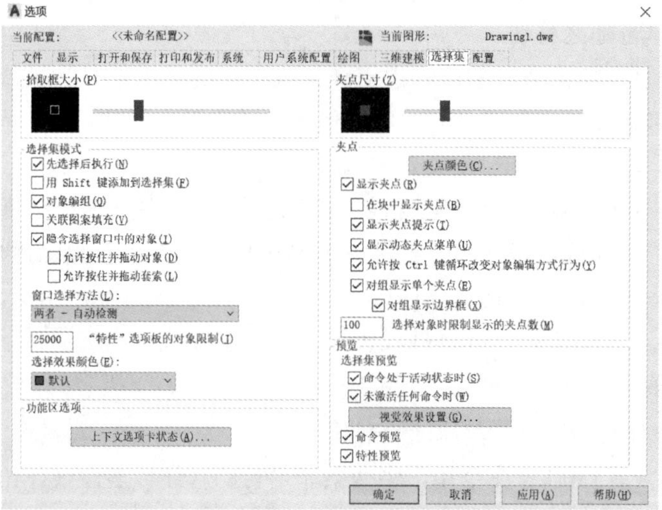

图 4-43 “选项”对话框

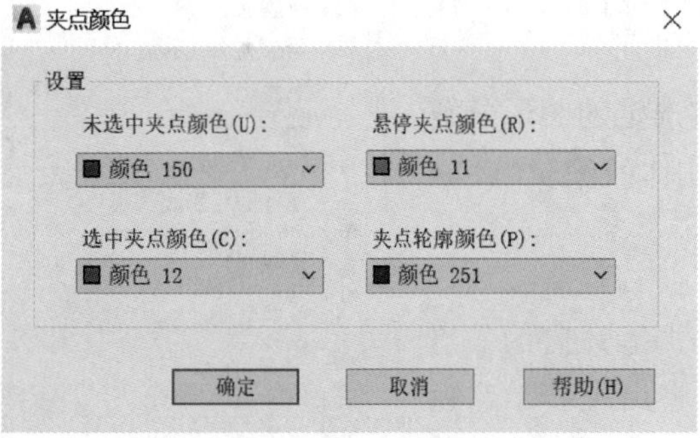

图 4-44 “夹点颜色”对话框

项设置，可根据需要选择是否勾选。

2. 夹点编辑

系统提供的夹点功能，使用户可以在激活夹点的状态下，无需输入相应的编辑命令，即可运用夹点对图形进行拉伸、移动、复制、缩放、旋转等编辑操作，如图 4-45 所示。

① 拉伸：在不执行任何命令的情况下选择对象，显示其夹点，然后单击其中一个夹点作为拉伸的基点（单击其中一个夹点，使之变成红色，这个夹点称为基点）命令行窗口将显示如下提示信息：

＊＊拉伸＊＊

指定拉伸点或［基点（B）/复制（C）/放弃（U）/退出（X）］：

默认情况下，指定拉伸点（可以通过输入点的坐标或者直接用光标指针拾取点）后，AutoCAD 将把对象拉伸或移动到新的位置。因为对于某些夹点，移动时只能移动对象而不能拉伸对象，如文字、块、直线中点、圆心、椭圆中心点和点对象上的夹点。

选项说明：

- 指定拉伸点：该选项表示将确定的基点放置新的位置，从而使对象被拉伸或压缩。可直接移动光标拾取一点确定新位置，也可以直接输入新点的坐标值确定新位置。
- 基点（B）：该选项表示重新选择基点。在拉伸操作中，如果要重新选择基点，需要选择此选项。
- 复制（C）：该选项表示可以连续对拉伸对象进行编辑，在源对象的基础上产生多个被拉伸的对象。

② 移动：移动对象仅仅是位置上的平移，对象的方向和大小并不会改变。要精确地移动对象，可使用坐标和对象捕捉模式。在夹点编辑模式下确定基点后，在命令行提示下输入 MO（或者通过右击基点，在弹出的快捷菜单选择【移动】命令，或者通过按 Enter 键或空格键，在循环切换的编辑模式中选择移动模式，下面的其他夹点操作相似，不再赘述）进入移动模式，命令行窗口将显示如下提示信息：

＊＊移动＊＊

指定移动点或［基点（B）/复制（C）/放弃（U）/退出（X）］·

通过输入点的坐标或拾取点的方式来确定平移对象的目标点后，即可以基点为平移的起点，以目标点为终点将所选对象平移到新位置。

③ 复制：在夹点编辑模式下，确定基点后，在命令行提示下输入 CO，进入复制模式，命令行窗口将显示如下提示信息：

＊＊复制＊＊

COPY 指定基点或［位移（D）/模式（O）］：

默认情况下，拾取基点可重复复制源对象，也可选择“位移（D）”选项，按指定位移进行复制或选择“模式（O）”，确定是单个复制或多个复制。

④ 缩放：在夹点编辑模式下确定基点后，在命令行提示下输入 SC，进入缩放模式，命令行窗口将显示如下提示信息：

＊＊比例缩放＊＊

指定比例因子或［基点（B）/复制（C）/放弃（U）/参照（R）/退出（X）］：

默认情况下，当确定了缩放的比例因子后，AutoCAD 将相对于基点进行缩放对象操作。当比例因子大于 1 时放大对象；当比例因子大于 0 而小于 1 时缩小对象。

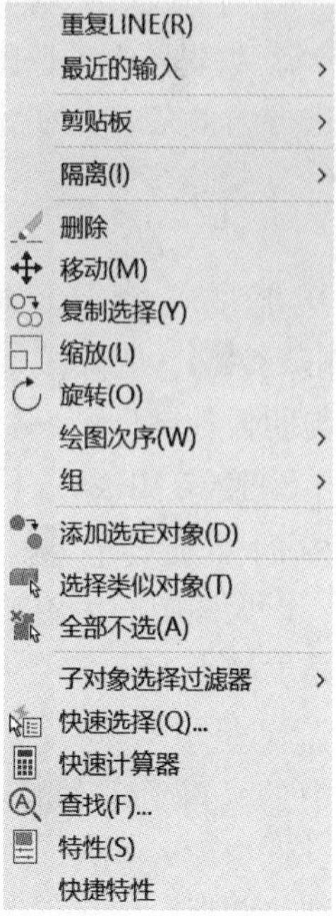

图 4-45　夹点右击快捷菜单

⑤ 旋转：在夹点编辑模式下，确定基点后，在命令行提示下输入 RO，进入旋转模式，命令行窗口将显示如下提示信息：

＊＊旋转＊＊

指定旋转角度或［基点（B）/复制（C）/放弃（U）/参照（R）/退出（X）］：

默认情况下，输入旋转的角度值后或通过拖动方式确定旋转角度后，即可将对象绕基点旋转指定的角度。也可以选择“参照（R）”选项，以参照方式旋转对象，这与“旋转”命令中的“参照（R）”选项功能相同。

二、任务实施

（一）图形编辑 1

1. 要求

① 打开文件：打开素材包中的图形文件 Scad3-2. dwg。

② 编辑图形：按图 4-46 给出的图形进行编辑，要求通过使用阵列、修剪、填充、多段线等命令进行编辑（粗实线线宽为 0. 03），完成后的图形如图 4-46（b）所示。

(a) (b)

图 4-46 图形编辑 1

2. 操作步骤

① 在“默认”选项卡下单击功能区“绘图”面板中的“圆”的三角符号，选择“三点”方式，分别拾取大三角形的三个顶点，绘制外接圆。

② 单击功能区【修改】面板中的【阵列】的三角符号，选择环形阵列，选中两个小三角形，回车；拾取圆心为阵列中心点，数量为 3 个。

③ 单击功能区【修改】面板中的【删除】，选择辅助圆，回车。

④ 单击功能区【修改】面板中的【分解】，选择三角形，回车。

⑤ 单击功能区【修改】面板中的【修剪】，删除多余内部线。

⑥ 单击功能区【修改】面板的三角符号，打开隐藏命令按钮，单击【图案填充】，将中间部分加剖面线。

⑦ 多段线编辑，在命令行输入 PE，选择“多条（M）”→“合并（J）”→“宽度（W）”，输入 0.03。

（二）图形编辑 2

1. 要求

① 打开文件：打开素材包中的图形文件 Scad3-5.dwg。

② 编辑图形：按图 4-47 给出的图形进行编辑，要求通过使用阵列、修剪、擦除等命令进行编辑完成后的图形如图 4-47（b）所示。

2. 操作步骤

① 在“默认”选项卡下单击功能区【修改】面板中的【删除】，删除多余线条，小圆与肋板各自只留一个。

② 单击功能区【修改】面板中的【旋转】，单击小圆，以大圆圆心为旋转基点，旋转角度输入 15°。

③ 单击功能区【修改】面板中的【阵列】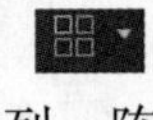的三角符号，选择环形阵列，阵列对象为小圆与肋板，填充角度 360°，阵列数量 4 个。

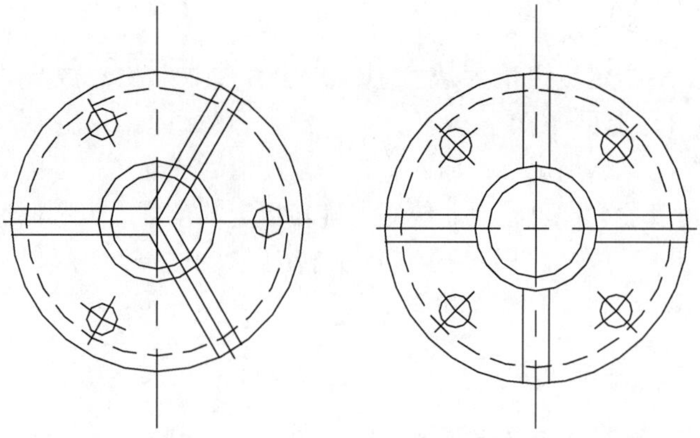

(a) (b)

图 4-47 图形编辑 2

④ 单击功能区【修改】面板中的【修剪】，删除多余线条，回车，修剪成如图 4-47（b）所示。

任务四　尺 寸 标 注

【学习目标】

掌握文本样式的设置和标注，尺寸样式的设置和标注。

【学习重点】

标注二维图形的尺寸。

【学习难点】

合理的标注二维图形的尺寸。

一、知识链接

（一）文本标注

在对机械图形进行文字标注前，一般需对将要标注的文字字体、字高和效果等进行设置，才能得到统一、标准的标注文字。在使用 AutoCAD 绘图时，所有的文本标注都需要定义文本的样式，即需要预先设定文本的字型。文本字型决定了在标注文本时使用的字体、字符大小、字符倾斜度和文本方向等文本特性。

在 AutoCAD 中可以使用 DTEXT 和 MTEXT 等命令进行文字标注，标注的文字可以在“文字样式”对话框中设置。

1. 文字样式设置

文字样式是一组可随图形保存的文字设置的集合，这些设置包括字体、字号、倾斜角度、方向和其他文字特征等。如果要使用其他文字样式来创建文字，可以将其他文字样式置于当前。如图 4-48“文字样式”对话框。

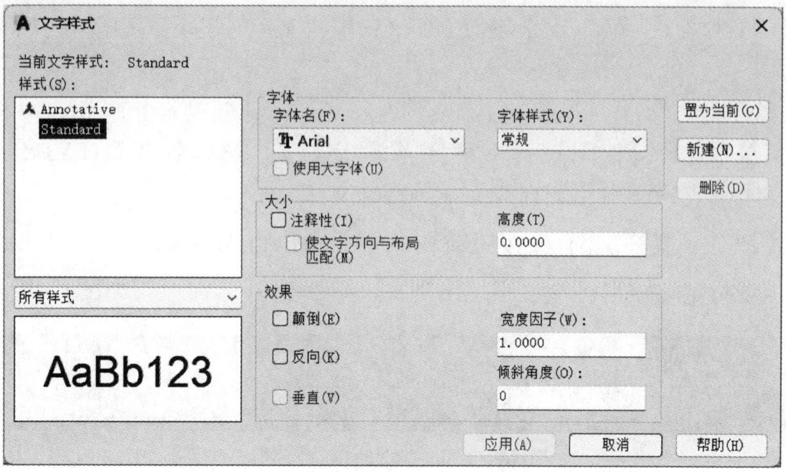

图 4-48　“文字样式”对话框

执行方式：下拉菜单：【格式】→【文字样式】

命令行：STYLE（快捷键 ST）

当前文字样式：列出当前文字样式。

样式：显示图形中的样式列表。列表包括已定义的样式名并默认显示选择的当前样式。要更改当前样式，请从列表中选择另一种样式或选择“新建”以创建新样式。样式名前的图标指示样式是注释性。

样式列表过滤器：下拉列表指定所有样式还是仅使用中的样式显示在样式列表中。

预览：显示随着字体的改变和效果的修改而动态更改的样例文字。

字体样式：指定字体格式，比如斜体、粗体或者常规字体。选定“使用大字体”后，该选项变为“大字体”，用于选择大字体文件。

使用大字体：指定亚洲语言的大字体文件。只有在“字体名”中指定 SHX 文件，才能使用“大字体”。只有 SHX 文件可以创建“大字体”。

2. 标注单行文字

在下拉菜单中选择【绘图】→【文字】→【单行文字】选项或者输入 DTEXT 命令用于为图形标注一行或几行文本，也可用于旋转、对正文字和调整文字的大小，每行文字是一个独立的对象。

例如，标注“中文版 AutoCAD 2010 机械设计”单行文本的具体操作如下：

命令：DTEXT　　　　　　　　　　　　　　　　// 激活单行文字命令

当前文字样式：中文标注　当前文字高度：5.0000

指定文字的起点或［对正（J）/样式（S）］：　　　　// 指定文字的起点

指定文字的旋转角度<0>：　　　　　　　　　　　// 默认不旋转文字

输入文字：中文版 AutoCAD2006 机械设计　　　　　// 输入欲标注的文字

输入文字：　　　　　　　　　　　　　　　　　　// 回车结束标注文字

如在该命令执行过程中选择“对正”选项，则可指定标注的文字中心与文字起点的对齐方式，命令行提示如下：

“输入选项［对齐（A）/调整（F）/中心（C）/中间（M）/右（R）/左（TL）/中上（TC）/右上（TR）/左中（ML）/正中（MC）/右中（MR）/左下（BL）/中下（BC）/右下（BR）］:”

3. 标注多行文本

在下拉菜单中选择【绘图】→【文字】→【多行文字】选项或者 MTEXT 命令用于为图形标注多行文本、表格文本和下划线文本等特殊文字。

单击“绘图”工具栏上的按钮或在命令行中执行 MTEXT 命令，在绘图区需标注多行文本的位置指定一矩形区域，系统出现“文字编辑器”面板，如图 4-49 所示。

图 4-49　“文字编辑器”面板

① 在【样式】面板中提供了 Annotative 和 Standard 两种字体样式，根据当前环境选择一种文字样式并应用。在右侧下拉列表框中输入合适的“文本高度”。

② 在【格式】面板中可以对文字格式进行多种设置。

③ 在【段落】面板中可以对文字的段落样式进行设置，插入项目符号和编号等。

④ 在【插入】面板中可以插入常用的符号、字段类型等。

4. 编辑文字

在绘图过程中如果标注的文本不符合绘图的要求，往往需要在原有的基础上进行修改，可用 DDEDIT 命令来快速编辑文本内容，包括增加或替换字符等。

选择下拉菜单【修改】→【对象】→【文字】→【编辑】选项或执行 DDEDIT 命令后，系统提示："选择注释对象或［放弃（U）］"，要求用户选取需编辑的目标文本。

若用户选取的是单行文本时，系统将打开文字框，用户可在该文字框中修改文本内容。

若用户选取的是多行文本时，系统将打开"文字编辑器"面板，如图 4-49 所示，在编辑器中修改文字。

（二）尺寸标注工具栏

尺寸标注是图形设计中的一个重要步骤，是加工机械零件的依据。通过尺寸标注能够清晰准确地反映设计机械零部件的形状大小和相互位置关系。图 4-50 所示为"标注"工具栏，图 4-51 为标注菜单，下面对其命令按钮的功能进行简要的介绍。

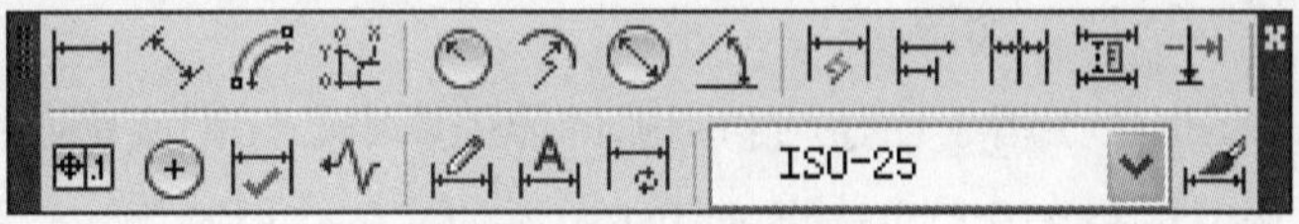

图 4-50　标注工具栏

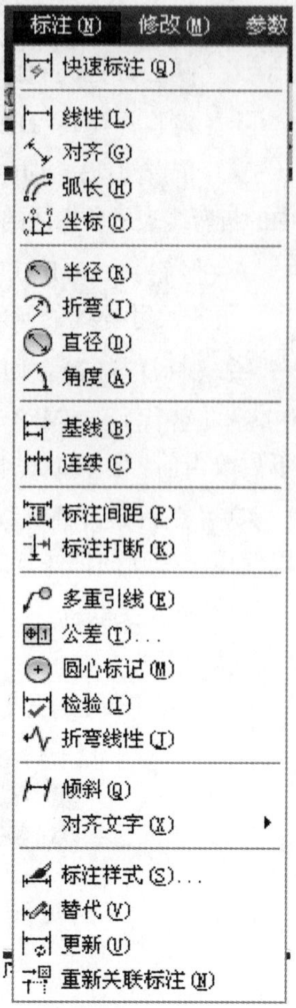

图 4-51　标注菜单

（快速标注）：QDIM 命令用于快速创建标注，该命令可以创建基线标注、连续尺寸标注、半径标注、直径标注、坐标标注等。

（线性标注）：DILINEAR 命令用于对水平尺寸、垂直尺寸及旋转尺寸等长度类尺寸进行标注。

（对齐标注）：DIMALIGNED 命令用于创建平行所选对象或平行于两尺寸界线源点连线的直线型尺寸。

（弧长标注）：DIMMARC 命令用于测量圆弧或多段线圆弧段上的距离。弧长标注的延伸线可以正交或径向。在标注文字的上方或前面将显示圆弧符号。

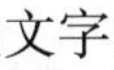（坐标标注）：DIMORDINATE 命令用于对点的坐标进行标注。

（半径/直径标注）：DIMRADIUS/DIMDIAMETER 命令用于标注所选定的圆（圆弧）的半径或直径尺寸。当用户采用系统的实际测量值标注尺寸时，系统会在测量数值前自动添加"R"和"Φ"符号即半径和直径。

（角度标注）：DIMANGULAR 命令用于测量并标注被测对象之间的夹角。

（基线标注）：DIMBASELINE 命令用于在图形中以第一尺寸线为基准标注图形尺寸，用于机械零件图纸。

（连续标注）：DIMCONTINUE 命令用于标注在同一方向上连续的线性尺寸或角度尺寸，叫作尺寸链。其操作方法是从上一个或选定标注的第二尺寸界线处创建线性连续标注。连续标注多用于建筑标注。

（标注间距）：DIMSPACE 命令用于将平行尺寸线之间的间距设为相等。也可以通过使用间距值 0 使一系列线性标注或角度标注的尺寸线齐平。间距仅适用于平行的线性标注或共用一个顶点的角度标注。

（标注打断）DIMBREAK 命令用于在标注和尺寸界限、尺寸线与其他对象相交处打断。

（多重引线）：QLEADER 命令用于快速地创建引线标注。

（公差）：TOLERANCE 命令用于在机械设计中对孔、轴等零件标注尺寸时标注其公差。社会化生产方式要求机器零件具有互换性，为了满足这个要求，并不要求零件的尺寸做得绝对准确，而只是对零件的尺寸规定一个合理的变动范围，这就是尺寸公差。单击该命令按钮，弹出“形位公差”对话框，如图 4-52 所示。

（圆心标记）：DIMCENTER 命令用于创建圆和圆弧的非关联中心标记或中心线。

（检验标注）：DIMINSPECT 命令用于在选定的标注中添加或删除检验标注。

（折弯线性）：DIMJOGLNE 命令用于在线性标注或对齐标注中添加或删除折弯线。标注中的折弯线表示所标注的对象中的折断。标注值表示实际距离，而不是图形中测量的距离。

（倾斜）：DIMEDIT 命令用于编辑标注文字和尺寸界线。可旋转、修改或恢复标注文字；更改尺寸界线的倾斜角。移动文字和尺寸线的等效命令为 DIMTEDIT。

（标注样式）：DIMSTYLE 命令用于创建和修改标注样式。

（替代）：DIMOVERRIDE 命令用于对当前标注样式中的指定设置进行更改。它与在不更改当前标注样式的情况下更改尺寸标注系统变量等效。

（更新）：DIMSTYLE 命令用于将当前的标注样式保存起来，以供随时调用，也可以使用一种新的标注样式更换当前的标注样式。

（重新关联标注）：DIMRESSOCIATE 命令用于将选定的标注关联或重新关联至对象或对象上的点。

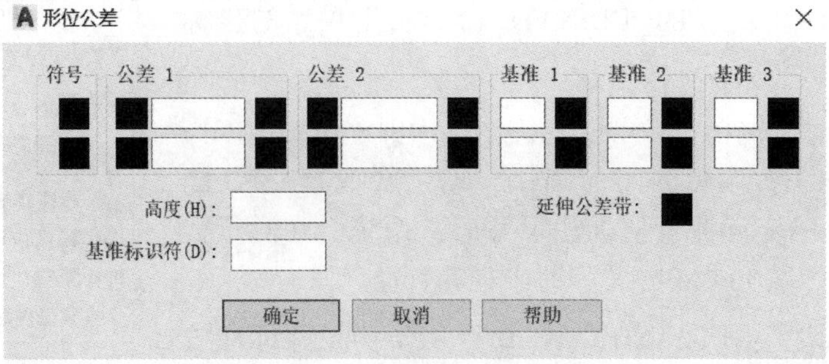

图 4-52　“形位公差”对话框

二、任务实施

（一）线性尺寸的标注

1. 要求

打开素材包中的图形文件 CADST4-5. DWG，本体图示要求标注尺寸与文字，要求文字样式、文字大小、尺寸样式等设置合理恰当。

① 建立尺寸标注层：图层名自定。

② 设置尺寸标注样式：设置尺寸标注样式，要求尺寸标注各参数设置合理。

③ 标注尺寸：按图 4-53 所示的尺寸要求标注尺寸。

④ 修饰尺寸：修饰尺寸线、调整字体大小，使之符合制图规范要求。

2. 操作步骤

① 打开图层特性管理器：新建图层，命名为：标注层。

② 标注线性尺寸，捕捉端点，确定尺寸位置。

③ 标注线性尺寸，捕捉端点，修改尺寸，键盘输入 3×%%C 加上测量的尺寸，点击确定尺寸位置。

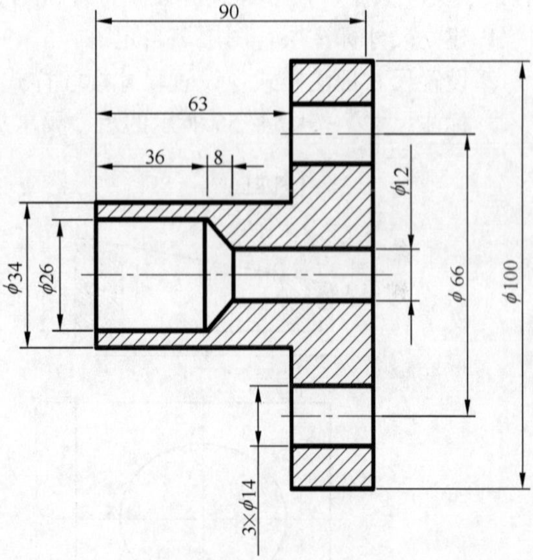

图 4-53　任务实施 1

（二）直径、半径尺寸的标注

1. 要求

打开素材包中的图形文件 CADST4-18. DWG，本体图示要求标注尺寸与文字，要求文字样式、文字大小、尺寸样式等设置合理恰当。

① 建立尺寸标注层：图层名自定。

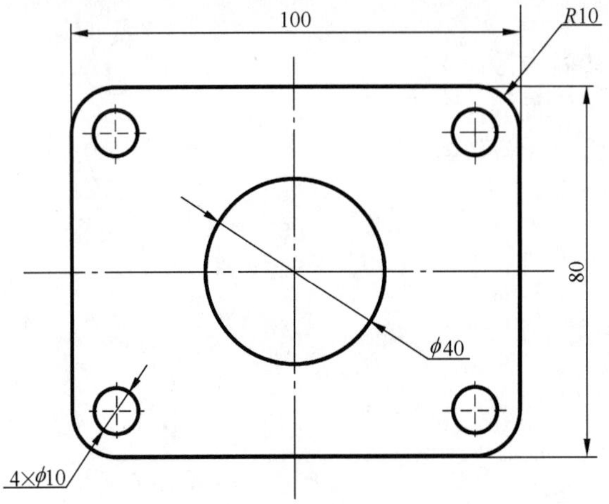

图 4-54　任务实施 2

② 设置尺寸标注样式：设置尺寸标注样式，要求尺寸标注各参数设置合理。

③ 标注尺寸：按图 4-54 所示的尺寸要求标注尺寸。

④ 修饰尺寸：修饰尺寸线、调整字体大小，使之符合制图规范要求。

⑤ 保存：将完成图形以 KSCAD4-1. DWG 为文件名保存在考生文件夹中。

2. 操作步骤

① 打开图层特性管理器：新建图层，命名为：标注层。

② 标注线性尺寸，捕捉端点，确定尺寸位置。

③ 标注直径尺寸，捕捉圆弧，输入 m，修改尺寸，键盘输入 4×%%C 加上测量的尺寸，点击确定尺寸位置。

④ 标注半径尺寸，捕捉圆弧，点击确定尺寸位置。

⑤ 标注直径尺寸，捕捉圆弧，点击确定尺寸位置。

（三）文字及引线的标注

1. 要求

打开素材包中的图形文件 CADST4-1. DWG，本体图示要求标注尺寸与文字，要求文字样式、文字大小、尺寸样式等设置合理恰当。

① 建立尺寸标注层：图层名自定。

② 设置尺寸标注样式：设置尺寸标注样式，要求尺寸标注各参数设置合理。

③ 标注尺寸：按图 4-55 所示的尺寸要求标注尺寸。

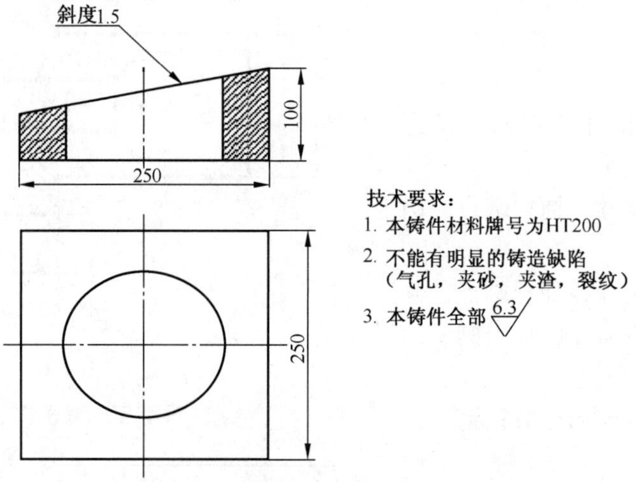

图 4-55　任务实施 3

④ 修饰尺寸：修饰尺寸线、调整字体大小，使之符合制图规范要求。

⑤ 保存：将完成图形以 KSCAD4-1. DWG 为文件名保存在考生文件夹中。

2. 操作步骤

① 打开图层特性管理器：新建图层，命名为标注层。

② 标注线性尺寸，捕捉端点，确定尺寸位置。

③ 标注直径尺寸，捕捉圆弧，点击确定尺寸位置。

④“插入”菜单，“文字”，“单行文字”。

⑤ 打开点的捕捉，捕捉最近的点。

知识小结

① 尺寸标注命令。

② 尺寸样式设置方法。

③ 单行及多行文字的标注。

④ 文字样式的设置。

任务五　标准件装配图绘制

【学习目标】

① 掌握标准件的绘制，国家标准在计算机绘图中的运用。

② 掌握简单装配图的绘制，国家标准在计算机绘图中的运用。

【学习重点】

绘制螺纹连接件的装配图。

【学习难点】

国家标准螺纹连接件的画法。

一、知识链接

① 国家标准标准件的画法；

② 国家标准螺纹连接件的画法；

③ 装配图表达方案的确定；

④ 对所需零件图的编辑合并，补画漏线和视图；

⑤ 标注装配图尺寸和技术要求。

二、任务实施

按照给出的零件尺寸绘制螺栓连接装配图（图 4-56）。

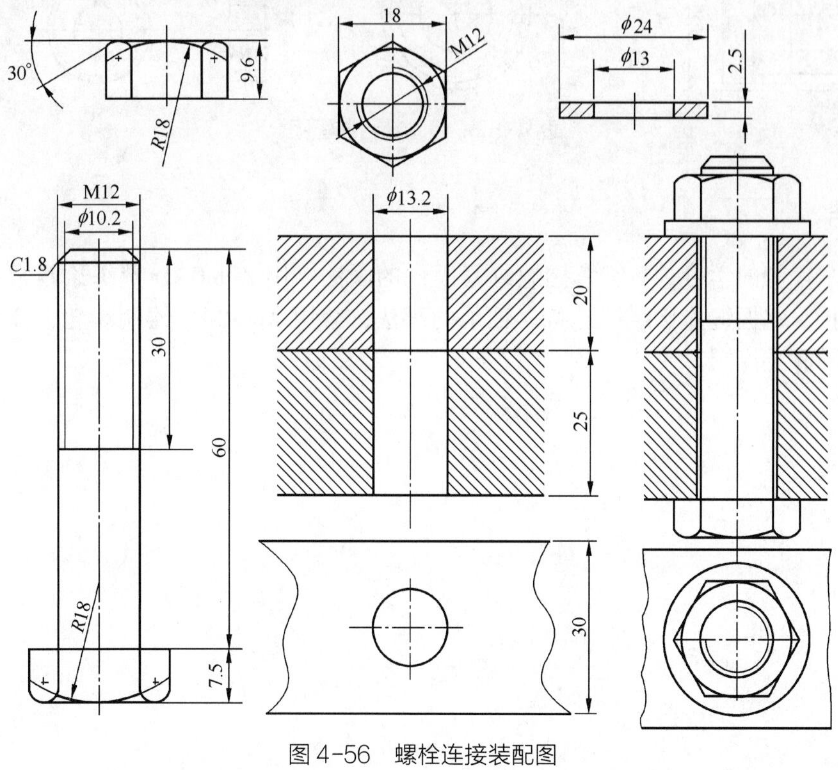

图 4-56　螺栓连接装配图

绘制螺栓连接的方法和步骤：

① 新建文件；

② 按照给定尺寸绘制螺栓；

③ 绘制被连接件；

④ 移动螺栓使其与被连接件装配上。

三、任务拓展——齿轮啮合装配图的绘制

按照给出的零件尺寸绘制齿轮啮合装配图（图 4-57）。

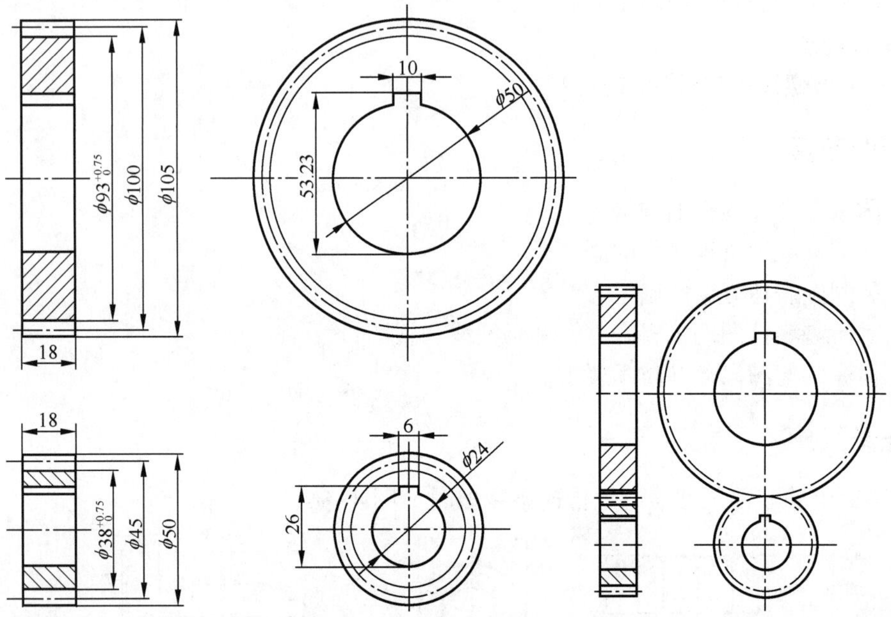

图 4-57　齿轮啮合装配图

知识小结

通过本任务的学习，熟练掌握螺纹紧固件的画法，用 AutoCAD 熟练绘制常用螺纹紧固件的连接。掌握键连接、销连接、轴承的画法，会用 AutoCAD 绘制齿轮、弹簧等常用件的零件图和装配图。

任务六　零件图绘制

【学习目标】

① 掌握绘图的技巧。

② 能综合应用所学命令灵活快速绘制零件图。

③ 能熟练运用尺寸标注工具栏命令快速标注图形尺寸，熟悉各种尺寸的注法。

④ 熟练掌握绘制标题栏。

【学习重点】

利用绘图辅助工具精确绘图。

【学习难点】

绘制中等复杂的零件图。

一、知识链接

一张完整零件图包含四项内容：一组视图、完整的尺寸、技术要求和标题栏。因此，除了绘制零件图以外，还要做好其他的工作，比如表面粗糙度符号、基准代号图形块的准备，标题栏表格，打印样式等综合准备。

（一）创建空的表格对象

访问方法：表格。

功能区："常用"选项卡/"注释"面板/"插入表格"。

菜单：绘图（D）/表格。

工具栏：绘图/表格。

命令：TABLE。

表格是在行和列中包含数据的复合对象。可以通过空的表格或表格样式创建空的表格对象，如图 4-58"插入表格"对话框所示，还可以将表格链接至 Microsoft Excel 电子表格中的数据。

（二）定义块

为了绘制装配图时方便调用，可将视图定义为块，并用 WBLOCK 命令定义文件块。

1. 创建内部块

内部图块只能在当前图形文件中进行使用，而不能在其他图形中调用。内部块的创建是使用 BLOCK 命令，通过"块定义"对话框完成，如图 4-59 所示。

① 单击"绘图"工具栏中按钮，打开"块定义"对话框，如图 4-59 所示。

② 在"名称"下拉列表框中输入将要创建的图块名，这个图块名由用户任意确定。

③ 在"基点"区域中指定图块的插入基点。当用户在图形中插入图块时，当前光标位置即为图块的插入基点。默认情况下，图块的插入基点为坐标原点，用户也可在"X""Y""Z"文本框中输入其他点的坐标或通过（拾取点）按钮捕捉一点为基点。

④ 单击（选择对象）按钮，然后在绘图区选取组成图块的实体。

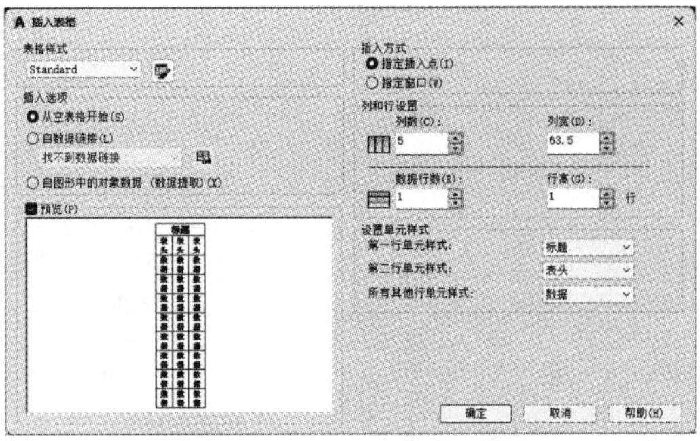

图 4-58 “插入表格”对话框

图 4-59 “块定义”对话框

⑤ 不改变其他选项的设置，单击 确定 按钮。

2. 创建外部块

外部块的创建是使用 WBLOCK 命令，通过“写块”对话框完成的。此类图块与其他图形文件并无区别，同样可以打开、编辑，既可以在当前图形中使用，又可以作为图块插入到其他图形中。外部块在机械设计中的应用比较广泛，凡是标准和常用机械零件均可将其创建为外部块，建立自己的图块库供绘图时使用。

命令行执行 WBLOCK 命令，打开“写块”对话框，如图 4-60 所示。

① 选择“源”中的块来源方式“对象”，确定外部块定义的来源。

② 在“基点”“对象”区域指定相应的参数及信息。

③ 在“目标”区域中指定外部块的保存路径，然后指定外部块的文件名。

④ 单击 确定 按钮。

3. 插入图块

在绘制机械图形时，为了提高绘图效率，可以调用以前绘制好的一部分图块，并对其进行修改即可。用以下的方法插入图块，如图 4-61 所示“插入块”对话框：

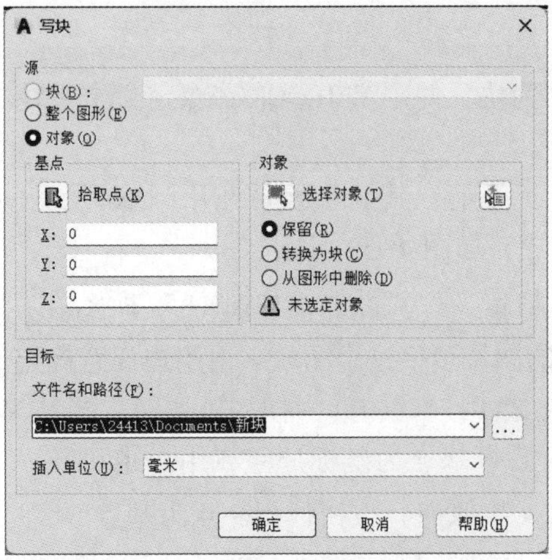

图 4-60 “写块”对话框

图 4-61 “插入块”对话框

① 单击“绘图”工具栏中的“插入块”。

② 单击“库”或“最近使用”或“当前图形”，在弹出窗口中可以看得到之前创建的块。

③ 根据实际需要设置插入选项。

④ 点击要插入的块后将鼠标移动到需要插入的地方。

⑤ 在捕捉到插入点后点击鼠标左键插入块即可完成块的插入。

（三）尺寸标注样式

使用 AutoCAD 进行尺寸标注时，尺寸的外观及功能取决于当前尺寸样式的设定。选择“格式”→“标注样式”命令，或者单击“标注”工具栏上的“标注样式”按钮，弹出如图 4-62 所示的“标注样式管理器”对话框，用户可以在该对话框中创建新的尺寸标注样式和管理已有的尺寸标注样式。

1. 标注样式管理器

“标注样式管理器”的主要功能有：预览、创建、修改、重命名和删除尺寸标注样式等。

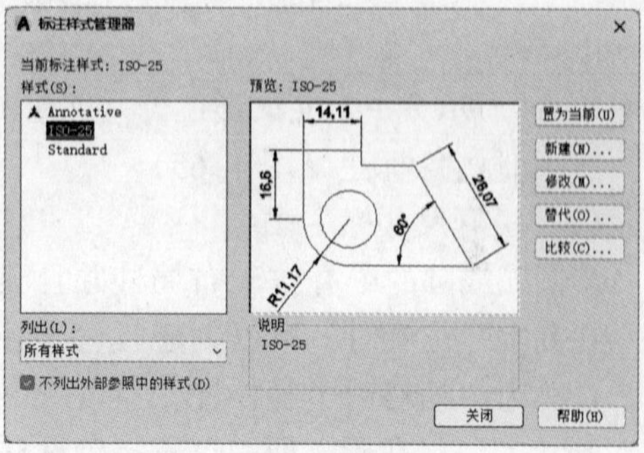

图 4-62　“标注样式管理器”对话框

AutoCAD 根据工程实际情况，为用户提供了各种类型的尺寸标注方法，主要有以下四种方法：

① 基本尺寸标注；

② 形位公差标注；

③ 尺寸公差标注；

④ 表面粗糙度标注。

尺寸公差是指实际生产中尺寸可以上下浮动的数值。生产中的公差，可以控制工件所需的精度等级。在实际绘图过程中，可以通过为标注文字附加公差的方式，直接将公差应用到标注中。如果标注值在两个方向上变化，所提供的正值和负值将作为极限公差附加到标注值中。如果两个极限公差值相等，AutoCAD 将在它们前面加上“±”符号，也称为对称。否则，正值将位于负值上方，如图 4-63 所示。

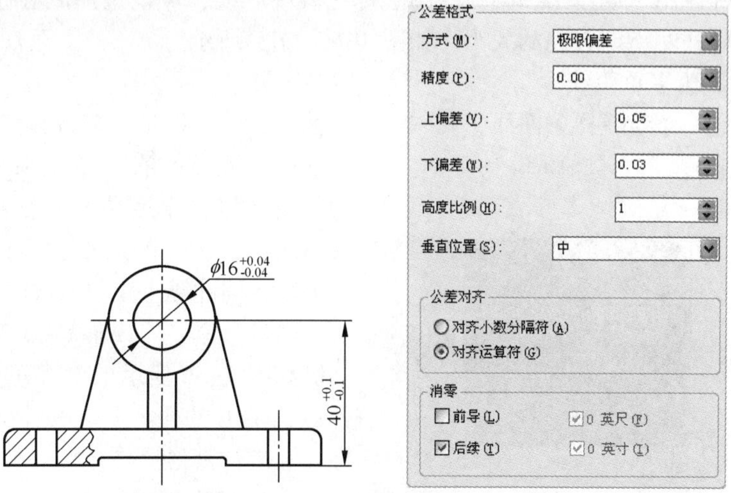

(a) 尺寸公差　　(b)“公差”选项卡

图 4-63　标注尺寸公差示例

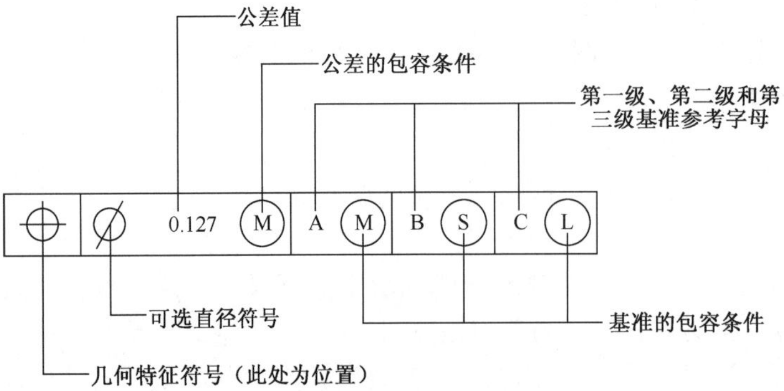

图 4-64 形位公差标注效果

形位公差的类型主要有直线度、垂直度、圆度等，它在机械制图中主要表示特征的形状、轮廓、方向、位置和跳动的允许偏差等。用户可以通过特征控制框来添加形位公差。

常见的形位公差由引线、几何特征符号、直径符号、形位公差值、材料状况和基准代号等组成，如图 4-64 所示为一个完成形位公差标注效果。

2. 其他特殊标注（图 4-65）

（1）折弯尺寸标注

当圆弧或圆的中心位于布局外并且无法显示在其实际位置时，可以创建折弯半径标注，也称为“缩略的半径标注”，如图 4-65（a）所示，可以在更方便的位置指定标注的原点（在命令行中称为中心位置替代）。

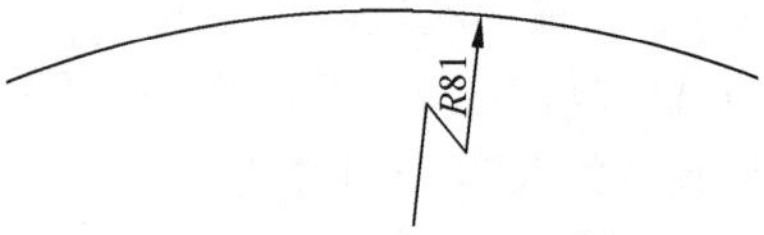

(a) 折弯半径标注效果

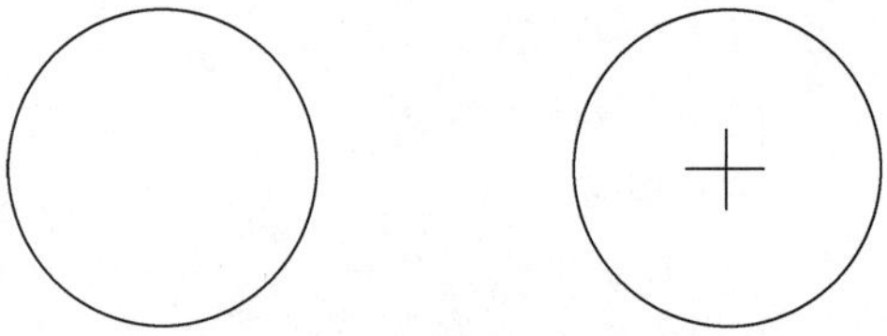

(b) 圆心标记

图 4-65 折弯、圆心尺寸标注

（2）快速尺寸标注

快速标注主要用于快速创建或编辑一系列标注，创建系列基线或连续标注，或者为一系列圆或圆弧创建标注时，此命令特别有用。

（3）圆心标记标注

圆心标记标注用于创建圆和圆弧的圆心标记或中心线，可以选择圆心标记或中心线，并在设置标注样式时指定它们的大小，如图 4-65（b）所示。

3. 创建和编辑多重引线

引线对象是一条线或样条曲线，其一端带有箭头，另一端带有多行文字对象或块。在某些情况下，有一条短水平线（又称为基线）将文字或块和特征控制框连接到引线上。基线和引线与多行文字对象或块关联，因此当重定位基线时，内容和引线将随其移动。在 AutoCAD 2021 版本中提供如图 4-66 所示的“多重引线样式管理器”供用户对多重引线进行创建和编辑，以及进行其他操作。

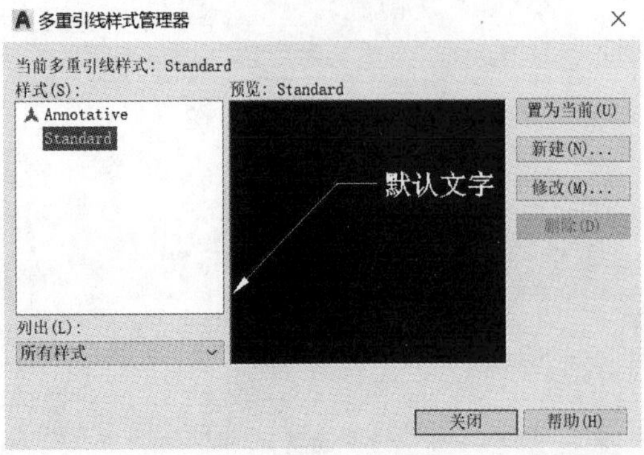

图 4-66 “多重引线样式管理器”对话框

4. 编辑尺寸标注

对于已经存在的尺寸标注，AutoCAD

提供了许多种编辑的方法，各种方法的便捷程度不同，适应的范围也不相同，应根据实际需要选择适当的编辑方法。

① 利用特性面板修改尺寸标注属性。修改尺寸标注数字可以通过双击数字，在弹出的“特性”选项板中来完成。在特性选项板中，可以对尺寸标注的基本特性进行修改，如图层、颜色、线型等特性。还能够改变尺寸标注所使用的标注样式，对应标注样式的六类特性，它们包括直线和箭头、文字、调整、主单位、换算单位和公差。

② 使用命令编辑尺寸标注。AutoCAD 提供多种方法满足用户对尺寸标注进行编辑，Dimedit 和 Dimtedit 是两种最常用的对尺寸标注进行编辑的命令。

（四）打印图形

如图 4-67 所示为“打印-模型”对话框，打印的具体的步骤如下：

① 依次单击文件（F）▶ 打印（P）。

② 在“打印”对话框的“打印机/绘图仪”下，从“名称”列表中选择一种绘图仪。

③ 在“图纸尺寸”下，从“图纸尺寸”框中选择图纸尺寸。

④（可选）在“打印份数”下，输入要打印的份数。

⑤ 在“打印区域”下，指定图形中要打印的部分。

⑥ 在“打印比例”下，从“比例”框中选择缩放比例。

⑦ 有关其他选项的信息，请单击“其他选项”按钮。

⑧（可选）在“打印样式表（笔指定）”下，从“名称”框中选择打印样式表。

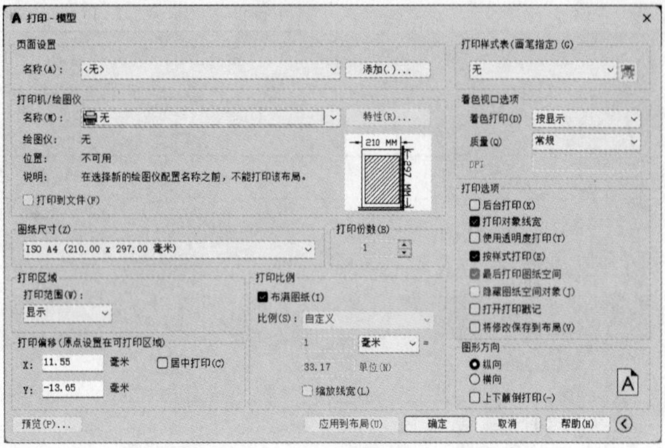

图 4-67　“打印-模型”对话框

⑨（可选）在“着色视口选项”和“打印选项”下，选择适当的设置。

⑩ 在“图形方向”下，选择一种方向。

⑪ 单击“确定”。

二、任务实施

配套视频

绘制零件三视图

1. 要求

用 AutoCAD 绘制机械图样时，首先要分析图形中的相关要素，然后要综合运用前面介绍的各种绘图命令、编辑命令以及一些显示控制命令来完成。

下面结合图 4-68 说明用 AutoCAD 绘制零件图的一般步骤。

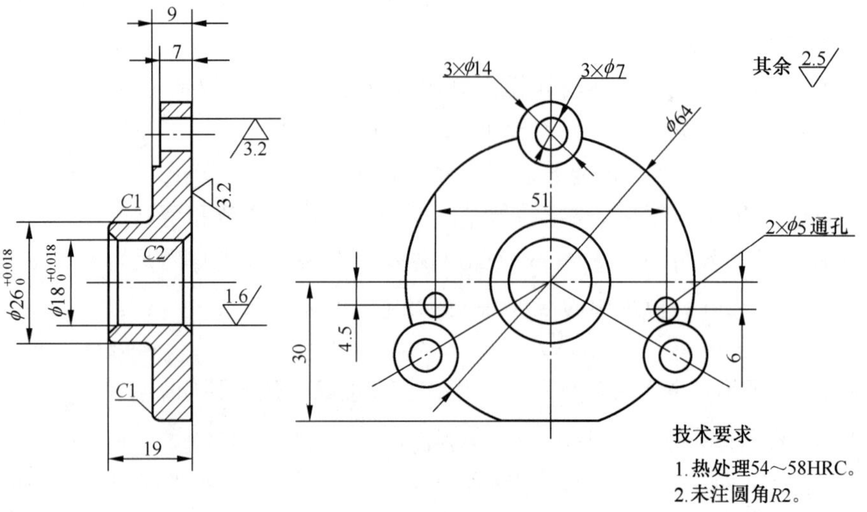

CADST01		比例		（图号）
		材料		
制图	（姓名）	（日期）	（校名）（班级）	
审核	（姓名）	（日期）		

图 4-68　零件图

2. 操作步骤

步骤	绘制方法	绘制图例
（1）新建文件，设置图形界限	打开新建文件，格式-设置图形界限大小为300，300	
（2）设置图层	打开图层特性管理器，设置尺寸标注层，中心线层，图框层等细点画线、粗实线、细实线	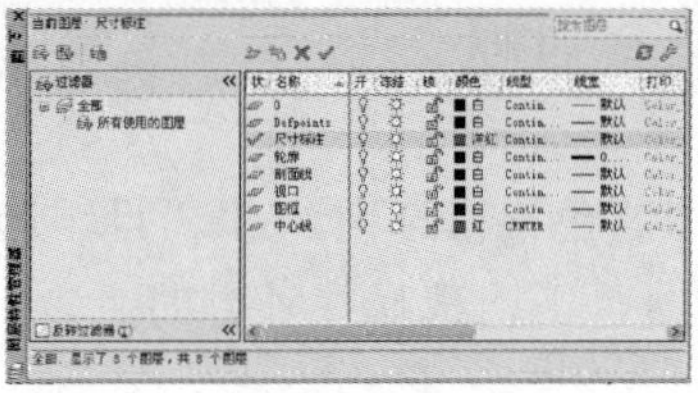
（3）绘制图框标题栏	按照国标要求，绘制A4图框及标题栏，设置为图块，后面用到图框标题栏的可以直接插入块设置	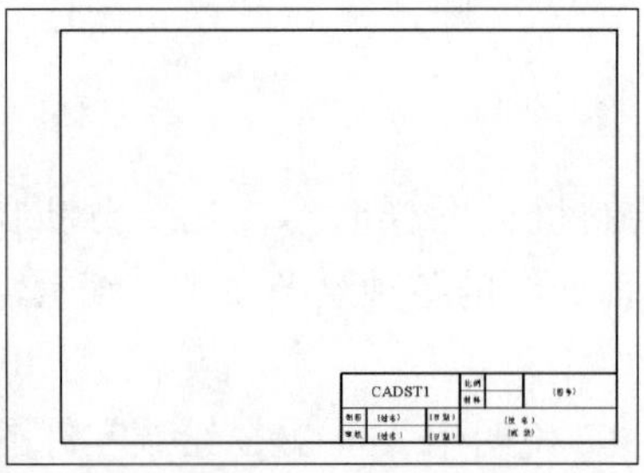

续表

步骤	绘制方法	绘制图例
(4)绘制图形	①绘制对称线(圆)、中心线(圆) ②绘制可见轮廓线 ③填充剖面线	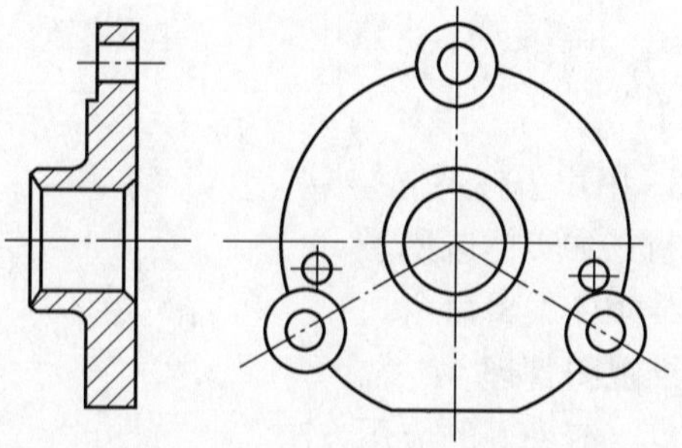
	④标注尺寸 ⑤修订完善图形利用删除、修剪、断开命令,擦除途中多余的线段	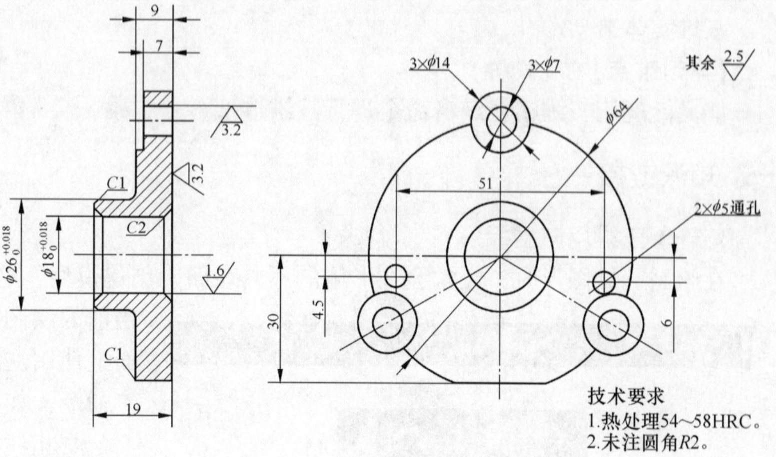
(5)保存文件	换名保存(save as)图形文件	

三、任务拓展——装配图绘制

绘制装配图与绘制零件图的步骤类同。对于装配图，如果投影方向与零件的投影方向一致，则装配图上的部分零件形状与零件图类似，就可以将绘制好的零件图进行适当的编辑修改，并创建成块，然后在装配图中直接插入该零件图块，必要时填充适当的剖面符号，这样可以提高装配图的绘图效率和准确度。

在绘制机械图样时，一定要注意视图之间符合投影规律，因此可以借助软件的一些辅助功能，如线段测量、跟踪、正交、捕捉等，以便使图样绘制准确、快速。

知识小结

通过本任务的学习，学会利用绘图辅助工具精确绘图。熟练使用块的创建、存储、插入与编辑以及属性的定义、提取、编辑修改等命令。掌握 AutoCAD 在绘制机械工程图中的应用。

任务七　三维图绘制

【学习目标】

① 掌握 UCS 用户坐标系。

② 掌握绘制三维实体造型。

③ 掌握三维实体编辑命令。

④ 掌握三维视图管理。

⑤ 了解着色、渲染等的应用方法。

【学习重点】

三维实体造型。

【学习难点】

能灵活运用三维实体编辑命令进行三维造型。

一、知识链接

（一）三维用户坐标系

在绘制三维图形时，经常会在形体的不同表面上创建模型，这就需要用户不断地改变当前的绘图面，以便在不同的三维面上使用这些二维或三维绘图与编辑命令，如图 4-69 所示。

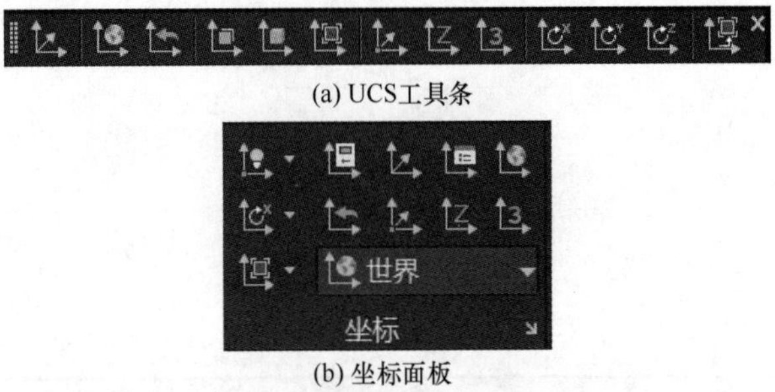

(a) UCS工具条

(b) 坐标面板

图 4-69　UCS 工具条、坐标面板

用户 UCS：创建用户 UCS。

上一个 UCS：恢复上一个 UCS。

世界 UCS：AutoCAD 设为默认的坐标系，世界坐标系是固定的，不能改变的。

面 UCS：将 UCS 与选定实体对象的面对正。

对象 UCS：根据选定三维对象定义新的 UCS。

视图 UCS：以垂直于视图方向（平行于屏幕）的平面为 *XY* 平面，建立新的 UCS。

原点 UCS：移动当前 UCS 的原点，保持其 *X*、*Y*、*Z* 轴的方向不变，定义新坐标系。

Z 轴 UCS：指定 *Z* 轴正半轴定义新 UCS。

三点 UCS：指定新 UCS 原点及 *X* 轴、*Y* 轴的正方向定义新坐标系。

X 轴旋转 UCS：绕着 *X* 轴旋转到当前 UCS，建立新的 UCS。

Y 轴旋转 UCS：绕着 *Y* 轴旋转到当前 UCS，建立新的 UCS。

Z 轴旋转 UCS：绕着 *Z* 轴旋转到当前 UCS，建立新的 UCS。

命名 UCS(U)... UCS 对话框：列表显示 UCS。

（二）设置绘图显示

1. 利用对话框设置视点

通过启用“视点预设”对话框，用户可以形象地对视点进行设置。通过选择【视图】→【三维视图】→【视点预设】命令打开“视点预设”对话框，如图 4-70 所示，或者在命令行输入 DDVPOINT 命令。

2. 用菜单设置特殊视点

系统本身也提供了用户常用的几种特殊视点，特殊视点工具栏可以从十个点观察图形。如图 4-71 为视图工具和图 4-72 视图菜单。

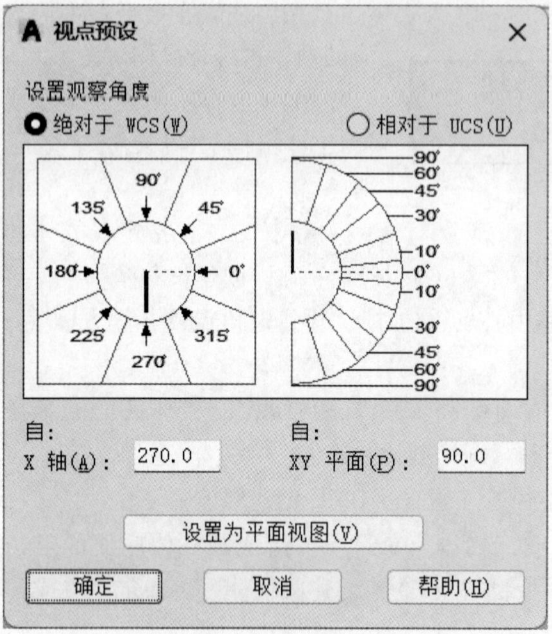

图 4-70 “视点预设”对话框

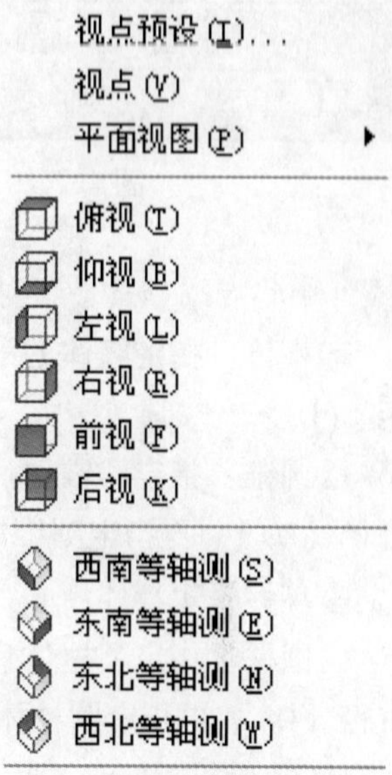

图 4-71 视图工具

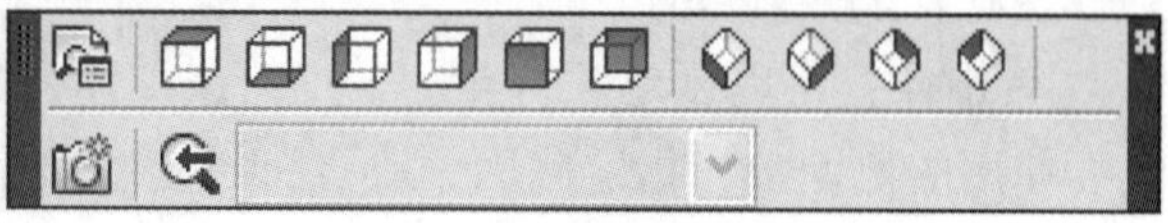

图 4-72 视图菜单

命名视图：从新命名视图或建立新的视点。

俯视图：沿 Z 轴正方向→原点方向观察图形。

仰视图：沿 Z 轴负方向→原点方向观察图形。

左视图：沿 X 轴正方向→原点方向观察图形。

右视图：沿 X 轴负方向→原点方向观察图形。

前视图：沿 Y 轴正方向→原点方向观察图形。

后视图：沿 Y 轴负方向→原点方向观察图形。

西南等轴测图：沿（-1，-1，1）方向→原点方向观察图形。

东南等轴测图：沿（1，-1，1）方向→原点方向观察图形。

东北等轴测图：沿（1，1，1）方向→原点方向观察图形。

西北等轴测图：沿（-1，1，1）方向→原点方向观察图形。

相机：按照相设置观察方向。

（三）绘制和编辑三维实体

1. 绘制基本三维实体

AutoCAD 绘制的三维实体可以用基本体造型来创建，也可以通过拉伸、旋转二维截面等方法生成。三维实体包括：多段体、长方体、楔体、圆锥体、球体、圆柱体、圆环体、棱锥体。这些基本实体的命令可以通过【绘图】→【建模】子菜单下选择，也可以在【建模】工具栏中单击相应的工具按钮，图 4-73 为实体工具条，或者在命令行中输入相应的命令再进行操作。

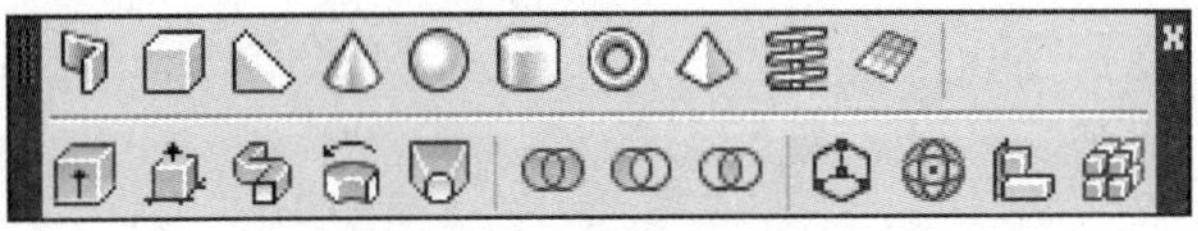

图 4-73　实体工具条

多段体：用创建多段线所使用的相同技巧来创建多段体对象。

长方体：指定长方体的角点或［中心点（CE）］，再指定角点或［立方体（C）/长度（L）］创建长方体。

楔体：指定楔体的第一个角点或［中心点（CE）］，再指定角点或［立方体（C）/长度（L）］。

圆锥：指定圆锥体底面的中心点或［椭圆（E）］，再指定圆锥体底面的半径或［直径（D）］，再指定圆锥体高度或［顶点（A）］创建圆锥体。

球：指定球体球心，再指定球体半径或［直径（D）］创建球体。

圆柱：指定圆柱体底面的中心点或［椭圆（E）］，再指定圆柱体底面的半径或［直径（D）］再指定圆柱体高度或［另一个圆心（C）］创建圆柱体。再指定角点或［立方体（C）/长度（L）］创建楔体。

圆环：指定圆环体中心，再指定圆环体半径或［直径（D）］，再指定圆管半径或［直径（D）］创建圆环体。

棱锥体：可以创建倾斜至一个点的棱锥体，也可以创建从底面倾斜至平面的棱台。输入要使用的侧面数，指定底面中心点，指定底面半径或直径，指定棱锥体的高度。

拉伸：对已创建面域的二维图形，通过指定拉伸高度或［路径（P）］，指定拉伸的倾斜角度<0>创建几何体。

旋转：对已创建面域的二维图形，通过指定旋转轴的起点或定义轴依照［对象（O）/*X* 轴（*X*）/*Y* 轴（*Y*）］，指定旋转角度 <360>创建几何体。

扫掠：可通过沿指定路径拉伸轮廓形状（扫掠对象）来绘制实体或曲面对象。

放样：通过在包含两个或更多横截面轮廓的一组轮廓中对轮廓进行放样来创建三维实体或曲面。

（1）绘制多段体

多段体是从 2007 版后新增的功能，主要用于建筑等三维模型，如墙等。可以通过在命令行中输入 POLYSOLID 命令，或者在菜单栏选择【绘图】→【建模】→【多段体】命令，也可以单击工具栏的“多段体”按钮，如图 4-74 所示。

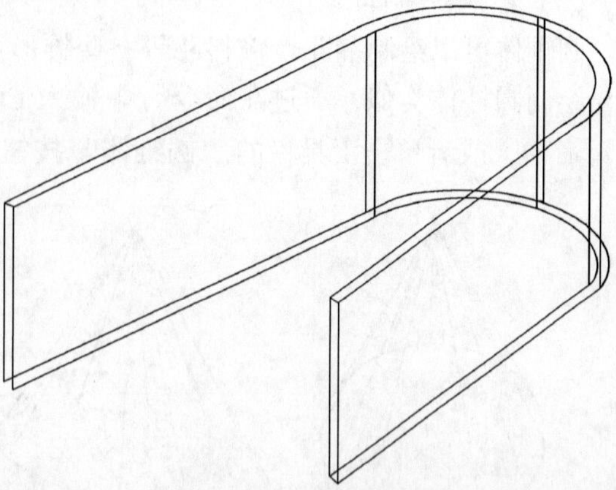

图 4-74　多段体

（2）绘制长方体

长方体在工程中经常用于绘制一些规则的图形，如建筑物、家具、机械零件等。通过在命令行中输入 BOX，或选择【绘图】→【建模】→【长方体】命令，或单击工具栏的“长方体”按钮，都可以执行长方体命令，如图 4-75 所示。

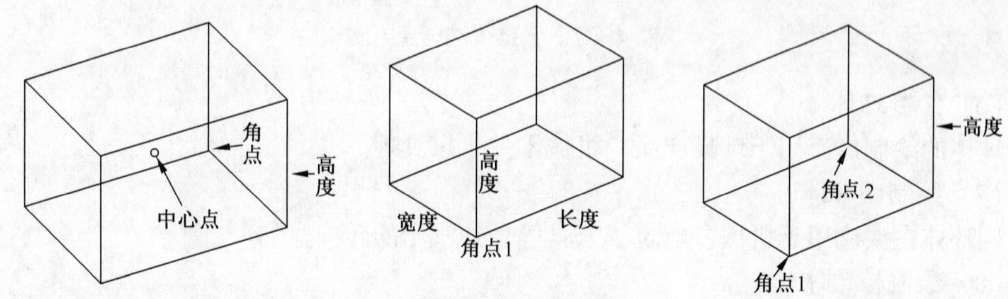

(a) 中心点、角点、长度绘制长方体　(b) 通过长度创建长方体　(c) 两角点和高度创建长方体

图 4-75　长方体的创建方法

（3）绘制楔体

楔体的绘制步骤与长方体类似。

（4）绘制圆柱体

通过在命令行中输入 CYLINDER 命令，或者选择【绘图】→【建模】→【圆柱体】命令，或单击工具栏的“圆柱体”按钮，都可以执行圆柱体命令（图 4-76）。

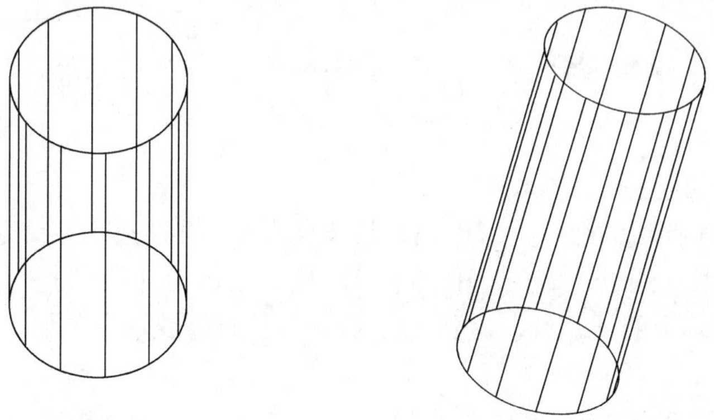

(a) 圆柱体　(b) 倾斜的圆柱体

图 4-76　圆柱体的创建方法

（5）绘制圆锥体

圆锥体可以绘制漏斗，输料斗等一些锥形零件，也可以绘制圆台形的零件。绘制圆锥体与绘制圆柱体类似，通过在命令行中输入 CONE，或者选择【绘图】→【建模】→【圆锥体】命令，或者单击工具栏的“圆锥体”按钮，都可执行圆锥体命令图 4-77。

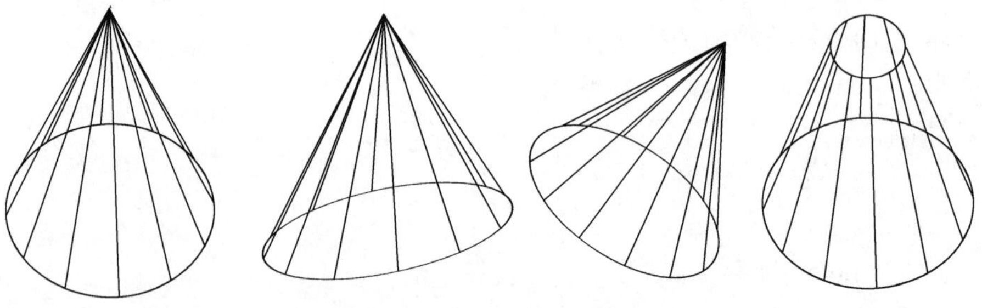

(a) 圆锥体　(b) 底面为椭圆的锥体　(c) 倾斜的圆锥体　(d) 圆台

图 4-77　圆锥体的创建方法

（6）绘制球体

球体的绘制广泛用于玩具产品、机械零件、家具等。

（7）绘制圆环体

圆环体主要应用于机械、建筑、家具等，如汽车的转向盘。

（8）绘制棱锥体

AutoCAD 默认棱锥体是正棱锥体，通过在命令行中输入 PYRAMID，或选择【绘图】→【建模】→【棱锥体】命令，或单击【建模】工具栏中的【棱锥体】按钮，都可以执行棱锥体命令，如图 4-78 所示。

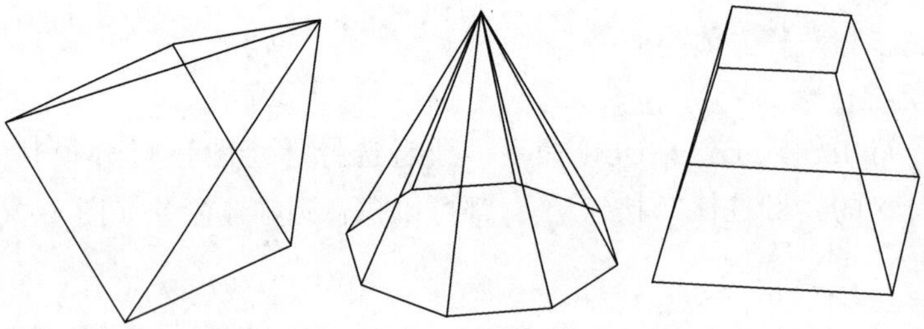

(a) 倾斜的棱锥　(b) 八棱锥　(c) 棱台

图 4-78　棱锥体

（9）绘制三维螺纹曲线

螺纹是绘制三维曲线的命令，可以先绘制螺纹曲线，再通过扫掠命令可以绘制弹簧和螺栓、螺孔等的螺纹。通过在命令行中输入 HELIX，或选择【绘图】→【螺纹】命令，或单击【建模】工具栏中的【螺纹】按钮，都可以执行螺纹命令，如图 4-79 所示。

2. 布尔运算

复杂三维实体可以用布尔运算即通过实体的相加、相减、相交进行编辑创建，如图 4-80 实体编辑工具条和实体编辑面板。

① 并集（UNION）命令是用于将两个或者多个单实体组合成一个复合体，与这些实

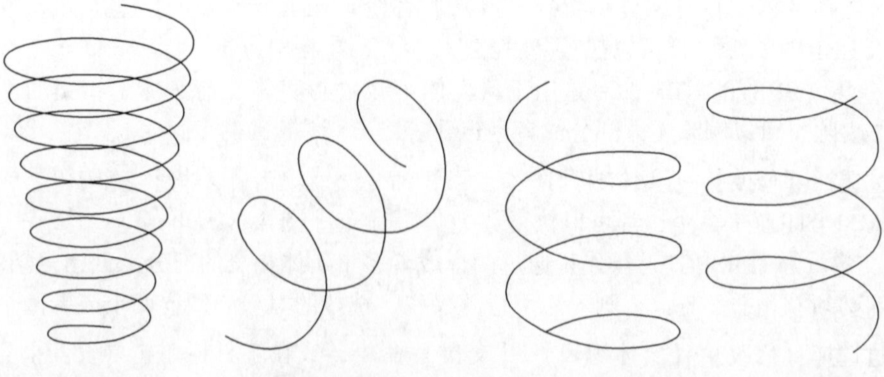

(a) 非线性螺纹　　(b) 倾斜性螺纹　　(c) 顺时针　　(d) 逆时针

图 4-79 螺纹曲线

(a) 实体编辑工具条

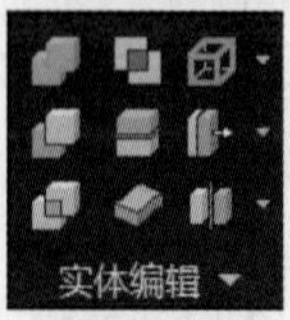

(b) 实体编辑面板

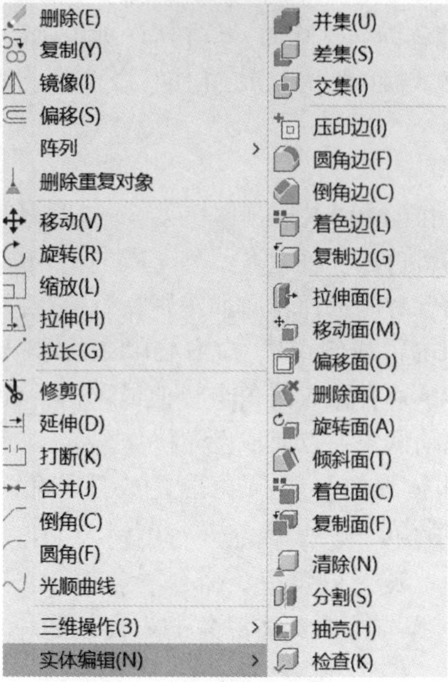

(c) 实体编辑菜单

图 4-80 实体编辑工具条、实体编辑面板、实体编辑菜单

体的位置无关，可以相接触，也可以不相接触的单个实体，如果是不相接触的实体，此时并集之后变为一体。对于面域的并集运算，必须是处于同一平面的各个面域才能通过并集运算组合成一个复合的面域。

通过选择【修改】→【实体编辑】→【并集】命令，或单击【并集】按钮，或在命令行中输入 UNION 命令，都可以执行“并集”命令［图 4-81（a）］。

② 差集（SUBTRACT）命令是用于从实体 1 减去与实体 2 与实体 1 相交的部分，并将实体 2 去除，可以删除实体部分或者创建孔等。

通过选择【修改】→【实体编辑】→【差集】命令，或单击【差集】按钮，或在命令行中输入 SUBTRACT 命令，都可以执行“差集”命令［图 4-81（b）］。

③ 交集（INTERSECT）操作是通过两个或者多个实体相交的部分来创建复杂的实体。实体之间必须有相交部分，否则无法执行此操作。选择的对象必须要两个或者两个以上。

通过选择【修改】→【实体编辑】→【交集】命令，或在工具栏单击【交集】按钮，或在命令行中输入 INTERSECT 命令，都可以执行“交集”命令［图 4-81（c）］。

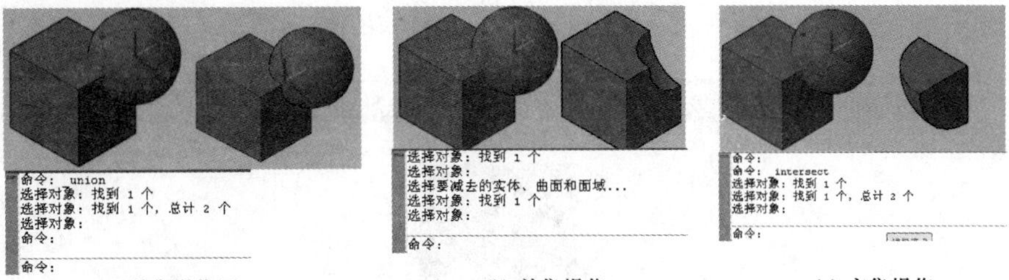

(a) 并集操作图　　(b) 差集操作　　(c) 交集操作

图 4-81　实体编辑操作

④ 拉伸面、移动面、偏移面、删除面、旋转面、倾斜面、复制面、着色面、复制边、着色边（SOLIDEDIT）操作均可通过 SOLIDEDIT 命令执行。在命令行输入“SOLIDEDIT”，命令行提示：

命令：SOLIDEDIT

实体编辑自动检查：SOLIDCHECK=1

SOLIDEDIT 输入实体编辑选项［面（F）边（E）体（B）放弃（U）退出（X）］

选择实体编辑选项，然后对应选择相应的编辑命令执行操作。

⑤ 圆角边（FILLETEDGE）或倒角边（CHAMFEREDGE）操作是为实体对象的边制作圆角或倒角。可以选择多条边，输入圆角半径值或单击并拖动圆角夹点完成圆角操作；输入倒角距离值或单击并拖动倒角夹点完成倒角操作。

通过选择【修改】→【实体编辑】→【圆角边】或【倒角边】命令，或在工具栏单击【圆角边】或【倒角边】按钮，或在命令行中输入 FILLETEDGE 或 CHAMFEREDGE 命令，都可以执行“圆角边”或“倒角边”命令。

⑥ 压印边（IMPRINT）操作是在实体对象的表面创建一个压印边线，该边线是另一实体与该实体的相交线。

通过选择【修改】→【实体编辑】→【压印边】命令，或在工具栏单击【压印】按钮，或在命令行中输入 IMPRINT 命令，都可以执行“压印边”命令。

⑦ 清除（SOLIDEDIT）操作是删除三维实体上所有冗余的边和顶点。在特殊情况下，此选项可删除共享边或那些在边的侧面或顶点具有相同曲面或曲线定义的顶点。

⑧ 分割（SOLIDEDIT）操作是将具有多个不连续部分的三维实体对象分割为独立的

三维实体。并集或差集操作可导致生成一个由多个连续体组成的三维实体，可以将这些实体分割为独立的三维实体。

⑨ 抽壳（SOLIDEDIT）操作是将三维实体转换为中空壳体，其壁具有指定厚度。

⑩ 检查（SOLIDEDIT）操作是检查三维实体中的几何数据。此选项用作高度复杂的三维实体模型中在比较阶段的调试工具。

（四）渲染实体

1. 设置光源

创建每一个场景，都必须有光的衬托，从而呈现各种真实的效果，通过对光源的设置，可以实现反射、阴影、体光等效果，如室外的自然光，室内的灯光等。系统已经默认了灯光效果，用户可以创建和设置光源，如图 4-82 所示。

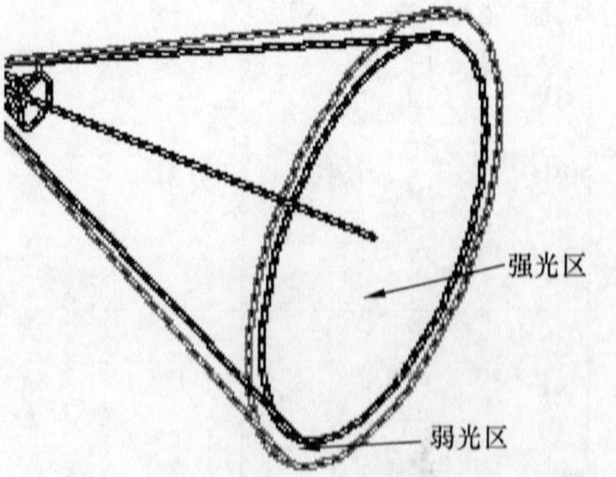

图 4-82　聚光源光束

AutoCAD 2010 提供了 3 种创建光源的方式：点光源、聚光源、平行光。

2. 材质

材质与贴图在渲染操作中是非常重要的，也是一个相当烦琐的工作，但只要用户耐心，仔细调整各个参数，就会渲染出逼真的实物，使其具有足够的吸引力。

通过选择【视图】→【渲染】→【材质】命令可以执行【材质】命令。执行【材质】命令后，弹出如图 4-83 所示的“材质”选项板。

3. 渲染

在设置了材质、光源之后，用户可以对三维场景进行渲染，通过渲染可以观察作品的最终效果。系统提供多种渲染命令和渲染设置（高级渲染设置）。通过选择【视图】→【渲染】命令可以执行【渲染】命令。执行该命令后，系统就弹出渲染窗口对视图进行渲染。

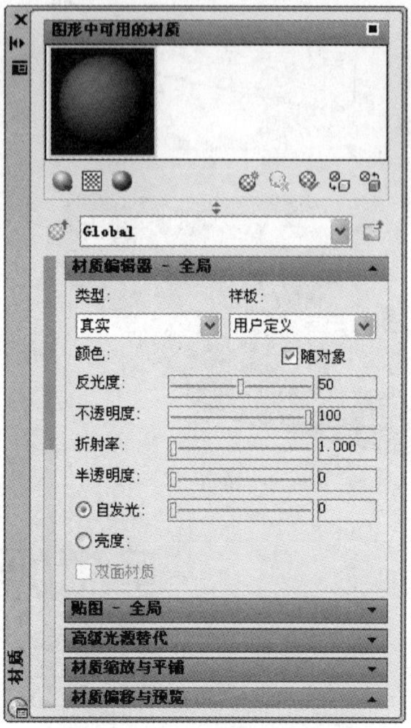

图 4-83　“材质”选项板

有时渲染不符合要求，因此用户还需应用上面的方法重新设置，AutoCAD 提供的“高级渲染设置”命令，选择【视图】→【渲染】→【高级渲染设置】命令，弹出“高级渲染设置”选项板，可以设置该渲染类型的基本、间接发光、诊断、处理率等参数，如图 4-84 所示。

（五）视觉样式

视觉样式用于切换各种显示形式，用来控制边和着色后的显示。AutoCAD 2021 有五种显示方式：“二维线框”、“三维线框”、“三维隐藏”、“真实”和“概念”。

通过选择如图 4-85（a）所示的【视图】→【视觉样式】命令的子菜单可以实现各种显示样式。执行

“视觉样式管理器”命令可以打开“视觉样式管理器”选项卡，如图 4-85（b）所示，在选项卡里可以使用已经设置好的视觉样式，用户也可以设置自己需要的视觉样式。

图 4-84　“高级渲染设置”选项板

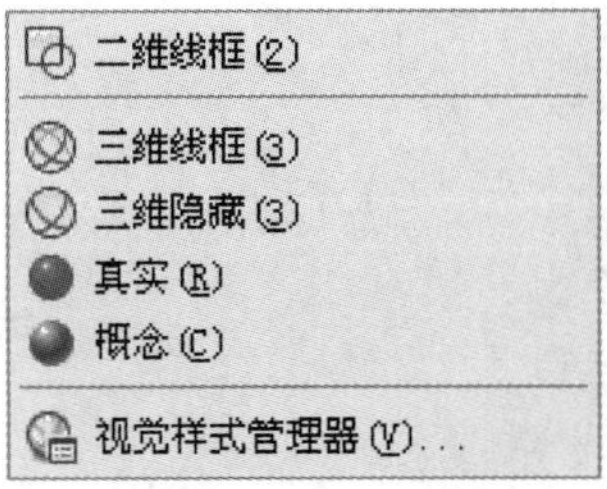

(a)“视觉样式”菜单

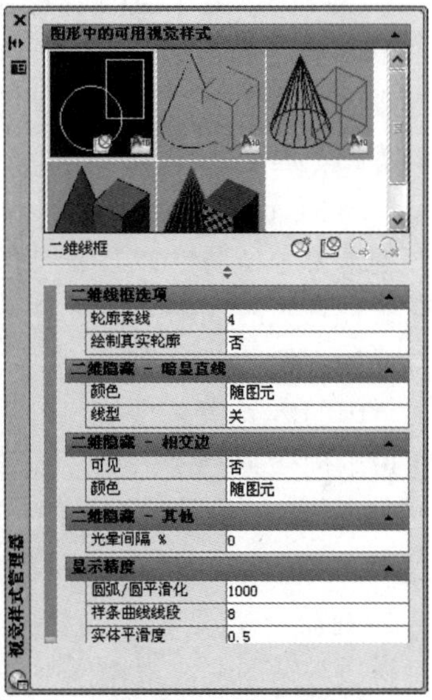

(b)“视觉样式管理器”选项卡

图 4-85　“视觉样式”菜单和“视觉样式管理器”选项卡

五种默认的视觉样式，如图 4-86 所示。

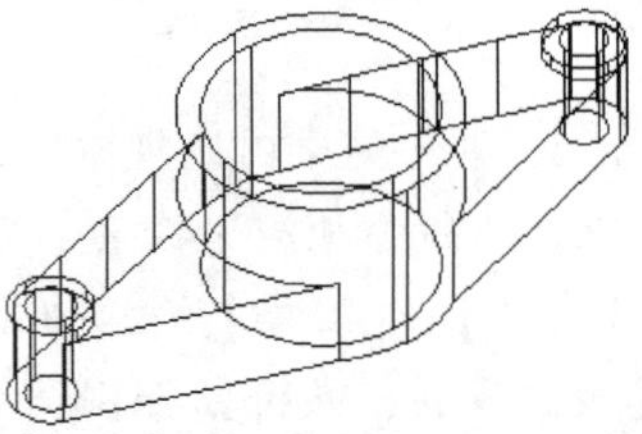

(a) 二维线框

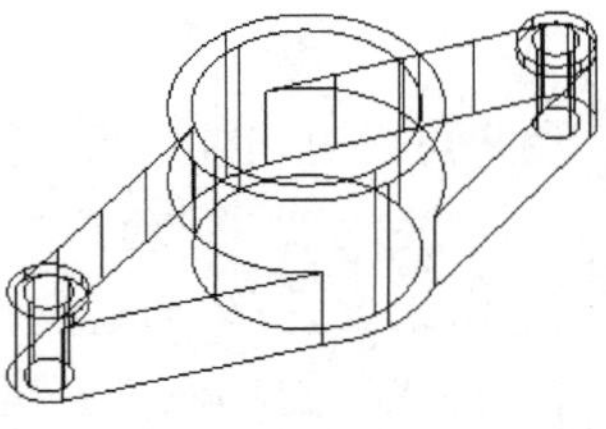

(b) 三维线框

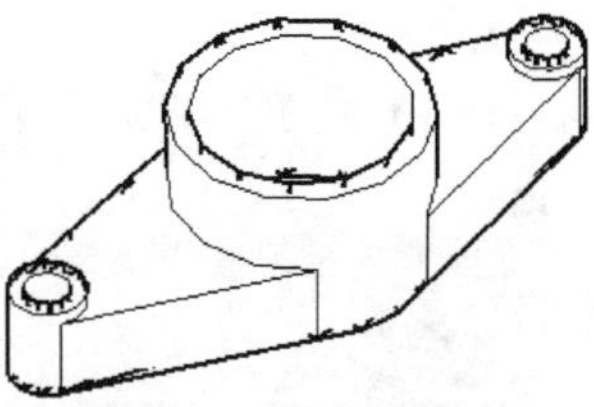

(c) 三维隐藏

(d) 真实

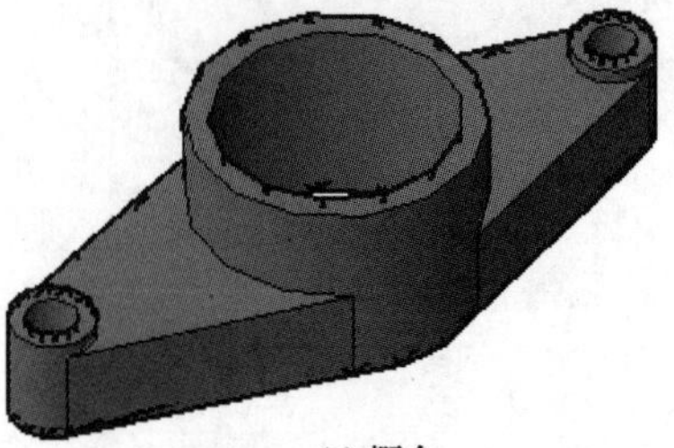

(e) 概念

图 4-86　视觉样式

配套视频

绘制立体模型

二、任务实施

1. 要求

① 建立新文件：建立新图形文件，图形区域等，由学生自行设置。

② 建立三维视图：按图 4-87 给出的尺寸绘制三维图形。

③ 保存：将完成图形以 KSCAD7-1. DWG 为文件名保存在考生文件夹中。

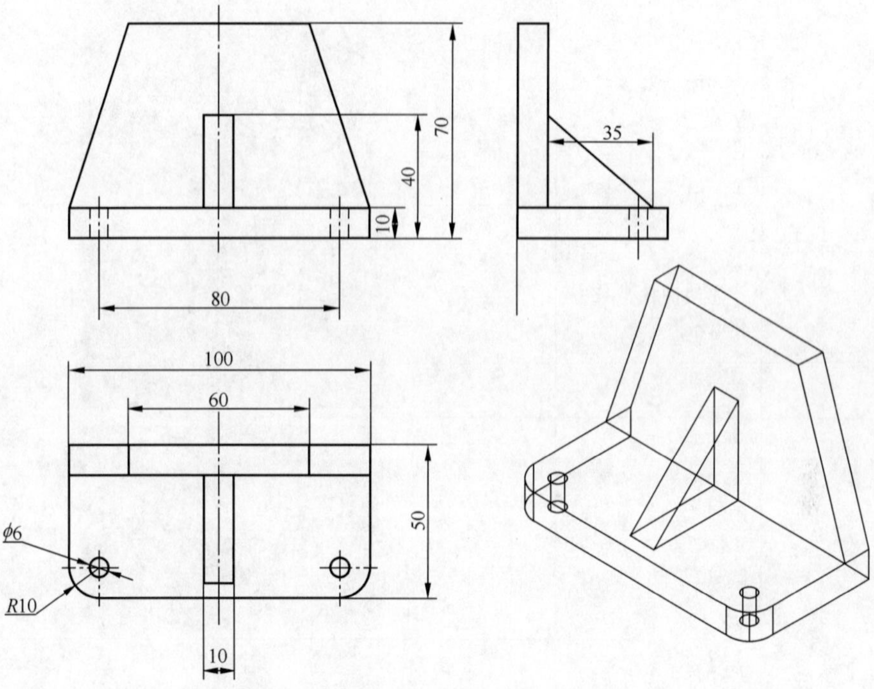

图 4-87　任务实施

2. 操作步骤

步骤	绘制方法	绘制效果图例
(1)新建文件,设置图形界限,打开东南等轴测	设置图形界限大小为 300,300;点击东南等轴测	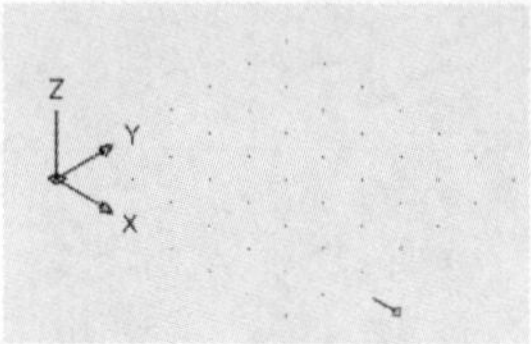
(2)创建底板	①创建长为 100、宽为 50、高为 10 的长方体;第一个角点为原点	
	②倒圆角 *R* 为 10	

续表

步骤	绘制方法	绘制效果图例
（2）创建底板	③绘制底板两圆柱集	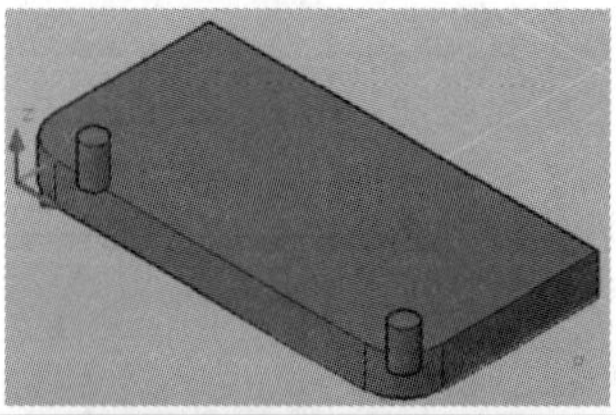
	④两圆柱与长方体取差集	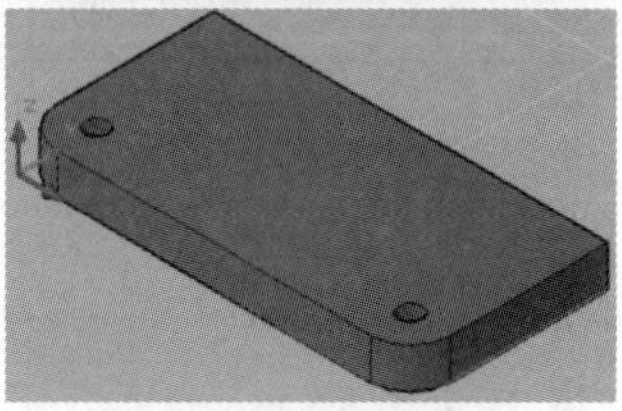
（3）创建梯形板	①移动坐标原点到底板上表面如图示位置并绕 *X* 轴旋转 90°	
	②创建梯形板上底边长为 60，下底边长为 100，厚为 10，高为 60	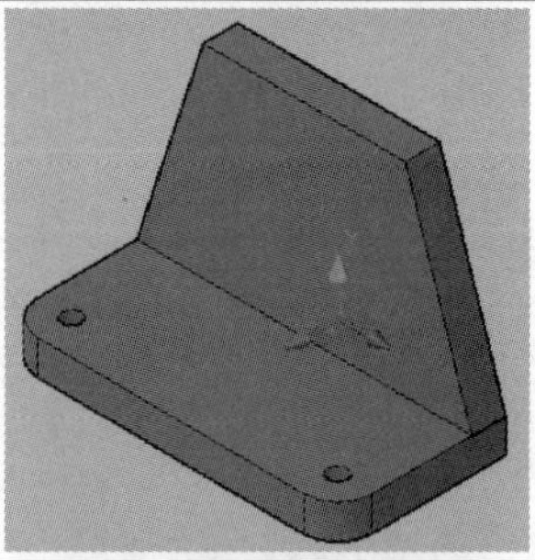
（4）创建三角形肋板	①移动坐标原点到如图示位置并绕 *Y* 轴旋转 90°	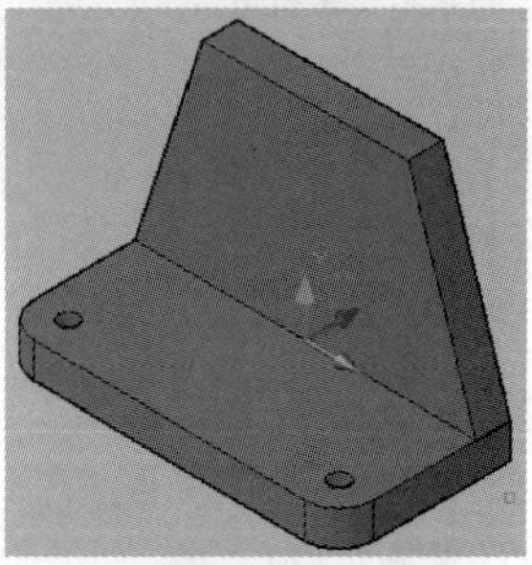
	②绘制三角形，构成 1 个面域	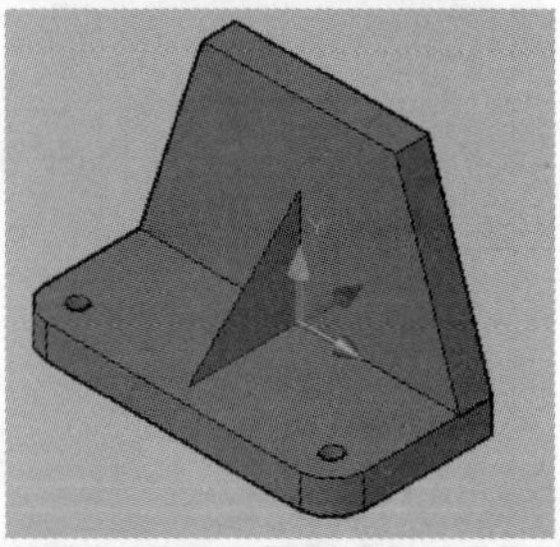

续表

步骤	绘制方法	绘制效果图例
(4)创建三角形肋板	③沿 Z 轴正方向拉伸三角形，高度为 10	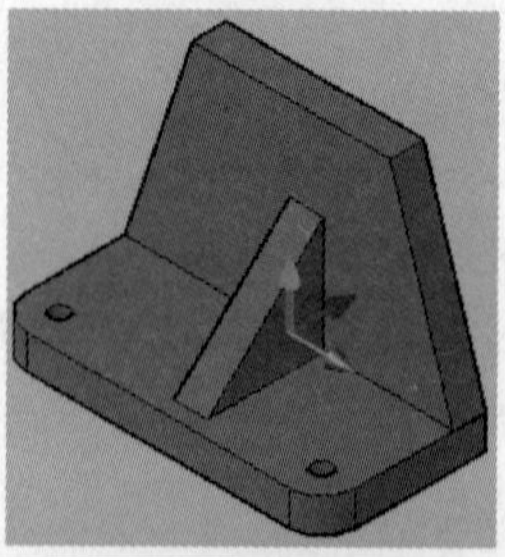
	④移动三角形肋，基点为沿 Z 轴方向并与 Z 轴重合的直线中点，第二点为坐标原点	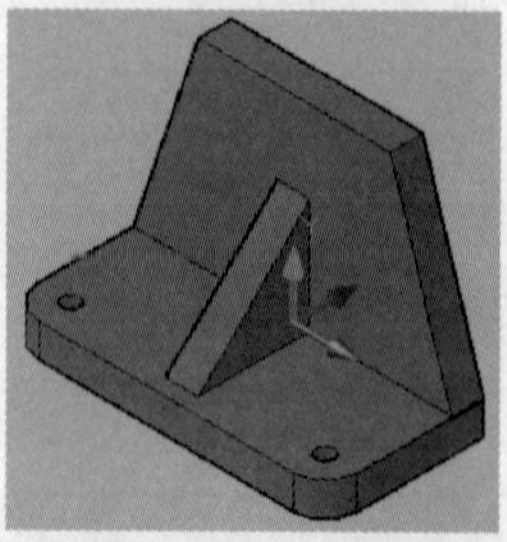
(5)取并集	点击底板、梯形板、三角形肋板取并集。	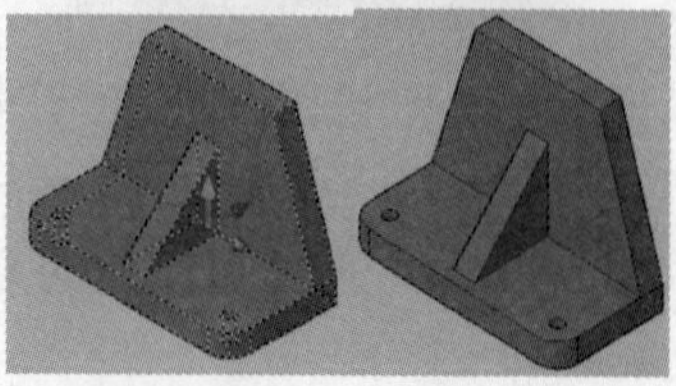
(6)保存在要求文件夹中		

三、任务拓展——阶梯轴、皮带轮绘制

1. 阶梯轴

一般绘制轴，可以通过绘制每个阶梯的圆柱体，再将这些圆柱体合并，并在需要创建键槽的轴节上绘制键槽，一般通过差集运算来创建键槽，或者通过轴的二维轮廓线进行旋转，再绘制键槽。

绘制阶梯轴，主要利用到的命令有：旋转、拉伸、三维移动、布尔运算等，如图 4-88 所示。

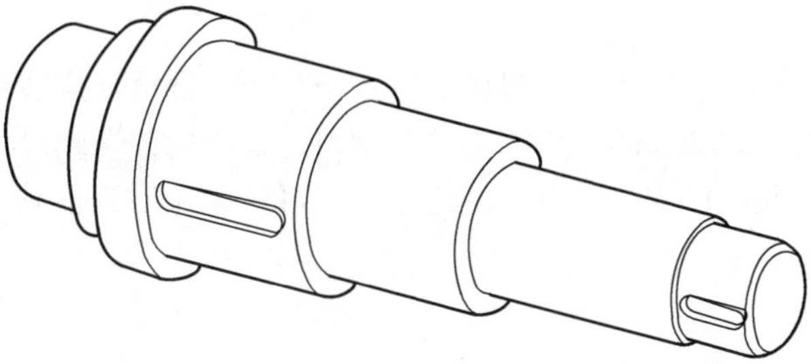

图 4-88　阶梯轴

操作步骤：

步骤	绘制效果图例
(1)绘制轮廓线	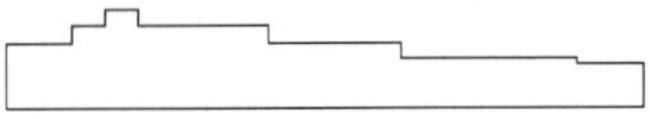
(2)生成轴的外形	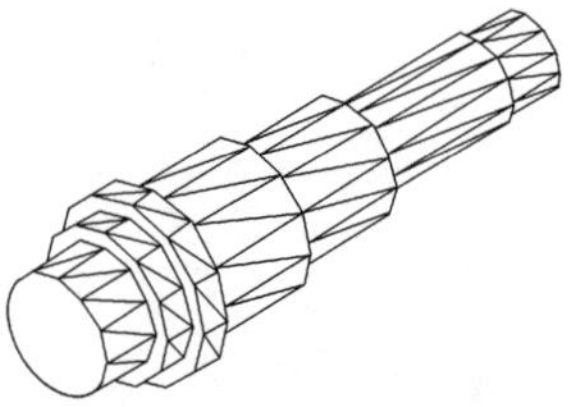
(3)绘制键槽	

2. 皮带轮

盘类零件的绘制一般可以通过多个圆柱体的布尔运算，根据不同盘类零件的要求不同再进行不同特征的绘制。皮带轮的绘制过程一般是：通过圆柱体的差集运算创建总体轮廓，再创建轮槽和皮带槽。

绘制皮带轮，主要利用到的命令有：圆柱体、拉伸、剖切、三维阵列、布尔运算等，如图 4-89 所示。

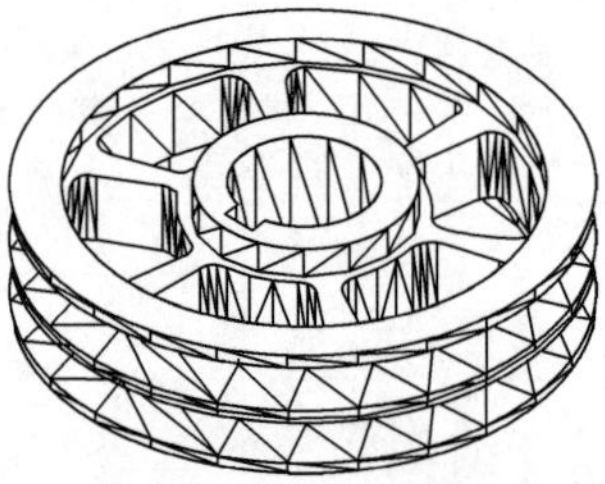

图 4-89 皮带轮

操作步骤：

步骤	(1)绘制基本形体	(2)绘制皮带槽	(3)绘制轴孔和键槽
绘制效果图例	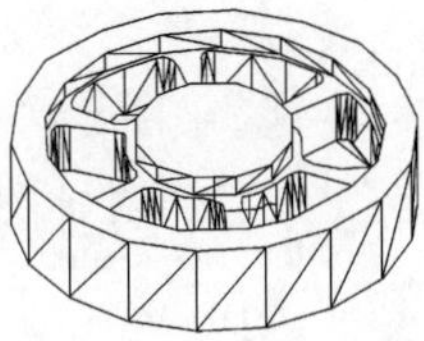	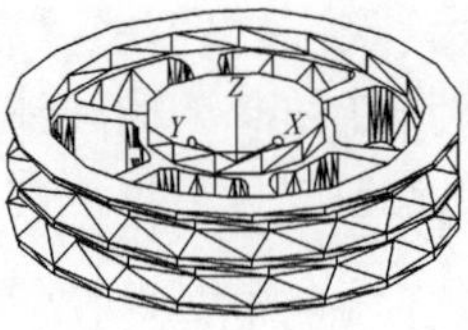	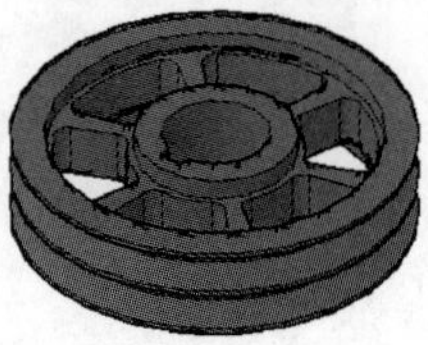

知识小结

通过本任务的学习，掌握实体及建模的方法与技巧。熟练使用实体造型及编辑等各种命令。了解实体着色、渲染等的应用方法。在学习过程中应注意通过实例来体会三维造型的思路和步骤，学会举一反三。学习好三维造型，可以为今后其他软件的学习打下良好的基础。

附　　录

附表 1　　　　**标准公差数值（摘自 GB/T 1800.1—2020）**

公称尺寸/mm		标准公差等级																	
		IT1	IT2	IT3	IT4	IT5	IT6	IT7	IT8	IT9	IT10	IT11	IT12	IT13	IT14	IT15	IT16	IT17	IT18
大于	至	标准公差数值																	
		μm											mm						
—	3	0.8	1.2	2	3	4	6	10	14	25	40	60	0.1	0.14	0.25	0.4	0.6	1	1.4
3	6	1	1.5	2.5	4	5	8	12	18	30	48	75	0.12	0.18	0.3	0.48	0.75	1.2	1.8
6	10	1	1.5	2.5	4	6	9	15	22	36	58	90	0.15	0.22	0.36	0.58	0.9	1.5	2.2
10	18	1.2	2	3	5	8	11	18	27	43	70	110	0.18	0.27	0.43	0.7	1.1	1.8	2.7
18	30	1.5	2.5	4	6	9	13	21	33	52	84	130	0.21	0.33	0.52	0.84	1.3	2.1	3.3
30	50	1.5	2.5	4	7	11	16	25	39	62	100	160	0.25	0.39	0.62	1	1.6	2.5	3.9
50	80	2	3	5	8	13	19	30	46	74	120	190	0.3	0.46	0.74	1.2	1.9	3	4.6
80	120	2.5	4	6	10	15	22	35	54	87	140	220	0.35	0.54	0.87	1.4	2.2	3.5	5.4
120	180	3.5	5	8	12	18	25	40	63	100	160	250	0.4	0.63	1	1.6	2.5	4	6.3
180	250	4.5	7	10	14	20	29	46	72	115	185	290	0.46	0.72	1.15	1.85	2.9	4.6	7.2
250	315	6	8	12	16	23	32	52	81	130	210	320	0.52	0.81	1.3	2.1	3.2	5.2	8.1
315	400	7	9	13	18	25	36	57	89	140	230	360	0.57	0.89	1.4	2.3	3.6	5.7	8.9
400	500	8	10	15	20	27	40	63	97	155	250	400	0.63	0.97	1.55	2.5	4	6.3	9.7
500	630	9	11	16	22	32	44	70	110	175	280	440	0.7	1.1	1.75	2.8	4.4	7	11
630	800	10	13	18	25	36	50	80	125	200	320	500	0.8	1.25	2	3.2	5	8	12.5
800	1000	11	15	21	28	40	56	90	140	230	360	560	0.9	1.4	2.3	3.6	5.6	9	14
1000	1250	13	18	24	33	47	66	105	165	260	420	660	1.05	1.65	2.6	4.2	6.6	10.5	16.5
1250	1600	15	21	29	39	55	78	125	195	310	500	780	1.25	1.95	3.1	5	7.8	12.5	19.5
1600	2000	18	25	35	46	65	92	150	230	370	600	920	1.5	2.3	3.7	6	9.2	15	23
2000	2500	22	30	41	55	78	110	175	280	440	700	1100	1.75	2.8	4.4	7	11	17.5	28
2500	3150	26	36	50	68	96	135	210	330	540	860	1350	2.1	3.3	5.4	8.6	13.5	21	33

附表 2 **轴的基本偏差数值（摘自 GB/T 1800. 1—2020）** 基本偏差单位为微米

公称尺寸/mm		基本偏差数值														
		上极限偏差，*es*														
		所有标准公差等级												IT5 和 IT6	IT7	IT8
大于	至	a	b	c	cd	d	e	ef	f	fg	g	h	js	j		
—	3	-270	-140	-60	-34	-20	-14	-10	-6	-4	-2	0	偏差=±IT*n*/2，式中，*n* 是标准公差等级数	-2	-4	-6
3	6	-270	-140	-70	-46	-30	-20	-14	-10	-6	-4	0		-2	-4	
6	10	-280	-150	-80	-56	-40	-25	-18	-13	-8	-5	0		-2	-5	
10	14	-290	-150	-95	-70	-50	-32	-23	-16	-10	-6	0		-3	-6	
14	18															
18	24	-300	-160	-110	-85	-65	-40	-25	-20	-12	-7	0		-4	-8	
24	30															
30	40	-310	-170	-120	-100	-80	-50	-35	-25	-15	-9	0		-5	-10	
40	50	-320	-180	-130												
50	65	-340	-190	-140		-100	-60		-30		-10	0		-7	-12	
65	80	-360	-200	-150												
80	100	-380	-220	-170		-120	-72		-36		-12	0		-9	-15	
100	120	-410	-240	-180												
120	140	-460	-260	-200		-145	-85		-43		-14	0		-11	-18	
140	160	-520	-280	-210												
160	180	-580	-310	-230												
180	200	-660	-340	-240		-170	-100		-50		-15	0		-13	-21	
200	225	-740	-380	-260												
225	250	-820	-420	-280												
250	280	-920	-480	-300		-190	-110		-56		-17	0		-16	-26	
280	315	-1050	-540	-330												
315	355	-1200	-600	-360		-210	-125		-62		-18	0		-18	-28	
355	400	-1350	-680	-400												
400	450	-1500	-760	-440		-230	-135		-68		-20	0		-20	-32	
450	500	-1650	-840	-480												

续表

公称尺寸/mm		基本偏差数值															
		下极限偏差，*ei*															
		IT4 至 IT7	≤IT3 >IT7	所有标准公差等级													
大于	至	k		m	n	p	r	s	t	u	v	x	y	z	za	zb	zc
—	3	0	0	+2	+4	+6	+10	+14	—	+18	—	+20	—	+26	+32	+40	+60
3	6	+1	0	+4	+8	+12	+15	+19	—	+23	—	+28	—	+35	+42	+50	+80
6	10	+1	0	+6	+10	+15	+19	+23	—	+28	—	+34	—	+42	+52	+67	+97
10	14	+1	0	+7	+12	+18	+23	+28	—	+33	—	+40	—	+50	+64	+90	+130
14	18										+39	+45	—	+60	+77	+108	+150
18	24	+2	0	+8	+15	+22	+28	+35	—	+41	+47	+54	+63	+73	+98	+136	+188
24	30								+41	+48	+55	+64	+75	+88	+118	+160	+218
30	40	+2	0	+9	+17	+26	+34	+43	+48	+60	+68	+80	+94	+112	+148	+200	+274
40	50								+54	+70	+81	+97	+114	+136	+180	+242	+325
50	65	+2	0	+11	+20	+32	+41	+53	+66	+87	+102	+122	+144	+172	+226	+300	+405
65	80						+43	+59	+75	+102	+120	+146	+174	+210	+274	+360	+480
80	100	+3	0	+13	+23	+37	+51	+71	+91	+124	+146	+178	+214	+258	+335	+445	+585
100	120						+54	+79	+104	+144	+172	+210	+254	+310	+400	+525	+690
120	140	+3	0	+15	+27	+43	+63	+92	+122	+170	+202	+248	+300	+365	+470	+620	+800
140	160						+65	+100	+134	+190	+228	+280	+340	+415	+535	+700	+900
160	180						+68	+108	+146	+210	+252	+310	+380	+465	+600	+780	+1000
180	200	+4	0	+17	+31	+50	+77	+122	+166	+236	+284	+350	+425	+520	+670	+880	+1150
200	225						+80	+130	+180	+258	+310	+385	+470	+575	+740	+960	+1250
225	250						+84	+140	+196	+284	+340	+425	+520	+640	+820	+1050	+1350
250	280	+4	0	+20	+34	+56	+94	+158	+218	+315	+385	+475	+580	+710	+920	+1200	+1550
280	315						+98	+170	+240	+350	+425	+525	+650	+790	+1000	+1300	+1700
315	355	+4	0	+21	+37	+62	+108	+190	+268	+390	+475	+590	+730	+900	+1150	+1500	+1900
355	400						+114	+208	+294	+435	+530	+660	+820	+1000	+1300	+1650	+2100
400	450	+5	0	+23	+40	+68	+126	+232	+330	+490	+595	+740	+920	+1100	+1450	+1850	+2400
450	500						+132	+252	+360	+540	+660	+820	+1000	+1250	+1600	+2100	+2600

注：公称尺寸≤1mm 时，不使用基本偏差 a 和 b。

附表 3　　孔的基本偏差数值（摘自 GB/T 1800.1—2020）

基本偏差数值和 Δ 值的单位为微米

公称尺寸/mm		基本偏差数值																		
		下极限偏差 *EI*												上极限偏差 *ES*						
		所有标准公差等级												IT6	IT7	IT8	≤IT8	>IT8	≤IT8	>IT8
大于	至	A[a]	B[a]	C	CD	D	E	EF	F	FG	G	H	JS	J			K[c,d]		M[b,c,d]	
—	3	+270	+140	+60	+34	+20	+14	+10	+6	+4	+2	0	偏差=±IT*n*/2，式中*n*为标准公差等级数	+2	+4	+6	0	0	−2	−2
3	6	+270	+140	+70	+46	+30	+20	+14	+10	+6	+4	0		+5	+6	+10	−1+Δ	—	−4+Δ	−4
6	10	+280	+150	+80	+56	+40	+25	+18	+13	+8	+5	0		+5	+8	+12	−1+Δ	—	−6+Δ	−6
10	14	+290	+150	+95	+70	+50	+32	+23	+16	+10	+6	0		+6	+10	+15	−1+Δ	—	−7+Δ	−7
14	18																			
18	24	+300	+160	+110	+85	+65	+40	+28	+20	+12	+7	0		+8	+12	+20	−2+Δ	—	−8+Δ	−8
24	30																			
30	40	+310	+170	+120	+100	+80	+50	+35	+25	+15	+9	0		+10	+14	+24	−2+Δ	—	−9+Δ	−9
40	50	+320	+180	+130																
50	65	+340	+190	+140	—	+100	+60	—	+30	—	+10	0		+13	+18	+28	−2+Δ	—	−11+Δ	−11
65	80	+360	+200	+150																
80	100	+380	+220	+170	—	+120	+72	—	+36	—	+12	0		+16	+22	+34	−3+Δ	—	−13+Δ	−13
100	120	+410	+240	+180																
120	140	+460	+260	+200	—	+145	+85	—	+43	—	+14	0		+18	+26	+41	−3+Δ	—	−15+Δ	−15
140	160	+520	+280	+210																
160	180	+580	+310	+230																
180	200	+660	+340	+240	—	+170	+100	—	+50	—	+15	0		+22	+30	+47	−4+Δ	—	−17+Δ	−17
200	225	+740	+380	+260																
225	250	+820	+420	+280																
250	280	+920	+480	+300	—	+190	+110	—	+56		+17	0		+25	+36	+55	−4+Δ	—	−20+Δ	−20
280	315	+1050	+540	+330																
315	355	+1200	+600	+360	—	+210	+125	—	+62		+18	0		+29	+39	+60	−4+Δ	—	−21+Δ	−21
355	400	+1350	+680	+400																
400	450	+1500	+760	+440	—	+230	+135	—	+68		+20	0		+33	+43	+66	−5+Δ	—	−23+Δ	−23
450	500	+1650	+840	+480																

续表

公称尺寸/mm		基本偏差数值															Δ 值					
		上极限偏差 *ES*																				
		≤IT8	>IT8	≤IT7	>IT7 的标准公差等级												标准公差等级					
大于	至	N		P～ZC	P	R	S	T	U	V	X	Y	Z	ZA	ZB	ZC	IT3	IT4	IT5	IT6	IT7	IT8
—	3	-4	-4		-6	-10	-14	—	-18	—	-20	—	-26	-32	-40	-60	0	0	0	0	0	0
3	6	$-8+\Delta$	0		-12	-15	-19	—	-23	—	-28	—	-35	-42	-50	-80	1	1.5	1	3	4	6
6	10	$-10+\Delta$	0		-15	-19	-23	—	-28	—	-34	—	-42	-52	-67	-97	1	1.5	2	3	6	7
10	14	$-12+\Delta$	0		-18	-23	-28	—	-33	—	-40	—	-50	-64	-90	-130	1	2	3	3	7	9
14	18									-39	-45	—	-60	-77	-108	-150						
18	24	$-15+\Delta$	0		-22	-28	-35	—	-41	-47	-54	-63	-73	-98	-136	-188	1.5	2	3	4	8	12
24	30							-41	-48	-55	-64	-75	-88	-118	-160	-218						
30	40	$-17+\Delta$	0	在大于IT7的标准公差等级的基本偏差数值上增加一个 Δ 值	-26	-34	-43	-48	-60	-68	-80	-94	-112	-148	-200	-274	1.5	3	4	5	9	14
40	50							-54	-70	-81	-97	-114	-136	-180	-242	-325						
50	65	$-20+\Delta$	0		-32	-41	-53	-66	-87	-102	-122	-144	-172	-226	-300	-405	2	3	5	6	11	16
65	80					-43	-59	-75	-102	-120	-146	-174	-210	-274	-360	-480						
80	100	$-23+\Delta$	0		-37	-51	-71	-91	-124	-146	-178	-214	-258	-335	-445	-585	2	4	5	7	13	19
100	120					-54	-79	-104	-144	-172	-210	-254	-310	-400	-525	-690						
120	140	$-27+\Delta$	0		-43	-63	-92	-122	-170	-202	-248	-300	-365	-470	-620	-800	3	4	6	7	15	23
140	160					-65	-100	-134	-190	-228	-280	-340	-415	-535	-700	-900						
160	180					-68	-108	-146	-210	-252	-310	-380	-465	-600	-780	-1000						
180	200	$-31+\Delta$	0		-50	-77	-122	-166	-236	-284	-350	-425	-520	-670	-880	-1150	3	4	6	9	17	26
200	225					-80	-130	-180	-258	-310	-385	-470	-575	-740	-960	-1250						
225	250					-84	-140	-196	-284	-340	-425	-520	-640	-820	-1050	-1350						
250	280	$-34+\Delta$	0		-56	-94	-158	-218	-315	-385	-475	-580	-710	-920	-1200	-1550	4	4	7	9	20	29
280	315					-98	-170	-240	-350	-425	-525	-650	-790	-1000	-1300	-1700						
315	355	$-37+\Delta$	0		-62	-108	-190	-268	-390	-475	-590	-730	-900	-1150	-1500	-1900	4	5	7	11	21	32
355	400					-114	-208	-294	-435	-530	-660	-820	-1000	-1300	-1650	-2100						
400	450	$-40+\Delta$	0		-68	-126	-232	-330	-490	-595	-740	-920	-1100	-1450	-1850	-2400	5	5	7	13	23	34
450	500					-132	-252	-360	-540	-660	-820	-1000	-1250	-1600	-2100	-2600						

注：a 公称尺寸≤1mm 时，不适用基本偏差 A 和 B，不使用标准公差等级大于 IT8 的基本偏差 N。

b 特例：对于公称尺寸大于 250mm～315mm 的公差带代号 M6，ES=-9μm（计算结果不是-11μm）。

c 为确定 K、M、N 和 P～ZC 的值，见 GB/T 1800.1—2020 中的 4.3.2.5。

d 对于 Δ 值，见本表右边的最后六列。

附表 4　　普通螺纹的直径与螺距（摘自 GB/T 193—2003　GB/T 196—2003）（单位：mm）

标记示例：

M10（粗牙普通外（或内）螺纹、公称直径 d（或 D）= 10、右旋、中径及顶径公差带代号均为 6g（或 6H）、中等旋合长度）

M10×1LH（细牙普通内（或外）螺纹、公称直径 D（或 d）= 10、螺距 P = 1、左旋、中径及顶径公差带代号均为 6H（或 6g），中等旋合长度）

公称直径 D、d		螺距 p		粗牙中径 D_2、d_2	粗牙小径 D_1、d_1
第一系列	第二系列	粗牙	细牙		
3		0.5	0.35	2.675	2.459
	3.5	0.6		3.110	2.850
4		0.7	0.50	3.545	3.242
	4.5	(0.75)		4.013	3.688
5		0.8		4.480	4.134
6		1	0.75	5.350	4.917
8		1.25	1, 0.75	7.188	6.647
10		1.5	1.25, 1, 0.75	9.026	8.376
12		1.75	1.5, 1.25, 1	10.863	10.106
	14	2	1.5, (1.25)*, 1	12.701	11.835
16		2	1.5, 1	14.701	13.835
	18	2.5	2, 1.5, 1	16.376	15.294
20		2.5		18.376	17.294
	22	2.5		20.376	19.294
24		3		22.051	20.752
	27	3		25.051	23.752
30		3.5	(3), 2, 1.5, 1	27.727	26.211
	33	3.5	(3), 2, 1.5	30.727	29.211
36		4	3, 2, 1.5	33.402	31.670
	39	4		36.402	34.670
42		4.5	4, 3, 2, 1.5	39.077	37.129
	45	4.5		42.077	40.129
48		5		44.752	42.587
	52	5		48.752	46.587
56		5.5		52.428	50.046
	60	5.5		56.428	54.046
64		6		60.103	57.505
	68	6		64.103	61.505

注：① 优先选用第一系列，第三系列未列入。

② 括号内尺寸尽可能不用。

③ * M14×1.25 仅用于火花塞。

附表 5　　螺纹旋合长度（摘自 GB/T 197—2018）　　（单位：mm）

基本大径 D、d		螺距 P	旋合长度			
			S	N		L
>	≤		≤	>	≤	>
2.8	5.6	0.35	1	1	3	3
		0.5	1.5	1.5	4.5	4.5
		0.6	1.7	1.7	5	5
		0.7	2	2	6	6
		0.75	2.2	2.2	6.7	6.7
		0.8	2.5	2.5	7.5	7.5
5.6	11.2	0.75	2.4	2.4	7.1	7.1
		1	3	3	9	9
		1.25	4	4	12	12
		1.5	5	5	15	15
11.2	22.4	1	3.8	3.8	11	11
		1.25	4.5	4.5	13	13
		1.5	5.6	5.6	16	16
		1.75	6	6	18	18
		2	8	8	24	24
		2.5	10	10	30	30
22.4	45	1	4	4	12	12
		1.5	6.3	6.3	19	19
		2	8.5	8.5	25	25
		3	12	12	36	36
		3.5	15	15	45	45
		4	18	18	53	53
		4.5	21	21	63	63
45	90	1.5	7.5	7.5	22	22
		2	9.5	9.5	28	28
		3	15	15	45	45
		4	19	19	56	56
		5	24	24	71	71
		5.5	28	28	85	85
		6	32	32	95	95

附表 6　　六角头螺栓（摘自 GB/T 5782—2016、GB/T 5783—2016）　　（单位：mm）

六角头螺栓（GB/T 5782—2016）

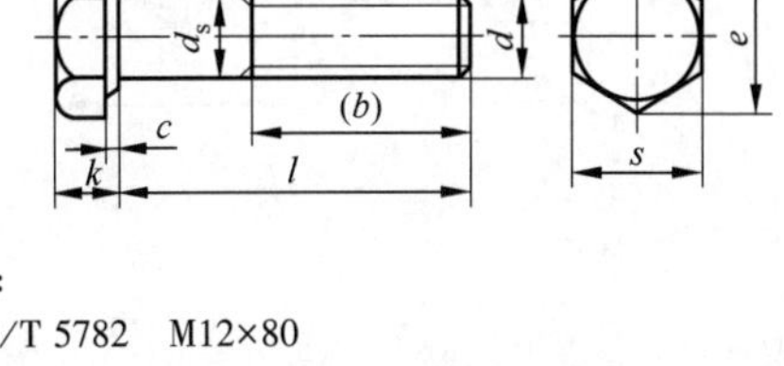

六角头螺栓　全螺纹（GB/T 5783—2016）

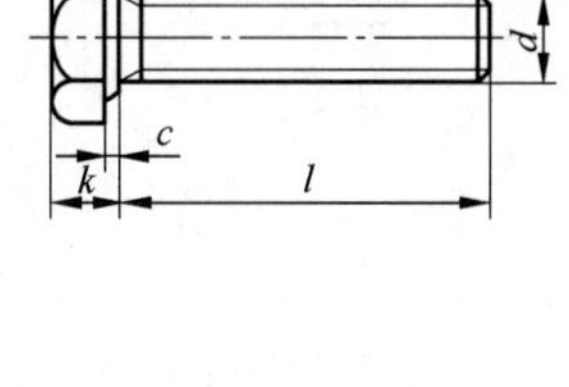

标记示例：

螺栓　GB/T 5782　M12×80

（螺纹规格 d=M12、公称长度 l=80mm、性能等级为 8.8 级、表面不经处理、产品等级为 A 级的六角头螺栓）

螺栓　GB/T 5783　M12×80

（螺纹规格 d=M12、公称长度 l=80mm、全螺纹、性能等级为 8.8 级、表面不经处理、产品等级为 A 级的六角头螺栓）

续表

螺纹规格	d		M4	M5	M6	M8	M10	M12	M16	M20	M24	M30	M36	M42	M48
b 参考	$l \leqslant 125$		14	16	18	22	26	30	38	46	54	66	—	—	—
	$125 < l \leqslant 200$		20	22	24	28	32	36	44	52	60	72	84	96	108
	$l > 200$		33	35	37	41	45	49	57	65	73	85	97	109	121
c_{max}			0.4	0.5		0.6			0.8					1	
k_{max}	产品等级	A	2.925	3.65	4.15	5.45	6.58	7.68	10.18	12.715	15.215	—	—	—	—
		B	3	3.74	4.24	5.54	6.69	7.79	10.29	12.85	15.35	19.12	22.92	26.42	30.42
d_{max}			4	5	6	8	10	12	16	20	24	30	36	42	48
s_{max}			7	8	10	13	16	18	24	30	36	46	55	65	75
e_{min}	产品等级	A	7.66	8.79	11.05	14.38	17.77	20.03	26.75	33.53	39.98	—	—	—	—
		B	7.50	8.63	10.89	14.2	17.59	19.85	26.17	32.95	39.55	50.85	60.79	71.3	82.6
l 范围	GB/T 5782		25~40	25~50	30~60	40~80	45~100	50~120	65~160	80~200	90~240	110~300	140~360	160~440	180~480
	GB/T 5783		8~40	10~50	12~60	16~80	20~100	25~150	30~150	40~150	50~150	60~200	70~200	80~200	100~200
l 系列	GB/T 5782		20~65（5 进位）、70~160（10 进位）、180~500（20 进位）												
	GB/T 5783		8、10、12、16、20~65（5 进位）、70~160（10 进位）、180、200												

注：① 末端倒角按 GB/T 2 规定。

② 螺纹公差带：6g。

③ 产品等级：A 级用于 $d=1.6 \sim 24$mm 和 $l \leqslant 10d$ 或 $l \leqslant 150$mm（按较小值）的螺栓；B 级用于 $d>24$mm 和 $l>10d$ 或 $l>150$mm（按较小值）的螺栓。

附表 7　六角螺母（摘自 GB/T 6170—2015、GB/T 6171—2016、GB/T 41—2016）

（单位：mm）

Ⅰ型六角螺母（GB/T 6170—2015）
六角标准螺母（Ⅰ型）细牙（GB/T 6171—2016）

Ⅰ型六角螺母　C 级（GB/T 41—2016）

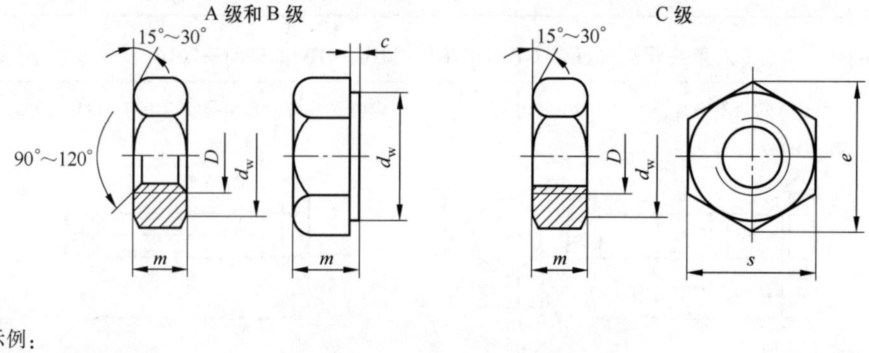

标记示例：

螺母　GB/T 6170　M12

（螺纹规格 D=M12、性能等级为 8 级、表面不经处理、产品等级为 A 级的Ⅰ型六角螺母）

螺母　GB/T 41　M12

（螺纹规格 D=M12、性能等级为 5 级、表面不经处理、产品等级为 C 级的Ⅰ型六角螺母）

续表

螺纹规格 D		M4	M5	M6	M8	M10	M12	M16	M20	M24	M30	M36	M42	M48
P	GB/T 6170 GB/T 41	0.7	0.8	1	1.25	1.5	1.75	2	2.5	3	3.5	4	4.5	5
	GB/T 6171	—	—	—	1	1	1.5	1.5	1.5	2	2	3	3	3
c_{max}		0.4	0.5		0.6			0.8					1	
s_{max}		7	8	10	13	16	18	24	30	36	46	55	65	75
e_{min}	A、B 级	7.66	8.79	11.05	14.38	17.77	20.03	26.75	32.95	39.55	50.85	60.79	71.3	82.6
	C 级	—	8.63	10.89	14.2	17.59	19.8	26.17						
m_{max}	A、B 级	3.2	4.7	5.2	6.8	8.4	10.8	14.8	18	21.5	25.6	31	34	38
	C 级	—	5.6	6.4	7.9	9.5	12.2	15.9	19	22.3	26.4	31.9	34.9	38.9
$d_{s\,min}$	GB/T 6170	5.9	6.9	8.9	11.6	14.6	16.6	22.5	27.7	33.3	42.8	51.1	60	69.5
	GB/T 6171	—	—	—	11.63	14.63	16.63	22.49	27.7	33.25	42.75	51.11	59.95	69.45
	GB/T 41	—	6.7	8.7	11.5	14.5	16.5	22	27.7	33.3	42.8	51.1	60	69.5

注：① P——螺距。

② A 级用于 $D \leqslant$ M16 的螺母；B 级用于 $D >$ M16 的螺母；C 级用于螺纹规格为 M5～M64 的螺母。

③ 螺纹公差：A、B 级为 6H，C 级为 7H；机械性能等级：A、B 级为 6、8、10 级，C 级为 5 级。

附表 8　　**垫圈**　　（单位：mm）

平垫圈　A 级（摘自 GB/T 97.1—2002）　　平垫圈　C 级（摘自 GB/T 95—2002）

平垫圈　倒角型　A 级（摘自 GB/T 97.2—2002）　　标准型弹簧垫圈（摘自 GB/T 93—1987）

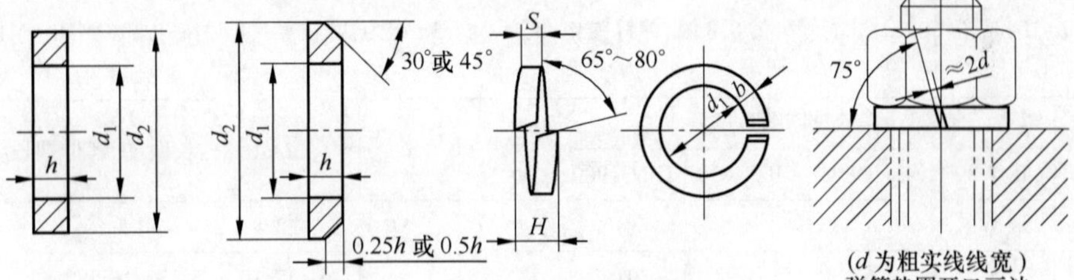

平垫圈　　倒角型平垫圈　　标准型弹簧垫圈　　（d 为粗实线线宽）弹簧垫圈开口画法

标记示例：

垫圈　GB/T 95 8（标准系列、公称规格 8mm、硬度等级为 100HV 级、不经表面处理，产品等级为 C 级的平垫圈）

垫圈　GB/T 93 10（规格 10mm、材料为 65Mn、表面氧化的标准型弹簧垫圈）

公称尺寸 d（螺纹规格）		4	5	6	8	10	12	16	20	24	30	36	42	48
GB/T 97.1—2002 （A 级）	d_1	4.3	5.3	6.4	8.4	10.5	13	17	21	25	31	37	45	52
	d_2	9	10	12	16	20	24	30	37	44	56	66	78	92
	h	0.8	1	1.6	1.6	2	2.5	3	3	4	4	5	8	8
GB/T 97.2—2002 （A 级）	d_1	—	5.3	6.4	8.4	10.5	13	17	21	25	31	37	45	52
	d_2	—	10	12	16	20	24	30	37	44	56	66	78	92
	h	—	1	1.6	1.6	2	2.5	3	3	4	4	5	8	8
GB/T 95—2002 （C 级）	d_1	4.5	5.5	6.6	9	11	13.5	17.5	22	26	33	39	45	52
	d_2	9	10	12	16	20	24	30	37	44	56	66	78	92
	h	0.8	1	1.6	1.6	2	2.5	3	3	4	4	5	8	8

续表

公称尺寸 d(螺纹规格)		4	5	6	8	10	12	16	20	24	30	36	42	48
GB/T 93—1987	d_{1min}	4. 1	5. 1	6. 1	8. 1	10. 2	12. 2	16. 2	20. 2	24. 5	30. 5	36. 5	42. 5	48. 5
	$S=b$	1. 1	1. 3	1. 6	2. 1	2. 6	3. 1	4. 1	5	6	7. 5	9	10. 5	12
	H_{max}	2. 75	3. 25	4	5. 25	6. 5	7. 75	10. 25	12. 5	15	18. 75	22. 5	26. 25	30

注：① A 级适用于精装配系列，C 级适用于中等精度装配系列。

② C 级垫圈没有 $Ra3.2\mu m$ 和去毛刺的要求。

附表 9　　双头螺柱（摘自 GB/T 897—900—1988）　　（单位：mm）

双头螺柱——$b_m=1d$(摘自 GB/T 897—1988)

双头螺柱——$b_m=1.25d$(摘自 GB/T 898—1988)

双头螺柱——$b_m=1.5d$(摘自 GB/T 899—1988)

双头螺柱——$b_m=2d$(摘自 GB/T 900—1988)

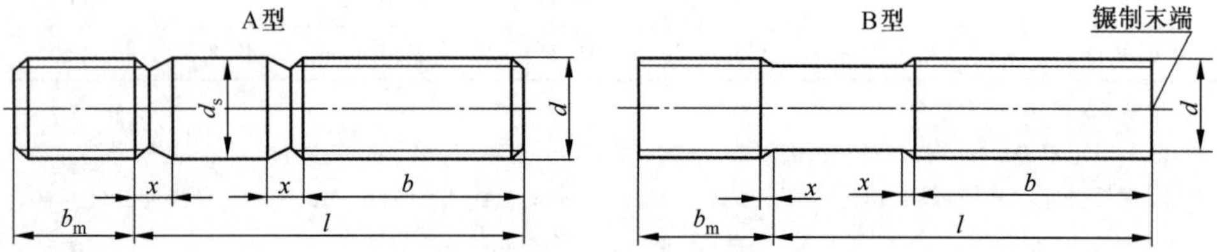

标记示例：

两端均为粗牙普通螺纹，$d=10$mm，$l=50$mm，性能等级为 4. 8 级，B 型，$b_m=1d$ 记为：螺柱 GB/T 897—1988 M10×50

旋入机体一端为粗牙普通螺纹，旋螺母一端为 $P=1$mm 的细牙普通螺纹，$d=10$mm，$l=50$mm，性能等级为 4. 8 级，A 型，$b_m=1d$ 记为：螺柱 GB/T 897—1988 AM10—M10×1×50 旋入机体一端为过渡配合的第一种配合，旋螺母一端为粗牙普通螺纹，$d=10$mm，$l=50$mm，性能等级为 8. 8 级，镀锌钝化，B 型，$b_m=1d$ 记为：螺柱 GB/T 897—1988 GM10—M10×50—8. 8—Zn · D

螺纹规格 d	b_m(旋入机体端长度)				d_s	x	l/b(螺柱长度/旋螺母端长度)
	GB/T 897	GB/T 898	CB/T 899	GB/ 1900			
M4			6	8	4	1. 5P	16～22/8　25～40/14
M5	5	6	8	10	5	1. 5P	16～22/10　25～50/16
M6	6	8	10	12	6	1. 5P	20～22/10　25～30/14　32～75/18
M8	8	10	12	16	8	1. 5P	20～22/12　25～30/16　32～90/22
M10	10	12	15	20	10	1. 5P	25～28/14　30～38/16 40～120/26　130/32
M12	12	15	18	24	12	1. 5P	25～30/16　32～40/20 45～120/30　130～180/36
M16	16	20	24	32	16	1. 5P	30～38/20　40～55/30 60～120/30　130～200/44
M20	20	25	30	40	20	1. 5P	35～40/25　45～65/35 70～120/46　130～200/52
M24	24	30	36	48	24	1. 5P	45～50/30　55～75/45 80～120/54　130～200/60
M30	30	38	45	60	30	1. 5P	60～65/40　70～90/50　95～120/66 130～200/72　210～250/85

续表

螺纹规格 d	b_m（旋入机体端长度）				d_s	x	l/b（螺柱长度/旋螺母端长度）
	GB/T 897	GB/T 898	CB/T 899	GB/ 1900			
M36	36	45	54	72	36	1.5P	65~75/45　80~110/60　120/78 130~200/84　210~300/97
M42	42	52	65	84	42	1.5P	70~80/50　85~110/70　120/90 130~200/96　210~300/109
M48	48	60	72	96	48	1.5P	80~90/60　95~110/8　120/102 130~200/108　210~300/121
l 系列	12,(14),16,(18),20,(22),25,(28),30,(32),35,(38),40,45,50,(55),60,(65),(70),(75),80,(85),90,(95),100,110~260(10 进位),280,300						

注：① 括号内的规格尽可能不用。
② P 为螺距。
③ $b_m=1d$，一般用于钢对钢；$b_m=1.25d$、$b_m=1.5d$，一般用于钢对铸铁；$b_m=2d$，一般用于钢对铝合金。

附表 10　开槽螺钉（摘自 GB/T 65—2016、GB/T 67—2016、GB/T 68—2016）

（单位：mm）

开槽圆柱头螺钉 (GB/T 65—2016)

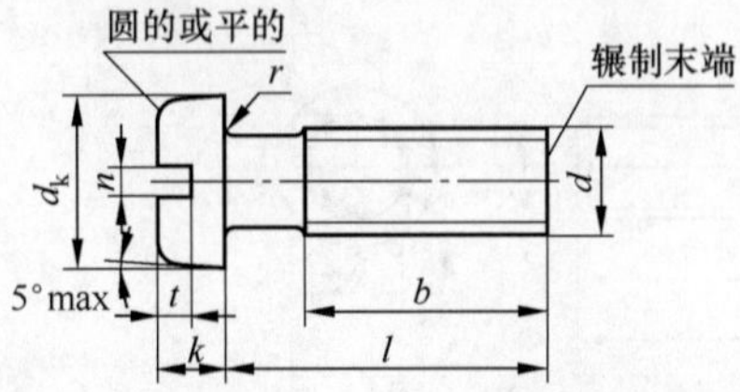

开槽盘头螺钉 (GB/T 67—2016)

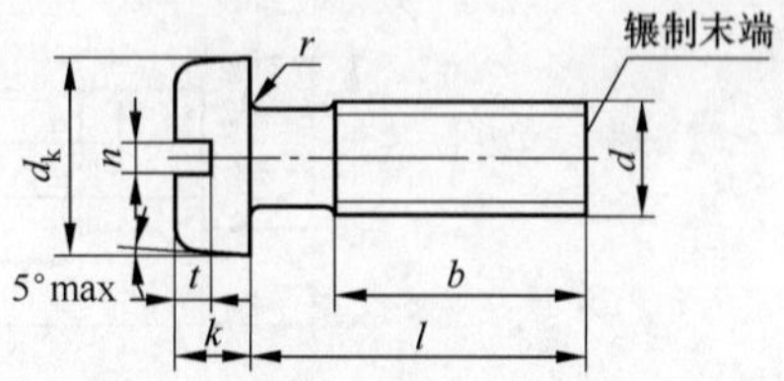

开槽沉头螺钉 (GB/T 68—2016)

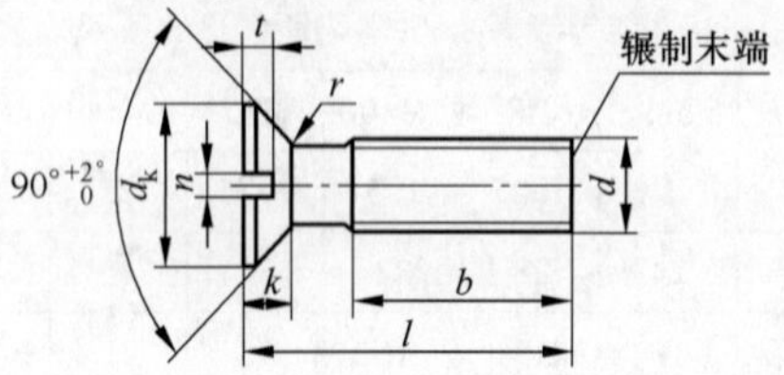

标记示例：
螺钉　GB/T 65　M5×20
（螺纹规格 d=M5、公称长度 l=20mm、性能等级为 4.8 级、表面不经处理的 A 级开槽圆柱头螺钉）

螺纹规格 d		M1.6	M2	M2.5	M3	M4	M5	M6	M8	M10
GB/T 65—2016	d_k	3	3.8	4.5	5.5	7	8.5	10	13	16
	k	1.1	1.4	1.8	2	2.6	3.3	3.9	5	6
	t_{min}	0.45	0.6	0.7	0.85	1.1	1.3	1.6	2	2.4
	r_{min}	0.1	0.1	0.1	0.1	0.2	0.2	0.25	0.4	0.4
	l	2~16	3~20	3~25	4~30	5~40	6~50	8~60	10~80	12~80
	全螺纹时最大长度	30				40				
GB/T 67—2016	d_k	3.2	4	5	5.6	8	9.5	12	16	20
	k	1	1.3	1.5	1.8	2.4	3	3.6	4.8	6
	t_{min}	0.35	0.5	0.6	0.7	1	1.2	1.4	1.9	2.4
	r_{min}	0.1	0.1	0.1	0.1	0.2	0.2	0.25	0.4	0.4
	l	2~16	2.5~20	3~25	4~30	5~40	6~50	8~60	10~80	12~80
	全螺纹时最大长度	30				40				

续表

螺纹规格 d		M1.6	M2	M2.5	M3	M4	M5	M6	M8	M10
GB/T 68—2016	d_k	3	3.8	4.7	5.5	8.4	9.3	11.3	15.8	18.3
	k	1	1.2	1.5	1.65	2.7	2.7	3.3	4.65	5
	t_{min}	0.32	0.4	0.5	0.6	1	1.1	1.2	1.8	2
	r_{min}	0.4	0.5	0.6	0.8	1	1.3	1.5	2	2.5
	l	2.5~16	3~20	4~25	5~30	6~40	8~50	8~60	10~80	12~80
	全螺纹时最大长度	30				45				
n		0.4	0.5	0.6	0.8	1.2	1.2	1.6	2	2.5
b_{min}		25				38				
l 系列		2、2.5、3、4、5、6、8、10、12、(14)、16、20、25、30、35、40、45、50、(55)、60、(65)、70、(75)、80								

附表 11　　内六角圆柱头螺钉（摘自 GB/T 70.1—2008）　　（单位：mm）

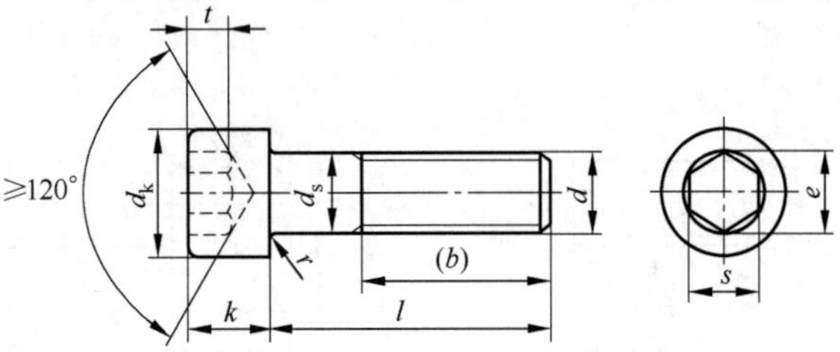

标记示例：

螺钉　GB/T 70.1　M5×20

（螺纹规格 d=M5、公称长度 l=20mm、性能等级为 8.8 级、表面氧化的 A 级内六角圆柱头螺钉）

螺纹规格 d		M4	M5	M6	M8	M10	M12	(M14)	M16	M20	M24	M30	M36
螺距 P		0.7	0.8	1	1.25	1.5	1.75	2	2	2.5	3	3.5	4
b 参考		20	22	24	28	32	36	40	44	52	60	72	84
d_{kmax}	光滑头部	7	8.5	10	13	16	18	21	24	30	36	45	54
	滚花头部	7.22	8.72	10.22	13.27	16.27	18.27	21.33	24.33	30.33	36.39	45.39	54.46
k_{max}		4	5	6	8	10	12	14	16	20	24	30	36
t_{min}		2	2.5	3	4	5	6	7	8	10	12	15.5	19
s 公称		3	4	5	6	8	10	12	14	17	19	22	27
e_{min}		3.443	4.583	5.723	6.863	9.149	11.429	13.716	15.996	19.437	21.734	25.154	30.854
r_{min}		0.2	0.2	0.25	0.4	0.4	0.6	0.6	0.6	0.8	0.8	1	1
d_{smax}		4	5	6	8	10	12	14	16	20	24	30	36
l 范围		6~40	8~50	10~60	12~80	16~100	20~120	25~140	25~160	30~200	40~200	45~200	55~200
全螺纹时最大长度		25	25	30	35	40	45	55	55	65	80	90	100
l 系列		6、8、10、12、16、20~70(5 进位)、80~160(10 进位)、180、200											

注：① 尽可能不采用括号内的规格。

② 末端倒角，d≤M4 的为辗制末端，见 GB/T 2—2016 规定。

③ 螺纹公差：机械性能等级 12.9 级时为 5g6g，其他等级时为 6g。

④ 产品等级：A。

附表 12　　平键及键槽各部尺寸（摘自 GB/T 1095、1096—2003）　　（单位：mm）

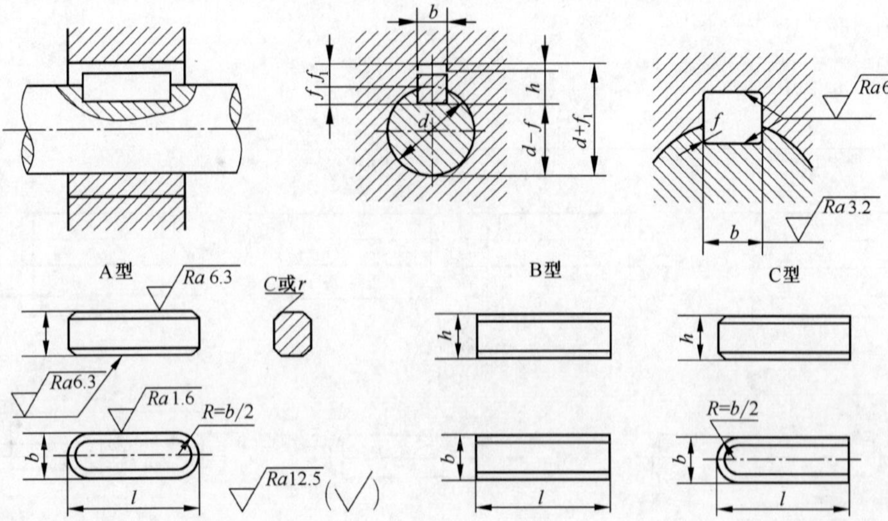

标记示例：

GB/T 1096　键 16×10×100（普通 A 型平键、$b=16$、$h=10$、$L=100$）

GB/T 1096　键 B16×10×100（普通 B 型平键、$b=16$、$h=10$、$L=100$）

GB/T 1096　键 C16×10×100（普通 C 型平键、$b=16$、$h=10$、$L=100$）

轴	键		键槽											
			宽度 b						深度				半径 r	
				极限偏差					轴+		毂 t_1			
公称直径 d	基本尺寸 $b×h$	长度 L	基本尺寸 b	松联结 轴 H9	松联结 毂 D10	正常联结 轴 N9	正常联结 毂 JS9	紧密联结 轴和毂 P9	基本尺寸	极限偏差	基本尺寸	极限偏差	最小	最大
>10~12	4×4	8~454	4	+0.030 0	+0.078 +0.030	0 −0.030	±0.015	−0.012 −0.042	2.5	+0.10	1.8	+0.10	0.08	0.16
>12~17	5×5	10~565	5						3.0		2.3		0.16	0.25
>17~22	6×6	14~70	6						3.5		2.8			
>22~30	8×7	18~90	8	+0.036 0	+0.098 +0.040	0 −0.036	±0.018	−0.015 −0.051	4.0	+0.20	3.3	+0.20		
>30~38	10×8	22~110	10						5.0		3.3		0.25	0.40
>38~44	12×8	28~140	12	+0.043 0	+0.120 +0.050	0 −0.043	±0.0215	−0.018 −0.061	5.0		3.3			
>44~50	14×9	36~160	14						5.5		3.8			
>50~58	16×10	45~180	16						6.0		4.3			
>58~65	18×11	50~200	18						7.0		4.4			
>65~75	20×12	56~220	20	+0.052 0	+0.149 +0.065	0 −0.052	±0.026	−0.022 −0.074	7.5		4.9		0.40	0.60
>75~85	22×14	63~250	22						9.0		5.4			
>85~95	25×14	70~280	25						9.0		5.4			
>95~110	28×16	80~320	28						10		6.4			
$L_{系列}$	6~22（2 进位）、25、28、32、36、40、45、50、56、63、70、80、90、100、110、125、140、160、180、200、220、250、280、320、360、400、450、500													

注：①（$d-t$）和（$d+t_1$）两组组合尺寸的极限偏差按相应的 t 和 t_1 的极限偏差选取，但（$d-t$）极限偏差应取负号（−）。

② 键 b 的极限偏差为 h8；键 h 的极限偏差矩形为 h11，方形为 h8；键长 L 的极限偏差为 h14。

附表 13 **销** （单位：mm）

圆柱销(摘自 GB/T 119.1—2000)
圆锥销(摘自 GB/T 117—2000)
开口销(摘自 GB/T 91—2000)

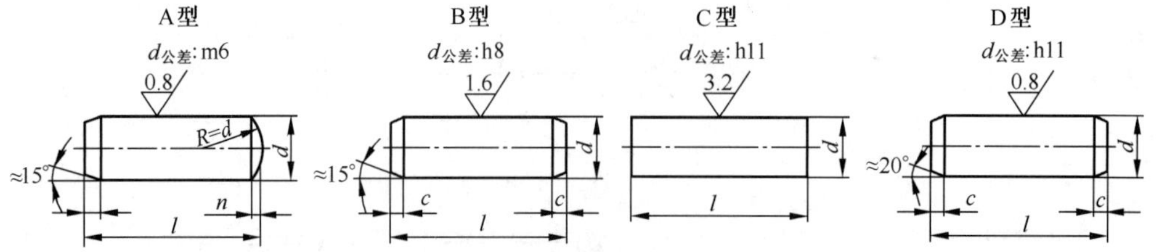

(a)圆柱销

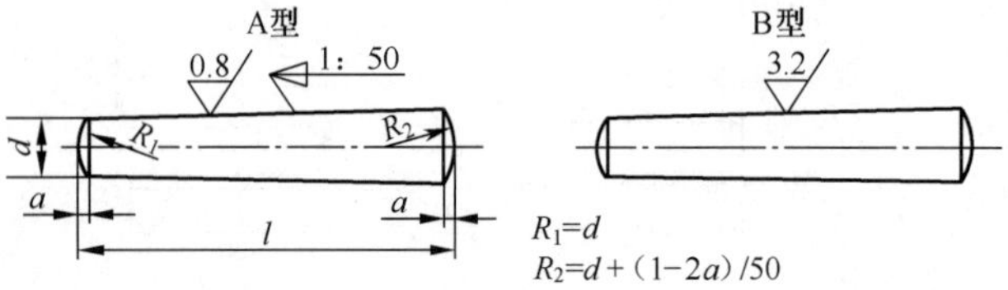

(b) 圆锥销

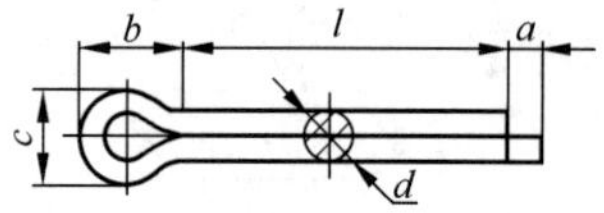

(c) 开口销

标记示例:
公称直径 10mm、长 50mm 的 A 型圆柱销,记为:销 GB/T 119.1—2000 6m10×50
公称直径 10mm、长 60mm 的 A 型圆锥销,记为:销 GB/T 117—2000 10×60
公称直径 5mm、长 50mm 的开口销,记为:销 GB/T 91—2000 10×50

名称	公称直径 d	1	1.2	1.5	2	2.5	3	4	5	6	8	10	12
圆柱销 CB/T 119.1	$n\approx$	0.12	0.16	0.20	0.25	0.30	0.40	0.50	0.63	0.80	1.0	1.2	1.6
	$c\approx$	0.20	0.25	0.30	0.35	0.40	0.50	0.63	0.80	1.2	1.6	2	2.5
圆锥销 GB/T 117	$a\approx$	0.12	0.16	0.20	0.25	0.30	0.40	0.50	0.63	0.80	1	1.2	1.6
开口销 GB/T 91	d(公称)	0.6	0.8	1	1.2	1.6	2	2.5	3.2	4	5	6.3	8
	c	1	1.4	1.8	2	2.8	3.6	4.6	5.8	7.4	9.2	11.8	15
	$b\approx$	2	2.4	3	3	3.2	4	5	6.4	8	10	12.6	16
	a	1.6	1.6	1.6	2.5	2.5	2.5	2.5	4	4	4	4	4
	L(商品规格范围公称长度)	4~12	5~16	6~20	8~25	8~32	10~40	12~50	14~65	18~80	22~100	30~120	40~160
l 系列		2,3,4,5,6,8, 10, 12, 14, 16, 18, 20,22,24,26,28, 30, 32, 35, 40,45 50, 55,60, 65, 70,75,80,85,90,100,120											

附表 14 **深沟球轴承（摘自 GB/T 276—2015）** （单位：mm）

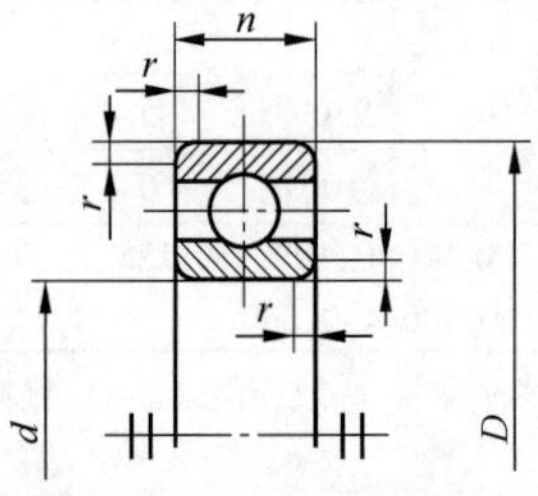

标记示例:滚动轴承 6120 GB/T 276—2013

轴承代号	尺寸(mm)			
	d	D	B	r_{smin}
02 系列				
6200	10	30	9	0.6
6201	12	32	10	0.6
6202	15	35	11	0.6

续表

轴承代号	尺寸(mm)				轴承代号	尺寸(mm)			
	d	D	B	r_{smin}		d	D	B	r_{smin}
02 系列					03 系列				
6203	17	40	12	0.6	6311	55	120	29	2
6204	20	47	14	1	6312	60	130	31	2.1
6205	25	52	15	1	6313	65	140	33	2.1
6206	30	62	16	1	6314	70	150	35	2.1
6207	35	72	17	1.1	6315	75	160	37	2.1
6208	40	80	18	1.1	6316	80	170	39	2.1
6209	45	85	19	1.1	6317	85	180	41	3
6210	50	90	20	1.1	6318	90	190	43	3
6211	55	100	21	1.5	6319	95	200	45	3
6212	60	110	22	1.5	6320	100	215	47	3
6213	65	120	23	1.5	04 系列				
6214	70	125	24	1.5	6403	17	62	17	1.1
6215	75	130	25	1.5	6404	20	72	19	1.1
6216	80	140	26	2	6405	25	80	21	1.5
6217	85	150	28	2	6406	30	90	23	1.5
6218	90	160	30	2	6407	35	100	25	1.5
6219	95	170	32	2.1	6408	40	110	27	2
6220	100	180	34	2.1	6409	45	120	29	2
03 系列					6410	50	130	31	2.1
6304	20	52	15	1.1	6411	55	140	33	2.1
6305	25	62	17	1.1	6412	60	150	35	2.1
6306	30	72	19	1.1	6413	65	160	37	2.1
6307	35	80	21	1.5	6414	70	170	39	1
6308	40	90	23	1.5	6415	75	180	42	3
6309	45	100	25	1.5	6416	80	190	45	3
6310	50	110	27	2	6417	85	200	48	4

注：d—轴承公称内径；D—轴承公称外径；B—轴承公称宽度；r_{smin}—r 的最小单一倒角尺寸。

附表 15　　圆锥滚子轴承（摘自 GB/T 297—2015）　　（单位：mm）

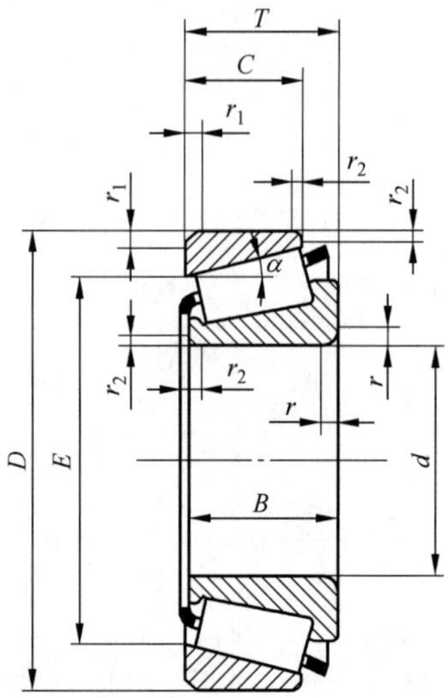

标记示例：
滚动轴承 30205　GB/T 297—2015

02 系列

轴承型号	d	D	T	B	r_{smin}	C	r_{1min}	α	E	ISO 尺寸系列
30202	15	35	11.75	11	0.6	10	0.6	—	—	—
30203	17	40	13.25	12	1	11	1	12°57′10″	31.408	2DB
30204	20	47	15.25	14	1	12	1	12°57′10″	37.304	2DB
30205	25	52	16.25	15	1	13	1	14°02′10″	41.135	3CC
30206	30	62	17.25	16	1	14	1	14°02′10″	49.990	3DB
302/32	32	65	18.25	17	1	15	1	14°	52.500	3DB
30207	35	72	18.25	17	1.5	15	1.5	14°02′10″	58.844	3DB
30208	40	80	19.75	18	1.5	16	1.5	14°02′10″	65.730	3DB
30209	45	85	20.75	19	1.5	16	1.5	15°06′34″	70.440	3DB
30210	50	90	21.75	20	1.5	17	1.5	15°38′32″	75.078	3DB
30211	55	100	22.75	21	2	18	1.5	15°06′34″	84.197	3DB
30212	60	110	23.75	22	2	19	1.5	15°06′34″	91.876	3EB
30213	65	120	24.75	23	2	20	1.5	15°06′34″	101.934	3EB
30214	70	125	26.25	24	2	21	1.5	15°38′32″	105.748	3EB
30215	75	130	27.25	25	2	22	1.5	16°10′20″	110.408	4DB
30216	80	140	28.25	26	2.5	22	2	15°38′32″	119.169	3EB
30217	85	150	30.5	28	2.5	24	2	15°38′32″	126.685	3EB
30218	90	160	32.5	30	2.5	26	2	15°38′32″	134.901	3FB
30219	95	170	34.5	32	3	27	2.5	15°38′32″	143.385	3FB
30220	100	180	37	34	3	29	2.5	15°38′32″	151.310	3FB
30221	105	190	39	36	3	30	2.5	15°38′32″	159.795	3FB
30222	110	200	41	38	3	32	2.5	15°38′32″	168.548	3FB
30224	120	215	43.5	40	3	34	2.5	16°10′20″	181.257	4FB
30226	130	230	43.75	40	4	34	3	16°10′20″	196.420	4FB
30228	140	250	45.75	42	4	36	3	16°10′20″	212.270	4FB

附表 16　　**推力球轴承（摘自 GB/T 301—2015）**　　（单位：mm）

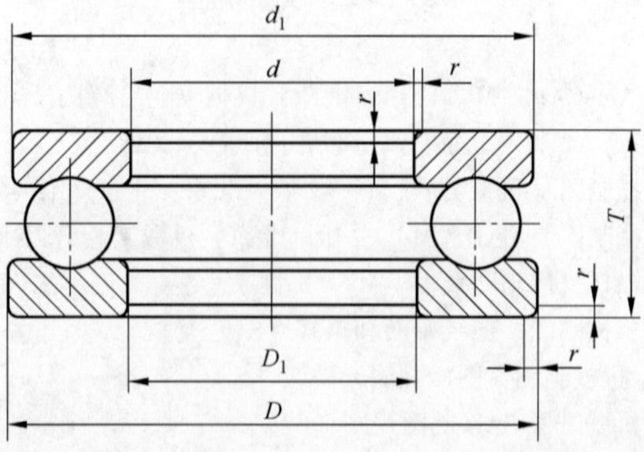

标记示例：滚动轴承　51210　GB/T 301—2015

单向推力球轴承——12 系列　　单位为毫米

轴承型号	d	D	T	D_{1smin}	d_{1smax}	r_{smin}
51200	10	26	11	12	26	0.6
51201	12	28	11	14	28	0.6
51202	15	32	12	17	32	0.6
51203	17	35	12	19	35	0.6
51204	20	40	14	22	40	0.6
51205	25	47	15	27	47	0.6
51206	30	52	16	32	52	0.6
51207	35	62	18	37	62	1
51208	40	68	19	42	68	1
51209	45	73	20	47	73	1
51210	50	78	22	52	78	1
51211	55	90	25	57	90	1
51212	60	95	26	62	95	1
51213	65	100	27	67	100	1
51214	70	105	27	72	105	1
51215	75	110	27	77	110	1
51216	80	115	28	82	115	1
51217	85	125	31	88	125	1
51218	90	135	35	93	135	1.1
51220	100	150	38	103	150	1.1

参 考 文 献

［1］ 胡建生．工程制图与 AutoCAD［M］．2 版．北京：机械工业出版社，2021.
［2］ 彭晓兰．机械制图［M］．2 版．北京：高等教育出版社，2018.
［3］ 吕思科，周宪珠．机械制图（机械类）［M］．2 版．北京：北京理工大学出版社，2007.
［4］ 王军红，战忠秋．机械制图与 CAD［M］．2 版．北京：机械工业出版社，2022.
［5］ 王技德，王艳．AutoCAD 机械制图教程［M］．3 版．大连：大连理工大学出版社，2018.
［6］ GB/T 14689—2008．机械制图　图纸幅面和格式［S］.
［7］ GB/T 4457.4—2002．机械制图　图样画法　图线［S］.
［8］ GB/T 14665—2012．机械工程 CAD 制图规则［S］.
［9］ GB/T 4458.4—2003．机械制图　尺寸注法［S］.
［10］ GB/T 14691—1993．技术制图　字体［S］.